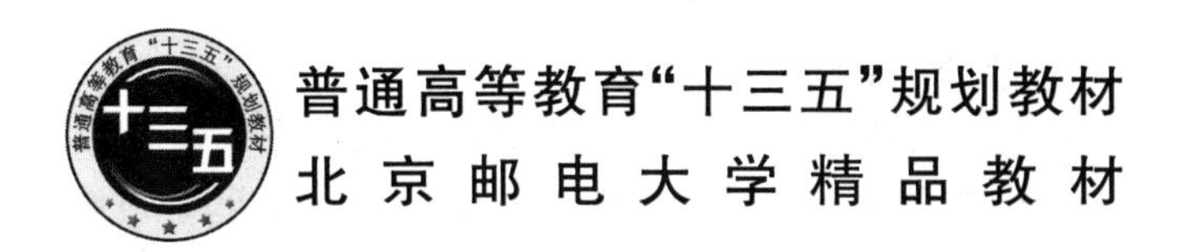

线性代数与几何

（第 2 版）

刘吉佑　莫　骄　编

北京邮电大学出版社
www.buptpress.com

内容简介

本书较为系统地介绍了线性代数与解析几何的基本理论和方法，特别注意代数与几何的结合与联系，加强了解析几何理论背景下的线性空间与线性变换理论的教学．全书共分 9 章，内容包括：行列式，矩阵，向量代数、平面与直线，向量组的线性相关性，线性方程组，特征值与特征向量，二次型，空间曲面与曲线，线性空间与线性变换．本书每章后面配有一定量的习题，书末还附有习题答案．

本书可作为高等工科院校非数学专业的教材和教学参考书，也可供自学者及相关科技工作者参考．

图书在版编目(CIP)数据

线性代数与几何 / 刘吉佑，莫骄编．--2 版．-- 北京：北京邮电大学出版社，2018.9(2020.9 重印)

ISBN 978-7-5635-5587-1

Ⅰ．①线… Ⅱ．①刘… ②莫… Ⅲ．①线性代数－高等学校－教材②解析几何－高等学校－教材 Ⅳ．①O151.2②O182

中国版本图书馆 CIP 数据核字(2018)第 203247 号

书　　　名：线性代数与几何(第 2 版)
著作责任者：刘吉佑　莫　骄　编
责 任 编 辑：马晓仟
出 版 发 行：北京邮电大学出版社
社　　　址：北京市海淀区西土城路 10 号(邮编：100876)
发 行 部：电话：010-62282185　传真：010-62283578
E-mail：publish@bupt.edu.cn
经　　　销：各地新华书店
印　　　刷：北京玺诚印务有限公司
开　　　本：787 mm×1 092 mm　1/16
印　　　张：15
字　　　数：389 千字
版　　　次：2012 年 8 月第 1 版　2018 年 9 月第 2 版　2020 年 9 月第 3 次印刷

ISBN 978-7-5635-5587-1　　　　定　价：36.00 元

第 2 版前言

《线性代数与几何》一书的第 1 版自出版以来，一直作为北京邮电大学线性代数与几何课程的教材，供全校各专业学生使用. 在连续六年的使用过程中，该教材得到了广大任课教师和学生的充分认可，他们也对教材提出了许多宝贵的意见和建议.

编者在听取师生们宝贵意见的基础上，对六年使用过程中所积累的想法加以总结和提炼，对该教材进行修订，并出版了《线性代数与几何(第 2 版)》. 第 2 版教材保持了原教材的结构，对原教材的部分内容和课后习题做了修改，力求使内容体系更严谨、完善，习题编排更科学、合理，以便学生的理解和掌握.

本教材的修订得到了北京邮电大学教务处、北京邮电大学理学院数学系和北京邮电大学出版社的大力支持，在此一并表示衷心的感谢.

编　者

第 1 版前言

线性代数是理工科学生的一门重要基础课程，它主要讨论有限维空间的线性理论，具有较强的抽象性和逻辑性. 同时，线性代数也是一门将理论、应用和计算完美融合的课程。它既是学习计算数学、微分方程等有关后续课程的必备基础，也是在自然科学和工程技术各领域中广泛应用的数学工具. 随着计算机的日益普及，线性代数在理论和应用上的重要性越来越突出，从而对线性代数课程的内容从深度和广度上都相应地提出了更高的要求.

从基本的理论体系来说，线性代数实际上产生于解析几何。线性代数的许多基本概念和方法都有很强的解析几何背景。从解析几何角度来学习线性代数比较容易理解，其效果比单纯从代数角度来学习更好。因此，将线性代数与解析几何统一为一门课程既有利于教学，又有利于读者融会贯通；另外，为使学生在面向新世纪时与时俱进，在学到必要的数学知识的同时减轻其负担，也需要适当整合线性代数与解析几何课程的教学内容.

本书根据教育部高等学校线性代数教学的基本要求，结合编者长期从事线性代数和解析几何教学的经验和体会，并在参考其他教材的基础上，为适合各专业对线性代数的不同需要编写而成. 本书中不含“*”标志的内容适用于理工科本科生约 48 学时的教学. 本书内容符合教育部线性代数和空间解析几何教学的基本要求. 每章后面附有丰富的习题，供对线性代数有不同教学要求的各专业选用.

根据近年来教学改革的需要，以及教学改革的经验和结果，我们在内容、结构等方面做了精心编排，以适应目前教学内容多、学时少和要求高的新形势. 本书以矩阵理论为主线，注重应用矩阵方法处理问题，以矩阵的运算和各种等价关系等为重点，讲授一些基本的计算技巧和处理方法. 矩阵的秩和矩阵的初等变换是很重要的概念，本书力求使初等变换的方法贯穿于向量组的线性相关性理论、线性方程组理论等相关理论中去. 另外我们也适当地强调了线性空间与线性变换的教学.

线性代数课程具有概念多、结论多、内容抽象且逻辑性强的特点. 本书作为一门重要的基础课教材，编者在编写过程中首先注意保持数学学科本身的科学性、系统性，但尽量以提出问题或以通俗简单的实例引入概念，对于较为抽象的概念，尽量提供解析几何背景，并尽可能采用学生易于接受的方式叙述；对重点定理和方法,提供较多的例题加以分析,以使学生较好地理解、掌握和运用;并对一些重要方法进行简要总结.书中少数定理的冗长、烦琐的证明过程或者直接略去,或者加以“*”标志,有兴趣的读者可选择阅读.各章章末都配有丰富的习题.学好线性代数与解析几何必须有一定量的时间进行思考,同时做一定量的习题,希望读者通过对这些习题的练习,巩固和掌握所学基本理论和方法。

在编写和出版本书的过程中我们得到了北京邮电大学教务处、理学院、数学系的大力支持,在此一并表示诚挚的谢意.

由于编者水平有限,加之时间仓促,书中不当和错误之处在所难免,敬请同行和读者批评指正.

编　者

目　　录

第 1 章　行列式……………………………………………………………………… 1

§1.1　二、三阶行列式………………………………………………………………… 1
一、二阶行列式 ……………………………………………………………………… 1
二、三阶行列式 ……………………………………………………………………… 2
§1.2　全排列及其逆序数 ………………………………………………………… 4
一、排列的逆序数 …………………………………………………………………… 4
二、逆序数的性质 …………………………………………………………………… 5
§1.3　n 阶行列式的概念 ………………………………………………………… 5
§1.4　行列式的性质 ……………………………………………………………… 8
§1.5　行列式的展开定理………………………………………………………… 14
一、按一行(列)展开 ……………………………………………………………… 14
二、行列式的计算 ………………………………………………………………… 17
三*、拉普拉斯定理 ………………………………………………………………… 21
§1.6　克拉默法则………………………………………………………………… 23
习题一 ……………………………………………………………………………… 27

第 2 章　矩阵 ……………………………………………………………………… 32

§2.1　矩阵的概念………………………………………………………………… 32
§2.2　矩阵的运算………………………………………………………………… 35
一、矩阵的加法 …………………………………………………………………… 35
二、数乘运算 ……………………………………………………………………… 36
三、矩阵的乘法 …………………………………………………………………… 37
四、转置矩阵、对称矩阵和反对称矩阵…………………………………………… 41
五、方阵的行列式 ………………………………………………………………… 42
§2.3　逆矩阵……………………………………………………………………… 44
§2.4　矩阵的秩与初等变换……………………………………………………… 49
一、矩阵的秩 ……………………………………………………………………… 49
二、矩阵的初等变换 ……………………………………………………………… 50
三、用初等变换求矩阵的秩 ……………………………………………………… 51

四、线性方程组与矩阵的初等变换 …… 53
§2.5 初等矩阵 …… 55
§2.6 矩阵的分块法 …… 59
一、分块矩阵的加法 …… 60
二、数乘分块矩阵 …… 61
三、分块矩阵转置 …… 61
四、分块矩阵的乘法和分块矩阵求逆 …… 61
五、对角分块矩阵 …… 62
六*、分块矩阵的初等变换 …… 65
习题二 …… 66

第3章 向量代数、平面与直线 …… 72

§3.1 向量及其线性运算 …… 72
一、向量的概念 …… 72
二、向量的线性运算 …… 73
三、空间直角坐标系 …… 76
四、利用坐标进行向量的线性运算 …… 77
五、向量的模、方向角、投影 …… 78
§3.2 向量的数量积、向量积、混合积 …… 79
一、两向量的数量积 …… 79
二、两向量的向量积 …… 81
三、向量的混合积 …… 83
§3.3 平面及其方程 …… 85
一、平面的方程 …… 85
二、与平面相关的一些问题 …… 87
§3.4 空间直线的方程 …… 88
一、空间直线的方程 …… 88
二、与直线有关的一些问题 …… 90
习题三 …… 93

第4章 向量组的线性相关性 …… 97

§4.1 n维向量的概念及其线性运算 …… 97
一、n维向量的定义 …… 97
二、n维向量的加法和数乘运算 …… 98
§4.2 向量组的线性相关性 …… 99
§4.3 线性相关性的判别定理 …… 104
§4.4 向量组的秩 …… 106
一、向量组等价的概念 …… 106
二、极大线性无关组与向量组的秩 …… 107
三、向量组的秩及极大无关组的求法 …… 109

§4.5　向量空间 …… 112
一、n 维向量空间的概念 …… 112
二、生成空间 …… 113
三、向量空间的基与维数及向量的坐标 …… 113
习题四 …… 115

第 5 章　线性方程组 …… 119

§5.1　齐次线性方程组 …… 119
§5.2　非齐次线性方程组 …… 125
习题五 …… 130

第 6 章　特征值与特征向量 …… 133

§6.1　特征值与特征向量 …… 133
一、特征值与特征向量的定义 …… 133
二、特征值与特征向量的性质 …… 136
§6.2　方阵的相似化简 …… 138
一、相似矩阵 …… 138
二、方阵可对角化的条件 …… 139
习题六 …… 144

第 7 章　二次型 …… 147

§7.1　标准正交基 …… 148
一、向量的内积 …… 148
二、标准正交基 …… 150
三、施密特(Schimidt)正交化方法 …… 150
四、正交矩阵与正交变换 …… 152
§7.2　实对称矩阵的对角化 …… 154
一、实对称矩阵的性质 …… 154
二、实对称矩阵的对角化方法 …… 156
§7.3　实二次型及其标准形 …… 158
一、实二次型及其矩阵 …… 158
二、二次型的标准形 …… 160
三、合同矩阵 …… 160
四、将二次型化为标准形 …… 160
§7.4　实二次型的规范形 …… 164
§7.5　正定二次型与正定矩阵 …… 166
一、正定二次型与正定矩阵 …… 166
二*、其他有定二次型 …… 169
习题七 …… 170

第8章　空间曲面与曲线 …… 174

§8.1　空间曲面及其方程 …… 174

一、空间曲面的方程 …… 174

二、旋转曲面 …… 175

三、柱面 …… 176

§8.2　二次曲面及其分类 …… 177

§8.3　空间曲线及其方程 …… 182

一、空间曲线的方程 …… 182

二、空间曲线在坐标面上的投影 …… 183

习题八 …… 184

第9章　线性空间与线性变换 …… 187

§9.1　线性空间的概念与基本性质 …… 187

一、线性空间的概念 …… 187

二、线性空间的基本性质 …… 188

三、子空间 …… 189

§9.2　线性空间的基与坐标 …… 190

§9.3　基变换与坐标变换 …… 191

§9.4　线性变换的概念与基本性质 …… 193

一、线性变换的定义 …… 193

二、线性变换的基本性质 …… 194

§9.5　线性变换的矩阵表示 …… 195

§9.6*　欧氏空间 …… 198

一、向量的内积 …… 198

二、标准正交基 …… 200

三、度量矩阵 …… 201

§9.7*　线性空间的同构 …… 203

习题九 …… 205

习题答案 …… 209

参考文献 …… 228

第1章 行列式

行列式是由解线性方程组产生的，是线性代数学中的一个重要基本概念，它作为一种重要的数学工具，在自然科学的许多领域内都有广泛的应用. 本章先介绍二、三阶行列式，然后介绍 n 阶行列式的定义、性质和计算方法，最后介绍用 n 阶行列式求解 n 元线性方程组的克拉默(Cramer)法则.

§1.1 二、三阶行列式

一、二阶行列式

设二元一次方程组

$$\begin{cases} a_{11}x_1+a_{12}x_2=b_1, \\ a_{21}x_1+a_{22}x_2=b_2. \end{cases} \tag{1.1}$$

其中 x_1,x_2 为未知量； $a_{11},a_{12},a_{21},a_{22}$ 为未知量的系数； b_1,b_2 为常数项. 当 $a_{11}a_{22}-a_{12}a_{21}\neq 0$ 时，由消元法得方程组(1.1)的唯一解为

$$x_1=\frac{a_{22}b_1-a_{12}b_2}{a_{11}a_{22}-a_{12}a_{21}}, \quad x_2=\frac{a_{11}b_2-a_{21}b_1}{a_{11}a_{22}-a_{12}a_{21}}. \tag{1.2}$$

为了便于叙述和记忆，引入记号

$$D=\begin{vmatrix} a_{11} & a_{12} \\ a_{21} & a_{22} \end{vmatrix}=a_{11}a_{22}-a_{12}a_{21}, \tag{1.3}$$

称 D 为二阶行列式，简记为 $D=\det(a_{ij})$.

数 $a_{ij}(i=1,2;j=1,2)$ 称为行列式的元素. 元素 a_{ij} 的第一个下标 i 称为行标，表明该元素位于第 i 行；第二个下标 j 称为列标，表明该元素位于第 j 列.

上述二阶行列式，可用**对角线法则**来记忆. 二阶行列式是两项的代数和，第一项是从左上角到右下角的对角线上两元素的乘积，带正号；第二项是从右上角到左下角的对角线上两元素的乘积，带负号. 按此法则，记

$$D_1=\begin{vmatrix} b_1 & a_{12} \\ b_2 & a_{22} \end{vmatrix}=b_1a_{22}-a_{12}b_2,$$

$$D_2=\begin{vmatrix} a_{11} & b_1 \\ a_{21} & b_2 \end{vmatrix}=a_{11}b_2-b_1a_{21},$$

其中 $D_i(i=1,2)$ 表示把 D 中第 i 列换成式(1.1)右边的常数列所得到的行列式.

于是,当 $D\neq 0$ 时,二元线性方程组(1.1)的解就可唯一地表示为

$$x_1=\frac{\begin{vmatrix} b_1 & a_{12} \\ b_2 & a_{22} \end{vmatrix}}{\begin{vmatrix} a_{11} & a_{12} \\ a_{21} & a_{22} \end{vmatrix}}=\frac{D_1}{D},\quad x_2=\frac{\begin{vmatrix} a_{11} & b_1 \\ a_{21} & b_2 \end{vmatrix}}{\begin{vmatrix} a_{11} & a_{12} \\ a_{21} & a_{22} \end{vmatrix}}=\frac{D_2}{D}. \tag{1.4}$$

例 1 解方程组

$$\begin{cases} 2x_1-3x_2=5, \\ 2x_1+5x_2=-3. \end{cases}$$

解 由于分母行列式即方程组的系数行列式为

$$\begin{vmatrix} 2 & -3 \\ 2 & 5 \end{vmatrix}=2\times 5-(-3)\times 2=16\neq 0.$$

x_1 的分子行列式为

$$\begin{vmatrix} 5 & -3 \\ -3 & 5 \end{vmatrix}=5\times 5-(-3)\times(-3)=16.$$

x_2 的分子行列式为

$$\begin{vmatrix} 2 & 5 \\ 2 & -3 \end{vmatrix}=2\times(-3)-5\times 2=-16.$$

于是根据二元一次方程组的求解公式(1.4)可得到方程组的唯一解:

$$x_1=\frac{16}{16}=1,\quad x_2=\frac{-16}{16}=-1.$$

二、三阶行列式

设三元线性方程组

$$\begin{cases} a_{11}x_1+a_{12}x_2+a_{13}x_3=b_1, \\ a_{21}x_1+a_{22}x_2+a_{23}x_3=b_2, \\ a_{31}x_1+a_{32}x_2+a_{33}x_3=b_3. \end{cases} \tag{1.5}$$

可以由前两个方程消去 x_3,得到一个只含有 x_1,x_2 的方程;同样,可由后两个方程消去 x_3,得到一个只含有 x_1,x_2 的方程,对这两个新的方程,再利用求解二元一次方程组的方法消去 x_2,就可以解得

$$\begin{aligned}&(a_{11}a_{22}a_{33}+a_{12}a_{23}a_{31}+a_{13}a_{21}a_{32}-a_{13}a_{22}a_{31}-a_{12}a_{21}a_{33}-a_{11}a_{23}a_{32})x_1\\ &=b_1a_{22}a_{33}+b_3a_{12}a_{23}+b_2a_{13}a_{32}-b_3a_{22}a_{13}-b_2a_{12}a_{33}-b_1a_{23}a_{32}.\end{aligned}$$

把 x_1 的系数记为

$$\begin{aligned}D=&\begin{vmatrix} a_{11} & a_{12} & a_{13} \\ a_{21} & a_{22} & a_{23} \\ a_{31} & a_{32} & a_{33} \end{vmatrix}\\ &=a_{11}a_{22}a_{33}+a_{12}a_{23}a_{31}+a_{13}a_{21}a_{32}-a_{13}a_{22}a_{31}-a_{12}a_{21}a_{33}-a_{11}a_{23}a_{32}.\end{aligned} \tag{1.6}$$

把式(1.6)中的记号 D 称为**三阶行列式**.

从这个定义可以看出,三阶行列式表示 6 项的代数和,每一项都是 3 个数的乘积冠以适当的正负号,这 3 个数取自 D 中不同的行和不同的列. 反之,任意取自 D 中不同的行和不同的列的 3 个数的乘积冠以适当的正负号后都是 D 的展开式中的某一项. 可以用**对角线法则**来记

忆每一项前面的正负号的确定方法. 如图 1.1 所示,其中各实线联结的三个元素的乘积前面带"+"号,各虚线联结的三个元素的乘积前面带"−"号.

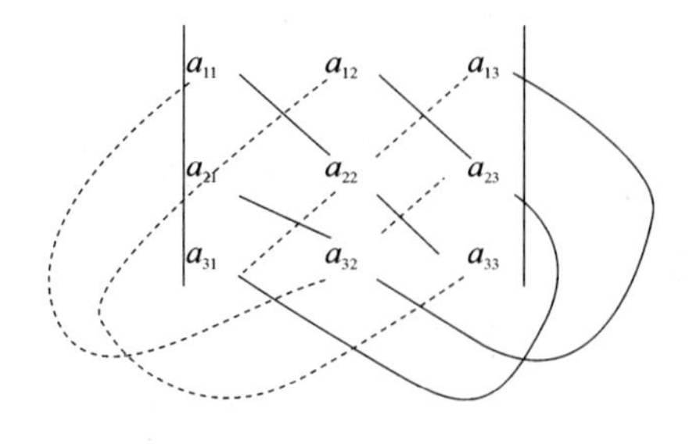

图 1.1

称式(1.6)中的 D 为三元线性方程组(1.5)的系数行列式. 根据三阶行列式的定义,有

$$D_1=\begin{vmatrix} b_1 & a_{12} & a_{13} \\ b_2 & a_{22} & a_{23} \\ b_3 & a_{32} & a_{33} \end{vmatrix}$$
$$=b_1a_{22}a_{33}+b_3a_{12}a_{23}+b_2a_{13}a_{32}-b_3a_{22}a_{13}-b_2a_{12}a_{33}-b_1a_{23}a_{32}.$$

若 $D\neq 0$,则 x_1 可表示为

$$x_1=\frac{D_1}{D},$$

同理可得

$$x_2=\frac{D_2}{D},\quad x_3=\frac{D_3}{D}.$$

其中

$$D_2=\begin{vmatrix} a_{11} & b_1 & a_{13} \\ a_{21} & b_2 & a_{23} \\ a_{31} & b_3 & a_{33} \end{vmatrix},\quad D_3=\begin{vmatrix} a_{11} & a_{12} & b_1 \\ a_{21} & a_{22} & b_2 \\ a_{31} & a_{32} & b_3 \end{vmatrix}.$$

$D_i(i=1,2,3)$是把系数行列式 D 的第 i 列用线性方程组(1.5)右边的常数列替换后得到的行列式.

例 2　解三元线性方程组

$$\begin{cases} 3x_1+\ x_2+x_3=8, \\ \ x_1+\ x_2+x_3=6, \\ \ x_1+2x_2+x_3=8. \end{cases}$$

解　用对角线法则计算行列式,得

$$D=\begin{vmatrix} 3 & 1 & 1 \\ 1 & 1 & 1 \\ 1 & 2 & 1 \end{vmatrix}=-2,$$

$$D_1=\begin{vmatrix} 8 & 1 & 1 \\ 6 & 1 & 1 \\ 8 & 2 & 1 \end{vmatrix}=-2,$$

$$D_2=\begin{vmatrix} 3 & 8 & 1 \\ 1 & 6 & 1 \\ 1 & 8 & 1 \end{vmatrix}=-4,$$

$$D_3=\begin{vmatrix}3&1&8\\1&1&6\\1&2&8\end{vmatrix}=-6.$$

因此线性方程组的解为

$$x_1=\frac{D_1}{D}=1,\quad x_2=\frac{D_2}{D}=2,\quad x_3=\frac{D_3}{D}=3.$$

例 3 $\begin{vmatrix}a&*&*\\0&b&*\\0&0&c\end{vmatrix}=\begin{vmatrix}a&0&0\\*&b&0\\*&*&c\end{vmatrix}=abc,\begin{vmatrix}*&*&a\\*&b&0\\c&0&0\end{vmatrix}=\begin{vmatrix}0&0&a\\0&b&*\\c&*&*\end{vmatrix}=-abc.$ 其中,$*$ 表示在这些位置上的元素可以任意取值,它们不影响行列式的值.

解 由对角线法则立得结果.

§1.2 全排列及其逆序数

用对角线法则计算行列式,虽然直观,但对于四阶及更高阶的行列式,该方法就不适用了. 为了求解四元及四元以上的线性方程组,需要把二、三阶行列式的概念进一步推广. 下面先介绍全排列及其逆序数的概念及性质.

一、排列的逆序数

自然数 1,2,3,…,n 按一定顺序排成一排,称为一个 n 元排列,记为 $p_1p_2\cdots p_n$. 排列 $123\cdots n$ 称为**自然排列**. n 元排列共有 $n!$ 个. 例如自然数 1,2,3 共有 $3!=6$ 个全排列. 它们是

$$123,231,312,132,213,321.$$

将自然排列规定为**标准次序**. 下面定义排列的逆序数.

定义 1 在一个 n 元排列 $p_1p_2\cdots p_n$ 中,若一个大的数排在一个小的数的前面(即与标准次序不同时),则称这两个数形成一个**逆序**. 一个排列中所有逆序的总数叫作这个排列的逆序数,记为 $\tau(p_1p_2\cdots p_n)$.

例如,在四元排列 4132 中出现的所有逆序为 41,43,42,32,所以 $\tau(4132)=4$.

在自然排列(标准次序)中没有逆序,其逆序数为 0.

下面给出逆序数的计算方法.

设 $p_1p_2\cdots p_n$ 为 n 个自然数 1,2,3,…,n 的一个排列,考虑元素 $p_i(i=1,2,\cdots,n)$,如果比 p_i 大且排在 p_i 前面的数有 t_i 个,就说 p_i 这个元素的逆序数为 t_i,全体元素的逆序数的总和就是这个排列的逆序数,即

$$\tau(p_1p_2\cdots p_n)=t_1+t_2+\cdots+t_n=\sum_{i=1}^{n}t_i. \tag{1.7}$$

例 4 求下列排列的逆序数.

(1) 31524;　　(2) $n(n-1)\cdots 21$.

解 (1) 在排列 31524 中:

3 排在首位,逆序数为 0;

1 的前面比 1 大的数有一个,它是 3,故逆序数为 1;

5 是最大数，逆序数为 0；

2 的前面比 2 大的数有两个，它们是 3,5，故逆序数为 2；

4 的前面比 4 大的数有一个，它是 5，故逆序数为 1.

因此这个排列的逆序数为

$$\tau(31524)=0+1+0+2+1=4.$$

(2) 同理可得

$$\tau[n(n-1)\cdots 21]=0+1+2+\cdots+(n-2)+(n-1)=\frac{n(n-1)}{2}.$$

二、逆序数的性质

定义 2　逆序数为奇数的排列称为**奇排列**，逆序数为偶数的排列称为**偶排列**.

例如，自然数 1,2,3 的 6 个排列中，经计算可知偶排列为 123,231,312；奇排列为 321，132,213.

定义 3　将一个排列中的某两个数的位置互换，而其余的数不动，就得到了一个新的排列，称这样的变换为一次对换.将相邻两个数**对换**，称为**相邻对换**.

定理 1　对排列进行一次对换则改变其奇偶性.

证　首先证明相邻对换的情形.

设排列为 $a_1\cdots a_l abb_1\cdots b_m$，对换 a 与 b 得到新的排列 $a_1\cdots a_l bab_1\cdots b_m$. 显然，元素 $a_1,\cdots,a_l;b_1,\cdots,b_m$ 的逆序数没有改变，只有元素 a 和 b 的逆序数改变了.

当 $a<b$ 时，对换后，a 的逆序数增加 1，而 b 的逆序数不变；

当 $a>b$ 时，对换后，a 的逆序数不变，而 b 的逆序数减少 1.

因此，对换后新的排列与原排列的奇偶性不同.

再证一般对换的情形.

设排列为 $a_1\cdots a_l ab_1\cdots b_k bc_1\cdots c_s$，$a$ 和 b 之间相隔 k 个数，要实现 a 与 b 的对换，可先将 a 与 b_1 做相邻对换，再将 a 与 b_2 做相邻对换，照此继续下去，经 $k+1$ 次相邻对换，调换成

$$a_1\cdots a_l b_1\cdots b_k bac_1\cdots c_s,$$

然后再把 b 依次与 $b_k,b_{k-1},\cdots,b_1$ 做相邻对换，调换成

$$a_1\cdots a_l bb_1\cdots b_k ac_1\cdots c_s.$$

这样，对换 a 和 b，可经过 $2k+1$ 次相邻对换而得到，所以这两个排列的奇偶性正好相反.

由定理 1 可得到下面的推论.

推论 1　奇排列调成自然排列的对换次数为奇数，偶排列调成自然排列的对换次数为偶数.

证　因为自然排列 $123\cdots n$ 是偶排列(自然排列的逆序数为 0)，由定理 1 知，一次对换改变排列的奇偶性，当排列 $p_1p_2\cdots p_n$ 是奇(偶)排列时，必须做奇(偶)次对换才能变成自然排列 $123\cdots n$，故所做的对换次数与排列具有相同的奇偶性.

推论 2　全体 n 元排列($n>1$)的集合中，奇排列与偶排列各一半.

§1.3　n 阶行列式的概念

为了把二、三阶行列式的概念推广到一般的 n 阶行列式，下面先研究三阶行列式的结构.

把三阶行列式写为

$$D_3=\begin{vmatrix}a_{11}&a_{12}&a_{13}\\a_{21}&a_{22}&a_{23}\\a_{31}&a_{32}&a_{33}\end{vmatrix} \tag{1.8}$$

$$=a_{11}a_{22}a_{33}+a_{12}a_{23}a_{31}+a_{13}a_{21}a_{32}-a_{13}a_{22}a_{31}-a_{12}a_{21}a_{33}-a_{11}a_{23}a_{32}.$$

可以看出：

(1) 三阶行列式的每一项都是不同行不同列的三个元素的乘积；

(2) 每一项的三个元素的行标排成自然排列 123 时，列标都是 1,2,3 的某一个排列，这样的排列共有 6 种，故三阶行列式共有 6 项；

(3) 带正号的三项的列标排列是

$$123,231,312,$$

经计算可知都是偶排列；

(4) 带负号的三项的列标排列是

$$132,213,321,$$

经计算可知全为奇排列.

因此，三阶行列式可写为

$$D_3=\begin{vmatrix}a_{11}&a_{12}&a_{13}\\a_{21}&a_{22}&a_{23}\\a_{31}&a_{32}&a_{33}\end{vmatrix}=\sum_{p_1p_2p_3}(-1)^{\tau(p_1p_2p_3)}a_{1p_1}a_{2p_2}a_{3p_3}, \tag{1.9}$$

$\sum$ 表示对 1,2,3 三个数的所有排列 $p_1p_2p_3$ 求和.

用式(1.9)，可以把行列式推广到一般情形.

定义 4 将 n^2 个数 $a_{ij}(i,j=1,2,\cdots,n)$ 排成 n 行 n 列，在其左右两侧加两条竖线，按照下式

$$D_n=\begin{vmatrix}a_{11}&a_{12}&\cdots&a_{1n}\\a_{21}&a_{22}&\cdots&a_{2n}\\\vdots&\vdots&&\vdots\\a_{n1}&a_{n2}&\cdots&a_{nn}\end{vmatrix}=\sum_{p_1p_2\cdots p_n}(-1)^{\tau(p_1p_2\cdots p_n)}a_{1p_1}a_{2p_2}\cdots a_{np_n} \tag{1.10}$$

计算得到一个数，称为 n **阶行列式**，简记作 $D=\det(a_{ij})$，其中 $\sum$ 表示对所有 n 元排列 $p_1p_2\cdots p_n$ 求和.

式(1.10)右边的每一项 $(-1)^{\tau(p_1p_2\cdots p_n)}a_{1p_1}a_{2p_2}\cdots a_{np_n}$ 中的每一个元素取自 D 中不同的行和列，行标排成自然排列，相应的列标是 $1,2,3,\cdots,n$ 的一个 n 元排列 $p_1p_2\cdots p_n$. 若 $p_1p_2\cdots p_n$ 是偶排列，则该排列对应的项取正号；若是奇排列，则取负号，每一项的符号用 $(-1)^{\tau(p_1p_2\cdots p_n)}$ 表示. 行列式 D_n 中共有 $n!$ 个乘积项.

定义 4 也适用于二、三阶行列式，按此定义的行列式与 1.1 节中用对角线法则定义的二、三阶行列式是一致的. 对于一阶行列式 $|a_{11}|=a_{11}$，注意这里的 $|a_{11}|$ 不表示 a_{11} 的绝对值.

一般 n 阶行列式事实上是一个算式，定义 4 给出了其计算规则.

主对角线以下的元素全为 0 的行列式叫作**上三角形行列式**，主对角线以上的元素全为 0 的行列式叫作**下三角形行列式**. 上三角行列式与下三角行列式统称为**三角形行列式**.

例 5 证明上三角形行列式

$$D=\begin{vmatrix} a_{11} & a_{12} & \cdots & a_{1n} \\ 0 & a_{22} & \cdots & a_{2n} \\ \vdots & \vdots & & \vdots \\ 0 & 0 & \cdots & a_{nn} \end{vmatrix}=a_{11}a_{22}\cdots a_{nn}.$$

证　由于当 $j<i$ 时 $a_{ij}=0$，故 D 中可能不为 0 的元素是 a_{ip_i}，其下标应满足 $p_i\geqslant i$，即

$$p_1\geqslant 1, p_2\geqslant 2, \cdots, p_n\geqslant n.$$

在所有排列 $p_1p_2\cdots p_n$ 中，能满足上述关系的排列只有一个自然排列 $12\cdots n$，所以 D 中可能不为 0 的项只有一项 $(-1)^{\tau(12\cdots n)}a_{11}a_{22}\cdots a_{nn}$. 由于 $12\cdots n$ 是偶排列，此项的符号为正号，所以

$$D=a_{11}a_{22}\cdots a_{nn}.$$

同理，对于下三角形行列式有

$$D=\begin{vmatrix} a_{11} & 0 & \cdots & 0 \\ a_{21} & a_{22} & \cdots & 0 \\ \vdots & \vdots & & \vdots \\ a_{n1} & a_{n2} & \cdots & a_{nn} \end{vmatrix}=a_{11}a_{22}\cdots a_{nn}.$$

特别地，对于对角形行列式（主对角线以外的元素全为 0）有

$$D=\begin{vmatrix} a_{11} & 0 & \cdots & 0 \\ 0 & a_{22} & \cdots & 0 \\ \vdots & \vdots & & \vdots \\ 0 & 0 & \cdots & a_{nn} \end{vmatrix}=a_{11}a_{22}\cdots a_{nn}.$$

例 6　证明行列式

$$D=\begin{vmatrix} a_{11} & a_{12} & a_{13} & a_{14} & a_{15} \\ a_{21} & a_{22} & a_{23} & a_{24} & a_{25} \\ 0 & 0 & 0 & a_{34} & a_{35} \\ 0 & 0 & 0 & a_{44} & a_{45} \\ 0 & 0 & 0 & a_{54} & a_{55} \end{vmatrix}=0.$$

证　由行列式定义知，它的每一项都是取自不同行和不同列的 5 个元素的乘积. 在第 1 列中只有两个可能非零的元素 a_{11} 和 a_{21}，当第 1 列取元素 a_{11} 时，第 2 列只能取 a_{22}，而第 3 列只能取 0，故这一项为 0；同理，当第 1 列取 a_{21} 时，第 2 列只能取 a_{12}，第 3 列只能取 0，这一项也为 0. 行列式其他项也都含有零因子，所以 $D=0$.

下面讨论行列式的另一种定义，对于 n 阶行列式中的任一项

$$(-1)^{\tau(p_1p_2\cdots p_n)}a_{1p_1}a_{2p_2}\cdots a_{np_n},$$

当把列标的排列 $p_1p_2\cdots p_n$ 经 N 次对换变成自然排列 $12\cdots n$ 的同时，相应的行标排列 $12\cdots n$ 也经 N 次对换变成了排列 $q_1q_2\cdots q_n$，这样

$$a_{1p_1}a_{2p_2}\cdots a_{np_n}=a_{q_11}a_{q_22}\cdots a_{q_nn}.$$

根据定理 1 的推论 1，对换次数 N 与 $\tau(p_1p_2\cdots p_n)$ 有相同的奇偶性，而 $\tau(q_1q_2\cdots q_n)$ 与 N 也有相同的奇偶性，从而 $\tau(p_1p_2\cdots p_n)$ 与 $\tau(q_1q_2\cdots q_n)$ 有相同的奇偶性，即

$$(-1)^{\tau(p_1p_2\cdots p_n)}=(-1)^{\tau(q_1q_2\cdots q_n)},$$

所以

$$(-1)^{\tau(p_1p_2\cdots p_n)}a_{1p_1}a_{2p_2}\cdots a_{np_n}=(-1)^{\tau(q_1q_2\cdots q_n)}a_{q_11}a_{q_22}\cdots a_{q_nn}.$$

又若 $p_i=j$,则 $q_j=i$(即 $a_{ip_i}=a_{ij}=a_{q_jj}$),因此排列 $q_1q_2\cdots q_n$ 由排列 $p_1p_2\cdots p_n$ 所唯一确定.由此可得行列式的另一种等价定义.

定理 2 n 阶行列式也可以定义为

$$D_n=\sum_{p_1p_2\cdots p_n}(-1)^{\tau(p_1p_2\cdots p_n)}a_{p_11}a_{p_22}\cdots a_{p_nn},$$

其中 $\sum$ 表示对所有 n 元排列求和.

§1.4 行列式的性质

因为 n 阶行列式是 $n!$ 项求和,而且每一项都是 n 个数的乘积,当 n 稍大一些时,计算量就非常大,很难直接用定义去求行列式的值.利用行列式性质可有效解决行列式的求值问题.于是我们必须研究行列式的性质,并利用行列式的性质来简化行列式的计算.

将行列式 D 的第 i 行作为第 i 列,第 i 列作为第 i 行($i=1,2,\cdots,n$)得到的行列式称为 D 的**转置行列式**,记为 D^{T} 或 D'.即,如果

$$D=\begin{vmatrix}a_{11}&a_{12}&\cdots&a_{1n}\\a_{21}&a_{22}&\cdots&a_{2n}\\\vdots&\vdots&&\vdots\\a_{n1}&a_{n2}&\cdots&a_{nn}\end{vmatrix}$$

则

$$D^{\mathrm{T}}=\begin{vmatrix}a_{11}&a_{21}&\cdots&a_{n1}\\a_{12}&a_{22}&\cdots&a_{n2}\\\vdots&\vdots&&\vdots\\a_{1n}&a_{2n}&\cdots&a_{nn}\end{vmatrix}.$$

性质 1 行列式与它的转置行列式相等,即

$$D^{\mathrm{T}}=D.$$

证 设 $D=\det(a_{ij})$ 的转置行列式为

$$D^{\mathrm{T}}=\begin{vmatrix}b_{11}&b_{12}&\cdots&b_{1n}\\b_{21}&b_{22}&\cdots&b_{2n}\\\vdots&\vdots&&\vdots\\b_{n1}&b_{n2}&\cdots&b_{nn}\end{vmatrix},$$

即 $b_{ij}=a_{ji}(i,j=1,2,\cdots,n)$,根据行列式的定义

$$\begin{aligned}D^{\mathrm{T}}&=\sum_{p_1p_2\cdots p_n}(-1)^{\tau(p_1p_2\cdots p_n)}b_{1p_1}b_{2p_2}\cdots b_{np_n}\\&=\sum_{p_1p_2\cdots p_n}(-1)^{\tau(p_1p_2\cdots p_n)}a_{p_11}a_{p_22}\cdots a_{p_nn}.\end{aligned}$$

由定理 2,得

$$D=\sum_{p_1p_2\cdots p_n}(-1)^{\tau(p_1p_2\cdots p_n)}a_{p_11}a_{p_22}\cdots a_{p_nn},$$

从而

$$D^{\mathrm{T}}=D.$$

性质 1 说明行列式的行和列具有同等的地位，因而凡是对行成立的性质，对列也一样成立，反之亦然. 因此下面所讨论的行列式的性质，只对行的情形加以证明.

性质 2　交换行列式的任意两行(列)，行列式的值改变符号，即

$$\begin{vmatrix} a_{11} & a_{12} & \cdots & a_{1n} \\ \vdots & \vdots & & \vdots \\ a_{i1} & a_{i2} & \cdots & a_{in} \\ \vdots & \vdots & & \vdots \\ a_{k1} & a_{k2} & \cdots & a_{kn} \\ \vdots & \vdots & & \vdots \\ a_{n1} & a_{n2} & \cdots & a_{nn} \end{vmatrix} = -\begin{vmatrix} a_{11} & a_{12} & \cdots & a_{1n} \\ \vdots & \vdots & & \vdots \\ a_{k1} & a_{k2} & \cdots & a_{kn} \\ \vdots & \vdots & & \vdots \\ a_{i1} & a_{i2} & \cdots & a_{in} \\ \vdots & \vdots & & \vdots \\ a_{n1} & a_{n2} & \cdots & a_{nn} \end{vmatrix}. \tag{1.11}$$

证　设式(1.11)中左边的行列式为 D_1，右边的式子为 D_2，且设 D_2 的元素为 b_{ij}，则

$$\begin{aligned} & b_{ij}=a_{kj}, b_{kj}=a_{ij}\ (j=1,2,\cdots,n), \\ & b_{tj}=a_{tj}\ (t\neq i,k;j=1,2,\cdots,n), \\ & (-1)^{\tau(12\cdots k\cdots i\cdots n)}=-(-1)^{\tau(12\cdots i\cdots k\cdots n)}=-1. \end{aligned}$$

按 n 阶行列式的定义，得

$$\begin{aligned} D_2 &= -\sum_{j_1j_2\cdots j_n}(-1)^{\tau(j_1\cdots j_i\cdots j_k\cdots j_n)}b_{1j_1}\cdots b_{ij_i}\cdots b_{kj_k}\cdots b_{nj_n} \\ &= -\sum_{j_1j_2\cdots j_n}(-1)^{\tau(j_1\cdots j_i\cdots j_k\cdots j_n)}a_{1j_1}\cdots a_{kj_i}\cdots a_{ij_k}\cdots a_{nj_n} \\ &= \sum_{j_1j_2\cdots j_n}(-1)^{\tau(j_1\cdots j_i\cdots j_k\cdots j_n)+\tau(12\cdots k\cdots i\cdots n)}a_{1j_1}\cdots a_{kj_i}\cdots a_{ij_k}\cdots a_{nj_n} \\ &= D_1. \end{aligned}$$

根据这个性质可以得出下面重要推论.

推论　如果行列式中有两行(列)相同，则此行列式的值等于零.

证　因为互换行列式 D 中的两个相同的行(列)，其结果仍是 D，但由性质 3 可知其结果为 $-D$，因此 $D=-D$，所以 $D=0$.

例如

$$\begin{vmatrix} a & b & c \\ x & y & z \\ a & b & c \end{vmatrix}=0.$$

性质 3　行列式的某一行(列)中所有的元素都乘以同一个数 k，等于用数 k 乘此行列式.

证　把行列式 $D=\det(a_{ij})$ 的第 i 行乘以同一个数 k，得

$$D_1=\begin{vmatrix} a_{11} & a_{12} & \cdots & a_{1n} \\ \vdots & \vdots & & \vdots \\ ka_{i1} & ka_{i2} & \cdots & ka_{in} \\ \vdots & \vdots & & \vdots \\ a_{n1} & a_{n2} & \cdots & a_{nn} \end{vmatrix},$$

按行列式的定义

$$D_1=\sum_{p_1p_2\cdots p_n}(-1)^{\tau(p_1\cdots p_i\cdots p_n)}a_{1p_1}\cdots(ka_{ip_i})\cdots a_{np_n}$$
$$=k\sum_{p_1p_2\cdots p_n}(-1)^{\tau(p_1\cdots p_i\cdots p_n)}a_{1p_1}\cdots a_{ip_i}\cdots a_{np_n}$$
$$=kD.$$

推论 1 行列式中某一行(列)中所有元素的公因子可以提到行列式符号的外面.

推论 2 如果行列式中某一行(列)的元素全为零,则此行列式的值等于零.

性质 4 如果行列式中某两行(列)的元素成比例,则此行列式的值等于零.

证 不妨设行列式 D 的第 j 行元素是其第 i 行元素的 k 倍,则将行列式中第 j 行元素前的比例系数提到行列式的外面,余下的行列式有两行对应元素相同,因此该行列式的值为零,从而原行列式的值等于零,即

$$D=\begin{vmatrix}a_{11}&a_{12}&\cdots&a_{1n}\\ \vdots&\vdots&&\vdots\\ a_{i1}&a_{i2}&\cdots&a_{in}\\ \vdots&\vdots&&\vdots\\ ka_{i1}&ka_{i2}&\cdots&ka_{in}\\ \vdots&\vdots&&\vdots\\ a_{n1}&a_{n2}&\cdots&a_{nn}\end{vmatrix}=k\begin{vmatrix}a_{11}&a_{12}&\cdots&a_{1n}\\ \vdots&\vdots&&\vdots\\ a_{i1}&a_{i2}&\cdots&a_{in}\\ \vdots&\vdots&&\vdots\\ a_{i1}&a_{i2}&\cdots&a_{in}\\ \vdots&\vdots&&\vdots\\ a_{n1}&a_{n2}&\cdots&a_{nn}\end{vmatrix}=0.$$

例 7 $\begin{vmatrix}1&-2&5\\2&5&6\\-2&4&-10\end{vmatrix}=0$.(因为行列式中第 1 行与第 3 行成比例.)

例 8 求出 x 的四次方程 $f(x)=\begin{vmatrix}1&1&2&3\\1&2-x^2&2&3\\2&3&1&5\\2&3&1&9-x^2\end{vmatrix}=0$ 的所有的根.

解 根据行列式的定义,在它的展开式中必有一项为

$$1\times(2-x^2)\times1\times(9-x^2)=x^4-11x^2+18.$$

而且在这个行列式中,x 的最高次数是 4,所以 $f(x)=0$ 是四次方程,它最多有四个实数根.

将 $x=1$ 代入行列式时,得到行列式

$$\begin{vmatrix}1&1&2&3\\1&1&2&3\\2&3&1&5\\2&3&1&8\end{vmatrix}.$$

它的第 1 行与第 2 行相同,因此其值为 0. 同样,分别将 $x=-1,x=2,x=-2$ 代入行列式时,得到的行列式都有两行相同,故其值必为 0. 所以,$x=\pm1$ 和 $x=\pm2$ 就是所求的四个根.

性质 5 行列式可以按行(列)拆开,即

$$D=\begin{vmatrix} a_{11} & a_{12} & \cdots & a_{1n} \\ \vdots & \vdots & & \vdots \\ a_{i1}+b_{i1} & a_{i2}+b_{i2} & \cdots & a_{in}+b_{in} \\ \vdots & \vdots & & \vdots \\ a_{n1} & a_{n2} & \cdots & a_{nn} \end{vmatrix}$$

$$=\begin{vmatrix} a_{11} & a_{12} & \cdots & a_{1n} \\ \vdots & \vdots & & \vdots \\ a_{i1} & a_{i2} & \cdots & a_{in} \\ \vdots & \vdots & & \vdots \\ a_{n1} & a_{n2} & \cdots & a_{nn} \end{vmatrix}+\begin{vmatrix} a_{11} & a_{12} & \cdots & a_{1n} \\ \vdots & \vdots & & \vdots \\ b_{i1} & b_{i2} & \cdots & b_{in} \\ \vdots & \vdots & & \vdots \\ a_{n1} & a_{n2} & \cdots & a_{nn} \end{vmatrix}.$$

证　按行列式的定义

$$D=\sum_{p_1p_2\cdots p_n}(-1)^{\tau(p_1\cdots p_i\cdots p_n)}a_{1p_1}\cdots(a_{ip_i}+b_{ip_i})\cdots a_{np_n}$$

$$=\sum_{p_1p_2\cdots p_n}(-1)^{\tau(p_1\cdots p_i\cdots p_n)}a_{1p_1}\cdots a_{ip_i}\cdots a_{np_n}+$$

$$\sum_{p_1p_2\cdots p_n}(-1)^{\tau(p_1\cdots p_i\cdots p_n)}a_{1p_1}\cdots b_{ip_i}\cdots a_{np_n}.$$

这正是右边两个行列式的和.

利用性质 5 拆开行列式时,应当逐行、逐列拆开.

性质 6　把行列式 D 的某一行(列)的所有元素都乘以同一个数以后加到另一行(列)的对应元素上去,所得的行列式仍为 D.

证　把 n 阶行列式

$$D=\begin{vmatrix} a_{11} & a_{12} & \cdots & a_{1n} \\ \vdots & \vdots & & \vdots \\ a_{i1} & a_{i2} & \cdots & a_{in} \\ \vdots & \vdots & & \vdots \\ a_{j1} & a_{j2} & \cdots & a_{jn} \\ \vdots & \vdots & & \vdots \\ a_{n1} & a_{n2} & \cdots & a_{nn} \end{vmatrix}$$

的第 j 行的 k 倍加到第 i 行上去即得

$$\begin{vmatrix} a_{11} & a_{12} & \cdots & a_{1n} \\ \vdots & \vdots & & \vdots \\ a_{i1}+ka_{j1} & a_{i2}+ka_{j2} & \cdots & a_{in}+ka_{jn} \\ \vdots & \vdots & & \vdots \\ a_{j1} & a_{j2} & \cdots & a_{jn} \\ \vdots & \vdots & & \vdots \\ a_{n1} & a_{n2} & \cdots & a_{nn} \end{vmatrix}$$

$$=\begin{vmatrix} a_{11} & a_{12} & \cdots & a_{1n} \\ \vdots & \vdots & & \vdots \\ a_{i1} & a_{i2} & \cdots & a_{in} \\ \vdots & \vdots & & \vdots \\ a_{j1} & a_{j2} & \cdots & a_{jn} \\ \vdots & \vdots & & \vdots \\ a_{n1} & a_{n2} & \cdots & a_{nn} \end{vmatrix}+\begin{vmatrix} a_{11} & a_{12} & \cdots & a_{1n} \\ \vdots & \vdots & & \vdots \\ ka_{j1} & ka_{j2} & \cdots & ka_{jn} \\ \vdots & \vdots & & \vdots \\ a_{j1} & a_{j2} & \cdots & a_{jn} \\ \vdots & \vdots & & \vdots \\ a_{n1} & a_{n2} & \cdots & a_{nn} \end{vmatrix}=D+0=D.$$

因为上式中第二个行列式有两行成比例,故其值为零.

为了叙述方便,引进以下记号:

(1) 对换行列式的 i,j 两行(或列),记作 $r_i\leftrightarrow r_j$(或 $c_i\leftrightarrow c_j$);

(2) 把行列式的第 i 行(或列)提出公因子 k,记作 $r_i\div k$(或 $c_i\div k$);

(3) 把行列式的第 j 行(或列)的 k 倍加到第 i 行(或列)上,记作 r_i+kr_j(或 c_i+kc_j).

例 9 计算行列式

$$D=\begin{vmatrix} 1 & 2 & 6 \\ 3 & -2 & 1 \\ 301 & -204 & 106 \end{vmatrix}.$$

解 $D=\begin{vmatrix} 1 & 2 & 6 \\ 3 & -2 & 1 \\ 300+1 & -200-4 & 100+6 \end{vmatrix}$

$$=\begin{vmatrix} 1 & 2 & 6 \\ 3 & -2 & 1 \\ 300 & -200 & 100 \end{vmatrix}+\begin{vmatrix} 1 & 2 & 6 \\ 3 & -2 & 1 \\ 1 & -4 & 6 \end{vmatrix}=0+\begin{vmatrix} 1 & 2 & 6 \\ 3 & -2 & 1 \\ 1 & -4 & 6 \end{vmatrix}$$

$$=1\times(-2)\times6+2\times1\times1+6\times3\times(-4)-6\times(-2)\times1-2\times3\times6-1\times1\times(-4)=-102.$$

例 10 证明 $D=\begin{vmatrix} 1 & 1 & 0 & 0 \\ 1 & k & 1 & 0 \\ 0 & 0 & k & 2 \\ 0 & 0 & 2 & k \end{vmatrix}=0$ 的充分必要条件是 $k=1$ 或 $k=\pm2$.

证 $D=\begin{vmatrix} 1 & 1 & 0 & 0 \\ 1 & k & 1 & 0 \\ 0 & 0 & k & 2 \\ 0 & 0 & 2 & k \end{vmatrix}\overset{r_2+(-1)r_1}{=\!=\!=}\begin{vmatrix} 1 & 1 & 0 & 0 \\ 0 & k-1 & 1 & 0 \\ 0 & 0 & k & 2 \\ 0 & 0 & 2 & k \end{vmatrix}\overset{r_3+r_4}{=\!=\!=}\begin{vmatrix} 1 & 1 & 0 & 0 \\ 0 & k-1 & 1 & 0 \\ 0 & 0 & k+2 & k+2 \\ 0 & 0 & 2 & k \end{vmatrix}$

$$=(k+2)\begin{vmatrix} 1 & 1 & 0 & 0 \\ 0 & k-1 & 1 & 0 \\ 0 & 0 & 1 & 1 \\ 0 & 0 & 2 & k \end{vmatrix}\overset{r_4+(-2)r_3}{=\!=\!=}(k+2)\begin{vmatrix} 1 & 1 & 0 & 0 \\ 0 & k-1 & 1 & 0 \\ 0 & 0 & 1 & 1 \\ 0 & 0 & 0 & k-2 \end{vmatrix}$$

$=(k-1)(k^2-4)=0\Leftrightarrow k=1$ 或 $k=\pm2$.

例 11 计算 n 阶行列式

$$D=\begin{vmatrix} a & b & b & \cdots & b \\ b & a & b & \cdots & b \\ b & b & a & \cdots & b \\ \vdots & \vdots & \vdots & & \vdots \\ b & b & b & \cdots & a \end{vmatrix}.$$

解　这个 n 阶行列式的特点是：每一行的元素之和等于常数 $a+(n-1)b$. 因此，把第 2 列、第 3 列、…、第 n 列分别加到第 1 列上，就可以使第 1 列有公因子 $a+(n-1)b$，把它提出去，则第 1 列元素全为 1. 从而用行列式的性质 5，容易化成上三角形行列式.

当 $n\geqslant 2$ 时，有

$$D=\begin{vmatrix} a & b & b & \cdots & b \\ b & a & b & \cdots & b \\ b & b & a & \cdots & b \\ \vdots & \vdots & \vdots & & \vdots \\ b & b & b & \cdots & a \end{vmatrix}=\begin{vmatrix} a+(n-1)b & b & b & \cdots & b \\ a+(n-1)b & a & b & \cdots & b \\ a+(n-1)b & b & a & \cdots & b \\ \vdots & \vdots & \vdots & & \vdots \\ a+(n-1)b & b & b & \cdots & a \end{vmatrix}$$

$$=[a+(n-1)b]\begin{vmatrix} 1 & b & b & \cdots & b \\ 1 & a & b & \cdots & b \\ 1 & b & a & \cdots & b \\ \vdots & \vdots & \vdots & & \vdots \\ 1 & b & b & \cdots & a \end{vmatrix}$$

$$=[a+(n-1)b]\begin{vmatrix} 1 & b & b & \cdots & b \\ 0 & a-b & 0 & \cdots & 0 \\ 0 & 0 & a-b & \cdots & 0 \\ \vdots & \vdots & \vdots & & \vdots \\ 0 & 0 & 0 & \cdots & a-b \end{vmatrix}$$

$$=[a+(n-1)b](a-b)^{n-1}.$$

当 $n=1$ 时，上述公式也成立.

例 12　计算行列式 $\begin{vmatrix} a_1-b_1 & a_1-b_2 & a_1-b_3 \\ a_2-b_1 & a_2-b_2 & a_2-b_3 \\ a_3-b_1 & a_3-b_2 & a_3-b_3 \end{vmatrix}$.

解　将行列式的后两行都减去第 1 行，得

$$\begin{vmatrix} a_1-b_1 & a_1-b_2 & a_1-b_3 \\ a_2-b_1 & a_2-b_2 & a_2-b_3 \\ a_3-b_1 & a_3-b_2 & a_3-b_3 \end{vmatrix}=\begin{vmatrix} a_1-b_1 & a_1-b_2 & a_1-b_3 \\ a_2-a_1 & a_2-a_1 & a_2-a_1 \\ a_3-a_1 & a_3-a_1 & a_3-a_1 \end{vmatrix}$$

$$=(a_2-a_1)(a_3-a_1)\begin{vmatrix} a_1-b_1 & a_1-b_2 & a_1-b_3 \\ 1 & 1 & 1 \\ 1 & 1 & 1 \end{vmatrix}=0.$$

§1.5 行列式的展开定理

一、按一行(列)展开

把高阶行列式的计算化为低阶行列式的计算(即降阶)是简化行列式计算的一种有效方法,行列式按一行(列)展开公式是这种方法的基本工具. 首先引入余子式和代数余子式的概念.

定义 5 在 D_n 中划去元素 a_{ij} 所在的第 i 行和第 j 列后剩下的 $n-1$ 行和 $n-1$ 列元素,按原来的相对顺序组成一个 $n-1$ 阶行列式,记为 M_{ij},即

$$M_{ij}=\begin{vmatrix} a_{11} & \cdots & a_{1,j-1} & a_{1,j+1} & \cdots & a_{1,n} \\ \vdots & & \vdots & \vdots & & \vdots \\ a_{i-1,1} & \cdots & a_{i-1,j-1} & a_{i-1,j+1} & \cdots & a_{i-1,n} \\ a_{i+1,1} & \cdots & a_{i+1,j-1} & a_{i+1,j+1} & \cdots & a_{i+1,n} \\ \vdots & & \vdots & \vdots & & \vdots \\ a_{n,1} & \cdots & a_{n,j-1} & a_{n,j+1} & \cdots & a_{n,n} \end{vmatrix},$$

称 M_{ij} 为元素 a_{ij} 的**余子式**. 令

$$A_{ij}=(-1)^{i+j}M_{ij},$$

称 A_{ij} 为元素 a_{ij} 的**代数余子式**$(i,j=1,2,\cdots,n)$.

例如,在四阶行列式

$$D=\begin{vmatrix} a_{11} & a_{12} & a_{13} & a_{14} \\ a_{21} & a_{22} & a_{23} & a_{24} \\ a_{31} & a_{32} & a_{33} & a_{34} \\ a_{41} & a_{42} & a_{43} & a_{44} \end{vmatrix}$$

中,元素 a_{23} 的余子式和代数余子式分别为

$$M_{23}=\begin{vmatrix} a_{11} & a_{12} & a_{14} \\ a_{31} & a_{32} & a_{34} \\ a_{41} & a_{42} & a_{44} \end{vmatrix},$$

$$A_{23}=(-1)^{2+3}M_{23}=-M_{23}.$$

再如,元素 a_{31} 的余子式和代数余子式分别为

$$M_{31}=\begin{vmatrix} a_{12} & a_{13} & a_{14} \\ a_{22} & a_{23} & a_{24} \\ a_{42} & a_{43} & a_{44} \end{vmatrix},$$

$$A_{31}=(-1)^{3+1}M_{31}=M_{31}.$$

定理 3 行列式 D 等于它的任一行(列)的各元素与其对应的代数余子式的乘积之和,即

$$D=a_{i1}A_{i1}+a_{i2}A_{i2}+\cdots+a_{in}A_{in}\quad(i=1,2,\cdots,n),$$

或

$$D=a_{1j}A_{1j}+a_{2j}A_{2j}+\cdots+a_{nj}A_{nj}\quad(j=1,2,\cdots,n).$$

证　分三步证明此定理.

(1) 考虑行列式

$$D_1=\begin{vmatrix} a_{11} & 0 & \cdots & 0 \\ a_{21} & a_{22} & \cdots & a_{2n} \\ \vdots & \vdots & & \vdots \\ a_{n1} & a_{n2} & \cdots & a_{nn} \end{vmatrix},$$

D_1 中第 1 行除 a_{11} 外,其余的元素全为零,根据行列式的定义有

$$\begin{aligned} D_1 &= \sum(-1)^{\tau(p_1p_2\cdots p_n)}a_{1p_1}a_{2p_2}\cdots a_{np_n} \\ &= \sum_{p_1=1}(-1)^{\tau(1p_2\cdots p_n)}a_{11}a_{2p_2}\cdots a_{np_n}+\sum_{p_1\neq1}(-1)^{\tau(p_1p_2\cdots p_n)}a_{1p_1}a_{2p_2}\cdots a_{np_n}, \end{aligned}$$

当 $p_1\neq1$ 时,$a_{1p_1}=0$,故

$$\begin{aligned} D_1 &= \sum(-1)^{\tau(1p_2\cdots p_n)}a_{11}a_{2p_2}\cdots a_{np_n} \\ &= a_{11}\sum_{p_1=1}(-1)^{\tau(p_2\cdots p_n)}a_{2p_2}\cdots a_{np_n} \\ &= a_{11}M_{11}=a_{11}(-1)^{1+1}M_{11}=a_{11}A_{11}. \end{aligned}$$

(2) 设行列式

$$D_2=\begin{vmatrix} a_{11} & \cdots & a_{1j} & \cdots & a_{1n} \\ \vdots & & \vdots & & \vdots \\ 0 & \cdots & a_{ij} & \cdots & 0 \\ \vdots & & \vdots & & \vdots \\ a_{n1} & \cdots & a_{nj} & \cdots & a_{nn} \end{vmatrix},$$

D_2 中第 i 行除 a_{ij} 外其余的元素都为零. 为了利用(1)的结果,可将行列式进行调换,使得 a_{ij} 位于行列式的左上角. 首先把第 i 行依次与第 $i-1$ 行,第 $i-2$ 行,…,第 1 行做相邻对换,这样就把第 i 行移到第 1 行上,对换的次数为 $i-1$ 次; 再把第 j 列依次与第 $j-1$ 列,第 $j-2$ 列,…,第 1 列做相邻对换,这样又做了 $j-1$ 次对换,把 a_{ij} 调换到行列式的左上角,总共做了 $i+j-2$ 次对换,根据行列式的性质有

$$D_2=(-1)^{i+j-2}\begin{vmatrix} a_{ij} & 0 & \cdots & 0 & 0 & \cdots & 0 \\ a_{1j} & a_{11} & \cdots & a_{1j-1} & a_{1j+1} & \cdots & a_{1n} \\ \vdots & \vdots & & \vdots & \vdots & & \vdots \\ a_{i-1j} & a_{i-11} & \cdots & a_{i-1j-1} & a_{i-1j+1} & \cdots & a_{i-1n} \\ a_{i+1j} & a_{i+11} & \cdots & a_{i+1j-1} & a_{i+1j+1} & \cdots & a_{i+1n} \\ \vdots & \vdots & & \vdots & \vdots & & \vdots \\ a_{nj} & a_{n1} & \cdots & a_{nj-1} & a_{nj+1} & \cdots & a_{nn} \end{vmatrix},$$

利用(1)的结果得

$$\begin{aligned} D_2 &=(-1)^{i+j-2}a_{ij}M_{ij} \\ &=(-1)^{i+j}a_{ij}M_{ij} \\ &=a_{ij}A_{ij}. \end{aligned}$$

(3) 由行列式的性质,可得

$$D=\begin{vmatrix} a_{11} & a_{12} & \cdots & a_{1n} \\ \vdots & \vdots & & \vdots \\ a_{i1}+0+\cdots+0 & 0+a_{i2}+\cdots+0 & \cdots & 0+\cdots+0+a_{in} \\ \vdots & \vdots & & \vdots \\ a_{n1} & a_{n2} & \cdots & a_{nn} \end{vmatrix}$$

$$=\begin{vmatrix} a_{11} & a_{12} & \cdots & a_{1n} \\ \vdots & \vdots & & \vdots \\ a_{i1} & 0 & \cdots & 0 \\ \vdots & \vdots & & \vdots \\ a_{n1} & a_{n2} & \cdots & a_{nn} \end{vmatrix}+\begin{vmatrix} a_{11} & a_{12} & \cdots & a_{1n} \\ \vdots & \vdots & & \vdots \\ 0 & a_{i2} & \cdots & 0 \\ \vdots & \vdots & & \vdots \\ a_{n1} & a_{n2} & \cdots & a_{nn} \end{vmatrix}+\cdots+\begin{vmatrix} a_{11} & a_{12} & \cdots & a_{1n} \\ \vdots & \vdots & & \vdots \\ 0 & 0 & \cdots & 0a_{in} \\ \vdots & \vdots & & \vdots \\ a_{n1} & a_{n2} & \cdots & a_{nn} \end{vmatrix},$$

再利用(2)的结果,有

$$D=a_{i1}A_{i1}+a_{i2}A_{i2}+\cdots+a_{in}A_{in}\quad(i=1,2,\cdots,n).$$

定理 3 叫作**行列式按行(列)展开法则.**

由定理 3 可得下面的重要推论.

推论 行列式某一行(列)的元素与另一行(列)的对应元素的代数余子的乘积之和等于零.即

$$a_{i1}A_{j1}+a_{i2}A_{j2}+\cdots+a_{in}A_{jn}=0\quad(i\neq j),$$

或

$$a_{1i}A_{1j}+a_{2i}A_{2j}+\cdots+a_{ni}A_{nj}=0\quad(i\neq j).$$

证 设 $D=\det(a_{ij})$,把 D 的第 j 元素换成第 i 行元素所得新的行列式记为

$$D_1=\begin{vmatrix} a_{11} & a_{12} & \cdots & a_{1n} \\ \vdots & \vdots & & \vdots \\ a_{i1} & a_{i2} & \cdots & a_{in} \\ \vdots & \vdots & & \vdots \\ a_{i1} & a_{i2} & \cdots & a_{in} \\ \vdots & \vdots & & \vdots \\ a_{n1} & a_{n2} & \cdots & a_{nn} \end{vmatrix}\begin{matrix} \\ \\ i\text{ 行} \\ \\ j\text{ 行} \\ \\ \\ \end{matrix}.$$

将 D_1 按第 j 行展开,则

$$D_1=a_{i1}A_{j1}+a_{i2}A_{j2}+\cdots+a_{in}A_{jn},$$

因 D_1 有两行完全相同,故 $D_1=0$,从而

$$a_{i1}A_{j1}+a_{i2}A_{j2}+\cdots+a_{in}A_{jn}=0\quad(i\neq j).$$

同样,对列的情形有

$$a_{1i}A_{1j}+a_{2i}A_{2j}+\cdots+a_{ni}A_{nj}=0\quad(i\neq j).$$

综合定理 3 及其推论,有展开式

$$\sum_{j=1}^{n}a_{kj}A_{ij}=\delta_{ki}D,\tag{1.12}$$

$$\sum_{j=1}^{n}a_{jk}A_{ji}=\delta_{ki}D,\tag{1.13}$$

其中,称 $\delta_{ki}=\begin{cases}1, & k=i,\\ 0, & k\neq i\end{cases}$ **为克罗内克**(Kronecker)**符号,或克氏符号.**

二、行列式的计算

在计算上,若直接应用定理3展开行列式,一般情况下并不能减少计算量,除非行列式中某一行(列)含有较多的元素为零.若将n阶行列式按第i行(列)展开,第i行(列)中多一个零元素,就少计算一个$n-1$阶行列式,因此在具体计算时,总是先利用行列式的性质,将某一行(列)元素化成有尽可能多的零元素,然后再应用定理3展开计算.

具体计算行列式时,主要采用以下两种基本方法.

(1) 利用行列式的性质,把原行列式化为容易求值的行列式.常用的方法是把原行列式化为上三角(或下三角)行列式求值.此时要注意的是,在互换两行或两列时,必须在新的行列式的前面乘上(-1).在按行或按列提取公因数k时,必须在新的行列式的前面乘上k.

(2) 把原行列式按选定的某一行或某一列展开以后,把行列式的阶数降低,再求出它的值.通常利用性质5在某一行或某一列中产生很多数"0",再按包含0最多的行或列展开.

例 13 计算行列式$\begin{vmatrix} 2 & 3 & 1 & 0 \\ 4 & -2 & -1 & -1 \\ -2 & 1 & 2 & 1 \\ 0 & 1 & 1 & 0 \end{vmatrix}$.

解 由于上三角行列式和下三角行列式的值等于其主对角线上元素的乘积,所以只要设法利用行列式的性质将行列式化为上三角行列式或下三角行列式,即可求出行列式的值.

$$\begin{vmatrix} 2 & 3 & 1 & 0 \\ 4 & -2 & -1 & -1 \\ -2 & 1 & 2 & 1 \\ 0 & 1 & 1 & 0 \end{vmatrix} \xlongequal[r_3+r_1]{r_2+(-2)r_1} \begin{vmatrix} 2 & 3 & 1 & 0 \\ 0 & -8 & -3 & -1 \\ 0 & 4 & 3 & 1 \\ 0 & 1 & 1 & 0 \end{vmatrix} \xlongequal{r_2\leftrightarrow r_4} - \begin{vmatrix} 2 & 3 & 1 & 0 \\ 0 & 1 & 1 & 0 \\ 0 & 4 & 3 & 1 \\ 0 & -8 & -3 & -1 \end{vmatrix}$$

$$\xlongequal[r_4+8r_2]{r_3+(-4)r_2} - \begin{vmatrix} 2 & 3 & 1 & 0 \\ 0 & 1 & 1 & 0 \\ 0 & 0 & -1 & 1 \\ 0 & 0 & 5 & -1 \end{vmatrix} \xlongequal{r_4+5r_3} - \begin{vmatrix} 2 & 3 & 1 & 0 \\ 0 & 1 & 1 & 0 \\ 0 & 0 & -1 & 1 \\ 0 & 0 & 0 & 4 \end{vmatrix} = 8.$$

在将行列式化为下三角行列式时,我们用适当变换先确定(1,1)位置的元素,接着设法将第1列中其他元素化为零;然后类似地确定(2,2)位置的元素,再将第2列中(2,2)位置下面的元素全化为零,这样继续做下去,即可把行列式化为下三角行列式.

例 14 计算行列式

$$D=\begin{vmatrix} \lambda-1 & 3 & 2 \\ 4 & \lambda-2 & -1 \\ -4 & 5 & \lambda+4 \end{vmatrix}.$$

解 $D=\begin{vmatrix} \lambda-1 & 3 & 2 \\ 4 & \lambda-2 & -1 \\ 0 & \lambda+3 & \lambda+3 \end{vmatrix}=(\lambda+3)\begin{vmatrix} \lambda-1 & 3 & 2 \\ 4 & \lambda-2 & -1 \\ 0 & 1 & 1 \end{vmatrix}$

$$=(\lambda+3)\begin{vmatrix} \lambda-1 & 1 & 2 \\ 4 & \lambda-1 & -1 \\ 0 & 0 & 1 \end{vmatrix}=(\lambda+3)(\lambda+1)(\lambda-3).$$

例 15 计算$2n$阶行列式

$$D_{2n}=\begin{vmatrix} a & & & & & & & b \\ & a & & & & & b & \\ & & \ddots & & & \iddots & & \\ & & & a & b & & & \\ & & & c & d & & & \\ & & \iddots & & & \ddots & & \\ & c & & & & & d & \\ c & & & & & & & d \end{vmatrix}.$$

解 按第 1 行展开

$$D_{2n}=a\begin{vmatrix} a & & & & & & b & 0 \\ & \ddots & & & & \iddots & & \\ & & a & b & & & & \\ & & c & d & & & & \\ & \iddots & & & \ddots & & & \\ c & & & & & & d & 0 \\ 0 & & & & & & 0 & d \end{vmatrix}+$$

$$b(-1)^{1+2n}\begin{vmatrix} 0 & a & & & & & & b \\ & & \ddots & & & & \iddots & \\ & & & a & b & & & \\ & & & c & d & & & \\ & & \iddots & & & & \ddots & \\ 0 & c & & & & & 0 & d \\ c & 0 & & & & & 0 & 0 \end{vmatrix},$$

把这两个 $2n-1$ 阶行列式按最后一行展开,有

$$D_{2n}=adD_{2n-2}-bcD_{2n-2}=(ad-bc)D_{2(n-1)},$$

以此作为递推公式,可得

$$\begin{aligned} D_{2n}&=(ad-bc)D_{2(n-1)}=(ad-bc)^2D_{2(n-2)} \\ &=\cdots=(ad-bc)^{n-1}D_2 \\ &=(ad-bc)^{n-1}\begin{vmatrix} a & b \\ c & d \end{vmatrix}=(ad-bc)^n. \end{aligned}$$

上述行列式中未写出的元素全为零.

例 16 证明**范德蒙德**(Vandermonde)**行列式**

$$D_n=\begin{vmatrix} 1 & 1 & \cdots & 1 \\ a_1 & a_2 & \cdots & a_n \\ a_1^2 & a_2^2 & \cdots & a_n^2 \\ \vdots & \vdots & & \vdots \\ a_1^{n-1} & a_2^{n-1} & \cdots & a_n^{n-1} \end{vmatrix}=\prod_{1\leqslant j<i\leqslant n}(a_i-a_j).$$

证 用数学归纳法. 当 $n=2$ 时,

$$D_2=\begin{vmatrix} 1 & 1 \\ a_1 & a_2 \end{vmatrix}=a_2-a_1=\prod_{1\leqslant j<i\leqslant 2}(a_i-a_j).$$

结论成立.

假设结论对 $n-1$ 阶范德蒙德行列式成立,下面证明结论对 n 阶也成立.

由 D_n 的最后一行开始,后行减去前行的 a_1 倍,得

$$D_n=\begin{vmatrix} 1 & 1 & 1 & \cdots & 1 \\ 0 & a_2-a_1 & a_3-a_1 & \cdots & a_n-a_1 \\ 0 & a_2(a_2-a_1) & a_3(a_3-a_1) & \cdots & a_n(a_n-a_1) \\ \vdots & \vdots & \vdots & & \vdots \\ 0 & a_2^{n-2}(a_2-a_1) & a_3^{n-2}(a_3-a_1) & \cdots & a_n^{n-2}(a_n-a_1) \end{vmatrix},$$

然后按第 1 列展开,并提出各列的公因子,得

$$D_n=(a_n-a_1)(a_{n-1}-a_1)\cdots(a_2-a_1)\begin{vmatrix} 1 & 1 & \cdots & 1 \\ a_2 & a_3 & \cdots & a_n \\ \vdots & \vdots & & \vdots \\ a_2^{n-2} & a_3^{n-2} & \cdots & a_n^{n-2} \end{vmatrix},$$

上式右端的行列式是 $n-1$ 阶范德蒙德行列式,根据归纳假设,得

$$\begin{aligned} D_n &= (a_n-a_1)(a_{n-1}-a_1)\cdots(a_2-a_1)\prod_{2\leqslant j<i\leqslant n}(a_i-a_j) \\ &= \prod_{1\leqslant j<i\leqslant n}(a_i-a_j). \end{aligned}$$

例 17　计算 n 阶行列式

$$D_n=\begin{vmatrix} x_1 & a_{12} & a_{13} & \cdots & a_{1n} \\ x_1 & x_2 & a_{23} & \cdots & a_{2n} \\ x_1 & x_2 & x_3 & \cdots & a_{3n} \\ \cdots & \cdots & \cdots & & \cdots \\ x_1 & x_2 & x_3 & \cdots & x_n \end{vmatrix}.$$

解　从第 n 行开始依次从下面一行减去上面一行,得

$$\begin{aligned} D_n &= \begin{vmatrix} x_1 & a_{12} & a_{13} & \cdots & a_{1n} \\ 0 & x_2-a_{12} & a_{23}-a_{13} & \cdots & a_{2n}-a_{1n} \\ 0 & 0 & x_3-a_{23} & \cdots & a_{3n}-a_{1n} \\ \vdots & \vdots & \vdots & & \vdots \\ 0 & 0 & 0 & \cdots & x_n-a_{n-1,n} \end{vmatrix} \\ &= x_1(x_2-a_{12})(x_3-a_{23})\cdots(x_n-a_{n-1,n}) \\ &= x_1\prod_{i=2}^{n}(x_i-a_{i-1,i}). \end{aligned}$$

例 18　证明

$$D_n=\begin{vmatrix} x & -1 & 0 & \cdots & 0 & 0 \\ 0 & x & -1 & \cdots & 0 & 0 \\ \vdots & \vdots & \vdots & & \vdots & \vdots \\ 0 & 0 & 0 & \cdots & x & -1 \\ a_n & a_{n-1} & a_{n-2} & \cdots & a_2 & x+a_1 \end{vmatrix}$$

$$=x^n+a_1x^{n-1}+\cdots+a_{n-1}x+a_n.$$

证　方法1　将 D_n 按第1列展开,得

$$D_n=x(-1)^{1+1}\begin{vmatrix} x & -1 & 0 & \cdots & 0 & 0 \\ 0 & x & -1 & \cdots & 0 & 0 \\ \vdots & \vdots & \vdots & & \vdots & \vdots \\ 0 & 0 & 0 & \cdots & x & -1 \\ a_{n-1} & a_{n-2} & a_{n-3} & \cdots & a_2 & x+a_1 \end{vmatrix}+$$

$$a_n(-1)^{n+1}\begin{vmatrix} -1 & 0 & \cdots & 0 & 0 \\ x & -1 & \cdots & 0 & 0 \\ \vdots & \vdots & & \vdots & \vdots \\ 0 & 0 & \cdots & x & -1 \end{vmatrix}$$

$$=xD_{n-1}+a_n.$$

由此得到递推公式:$D_n=xD_{n-1}+a_n$,利用此递推公式可得

$$\begin{aligned} D_n &=xD_{n-1}+a_n \\ &=x(xD_{n-2}+a_{n-1})+a_n \\ &=x^2D_{n-2}+a_{n-1}x+a_n \\ &=\cdots \\ &=x^{n-1}D_1+a_2x^{n-2}+\cdots+a_{n-1}x+a_n \\ &=x^{n-1}|a_1+x|+a_2x^{n-2}+\cdots+a_{n-1}x+a_n \\ &=x^n+a_1x^{n-1}+a_2x^{n-2}+\cdots+a_{n-1}x+a_n. \end{aligned}$$

方法2　将 D_n 按第 n 行展开,得

$$D_n=a_n(-1)^{n+1}\begin{vmatrix} -1 & 0 & \cdots & 0 & 0 \\ x & -1 & \cdots & 0 & 0 \\ \vdots & \vdots & & \vdots & \vdots \\ 0 & 0 & \cdots & x & -1 \end{vmatrix}+a_{n-1}(-1)^{n+2}\begin{vmatrix} x & 0 & \cdots & 0 & 0 \\ 0 & -1 & \cdots & 0 & 0 \\ \vdots & \vdots & & \vdots & \vdots \\ 0 & 0 & \cdots & x & -1 \end{vmatrix}+\cdots+$$

$$a_2(-1)^{n+(n-1)}\begin{vmatrix} x & -1 & 0 & \cdots & 0 \\ 0 & x & -1 & \cdots & 0 \\ \vdots & \vdots & \vdots & & \vdots \\ 0 & 0 & 0 & \cdots & -1 \end{vmatrix}+(x+a_1)(-1)^{n+n}\begin{vmatrix} x & -1 & 0 & \cdots & 0 \\ 0 & x & -1 & \cdots & 0 \\ \vdots & \vdots & \vdots & & \vdots \\ 0 & 0 & 0 & \cdots & x \end{vmatrix}$$

$$\begin{aligned} &=a_n(-1)^{n+1}(-1)^{n-1}+a_{n-1}(-1)^{n+2}\cdot x\cdot(-1)^{n-2}+\cdots+ \\ &\quad a_2(-1)^{2n-1}\cdot x^{n-2}\cdot(-1)+(x+a_1)x^{n-1} \\ &=x^n+a_1x^{n-1}+a_2x^{n-2}+\cdots+a_{n-1}x+a_n. \end{aligned}$$

例19　计算 n 阶行列式

$$D_n=\begin{vmatrix} 2 & 1 & 0 & \cdots & 0 & 0 \\ 1 & 2 & 1 & \cdots & 0 & 0 \\ 0 & 1 & 2 & \cdots & 0 & 0 \\ \vdots & \vdots & \vdots & & \vdots & \vdots \\ 0 & 0 & 0 & \cdots & 2 & 1 \\ 0 & 0 & 0 & \cdots & 1 & 2 \end{vmatrix}.$$

解 将 D_n 按第 1 列展开，得

$$D_n=2D_{n-1}+(-1)^{1+2}\begin{vmatrix}1&0&0&\cdots&0&0\\1&2&1&\cdots&0&0\\0&1&2&\cdots&0&0\\\vdots&\vdots&\vdots&&\vdots&\vdots\\0&0&0&\cdots&1&2\end{vmatrix},$$

再将右端第二个行列式按第 1 行展开，得

$$D_n=2D_{n-1}-D_{n-2},$$

即

$$D_n-D_{n-1}=D_{n-1}-D_{n-2}.$$

由此递推得

$$D_n-D_{n-1}=D_{n-1}-D_{n-2}=\cdots=D_2-D_1=3-2=1.$$

因此

$$D_n=D_{n-1}+1=D_{n-2}+2=\cdots=D_1+(n-1)=n+1.$$

三*、拉普拉斯定理

拉普拉斯定理可看成是行列式按一行展开公式的推广.

定义 6 在 n 阶行列式

$$D=\begin{vmatrix}a_{11}&a_{12}&\cdots&a_{1n}\\a_{21}&a_{22}&\cdots&a_{2n}\\\vdots&\vdots&&\vdots\\a_{n1}&a_{n2}&\cdots&a_{nn}\end{vmatrix}$$

中任意选定 k 行（第 $i_1,i_2,\cdots,i_k$ 行）与 k 列（第 $j_1,j_2,\cdots,j_k$ 列），位于这些行和列的相交处的元素按原来的次序构成的 k 阶行列式

$$N=\begin{vmatrix}a_{i_1j_1}&a_{i_1j_2}&\cdots&a_{i_1j_k}\\a_{i_2j_1}&a_{i_2j_2}&\cdots&a_{i_2j_k}\\\vdots&\vdots&&\vdots\\a_{i_kj_1}&a_{i_kj_2}&\cdots&a_{i_kj_k}\end{vmatrix}$$

称为该行列式的一个 k **阶子式**，在 D 中去掉这些行和列后剩下的元素按原来的次序构成的一个 $n-k$ 阶子式，称为 N 的**余子式**，记为 M，称

$$A=(-1)^{i_1+\cdots+i_k+j_1+\cdots+j_k}M$$

为 N 的**代数余子式**.

定理 4（拉普拉斯定理） 在 n 阶行列式 D 中，任取 k 行（列），设由这 k 行（列）元素所组成的所有 k 阶子式为 $N_1,N_2,\cdots,N_m$ $(m=C_n^k)$，其所对应的代数余子式分别为 $A_1,A_2,\cdots,A_m$，则有

$$D=N_1A_1+N_2A_2+\cdots+N_mA_m.$$

此定理的证明比较烦琐，略去.

例 20 设

$$D=\begin{vmatrix} a_{11} & a_{12} & \cdots & a_{1k} & 0 & 0 & \cdots & 0 \\ \vdots & \vdots & & \vdots & \vdots & \vdots & & \vdots \\ a_{k1} & a_{k2} & \cdots & a_{kk} & 0 & 0 & \cdots & 0 \\ c_{11} & c_{12} & \cdots & c_{1k} & b_{11} & b_{12} & \cdots & b_{1r} \\ \vdots & \vdots & & \vdots & \vdots & \vdots & & \vdots \\ c_{r1} & c_{r2} & \cdots & c_{rk} & b_{r1} & b_{r2} & \cdots & b_{rr} \end{vmatrix},$$

$$D_1=\begin{vmatrix} a_{11} & a_{12} & \cdots & a_{1k} \\ a_{21} & a_{22} & \cdots & a_{2k} \\ \vdots & \vdots & & \vdots \\ a_{k1} & a_{k2} & \cdots & a_{kk} \end{vmatrix}, \quad D_2=\begin{vmatrix} b_{11} & b_{12} & \cdots & b_{1r} \\ b_{21} & b_{22} & \cdots & b_{2r} \\ \vdots & \vdots & & \vdots \\ b_{r1} & b_{r2} & \cdots & b_{rr} \end{vmatrix},$$

证明 $D=D_1D_2$.

证 选取 D 的前 k 行,则由前 k 行组成的所有 k 阶行列式中,只有 D_1 可能不为零,根据定理 4 有

$$D=\begin{vmatrix} a_{11} & a_{12} & \cdots & a_{1k} \\ a_{21} & a_{22} & \cdots & a_{2k} \\ \vdots & \vdots & & \vdots \\ a_{k1} & a_{k2} & \cdots & a_{kk} \end{vmatrix} \cdot (-1)^{(1+2+\cdots+k)+(1+2+\cdots+k)} \begin{vmatrix} b_{11} & b_{12} & \cdots & b_{1r} \\ b_{21} & b_{22} & \cdots & b_{2r} \\ \vdots & \vdots & & \vdots \\ b_{r1} & b_{r2} & \cdots & b_{rr} \end{vmatrix}$$

$$=D_1D_2.$$

例 21 证明两个 n 阶行列式的乘积公式

$$\begin{vmatrix} a_{11} & a_{12} & \cdots & a_{1n} \\ a_{21} & a_{22} & \cdots & a_{2n} \\ \vdots & \vdots & & \vdots \\ a_{n1} & a_{n2} & \cdots & a_{nn} \end{vmatrix} \cdot \begin{vmatrix} b_{11} & b_{12} & \cdots & b_{1n} \\ b_{21} & b_{22} & \cdots & b_{2n} \\ \vdots & \vdots & & \vdots \\ b_{n1} & b_{n2} & \cdots & b_{nn} \end{vmatrix} = \begin{vmatrix} c_{11} & c_{12} & \cdots & c_{1n} \\ c_{21} & c_{22} & \cdots & c_{2n} \\ \vdots & \vdots & & \vdots \\ c_{n1} & c_{n2} & \cdots & c_{nn} \end{vmatrix},$$

其中 $c_{ij}=a_{i1}b_{1j}+a_{i2}b_{2j}+\cdots+a_{in}b_{nj}=\sum_{k=1}^{n}a_{ik}b_{kj}\,(i,j=1,2,\cdots,n)$,即乘积行列式的第 i 行第 j 列元素 c_{ij} 等于左端第一个行列式的第 i 行元素与第二个行列式的第 j 列对应元素乘积之和.

证 构造一个 $2n$ 阶行列式

$$D=\begin{vmatrix} a_{11} & a_{12} & \cdots & a_{1n} & 0 & 0 & \cdots & 0 \\ a_{21} & a_{22} & \cdots & a_{2n} & 0 & 0 & \cdots & 0 \\ \vdots & \vdots & & \vdots & \vdots & \vdots & & \vdots \\ a_{n1} & a_{n2} & \cdots & a_{nn} & 0 & 0 & \cdots & 0 \\ -1 & 0 & \cdots & 0 & b_{11} & b_{12} & \cdots & b_{1n} \\ 0 & -1 & \cdots & 0 & b_{21} & b_{22} & \cdots & b_{2n} \\ \vdots & \vdots & & \vdots & \vdots & \vdots & & \vdots \\ 0 & 0 & \cdots & -1 & b_{n1} & b_{n2} & \cdots & b_{nn} \end{vmatrix},$$

将行列式 D 的第 1 列的 b_{1i} 倍,第 2 列的 b_{2i} 倍,$\cdots$,第 n 列的 b_{ni} 倍都加到第 $n+i$ 列上($i=1,2,\cdots,n$),这样就把行列式 D 化为

$$D=\begin{vmatrix} a_{11} & a_{12} & \cdots & a_{1n} & c_{11} & c_{12} & \cdots & c_{1n} \\ a_{21} & a_{22} & \cdots & a_{2n} & c_{21} & c_{22} & \cdots & c_{2n} \\ \vdots & \vdots & & \vdots & \vdots & \vdots & & \vdots \\ a_{n1} & a_{n2} & \cdots & a_{nn} & c_{n1} & c_{n2} & \cdots & c_{nn} \\ -1 & 0 & \cdots & 0 & 0 & 0 & \cdots & 0 \\ 0 & -1 & \cdots & 0 & 0 & 0 & \cdots & 0 \\ \vdots & \vdots & & \vdots & \vdots & \vdots & & \vdots \\ 0 & 0 & \cdots & -1 & 0 & 0 & \cdots & 0 \end{vmatrix},$$

其中 $c_{ij} = \sum\limits_{k=1}^{n} a_{ik} b_{kj} (i,j = 1,2,\cdots,n)$.

取 D 的第 $n+1,n+2,\cdots,2n$ 列，应用定理 4 展开得

$$D = \begin{vmatrix} -1 & & & \\ & -1 & & \\ & & \ddots & \\ & & & -1 \end{vmatrix} \cdot (-1)^{1+2+\cdots+2n} \begin{vmatrix} c_{11} & c_{12} & \cdots & c_{1n} \\ c_{21} & c_{22} & \cdots & c_{2n} \\ \vdots & \vdots & & \vdots \\ c_{n1} & c_{n2} & \cdots & c_{nn} \end{vmatrix}$$

$$=(-1)^n \cdot (-1)^{\frac{2n(2n+1)}{2}} \begin{vmatrix} c_{11} & c_{12} & \cdots & c_{1n} \\ c_{21} & c_{22} & \cdots & c_{2n} \\ \vdots & \vdots & & \vdots \\ c_{n1} & c_{n2} & \cdots & c_{nn} \end{vmatrix} = \begin{vmatrix} c_{11} & c_{12} & \cdots & c_{1n} \\ c_{21} & c_{22} & \cdots & c_{2n} \\ \vdots & \vdots & & \vdots \\ c_{n1} & c_{n2} & \cdots & c_{nn} \end{vmatrix}.$$

由例 20 的结果得

$$D=\begin{vmatrix} a_{11} & a_{12} & \cdots & a_{1n} \\ a_{21} & a_{22} & \cdots & a_{2n} \\ \vdots & \vdots & & \vdots \\ a_{n1} & a_{n2} & \cdots & a_{nn} \end{vmatrix} \cdot \begin{vmatrix} b_{11} & b_{12} & \cdots & b_{1n} \\ b_{21} & b_{22} & \cdots & b_{2n} \\ \vdots & \vdots & & \vdots \\ b_{n1} & b_{n2} & \cdots & b_{nn} \end{vmatrix}.$$

证毕.

§1.6　克拉默法则

含有 n 个方程的 n 元线性方程组的一般形式为

$$\begin{cases} a_{11}x_1 + a_{12}x_2 + \cdots + a_{1n}x_n = b_1, \\ a_{21}x_1 + a_{22}x_2 + \cdots + a_{2n}x_n = b_2, \\ \qquad \vdots \\ a_{n1}x_1 + a_{n2}x_2 + \cdots + a_{nn}x_n = b_n. \end{cases} \tag{1.14}$$

它的系数构成的 n 阶行列式

$$D=\begin{vmatrix} a_{11} & a_{12} & \cdots & a_{1n} \\ a_{21} & a_{22} & \cdots & a_{2n} \\ \vdots & \vdots & & \vdots \\ a_{n1} & a_{n2} & \cdots & a_{nn} \end{vmatrix}$$

称为方程组(1.14)的**系数行列式**.

与二、三元线性方程组类似,若 n 元线性方程组(1.14)的系数行列式 $D\neq 0$,它的解也可以用 n 阶行列式来表示.

关于 n 元线性方程组(1.14)的解有下面的克拉默(Cramer)法则.

定理 5 (克拉默(Cramer)法则) 若 n 个方程的 n 元线性方程组(1.14)的系数行列式 $D=\det(a_{ij})\neq 0$,则方程组(1.14)必有唯一解

$$x_j=\frac{D_j}{D},\quad j=1,2,\cdots,n. \tag{1.15}$$

其中,

$$D_j=\begin{vmatrix} a_{11} & \cdots & a_{1,j-1} & b_1 & a_{1,j+1} & \cdots & a_{1n} \\ \vdots & & \vdots & \vdots & \vdots & & \vdots \\ a_{i1} & \cdots & a_{i,j-1} & b_i & a_{i,j+1} & \cdots & a_{in} \\ \vdots & & \vdots & \vdots & \vdots & & \vdots \\ a_{n1} & \cdots & a_{n,j-1} & b_n & a_{n,j+1} & \cdots & a_{nn} \end{vmatrix},\quad j=1,2,\cdots,n \tag{1.16}$$

是将系数行列式 D 中第 j 列元素 $a_{1j},a_{2j},\cdots,a_{nj}$ 对应地换为方程组的常数项 $b_1,b_2,\cdots,b_n$ 得到的行列式.

证 若方程组(1.14)有解,用 D 的第 j 列元素的代数余子式 $A_{1j},A_{2j},\cdots,A_{nj}$ 分别乘式(1.14)的 n 个方程,得

$$\begin{cases} a_{11}A_{1j}x_1+a_{12}A_{1j}x_2+\cdots+a_{1n}A_{1j}x_n=b_1A_{1j}, \\ a_{21}A_{2j}x_1+a_{22}A_{2j}x_2+\cdots+a_{2n}A_{2j}x_n=b_2A_{2j}, \\ \qquad\vdots \\ a_{n1}A_{nj}x_1+a_{n2}A_{nj}x_2+\cdots+a_{nn}A_{nj}x_n=b_nA_{nj}. \end{cases} \tag{1.17}$$

然后把上面 n 个方程的左、右两边分别相加,得

$$\left(\sum_{k=1}^{n}a_{k1}A_{kj}\right)x_1+\cdots+\left(\sum_{k=1}^{n}a_{kj}A_{kj}\right)x_j+\cdots+\left(\sum_{k=1}^{n}a_{kn}A_{kj}\right)x_n=\sum_{k=1}^{n}b_kA_{kj},$$

由定理 3 及其推论知,上式左端 x_j 的系数等于 D,其余 $x_i(i\neq j)$ 的系数均为 0. 而右端等于 D_j,从而

$$Dx_j=D_j\quad (j=1,2,\cdots,n).$$

当 $D\neq 0$ 时,方程组(1.14)有唯一的解(1.15).

下面再证方程组(1.14)的确有解.

因为 $D\neq 0$,所以 $\frac{D_1}{D},\frac{D_2}{D},\cdots,\frac{D_n}{D}$ 为 n 个数,将其代入方程组(1.14)第 i 个方程($i=1,2,\cdots,n$)的左端得

$$a_{i1}\frac{D_1}{D}+a_{i2}\frac{D_2}{D}+\cdots+a_{in}\frac{D_n}{D}=\frac{1}{D}(a_{i1}D_1+a_{i2}D_2+\cdots+a_{in}D_n),$$

将 D_1 按第 1 列展开,D_2 按第 2 列展开,$\cdots$,D_n 按第 n 列展开,则上面等式的左端等于

$$\frac{1}{D}[a_{i1}(b_1A_{11}+b_2A_{21}+\cdots+b_nA_{n1})+$$
$$a_{i2}(b_1A_{12}+b_2A_{22}+\cdots+b_nA_{n2})+\cdots+$$
$$a_{in}(b_1A_{1n}+b_2A_{2n}+\cdots+b_na_{nn})]$$
$$=\frac{1}{D}[(a_{i1}A_{11}+a_{i2}A_{12}+\cdots+a_{in}A_{1n})\cdot b_1+\cdots+$$
$$(a_{i1}A_{i1}+a_{i2}A_{i2}+\cdots+a_{in}A_{in})\cdot b_2+\cdots+$$
$$(a_{i1}A_{n1}+a_{i2}A_{n2}+\cdots+a_{in}a_{nn})\cdot b_n]$$
$$=\frac{1}{D}[0\cdot b_1+\cdots+D\cdot b_i+\cdots+0\cdot b_n]=b_i,$$

从而有

$$x_1=\frac{D_1}{D},x_2=\frac{D_2}{D},\cdots,x_n=\frac{D_n}{D},$$

满足方程组中的每一个方程.

综上可得,当 $D\neq 0$ 时,方程组(1.14)有唯一的解(1.15).

例 22 解线性方程组

$$\begin{cases} x_1+9x_2+4x_3-3x_4=-6, \\ 5x_1-5x_2-3x_3+2x_4=10, \\ 12x_1+6x_2-x_3-x_4=12, \\ 9x_1-2x_3+x_4=12. \end{cases}$$

解 由于

$$D=\begin{vmatrix} 1 & 9 & 4 & -3 \\ 5 & -5 & -3 & 2 \\ 12 & 6 & -1 & -1 \\ 9 & 0 & -2 & 1 \end{vmatrix}=36\neq 0,$$

从而方程组有唯一解.

$$D_1=\begin{vmatrix} -6 & 9 & 4 & -3 \\ 10 & -5 & -3 & 2 \\ 12 & 6 & -1 & -1 \\ 12 & 0 & -2 & 1 \end{vmatrix}=36,$$

$$D_2=\begin{vmatrix} 1 & -6 & 4 & -3 \\ 5 & 10 & -3 & 2 \\ 12 & 12 & -1 & -1 \\ 9 & 12 & -2 & 1 \end{vmatrix}=0,$$

$$D_3=\begin{vmatrix} 1 & 9 & -6 & -3 \\ 5 & -5 & 10 & 2 \\ 12 & 6 & 12 & -1 \\ 9 & 0 & 12 & 1 \end{vmatrix}=-36,$$

$$D_4=\begin{vmatrix}1&9&4&-6\\5&-5&-3&10\\12&6&-1&12\\9&0&-2&12\end{vmatrix}=36.$$

所以方程组的解为

$$x_1=1,\quad x_2=0,\quad x_3=-1,\quad x_4=1.$$

如果 n 元线性方程组(1.14)右端的常数项 $b_1,b_2,\cdots,b_n$ 均为零,即

$$\begin{cases}a_{11}x_1+a_{12}x_2+\cdots+a_{1n}x_n=0,\\a_{21}x_1+a_{22}x_2+\cdots+a_{2n}x_n=0,\\\quad\vdots\\a_{n1}x_1+a_{n2}x_2+\cdots+a_{nn}x_n=0.\end{cases}\tag{1.18}$$

则称(1.18)为**齐次线性方程组**. 当 $b_1,b_2,\cdots,b_n$ 不全为零时,称方程组(1.14)为**非齐次线性方程组**.

显然,齐次线性方程组总有解,$x_1=x_2=\cdots=x_n=0$ 就是它的一组解,我们称其为零解;若有一组不全为零的数是方程组(1.18)的解,则称其为非零解.

定理 6 如果齐次线性方程组(1.18)的系数行列式 $D\neq 0$,则它只有零解:

$$x_1=x_2=\cdots=x_n=0.$$

证 因为 $D\neq 0$,根据克拉默(Cramer)法则,方程组(1.18)有唯一解

$$x_j=\frac{D_j}{D},\quad j=1,2,\cdots,n.$$

又由于行列式 $D_j(j=1,2,\cdots,n)$的第 j 列的元素全为零,因而 $D_j=0(j=1,2,\cdots,n)$,所以齐次线性方程组(1.18)仅有零解 $x_j=\dfrac{D_j}{D}=0(j=1,2,\cdots,n)$.

推论 若齐次线性方程组(1.18)有非零解,则它的系数行列式 $D=0$.

在第 2 章中我们将证明:当齐次线性方程组的系数行列式等于零时,它必有无穷多个非零解(至少有一个变量的取值不是 0 的解称为非零解). 因此,n 元齐次线性方程组只有零解当且仅当它的系数行列式不等于零. 它有非零解当且仅当它的系数行列式等于零. 这是一个非常重要的结论.

例 23 判断线性方程组

$$\begin{cases}x_1+3x_2-x_3+2x_4=0,\\x_1-5x_2+3x_3-4x_4=0,\\2x_2+x_3-x_4=0,\\-5x_1+x_2+3x_3-3x_4=0,\end{cases}$$

是否只有零解?

解 因为方程组的系数行列式

$$D=\begin{vmatrix}1&3&-1&2\\1&-5&3&-4\\0&2&1&-1\\-5&1&3&-3\end{vmatrix}=\begin{vmatrix}1&3&-1&2\\0&-8&4&-6\\0&2&1&-1\\0&16&-2&7\end{vmatrix}$$

$$=-2\times\begin{vmatrix}4&-2&3\\2&1&-1\\16&-2&7\end{vmatrix}=-2\times2\times\begin{vmatrix}2&-2&3\\1&1&-1\\8&-2&7\end{vmatrix}$$

$$=-4\begin{vmatrix}5&1&3\\0&0&-1\\15&5&7\end{vmatrix}=-4\times\begin{vmatrix}5&1\\15&5\end{vmatrix}=-40\neq0.$$

所以方程组只有零解.

例 24 当 k 为何值时，$\begin{cases}kx_1+\qquad\qquad x_4=0,\\x_1+2x_2-\qquad x_4=0,\\(k+2)x_1-x_2+\quad 4x_4=0,\\2x_1+x_2+3x_3+kx_4=0\end{cases}$ 只有零解？

解 $D=\begin{vmatrix}k&0&0&1\\1&2&0&-1\\k+2&-1&0&4\\2&1&3&k\end{vmatrix}=-3\begin{vmatrix}k&0&1\\1&2&-1\\k+2&-1&4\end{vmatrix}=-3\begin{vmatrix}k&0&1\\2k+5&0&7\\k+2&-1&4\end{vmatrix}$

$=-3(5k-5)\neq0\Leftrightarrow k\neq1.$

因此，当 $k\neq1$ 时，此齐次线性方程组只有零解.

习 题 一

1. 利用对角线法则计算下列三阶行列式：

(1) $\begin{vmatrix}10&8&2\\15&12&3\\20&32&12\end{vmatrix}$；　　(2) $\begin{vmatrix}a&b&c\\b&c&a\\c&a&b\end{vmatrix}$；

(3) $\begin{vmatrix}a&b&a+b\\b&a+b&a\\a+b&a&b\end{vmatrix}$；　　(4) $\begin{vmatrix}1+a&b&c\\a&1+b&c\\a&b&1+c\end{vmatrix}$.

2. 用行列式解下列方程组：

(1) $\begin{cases}x_1\cos\theta-x_2\sin\theta=a,\\x_1\sin\theta+x_2\cos\theta=b;\end{cases}$　　(2) $\begin{cases}x+y-z=a,\\-x+y+z=b,\\x-y+z=c;\end{cases}$

(3) $\begin{cases}x+y+z=10,\\3x+2y+z=14,\\2x+3y-z=1;\end{cases}$　　(4) $\begin{cases}2x_1-3x_2+2x_3=-3,\\x_1+4x_2-3x_3=6,\\3x_1-x_2-x_3=1.\end{cases}$

3. 求以下排列的逆序数，并确定排列的奇偶性：

(1) 351426；　　(2) 7135246；

(3) 215479683；　　(4) $135\cdots(2n-1)(2n)(2n-2)\cdots642$.

4. 确定下列五阶行列式的项所带的符号：

(1) $a_{12}a_{23}a_{31}a_{45}a_{54}$；　　(2) $a_{24}a_{32}a_{15}a_{43}a_{51}$；　　(3) $a_{15}a_{23}a_{32}a_{44}a_{51}$.

5. 用行列式定义确定下列行列式中项 x^3,x^4 的系数：

(1) $\begin{vmatrix} x-1 & 4 & 3 & 1 \\ 2 & x-2 & 3 & 1 \\ 7 & 9 & x & 0 \\ 5 & 3 & 1 & x-1 \end{vmatrix}$；　(2) $\begin{vmatrix} x & 1 & 1 & 2 \\ 1 & x & 1 & -1 \\ 3 & 2 & x & 1 \\ 1 & 1 & 2x & 1 \end{vmatrix}$

6. 写出四阶行列式中含有因子 $a_{11}a_{23}$ 的项.

7. 计算下列各行列式：

(1) $\begin{vmatrix} -2 & 3 & 1 \\ 503 & 201 & 298 \\ 5 & 2 & 3 \end{vmatrix}$；　(2) $\begin{vmatrix} 4 & 1 & 2 & 4 \\ 1 & 2 & 0 & 2 \\ 10 & 5 & 2 & 0 \\ 0 & 1 & 1 & 7 \end{vmatrix}$；　(3) $\begin{vmatrix} 2 & 1 & 4 & 1 \\ 3 & -1 & 2 & 1 \\ 1 & 2 & 3 & 2 \\ 5 & 0 & 6 & 2 \end{vmatrix}$；

(4) $\begin{vmatrix} 1 & 2 & 3 & 4 \\ 1 & 0 & 1 & 2 \\ 3 & -1 & -1 & 0 \\ 1 & 2 & 0 & -5 \end{vmatrix}$；　(5) $\begin{vmatrix} 1 & 2 & 3 & 4 \\ 2 & 3 & 4 & 1 \\ 3 & 4 & 1 & 2 \\ 4 & 1 & 2 & 3 \end{vmatrix}$.

8. 计算下列各行列式：

(1) $\begin{vmatrix} -ab & ac & ae \\ bd & -cd & de \\ bf & cf & -ef \end{vmatrix}$；　(2) $\begin{vmatrix} 2(x+y) & 2(x+y) & 2(x+y) \\ x & x+y & y \\ x+y & y & x \end{vmatrix}$；

(3) $\begin{vmatrix} x & a & a & a \\ a & x & a & a \\ a & a & x & a \\ a & a & a & x \end{vmatrix}$；　(4) $\begin{vmatrix} a & 1 & 0 & 0 \\ -1 & b & 1 & 0 \\ 0 & -1 & c & 1 \\ 0 & 0 & -1 & d \end{vmatrix}$；

(5) $\begin{vmatrix} 1+x & 1 & 1 & 1 \\ 1 & 1-x & 1 & 1 \\ 1 & 1 & 1+y & 1 \\ 1 & 1 & 1 & 1-y \end{vmatrix}$；　(6) $\begin{vmatrix} a & 0 & a & 0 & a \\ b & 0 & c & 0 & d \\ b^2 & 0 & c^2 & 0 & d^2 \\ 0 & ab & 0 & bc & 0 \\ 0 & cd & 0 & ad & 0 \end{vmatrix}$.

9. 解方程

$$\begin{vmatrix} 0 & 1 & x & 1 \\ 1 & 0 & 1 & x \\ x & 1 & 0 & 1 \\ 1 & x & 1 & 0 \end{vmatrix}=0.$$

10. 证明：

(1) $\begin{vmatrix} a^2 & ab & b^2 \\ 2a & a+b & 2b \\ 1 & 1 & 1 \end{vmatrix}=(a-b)^3$；

(2) $\begin{vmatrix} ax+by & ay+bz & az+bx \\ ay+bz & az+bx & ax+by \\ az+bx & ax+by & ay+bz \end{vmatrix}=(a^3+b^3)\begin{vmatrix} x & y & z \\ y & z & x \\ z & x & y \end{vmatrix}$；

(3) $\begin{vmatrix} a^2 & (a+1)^2 & (a+2)^2 & (a+3)^2 \\ b^2 & (b+1)^2 & (b+2)^2 & (b+3)^2 \\ c^2 & (c+1)^2 & (c+2)^2 & (c+3)^2 \\ d^2 & (d+1)^2 & (d+2)^2 & (d+3)^2 \end{vmatrix}=0$；

(4) $\begin{vmatrix} 1 & 1 & 1 & 1 \\ a & b & c & d \\ a^2 & b^2 & c^2 & d^2 \\ a^4 & b^4 & c^4 & d^4 \end{vmatrix}=(a-b)(a-c)(a-d)(b-c)(b-d)(c-d)(a+b+c+d)$.

11. 计算下列行列式：

(1) $D_n=\begin{vmatrix} x & y & & & \\ & x & y & & \\ & & \ddots & \ddots & \\ & & & x & y \\ y & 0 & \cdots & 0 & x \end{vmatrix}$；　　(2) $D_n=\begin{vmatrix} 1 & 2 & 2 & \cdots & 2 \\ 2 & 2 & 2 & \cdots & 2 \\ 2 & 2 & 3 & \cdots & 2 \\ \vdots & \vdots & \vdots & & \vdots \\ 2 & 2 & 2 & \cdots & n \end{vmatrix}$；

(3) $D_n=\begin{vmatrix} x_1-m & x_2 & \cdots & x_n \\ x_1 & x_2-m & \cdots & x_n \\ \vdots & \vdots & & \vdots \\ x_1 & x_2 & \cdots & x_n-m \end{vmatrix}$；

(4) $D_n=\begin{vmatrix} \lambda+a_1 & a_2 & a_3 & \cdots & a_n \\ a_1 & \lambda+a_2 & a_3 & \cdots & a_n \\ a_1 & a_2 & \lambda+a_3 & \cdots & a_n \\ \vdots & \vdots & \vdots & & \vdots \\ a_1 & a_2 & a_3 & \cdots & \lambda+a_n \end{vmatrix}$；

(5) $D_{2n}=\begin{vmatrix} a_n & & & & & b_n \\ & \ddots & & & \iddots & \\ & & a_1 & b_1 & & \\ & & c_1 & d_1 & & \\ & \iddots & & & \ddots & \\ c_n & & & & & d_n \end{vmatrix}$；

(6) $D_n=\det(a_{ij})$，其中 $a_{ij}=|i-j|$；

(7) $D_n=\begin{vmatrix} 1+a_1 & 1 & \cdots & 1 \\ 1 & 1+a_2 & \cdots & 1 \\ \vdots & \vdots & & \vdots \\ 1 & 1 & \cdots & 1+a_n \end{vmatrix}$，其中 $a_1a_2\cdots a_n\neq 0$；

(8) $D_{n+1}=\begin{vmatrix} a^n & (a-1)^n & \cdots & (a-n)^n \\ a^{n-1} & (a-1)^{n-1} & \cdots & (a-n)^{n-1} \\ \vdots & \vdots & & \vdots \\ a & a-1 & \cdots & a-n \\ 1 & 1 & \cdots & 1 \end{vmatrix}$.

提示:利用范德蒙德行列式的结果.

(9) $\begin{vmatrix} a & -1 & 0 & \cdots & 0 \\ ax & a & -1 & \cdots & 0 \\ ax^2 & ax & a & \cdots & 0 \\ \vdots & \vdots & \vdots & & \vdots \\ ax^n & ax^{n-1} & ax^{n-2} & \cdots & a \end{vmatrix}$.

12. 解方程

$$\begin{vmatrix} 1 & 1 & \cdots & 1 \\ x & a_1 & \cdots & a_{n-1} \\ x^2 & a_1^2 & \cdots & a_{n-1}^2 \\ \vdots & \vdots & & \vdots \\ x^{n-1} & a_1^{n-1} & \cdots & a_{n-1}^{n-1} \end{vmatrix}=0, \quad \text{(其中 } a_1,a_2,\cdots,a_n \text{ 是两两不同的数)}.$$

13. 利用克拉默法则解下列线性方程组:

(1) $\begin{cases} 3x_1+2x_2-x_3=1, \\ 2x_1-3x_2+x_3=10, \\ x_1+4x_2-2x_3=-8; \end{cases}$

(2) $\begin{cases} x_1+4x_2-7x_3+6x_4=0, \\ 2x_2+x_3+x_4=-8, \\ x_2+x_3+3x_4=-2, \\ x_1+x_3-x_4=1; \end{cases}$

(3) $\begin{cases} x_1-x_2+3x_3+2x_4=2, \\ x_1+2x_2+6x_4=13, \\ x_2-2x_3+3x_4=8, \\ 4x_1-3x_2+5x_3+x_4=1. \end{cases}$

14. 问 λ,μ 取何值时,齐次线性方程组

$$\begin{cases} \lambda x_1+x_2+x_3=0, \\ x_1+\mu x_2+x_3=0, \\ x_1+2\mu x_2+x_3=0 \end{cases}$$

有非零解?

15. 问 λ 取何值时,齐次线性方程组

$$\begin{cases} (1-\lambda)x_1-2x_2+4x_3=0, \\ 2x_1+(3-\lambda)x_2+x_3=0, \\ x_1+x_2+(1-\lambda)x_3=0 \end{cases}$$

有非零解?

16. 设平面上立方曲线 $y=a_1x^3+a_2x^2+a_3x+a_4$ 通过点(1,0),(2,−2),(3,2),(4,18),求系数 a_1,a_2,a_3,a_4.

17. 证明:奇数阶反对称行列式等于零(行列式 $D=\det(a_{ij})$ 中元素满足条件 $a_{ij}=-a_{ji}$ 时,称为反对称行列式).

18. 用数学归纳法证明:

(1) $D_n=\begin{vmatrix} \cos\theta & 1 & & & & \\ 1 & 2\cos\theta & 1 & & & \\ & 1 & 2\cos\theta & 1 & & \\ & & 1 & \ddots & \ddots & \\ & & & \ddots & \ddots & 1 \\ & & & & 1 & 2\cos\theta \end{vmatrix}=\cos n\theta$;

(2) $D_n=\begin{vmatrix} \alpha+\beta & \alpha\beta & & & & \\ 1 & \alpha+\beta & \alpha\beta & & & \\ & 1 & \alpha+\beta & \alpha\beta & & \\ & & 1 & \ddots & \ddots & \\ & & & \ddots & \ddots & \alpha\beta \\ & & & & 1 & \alpha+\beta \end{vmatrix}=\dfrac{\alpha^{n+1}-\beta^{n+1}}{\alpha-\beta}\quad(\alpha\neq\beta)$.

19. 一个函数 $\varphi(x)$ 在 $[0,1]$ 区间中 $n+1$ 个不同点 $t_1,t_2,\cdots,t_{n+1}$ 上，给定不全为零的函数值 $\varphi(t_1),\varphi(t_2),\cdots,\varphi(t_{n+1})$，是否可以找到唯一的一个次数不超过 n 次的多项式

$$f(t)=a_0+a_1t+a_2t^2+\cdots+a_nt^n,$$

使 $f(t_i)=\varphi(t_i)$，$i=1,2,\cdots,n+1$.

第 2 章　矩　　阵

矩阵是一个重要的数学工具，是线性代数研究的主要内容之一，也是学习以后各章的基础. 矩阵在自然科学和工程技术的各个领域都有广泛的应用. 本章将介绍矩阵的概念及其运算，进而讨论矩阵的初等变换和初等矩阵.

§2.1　矩阵的概念

矩阵的实际例子.

例 1　在物资调运中，某产品从 m 个产地 $x_1, x_2, \cdots, x_m$ 运到 n 个销地 $y_1, y_2, \cdots, y_n$，其运输的数量可用下面的数表来表示：

产地	销地			
	y_1	y_2	$\cdots$	y_n
x_1	a_{11}	a_{12}	$\cdots$	a_{1n}
x_2	a_{21}	a_{22}	$\cdots$	a_{2n}
$\vdots$	$\vdots$	$\vdots$		$\vdots$
x_m	a_{m1}	a_{m2}	$\cdots$	a_{mn}

表中数字 a_{ij} 表示由产地 x_i 运到销地 y_j 的数量，这个按一定次序排列的数表
$\begin{pmatrix} a_{11} & a_{12} & \cdots & a_{1n} \\ a_{21} & a_{22} & \cdots & a_{2n} \\ \vdots & \vdots & & \vdots \\ a_{m1} & a_{m2} & \cdots & a_{mn} \end{pmatrix}$ 表示了物资的调运方案.

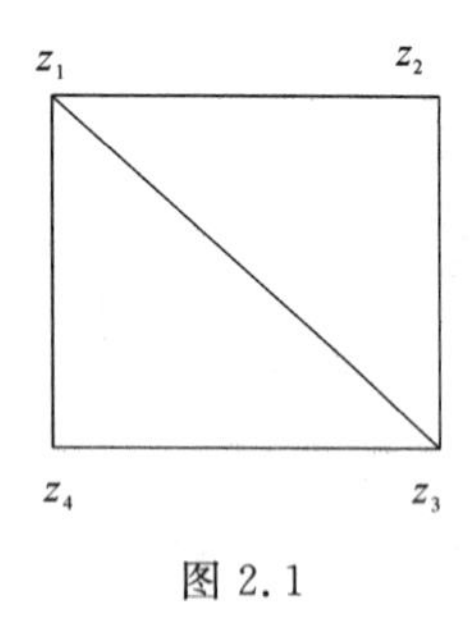

图 2.1

例 2　一个简单的通信网络如图 2.1 所示，z_1, z_2, z_3, z_4 表示 4 个通信点，连接线表示点 z_i 与点 z_j 相互有通信联系，用 $a_{ij}=1$ 表示；若无联系，则用 $a_{ij}=0$ 表示. 又假设点自身不通信，即 $a_{ii}=0$. 该网络联系信息可用如下的数表来表示：

$$\begin{pmatrix} 0 & 1 & 1 & 1 \\ 1 & 0 & 1 & 0 \\ 1 & 1 & 0 & 1 \\ 1 & 0 & 1 & 0 \end{pmatrix}.$$

例 3　线性方程组

$$\begin{cases} a_{11}x_1+a_{12}x_2+\cdots+a_{1n}x_n=b_1, \\ a_{21}x_1+a_{22}x_2+\cdots+a_{2n}x_n=b_2, \\ \qquad\vdots \\ a_{m1}x_1+a_{m2}x_2+\cdots+a_{mn}x_n=b_m, \end{cases} \tag{2.1}$$

把它的系数按原来次序排成数表

$$\begin{pmatrix} a_{11} & a_{12} & \cdots & a_{1n} \\ a_{21} & a_{22} & \cdots & a_{2n} \\ \vdots & \vdots & & \vdots \\ a_{m1} & a_{m2} & \cdots & a_{mn} \end{pmatrix},$$

常数项也排成一个数表

$$\begin{pmatrix} b_1 \\ b_2 \\ \vdots \\ b_m \end{pmatrix}.$$

有了这两个数表，方程组(2.1)就完全确定了.

类似这种矩形排列的数表，在自然科学和工程技术等领域经常用到. 在数学上，这种数表叫作矩阵.

定义 1　由 $m\times n$ 个数 a_{ij} $(i=1,2,\cdots,m;j=1,2,\cdots,n)$ 排成的一个 m 行 n 列的**数表**

$$\begin{pmatrix} a_{11} & a_{12} & \cdots & a_{1n} \\ a_{21} & a_{22} & \cdots & a_{2n} \\ \vdots & \vdots & & \vdots \\ a_{m1} & a_{m2} & \cdots & a_{mn} \end{pmatrix}$$

称为一个 m **行** n **列矩阵**，简称 $m\times n$ **矩阵**. 它是一个用一对圆括号所围的矩形阵列. 其中 a_{ij} 称为该矩阵的第 i 行第 j 列元素 $(i=1,2,\cdots,m;j=1,2,\cdots n.)$，而 i 称为**行标**，j 称为**列标**. 第 i 行与第 j 列的交叉位置记为 (i,j).

元素为实数的矩阵称为实矩阵，元素为复数的矩阵称为复矩阵，如无特殊说明，本书中的矩阵都指实矩阵.

通常用大写黑体字母 $\boldsymbol{A},\boldsymbol{B},\boldsymbol{C}$ 等表示矩阵. 有时为了标明矩阵的行数 m 和列数 n，也可记为 $\boldsymbol{A}=(a_{ij})_{m\times n}$ 或 $\boldsymbol{A}_{m\times n}$，有时简记作 $\boldsymbol{A}=(a_{ij})$ 或 $\boldsymbol{A}$.

当 $m=n$ 时，称 $\boldsymbol{A}=(a_{ij})_{n\times n}$ 为 n **阶矩阵**，或者称为 n **阶方阵**. n 阶方阵是由 n^2 个数排成的一个正方表，它不是一个数，它与 n 阶行列式是两个完全不同的概念. 只有一阶方阵看作是一个数. 在 n **阶方阵**的对角线上的元素 $a_{11},a_{22},\cdots,a_{nn}$，称为此方阵的**对角元**. 对角元所在对角线称为**主对角线**.

当 $m=1$ 时，称

$$\boldsymbol{A}=(a_1 \quad a_2 \quad \cdots \quad a_n)$$

为**行矩阵**，即 $1\times n$ **矩阵**，$1\times n$ 矩阵又称为 n **维行向量**. 为了避免元素间的混淆，行矩阵也记作

$$\boldsymbol{A}=(a_1,a_2,\cdots,a_n).$$

当 $n=1$ 时，称

$$B=\begin{pmatrix} b_1 \\ b_2 \\ \vdots \\ b_m \end{pmatrix}$$

为**列矩阵**,即 $m\times 1$ **矩阵**,$m\times 1$ 矩阵又称为 m **维列向量**.

向量是特殊的矩阵,而且它们是非常重要的特殊矩阵. 这里,向量的**维数**都指的是其中所含的元素的个数. 行矩阵和列矩阵也可用小写字母 $\boldsymbol{a},\boldsymbol{b},\cdots,\boldsymbol{x},\boldsymbol{y},\cdots$ 来表示.

如果两个矩阵的行数、列数分别相等,则称它们是**同型矩阵**.

设 $\boldsymbol{A}=(a_{ij})_{m\times n},\boldsymbol{B}=(b_{ij})_{m\times n}$,则 $\boldsymbol{A}$ 与 $\boldsymbol{B}$ 是同型矩阵. 两个同型矩阵 $\boldsymbol{A}$ 与 $\boldsymbol{B}$ 的对应元素相等,则称 $\boldsymbol{A}$ 与 $\boldsymbol{B}$ 相等,即

$$\boldsymbol{A}=\boldsymbol{B}\Leftrightarrow a_{ij}=b_{ij},\quad i=1,2,\cdots,m;j=1,2,\cdots,n.$$

元素全为零的矩阵称为**零矩阵**. 用 $\boldsymbol{O}_{m\times n}$ 或者用 $\boldsymbol{O}$ 表示,有时也用 $\boldsymbol{0}$ 表示. 即

$$\boldsymbol{O}=\begin{pmatrix} 0 & 0 & \cdots & 0 \\ 0 & 0 & \cdots & 0 \\ \vdots & \vdots & & \vdots \\ 0 & 0 & \cdots & 0 \end{pmatrix}.$$

注意 不同型的零矩阵是不相等的.

几种常用的特殊方阵:

(1) n 阶对角矩阵

形如

$$\boldsymbol{\Lambda}=\begin{pmatrix} a_{11} & 0 & \cdots & 0 \\ 0 & a_{22} & \cdots & 0 \\ \vdots & \vdots & & \vdots \\ 0 & 0 & \cdots & a_{nn} \end{pmatrix} \text{ 或 } \boldsymbol{\Lambda}=\begin{pmatrix} a_{11} & & & \\ & a_{22} & & \\ & & \ddots & \\ & & & a_{nn} \end{pmatrix}$$

的矩阵,称为**对角矩阵**,对角矩阵必须是方阵.

(2) 数量矩阵

当对角矩阵的主对角线上的元素都相同时,称它为**数量矩阵**. n 阶数量矩阵有如下形式:

$$\begin{pmatrix} a & 0 & \cdots & 0 \\ 0 & a & \cdots & 0 \\ \vdots & \vdots & & \vdots \\ 0 & 0 & \cdots & a \end{pmatrix}_{n\times n} \text{ 或 } \begin{pmatrix} a & & & \\ & a & & \\ & & \ddots & \\ & & & a \end{pmatrix}_{n\times n}.$$

特别当 $a=1$ 时,称它为 n 阶**单位矩阵**. n 阶单位矩阵记为 $\boldsymbol{E}_n$ 或 $\boldsymbol{I}_n$,即

$$\boldsymbol{E}_n=\begin{pmatrix} 1 & 0 & \cdots & 0 \\ 0 & 1 & \cdots & 0 \\ \vdots & \vdots & & \vdots \\ 0 & 0 & \cdots & 1 \end{pmatrix} \quad \text{或} \quad \boldsymbol{E}_n=\begin{pmatrix} 1 & & & \\ & 1 & & \\ & & \ddots & \\ & & & 1 \end{pmatrix}.$$

在不会引起混淆时,也可以用 $\boldsymbol{E}$ 或 $\boldsymbol{I}$ 表示单位矩阵.

n 阶数量矩阵常用 $a\boldsymbol{E}_n$ 或 $a\boldsymbol{I}_n$ 表示. 其含义见 2.2 节中的数乘矩阵运算.

(3) n 阶上三角矩阵与 n 阶下三角矩阵

形如

$$\begin{pmatrix} a_{11} & a_{12} & \cdots & a_{1n} \\ 0 & a_{22} & \cdots & a_{2n} \\ \vdots & \vdots & & \vdots \\ 0 & 0 & \cdots & a_{nn} \end{pmatrix}, \quad \begin{pmatrix} a_{11} & 0 & \cdots & 0 \\ a_{21} & a_{22} & \cdots & 0 \\ \vdots & \vdots & & \vdots \\ a_{n1} & a_{n2} & \cdots & a_{nn} \end{pmatrix}.$$

的矩阵分别称为**上三角矩阵**和**下三角矩阵**.

对角矩阵必须是方阵. 一个方阵是对角矩阵当且仅当它既是上三角矩阵，又是下三角矩阵.

在许多实际问题中，经常遇到一些变量要用另一些变量线性表示. 设一组变量 $y_1, y_2, \cdots, y_n$ 用另一组变量 $x_1, x_2, \cdots, x_n$ 线性表示为

$$\begin{cases} y_1 = a_{11}x_1 + a_{12}x_2 + \cdots + a_{1n}x_n, \\ y_2 = a_{21}x_1 + a_{22}x_2 + \cdots + a_{2n}x_n, \\ \qquad \vdots \\ y_n = a_{n1}x_1 + a_{n2}x_2 + \cdots + a_{nn}x_n, \end{cases} \tag{2.2}$$

把这种从一组变量 $x_1, x_2, \cdots, x_n$ 到另一组变量 $y_1, y_2, \cdots, y_n$ 的变换叫作**线性变换**.

给定了线性变换(2.2)，它的系数所构成的矩阵也就随之确定；反之，如果给出一个 $n \times n$ 矩阵，则可构造出线性变换(2.2)，即线性变换也就确定. 在这个意义上，线性变换和矩阵之间存在着一一对应关系，因而可利用矩阵来研究线性变换.

例 4　线性变换

$$\begin{cases} y_1 = \lambda_1 x_1, \\ y_2 = \lambda_2 x_2, \\ \quad \vdots \\ y_n = \lambda_n x_n, \end{cases} \tag{2.3}$$

对应 n 阶对角矩阵

$$\boldsymbol{\Lambda} = \begin{pmatrix} \lambda_1 & & & \\ & \lambda_2 & & \\ & & \ddots & \\ & & & \lambda_n \end{pmatrix}.$$

当 $\lambda_1 = \lambda_2 = \cdots = \lambda_n = 1$ 时，称线性变换(2.3)为**恒等变换**，恒等变换对应单位矩阵.

§2.2　矩阵的运算

一、矩阵的加法

定义 2　设 $\boldsymbol{A} = (a_{ij})_{m \times n}$ 和 $\boldsymbol{B} = (b_{ij})_{m \times n}$ 是两个 $m \times n$ 矩阵，由 $\boldsymbol{A}$ 与 $\boldsymbol{B}$ 的对应元素相加所得到的一个 $m \times n$ 矩阵，称为 $\boldsymbol{A}$ 与 $\boldsymbol{B}$ 的和，记为 $\boldsymbol{A} + \boldsymbol{B}$. 即

$$\boldsymbol{A} + \boldsymbol{B} = (a_{ij} + b_{ij})_{m \times n}.$$

只有当两个矩阵 $\boldsymbol{A}$ 与 $\boldsymbol{B}$ 是同型矩阵时，它们才可以相加.

容易证明，矩阵的加法适合下面的运算律：

设 $\boldsymbol{A},\boldsymbol{B},\boldsymbol{C}$ 都是 $m\times n$ 矩阵,$\boldsymbol{O}=(0)_{m\times n}$是零矩阵,则有

(1) 交换律:$\boldsymbol{A}+\boldsymbol{B}=\boldsymbol{B}+\boldsymbol{A}$;

(2) 结合律:$(\boldsymbol{A}+\boldsymbol{B})+\boldsymbol{C}=\boldsymbol{A}+(\boldsymbol{B}+\boldsymbol{C})$;

(3) $\boldsymbol{A}+\boldsymbol{O}=\boldsymbol{O}+\boldsymbol{A}=\boldsymbol{A}$;

(4) 消去律:$\boldsymbol{A}+\boldsymbol{C}=\boldsymbol{B}+\boldsymbol{C}\Leftrightarrow\boldsymbol{A}=\boldsymbol{B}$.

设 $\boldsymbol{A}=(a_{ij})_{m\times n}$,称矩阵

$$\begin{pmatrix} -a_{11} & -a_{12} & \cdots & -a_{1n} \\ -a_{21} & -a_{22} & \cdots & -a_{2n} \\ \vdots & \vdots & & \vdots \\ -a_{m1} & -a_{m2} & \cdots & -a_{mn} \end{pmatrix}$$

为 $\boldsymbol{A}$ 的**负矩阵**,记为$-\boldsymbol{A}$. 显然有

$$\boldsymbol{A}+(-\boldsymbol{A})=(-\boldsymbol{A})+\boldsymbol{A}=\boldsymbol{O}.$$

由此定义矩阵的减法为

$$\boldsymbol{A}-\boldsymbol{B}=\boldsymbol{A}+(-\boldsymbol{B})=(a_{ij}-b_{ij})_{m\times n}.$$

二、数乘运算

定义 3 对于任意一个矩阵 $\boldsymbol{A}=(a_{ij})_{m\times n}$和任意一个数 k,规定 k 与 $\boldsymbol{A}$ 的乘积为

$$k\boldsymbol{A}=\begin{pmatrix} ka_{11} & ka_{12} & \cdots & ka_{1n} \\ ka_{21} & ka_{22} & \cdots & ka_{2n} \\ \vdots & \vdots & & \vdots \\ ka_{m1} & ka_{m2} & \cdots & ka_{mn} \end{pmatrix}.$$

由定义 3 可知,数 k 与矩阵 $\boldsymbol{A}$ 的乘积是 $\boldsymbol{A}$ 中的所有元素都要乘 k.

根据数乘矩阵运算的定义可以知道,数量矩阵 $a\boldsymbol{E}_n$ 就是数 a 与单位矩阵 $\boldsymbol{E}_n$ 的乘积. 而且对任意矩阵 $\boldsymbol{A}$ 有,$-\boldsymbol{A}=(-)\boldsymbol{A}=(-a_{ij})_{m\times n}$.

矩阵的加法与数乘运算称为矩阵的**线性运算**,满足下面的运算律.

设 $\boldsymbol{A},\boldsymbol{B}$ 为 $m\times n$ 矩阵,k,l 为常数.

(1) 结合律:$(kl)\boldsymbol{A}=k(l\boldsymbol{A})=l(k\boldsymbol{A})$;

(2) 分配律:$k(\boldsymbol{A}+\boldsymbol{B})=k\boldsymbol{A}+k\boldsymbol{B}$,$(k+l)\boldsymbol{A}=k\boldsymbol{A}+l\boldsymbol{A}$.

例 5 已知

$$\boldsymbol{A}=\begin{pmatrix} -1 & 2 & 3 & 1 \\ 0 & 2 & -1 & 3 \\ 4 & 2 & 0 & 5 \end{pmatrix},\quad \boldsymbol{B}=\begin{pmatrix} 1 & 2 & -1 & 0 \\ 4 & -3 & 1 & 1 \\ 1 & 0 & 2 & 5 \end{pmatrix},$$

求 $2\boldsymbol{A}-3\boldsymbol{B}$.

解
$$2\boldsymbol{A}-3\boldsymbol{B}=2\begin{pmatrix} -1 & 2 & 3 & 1 \\ 0 & 2 & -1 & 3 \\ 4 & 2 & 0 & 5 \end{pmatrix}-3\begin{pmatrix} 1 & 2 & -1 & 0 \\ 4 & -3 & 1 & 1 \\ 1 & 0 & 2 & 5 \end{pmatrix}$$

$$=\begin{pmatrix} -2-3 & 4-6 & 6+3 & 2-0 \\ 0-12 & 4+9 & -2-3 & 6-3 \\ 8-3 & 4-0 & 0-6 & 10-15 \end{pmatrix}=\begin{pmatrix} -5 & -2 & 9 & 2 \\ -12 & 13 & -5 & 3 \\ 5 & 4 & -6 & -5 \end{pmatrix}.$$

例 6 已知

$$A=\begin{pmatrix}3 & 0 & -1 & 2\\2 & 8 & 3 & 1\end{pmatrix},\quad B=\begin{pmatrix}5 & 6 & 3 & 2\\2 & 4 & 7 & -1\end{pmatrix},$$

且 $\boldsymbol{A}+2\boldsymbol{X}=\boldsymbol{B}$,求 $\boldsymbol{X}$.

解 $\boldsymbol{X}=\frac{1}{2}(\boldsymbol{B}-\boldsymbol{A})=\frac{1}{2}\begin{pmatrix}2 & 6 & 4 & 0\\0 & -4 & 4 & -2\end{pmatrix}=\begin{pmatrix}1 & 3 & 2 & 0\\0 & -2 & 2 & -1\end{pmatrix}$.

三、矩阵的乘法

矩阵的乘法是矩阵最具特色的运算.在给出它的定义之前,先看下面的例子.

例 7 设变量 y_1,y_2,y_3 能用变量 x_1,x_2,x_3 线性地表示为

$$\begin{cases}y_1=b_{11}x_1+b_{12}x_2+b_{13}x_3,\\y_2=b_{21}x_1+b_{22}x_2+b_{23}x_3,\\y_3=b_{31}x_1+b_{32}x_2+b_{33}x_3,\end{cases}\tag{2.4}$$

其中 $b_{ij}(i,j=1,2,3)$都是常数,(2.4)是由变量 x_1,x_2,x_3 到变量 y_1,y_2,y_3 的线性变换.

如果另有由变量 y_1,y_2,y_3 到变量 z_1,z_2,z_3 的线性变换

$$\begin{cases}z_1=a_{11}y_1+a_{12}y_2+a_{13}y_3,\\z_2=a_{21}y_1+a_{22}y_2+a_{23}y_3,\\z_3=a_{31}y_1+a_{32}y_2+a_{33}y_3,\end{cases}\tag{2.5}$$

则将(2.4)中的变量 y_1,y_2,y_3 代入(2.5),得到

$$\begin{aligned}z_1&=a_{11}(b_{11}x_1+b_{12}x_2+b_{13}x_3)+a_{12}(b_{21}x_1+b_{22}x_2+b_{23}x_3)+\\&\quad a_{13}(b_{31}x_1+b_{32}x_2+b_{33}x_3)\\&=(a_{11}b_{11}+a_{12}b_{21}+a_{13}b_{31})x_1+(a_{11}b_{12}+a_{12}b_{22}+a_{13}b_{32})x_2+\\&\quad(a_{11}b_{13}+a_{12}b_{23}+a_{13}b_{33})x_3.\end{aligned}$$

用同样的方法,可求出 z_2,z_3 的类似的表达式.这就是说,可以得到由变量 x_1,x_2,x_3 到变量 z_1,z_2,z_3 的线性变换公式:

$$\begin{cases}z_1=(a_{11}b_{11}+a_{12}b_{21}+a_{13}b_{31})x_1+(a_{11}b_{12}+a_{12}b_{22}+a_{13}b_{32})x_2+\\\qquad(a_{11}b_{13}+a_{12}b_{23}+a_{13}b_{33})x_3,\\z_2=(a_{21}b_{11}+a_{22}b_{21}+a_{23}b_{31})x_1+(a_{21}b_{12}+a_{22}b_{22}+a_{23}b_{32})x_2+\\\qquad(a_{21}b_{13}+a_{22}b_{23}+a_{23}b_{33})x_3,\\z_3=(a_{31}b_{11}+a_{32}b_{21}+a_{33}b_{31})x_1+(a_{31}b_{12}+a_{32}b_{22}+a_{33}b_{32})x_2+\\\qquad(a_{31}b_{13}+a_{32}b_{23}+a_{33}b_{33})x_3.\end{cases}\tag{2.6}$$

如果将线性变换(2.4),(2.5),(2.6)的系数矩阵分别记为 $\boldsymbol{B}=(b_{ij})$,$\boldsymbol{A}=(a_{ij})$和 $\boldsymbol{C}=(c_{ij})$,则各矩阵元素之间的关系为

$$c_{ij}=a_{i1}b_{1j}+a_{i2}b_{2j}+a_{i3}b_{3j}\quad(i,j=1,2,3).$$

即矩阵 $\boldsymbol{C}$ 的第 i 行第 j 列位置的元素等于矩阵 $\boldsymbol{A}$ 的第 i 行元素与矩阵 $\boldsymbol{B}$ 的第 j 列对应元素乘积的和.

将例 7 中矩阵 $\boldsymbol{C}$ 定义为矩阵 $\boldsymbol{A}$ 与 $\boldsymbol{B}$ 的乘积.

下面给出矩阵乘积的定义.

定义 4 设矩阵 $\boldsymbol{A}=(a_{ij})_{m\times s}$,$\boldsymbol{B}=(b_{ij})_{s\times n}$.令 $\boldsymbol{C}=(c_{ij})_{m\times n}$是由下面的 $m\times n$ 个元素

$$c_{ij}=a_{i1}b_{1j}+a_{i2}b_{2j}+\cdots+a_{is}b_{sj}\quad(i=1,2,\cdots,m;j=1,2,\cdots,n)$$

构成的 m 行 n 列矩阵. 称矩阵 $\boldsymbol{C}$ 为矩阵 $\boldsymbol{A}$ 与矩阵 $\boldsymbol{B}$ 的**乘积**,记为 $\boldsymbol{C}=\boldsymbol{AB}$.

由此定义可知,两个矩阵 $\boldsymbol{A}=(a_{ij})$ 和 $\boldsymbol{B}=(b_{ij})$ 可以相乘当且仅当 $\boldsymbol{A}$ 的列数与 $\boldsymbol{B}$ 的行数相等. 当 $\boldsymbol{C}=\boldsymbol{AB}$ 时,$\boldsymbol{C}$ 的行数 $=\boldsymbol{A}$ 的行数,$\boldsymbol{C}$ 的列数 $=\boldsymbol{B}$ 的列数. $\boldsymbol{C}$ 的第 i 行第 j 列元素等于矩阵 $\boldsymbol{A}$ 的第 i 行元素与矩阵 $\boldsymbol{B}$ 的第 j 列对应元素乘积的和,即

$$\begin{pmatrix}\cdots & \cdots & \cdots & \cdots\\ a_{i1} & a_{i2} & \cdots & a_{is}\\ \cdots & \cdots & \cdots & \cdots\end{pmatrix}\begin{pmatrix}\vdots & b_{1j} & \vdots\\ \vdots & b_{2j} & \vdots\\ \vdots & \vdots & \vdots\\ \vdots & b_{sj} & \vdots\end{pmatrix}=\begin{pmatrix} & \vdots & \\ \cdots & c_{ij} & \cdots\\ & \vdots & \end{pmatrix},$$

其中,$c_{ij}=a_{i1}b_{1j}+a_{i2}b_{2j}+\cdots+a_{is}b_{sj}$,$(i=1,2,\cdots,m;j=1,2,\cdots,n)$.

例 8 设矩阵 $\boldsymbol{A}=\begin{pmatrix}1 & 0 & -1\\ 2 & 1 & 0\\ 3 & 2 & -1\end{pmatrix}$,$\boldsymbol{B}=\begin{pmatrix}1 & 0\\ 3 & 1\\ 0 & 2\end{pmatrix}$,求 $\boldsymbol{AB}$.

解

$$\begin{aligned}\boldsymbol{AB}&=\begin{pmatrix}1 & 0 & -1\\ 2 & 1 & 0\\ 3 & 2 & -1\end{pmatrix}\begin{pmatrix}1 & 0\\ 3 & 1\\ 0 & 2\end{pmatrix}\\ &=\begin{pmatrix}1\times1+0\times3+(-1)\times0 & 1\times0+0\times1+(-1)\times2\\ 2\times1+1\times3+0\times0 & 2\times0+1\times1+0\times2\\ 3\times1+2\times3+(-1)\times0 & 3\times0+2\times1+(-1)\times2\end{pmatrix}\\ &=\begin{pmatrix}1 & -2\\ 5 & 1\\ 9 & 0\end{pmatrix}.\end{aligned}$$

这里矩阵 $\boldsymbol{A}$ 是 3×3 矩阵,而矩阵 $\boldsymbol{B}$ 是 3×2 矩阵,由于 $\boldsymbol{B}$ 的列数与 $\boldsymbol{A}$ 的行数不相等,所以 $\boldsymbol{BA}$ 没有意义.

在矩阵的乘法中,必须注意矩阵相乘的顺序. 若 $\boldsymbol{A}$ 是 $m\times n$ 矩阵,$\boldsymbol{B}$ 是 $n\times m$ 矩阵,则 $\boldsymbol{AB}$ 与 $\boldsymbol{BA}$ 均有意义,但 $\boldsymbol{AB}$ 是 m 阶方阵,$\boldsymbol{BA}$ 是 n 阶方阵,当 $m\neq n$ 时,$\boldsymbol{AB}\neq\boldsymbol{BA}$. 即使 $m=n$,即 $\boldsymbol{A}$,$\boldsymbol{B}$ 是同阶方阵时,$\boldsymbol{AB}$ 与 $\boldsymbol{BA}$ 仍然可以不相等.

例 9 设矩阵

$$\boldsymbol{A}=\begin{pmatrix}1 & 0\\ 1 & 0\end{pmatrix},\quad \boldsymbol{B}=\begin{pmatrix}0 & 0\\ 1 & 1\end{pmatrix}.$$

求 $\boldsymbol{AB}$ 和 $\boldsymbol{BA}$.

解

$$\boldsymbol{AB}=\begin{pmatrix}1 & 0\\ 1 & 0\end{pmatrix}\begin{pmatrix}0 & 0\\ 1 & 1\end{pmatrix}=\begin{pmatrix}0 & 0\\ 0 & 0\end{pmatrix},$$

$$\boldsymbol{BA}=\begin{pmatrix}0 & 0\\ 1 & 1\end{pmatrix}\begin{pmatrix}1 & 0\\ 1 & 0\end{pmatrix}=\begin{pmatrix}0 & 0\\ 2 & 0\end{pmatrix}.$$

例 9 的结果表明以下事实:

(1) 矩阵的乘法不满足交换律,即一般 $\boldsymbol{AB}\neq\boldsymbol{BA}$;

(2) 当 $\boldsymbol{AB}=\boldsymbol{O}$ 时,一般不能推出 $\boldsymbol{A}=\boldsymbol{O}$ 或 $\boldsymbol{B}=\boldsymbol{O}$. 这说明矩阵乘法不满足消去律. 这是矩阵乘法与数的乘法性质的一个很大不同之处,在数的乘法中,若 $ab=0$,则必有 $a=0$ 或 $b=0$.

然而,矩阵乘法不满足交换律和消去律,并不是说任意两个方阵相乘都不能交换,任意一个方阵都不能从矩阵等式的同侧消去.

当两个矩阵 $\boldsymbol{A}$ 与 $\boldsymbol{B}$ 满足 $\boldsymbol{AB}=\boldsymbol{BA}$ 时,称 $\boldsymbol{A}$ 与 $\boldsymbol{B}$ 可交换. 此时,$\boldsymbol{A}$ 与 $\boldsymbol{B}$ 必为同阶方阵.

矩阵乘法满足下列运算律(假设运算都是有意义的):

(1) 矩阵乘法结合律:$(\boldsymbol{AB})\boldsymbol{C}=\boldsymbol{A}(\boldsymbol{BC})$;

(2) 矩阵乘法分配律:$(\boldsymbol{A}+\boldsymbol{B})\boldsymbol{C}=\boldsymbol{AC}+\boldsymbol{BC},\boldsymbol{A}(\boldsymbol{B}+\boldsymbol{C})=\boldsymbol{AB}+\boldsymbol{AC}$;

(3) 两种乘法的结合律:$k(\boldsymbol{AB})=(k\boldsymbol{A})\boldsymbol{B}=\boldsymbol{A}(k\boldsymbol{B})$,$k$ 为任意实数;

(4) $\boldsymbol{E}_m\boldsymbol{A}_{m\times n}=\boldsymbol{A}_{m\times n},\boldsymbol{A}_{m\times n}\boldsymbol{E}_n=\boldsymbol{A}_{m\times n}$(其中 $\boldsymbol{E}_m,\boldsymbol{E}_n$ 分别为 m 阶和 n 阶单位矩阵).

矩阵乘法的结合律可用定义直接验证,其他 3 条运算律的正确性是显然的.

关于矩阵乘法应注意:当 $\boldsymbol{A}=\boldsymbol{B}$ 时,在可乘条件下必可推出 $\boldsymbol{AC}=\boldsymbol{BC}$ 和 $\boldsymbol{CA}=\boldsymbol{CB}$,但未必有 $\boldsymbol{AC}=\boldsymbol{CB}$ 或 $\boldsymbol{CA}=\boldsymbol{BC}$.

利用矩阵乘法,式(2.2)中的线性变换可表示为

$$\boldsymbol{y}=\boldsymbol{Ax},$$

其中 $\boldsymbol{x}=(x_1,x_2,\cdots,x_n)^{\mathrm{T}},\boldsymbol{y}=(y_1,y_2,\cdots,y_n)^{\mathrm{T}},\boldsymbol{A}=(a_{ij})_{n\times n}$. 且 $\boldsymbol{A}$ 称为这个线性变换的系数矩阵.

方阵的方幂:设 $\boldsymbol{A}$ 为 n 阶方阵,由于矩阵乘法满足结合律,所以 $\underbrace{\boldsymbol{A}\cdot\boldsymbol{A}\cdot\cdots\cdot\boldsymbol{A}}_{k个}$ 可以不加括号而有完全确定的意义. 我们定义 $\boldsymbol{A}$ 的**方幂**(或称**乘幂**)为

$$\boldsymbol{A}^0=\boldsymbol{E},\boldsymbol{A}^1=\boldsymbol{A},\boldsymbol{A}^2=\boldsymbol{AA},\cdots,\boldsymbol{A}^k=\underbrace{\boldsymbol{AA}\cdots\boldsymbol{A}}_{k个}.$$

其中 k 为正整数.

由定义可知,n 阶方阵的方幂适合下述运算律:

$$\boldsymbol{A}^k\boldsymbol{A}^l=\boldsymbol{A}^{k+l},\quad (\boldsymbol{A}^k)^l=\boldsymbol{A}^{kl},\quad k,l\text{ 为任意正整数}.$$

由于矩阵乘法不满足交换律,所以对于两个 n 阶方阵 $\boldsymbol{A}$ 与 $\boldsymbol{B}$,一般来说

$$(\boldsymbol{AB})^k\neq\boldsymbol{A}^k\boldsymbol{B}^k.$$

设 x 的 m 次多项式

$$f(x)=a_0x^m+a_1x^{m-1}+\cdots+a_{m-1}x+a_m,$$

$\boldsymbol{A}$ 为 n 阶方阵,定义

$$f(\boldsymbol{A})=a_0\boldsymbol{A}^m+a_1\boldsymbol{A}^{m-1}+\cdots+a_{m-1}\boldsymbol{A}+a_m\boldsymbol{E}$$

为 $\boldsymbol{A}$ 的 m **次多项式**.

例 10　设矩阵 $\boldsymbol{A}=\begin{pmatrix}1&0\\2&1\end{pmatrix}$,求出所有与 $\boldsymbol{A}$ 可交换的矩阵.

解　因为与 $\boldsymbol{A}$ 可交换的矩阵必为二阶矩阵,所以可设

$$\boldsymbol{X}=\begin{pmatrix}x_{11}&x_{12}\\x_{21}&x_{22}\end{pmatrix}$$

为与 $\boldsymbol{A}$ 可交换的矩阵,则

$$\boldsymbol{AX}=\begin{pmatrix}1&0\\2&1\end{pmatrix}\begin{pmatrix}x_{11}&x_{12}\\x_{21}&x_{22}\end{pmatrix}=\begin{pmatrix}x_{11}&x_{12}\\2x_{11}+x_{21}&2x_{12}+x_{22}\end{pmatrix}.$$

$$\boldsymbol{XA}=\begin{pmatrix}x_{11}&x_{12}\\x_{21}&x_{22}\end{pmatrix}\begin{pmatrix}1&0\\2&1\end{pmatrix}=\begin{pmatrix}x_{11}+2x_{12}&x_{12}\\x_{21}+2x_{22}&x_{22}\end{pmatrix}.$$

则由 $\boldsymbol{AX}=\boldsymbol{XA}$,可推出 $x_{12}=0,x_{11}=x_{22}$,且 x_{11},x_{21} 可取任意值,即得

$$\boldsymbol{X}=\begin{pmatrix}x_{11}&0\\x_{21}&x_{11}\end{pmatrix}.$$

例 11 用数学归纳法证明以下矩阵等式.

(1) $\begin{pmatrix}1&1\\0&1\end{pmatrix}^n=\begin{pmatrix}1&n\\0&1\end{pmatrix}$; (2) $\begin{pmatrix}1&1\\1&1\end{pmatrix}^n=2^{n-1}\begin{pmatrix}1&1\\1&1\end{pmatrix}$.

证 (1) 当 $n=1$ 时,矩阵等式显然成立. 假设当 $n=k$ 时,等式成立,则由

$$\begin{pmatrix}1&1\\0&1\end{pmatrix}^{k+1}=\begin{pmatrix}1&1\\0&1\end{pmatrix}^k\begin{pmatrix}1&1\\0&1\end{pmatrix}=\begin{pmatrix}1&k\\0&1\end{pmatrix}\begin{pmatrix}1&1\\0&1\end{pmatrix}=\begin{pmatrix}1&k+1\\0&1\end{pmatrix}$$

知道,当 $n=k+1$ 时,矩阵等式也成立. 所以,对任意正整数 n,此矩阵等式都成立.

(2) 当 $n=1$ 时,矩阵等式显然成立. 假设当 $n=k$ 时,矩阵等式成立,则由

$$\begin{pmatrix}1&1\\1&1\end{pmatrix}^{k+1}=\begin{pmatrix}1&1\\1&1\end{pmatrix}^k\begin{pmatrix}1&1\\1&1\end{pmatrix}=2^{k-1}\begin{pmatrix}1&1\\1&1\end{pmatrix}\begin{pmatrix}1&1\\1&1\end{pmatrix}=2^{k-1}\begin{pmatrix}2&2\\2&2\end{pmatrix}=2^k\begin{pmatrix}1&1\\1&1\end{pmatrix}$$

知道,当 $n=k+1$ 时,矩阵等式也成立. 所以,对任意正整数 n,此矩阵等式都成立.

例 12 设 $\boldsymbol{A}=\begin{pmatrix}1&-2\\-2&4\\1&-2\end{pmatrix}$,$\boldsymbol{B}=\begin{pmatrix}1&2&3\\3&2&1\end{pmatrix}$. 令 $\boldsymbol{C}=\boldsymbol{AB}$,$\boldsymbol{D}=\boldsymbol{BA}$. 求 $\boldsymbol{C}$,$\boldsymbol{D}$,$\boldsymbol{C}^2$,$\boldsymbol{C}^3$ 和 $\boldsymbol{C}^n$,其中 n 为正整数且 $n\geqslant2$.

解 $\boldsymbol{C}=\boldsymbol{AB}=\begin{pmatrix}1&-2\\-2&4\\1&-2\end{pmatrix}\begin{pmatrix}1&2&3\\3&2&1\end{pmatrix}=\begin{pmatrix}-5&-2&1\\10&4&-2\\-5&-2&1\end{pmatrix}$;

$$\boldsymbol{D}=\boldsymbol{BA}=\begin{pmatrix}1&2&3\\3&2&1\end{pmatrix}\begin{pmatrix}1&-2\\-2&4\\1&-2\end{pmatrix}=\begin{pmatrix}0&0\\0&0\end{pmatrix};$$

$$\boldsymbol{C}^2=(\boldsymbol{AB})^2=(\boldsymbol{AB})(\boldsymbol{AB})=\boldsymbol{A}(\boldsymbol{BA})\boldsymbol{B}=\boldsymbol{AOB}=\boldsymbol{O};$$

$$\boldsymbol{C}^3=(\boldsymbol{AB})^3=(\boldsymbol{AB})(\boldsymbol{AB})(\boldsymbol{AB})=\boldsymbol{A}(\boldsymbol{BA})(\boldsymbol{BA})\boldsymbol{B}=\boldsymbol{AOOB}=\boldsymbol{O}.$$

一般地,有

$$\boldsymbol{C}^n=(\boldsymbol{AB})^n=\boldsymbol{A}\underbrace{(\boldsymbol{BA})\cdots(\boldsymbol{BA})}_{n-1}\boldsymbol{B}=\boldsymbol{O}.$$

例 13 若 $f(x)=x^2-2x+2$,

$$\boldsymbol{A}=\begin{pmatrix}2&0&1\\-3&1&2\\1&-1&0\end{pmatrix},$$

求 $f(\boldsymbol{A})$.

解 $f(\boldsymbol{A})=\boldsymbol{A}^2-2\boldsymbol{A}+2\boldsymbol{E}$

$$=\begin{pmatrix}2&0&1\\-3&1&2\\1&-1&0\end{pmatrix}^2-2\begin{pmatrix}2&0&1\\-3&1&2\\1&-1&0\end{pmatrix}+2\begin{pmatrix}1&0&0\\0&1&0\\0&0&1\end{pmatrix}$$

$$
=\begin{pmatrix}5&-1&2\\-7&-1&-1\\5&-1&-1\end{pmatrix}-\begin{pmatrix}4&0&2\\-6&2&4\\2&-2&0\end{pmatrix}+\begin{pmatrix}2&0&0\\0&2&0\\0&0&2\end{pmatrix}
$$

$$
=\begin{pmatrix}3&-1&0\\-1&-1&-5\\3&1&1\end{pmatrix}.
$$

下面进一步讨论例2，在例2中我们已经知道这个简单的通信网络可用如下矩阵表示：

$$
\boldsymbol{A}=\begin{pmatrix}0&1&1&1\\1&0&1&0\\1&1&0&1\\1&0&1&0\end{pmatrix},
$$

则有

$$
\boldsymbol{A}^2=\begin{pmatrix}0&1&1&1\\1&0&1&0\\1&1&0&1\\1&0&1&0\end{pmatrix}\begin{pmatrix}0&1&1&1\\1&0&1&0\\1&1&0&1\\1&0&1&0\end{pmatrix}=\begin{pmatrix}3&1&2&1\\1&2&1&2\\2&1&3&1\\1&2&1&2\end{pmatrix}.
$$

下面讨论 $\boldsymbol{A}^2$ 的意义. 由矩阵乘法的定义知，$\boldsymbol{A}^2$ 的第 i 行第 j 列元素为

$$
[\boldsymbol{A}^2]_{ij}=a_{i1}a_{1j}+a_{i2}a_{2j}+a_{i3}a_{3j}+a_{i4}a_{4j}.
$$

$a_{it}a_{tj}=1\Leftrightarrow a_{it}=a_{tj}=1$，即第 i 点可传送信息至 t 点，且 t 点能传送信息至第 j 点；否则 $a_{it}a_{tj}=0$. 因此$[\boldsymbol{A}^2]_{ij}$表示第 i 点经一个中间点 t 传送信息至第 j 点的通路数目. 例如，$[\boldsymbol{A}^2]_{24}=2$ 表示第2点经一个中间点到第4点可通信的通路数为2. 它们是 $2\to1\to4$ 和 $2\to3\to4$. 记

$$
\boldsymbol{M}_2=\boldsymbol{A}+\boldsymbol{A}^2=\begin{pmatrix}0&1&1&1\\1&0&1&0\\1&1&0&1\\1&0&1&0\end{pmatrix}+\begin{pmatrix}3&1&2&1\\1&2&1&2\\2&1&3&1\\1&2&1&2\end{pmatrix}=\begin{pmatrix}3&2&3&2\\2&2&2&2\\3&2&3&2\\2&2&2&2\end{pmatrix}.
$$

矩阵 $\boldsymbol{M}_2=\boldsymbol{A}+\boldsymbol{A}^2$ 的第 i 行，第 j 列元素$[M_2]_{ij}$表示第 i 点直接或经一个点中转传送信息到第 j 点的通路数目.

四、转置矩阵、对称矩阵和反对称矩阵

定义5 把矩阵 $\boldsymbol{A}$ 的所有行换成相应的列所得到的矩阵，称为矩阵 $\boldsymbol{A}$ 的**转置矩阵**，记为 $\boldsymbol{A}^{\mathrm{T}}$ 或 $\boldsymbol{A}'$，即若

$$
\boldsymbol{A}=\begin{pmatrix}a_{11}&a_{12}&\cdots&a_{1n}\\a_{21}&a_{22}&\cdots&a_{2n}\\\vdots&\vdots&&\vdots\\a_{m1}&a_{m2}&\cdots&a_{mn}\end{pmatrix},
$$

则

$$
\boldsymbol{A}^{\mathrm{T}}=\begin{pmatrix}a_{11}&a_{21}&\cdots&a_{m1}\\a_{12}&a_{22}&\cdots&a_{m2}\\\vdots&\vdots&&\vdots\\a_{1n}&a_{2n}&\cdots&a_{mn}\end{pmatrix}.
$$

易见 $\boldsymbol{A}$ 与 $\boldsymbol{A}^{\mathrm{T}}$ 互为转置矩阵. 特别地,n 维行(列)向量的转置矩阵为 n 维列(行)向量.

例如,$\boldsymbol{A}=\begin{pmatrix}1&2&5\\6&4&3\end{pmatrix}$,则 $\boldsymbol{A}^{\mathrm{T}}=\begin{pmatrix}1&6\\2&4\\5&3\end{pmatrix}$.

转置运算律(假设运算都是有意义的):

(1) $(\boldsymbol{A}^{\mathrm{T}})^{\mathrm{T}}=\boldsymbol{A}$;

(2) $(\boldsymbol{A}+\boldsymbol{B})^{\mathrm{T}}=\boldsymbol{A}^{\mathrm{T}}+\boldsymbol{B}^{\mathrm{T}}$;

(3) $(k\boldsymbol{A})^{\mathrm{T}}=k\boldsymbol{A}^{\mathrm{T}}$,$k$ 为实数;

(4) $(\boldsymbol{AB})^{\mathrm{T}}=\boldsymbol{B}^{\mathrm{T}}\boldsymbol{A}^{\mathrm{T}}$,$(\boldsymbol{A}_1\boldsymbol{A}_2\cdots\boldsymbol{A}_k)^{\mathrm{T}}=\boldsymbol{A}_k^{\mathrm{T}}\boldsymbol{A}_{k-1}^{\mathrm{T}}\cdots\boldsymbol{A}_1^{\mathrm{T}}$.

证 前三个运算律显然都是成立的. 仅证明**反序律**(4)的第一式.

设 $\boldsymbol{A}=(a_{ij})_{m\times s}$,$\boldsymbol{B}=(b_{ij})_{s\times n}$,显然 $(\boldsymbol{AB})^{\mathrm{T}}$ 和 $\boldsymbol{B}^{\mathrm{T}}\boldsymbol{A}^{\mathrm{T}}$ 都是 $n\times m$ 矩阵.

$(\boldsymbol{AB})^{\mathrm{T}}$ 的 (i,j) 元素为

$$\begin{aligned}[(\boldsymbol{AB})^{\mathrm{T}}]_{ij}&=[\boldsymbol{AB}]_{ji}=\sum_{t=1}^{s}a_{jt}b_{ti}=\sum_{t=1}^{s}b_{ti}a_{jt}\\&=b_{1i}a_{j1}+b_{2i}a_{j2}+\cdots+b_{si}a_{js}\quad(i=1,2,\cdots,n;j=1,2,\cdots,m).\end{aligned}$$

而 $\boldsymbol{B}^{\mathrm{T}}\boldsymbol{A}^{\mathrm{T}}$ 的 (i,j) 元素也是 $(b_{1i},b_{2i},\cdots,b_{si})\begin{pmatrix}a_{j1}\\a_{j2}\\\vdots\\a_{js}\end{pmatrix}=\sum_{t=1}^{s}b_{ti}a_{jt}$.

所以,$(\boldsymbol{AB})^{\mathrm{T}}=\boldsymbol{B}^{\mathrm{T}}\boldsymbol{A}^{\mathrm{T}}$.

定义 6 设 $\boldsymbol{A}=(a_{ij})$ 为 n 阶矩阵,若 $\boldsymbol{A}$ 满足 $\boldsymbol{A}^{\mathrm{T}}=\boldsymbol{A}$,也就是说 $\boldsymbol{A}$ 中元素满足:

$$a_{ij}=a_{ji},\quad i,j=1,2,\cdots,n,$$

则称 $\boldsymbol{A}$ 为**对称矩阵**.

若 $\boldsymbol{A}$ 满足 $\boldsymbol{A}^{\mathrm{T}}=-\boldsymbol{A}$. 也就是说 $\boldsymbol{A}$ 中元素满足:

$$a_{ij}=-a_{ji},\quad i,j=1,2,\cdots,n,$$

此时必有 $a_{ii}=0,i=1,2,\cdots,n$. 则称 $\boldsymbol{A}$ 为**反对称矩阵**.

例如,$\begin{pmatrix}1&2&4\\2&1&9\\4&9&1\end{pmatrix}$,$\begin{pmatrix}a&b\\b&d\end{pmatrix}$,$\begin{pmatrix}a&b&c\\b&d&e\\c&e&f\end{pmatrix}$ 都是对称矩阵. $\begin{pmatrix}0&b\\-b&0\end{pmatrix}$,$\begin{pmatrix}0&b&-c\\-b&0&e\\c&-e&0\end{pmatrix}$ 都是反对称矩阵.

例 14 证明任意一个方阵 $\boldsymbol{A}$ 都可以唯一地表示为一个对称矩阵与一个反对称矩阵之和.

证 设 $\boldsymbol{A}=\boldsymbol{X}+\boldsymbol{Y}$,其中,$\boldsymbol{X}^{\mathrm{T}}=\boldsymbol{X}$,$\boldsymbol{Y}^{\mathrm{T}}=-\boldsymbol{Y}$. 则有

$$\boldsymbol{A}^{\mathrm{T}}=\boldsymbol{X}^{\mathrm{T}}+\boldsymbol{Y}^{\mathrm{T}}=\boldsymbol{X}-\boldsymbol{Y}.$$

把这两个矩阵等式相加和相减,就可求出唯一解:

$$\boldsymbol{X}=\frac{1}{2}(\boldsymbol{A}+\boldsymbol{A}^{\mathrm{T}}),\quad \boldsymbol{Y}=\frac{1}{2}(\boldsymbol{A}-\boldsymbol{A}^{\mathrm{T}}).$$

且易知 $\boldsymbol{X}$ 是对称矩阵,而 $\boldsymbol{Y}$ 是反对称矩阵.

五、方阵的行列式

n 阶方阵是 n^2 个数组成的一个数表,而 n 阶行列式是 n^2 个数按一定的运算法则所确定的

一个数,这是两个不同的概念. 但由一个 n 阶方阵的 n^2 个数,按原有顺序排列,可以构成一个行列式.

定义 7　由 n 阶方阵 $\boldsymbol{A}$ 的元素按原来的顺序构成的行列式称为**方阵 $\boldsymbol{A}$ 的行列式**,记作 $|\boldsymbol{A}|$ 或 $\det(\boldsymbol{A})$. 即,如果

$$\boldsymbol{A}=\begin{pmatrix} a_{11} & a_{12} & \cdots & a_{1n} \\ a_{21} & a_{22} & \cdots & a_{2n} \\ \vdots & \vdots & & \vdots \\ a_{n1} & a_{n2} & \cdots & a_{nn} \end{pmatrix}$$

则

$$|\boldsymbol{A}|=\det(\boldsymbol{A})=\begin{vmatrix} a_{11} & a_{12} & \cdots & a_{1n} \\ a_{21} & a_{22} & \cdots & a_{2n} \\ \vdots & \vdots & & \vdots \\ a_{n1} & a_{n2} & \cdots & a_{nn} \end{vmatrix}.$$

例如 $\boldsymbol{A}=\begin{pmatrix} 1 & 2 \\ 3 & 4 \end{pmatrix}$ 的行列式为 $\boldsymbol{A}=\begin{vmatrix} 1 & 2 \\ 3 & 4 \end{vmatrix}=-2$.

注意　当且仅当 $\boldsymbol{A}=(a_{ij})$ 为方阵时,才可取行列式 $D=|\boldsymbol{A}|=|a_{ij}|_n$. 对于不是方阵的矩阵是不可以取行列式的.

方阵的行列式有如下性质:设 $\boldsymbol{A},\boldsymbol{B}$ 为 n 阶方阵,k 为数,则

(1) $|\boldsymbol{A}^{\mathrm{T}}|=|\boldsymbol{A}|$;

(2) $|k\boldsymbol{A}|=k^n|\boldsymbol{A}|$;

(3) $|\boldsymbol{AB}|=|\boldsymbol{A}|\cdot|\boldsymbol{B}|$.(**行列式乘法规则**)

(1),(2)的证明可由方阵行列式的定义及行列式性质直接得到.(3)的证明从略.

对于 n 阶方阵 $\boldsymbol{A},\boldsymbol{B}$,一般来说 $\boldsymbol{AB}\neq\boldsymbol{BA}$,但由(3)可知总有

$$|\boldsymbol{AB}|=|\boldsymbol{BA}|.$$

例 15　设 $\boldsymbol{A}=\begin{pmatrix} 1 & 3 \\ 2 & -2 \end{pmatrix}$,$\boldsymbol{B}=\begin{pmatrix} 2 & 5 \\ 3 & 4 \end{pmatrix}$,则

$$\boldsymbol{AB}=\begin{pmatrix} 1 & 3 \\ 2 & -2 \end{pmatrix}\begin{pmatrix} 2 & 5 \\ 3 & 4 \end{pmatrix}=\begin{pmatrix} 11 & 17 \\ -2 & 2 \end{pmatrix},$$

$$\boldsymbol{BA}=\begin{pmatrix} 2 & 5 \\ 3 & 4 \end{pmatrix}\begin{pmatrix} 1 & 3 \\ 2 & -2 \end{pmatrix}=\begin{pmatrix} 12 & -4 \\ 11 & 1 \end{pmatrix}.$$

于是得

$$|\boldsymbol{AB}|=|\boldsymbol{BA}|=56,\quad |\boldsymbol{A}|\cdot|\boldsymbol{B}|=(-8)(-7)=56.$$

例 16　设 $\boldsymbol{A}$ 是 n 阶方阵,满足 $\boldsymbol{AA}^{\mathrm{T}}=\boldsymbol{E}$,且 $|\boldsymbol{A}|=-1$,求 $|\boldsymbol{A}+\boldsymbol{E}|$.

解　由于

$$\begin{aligned}|\boldsymbol{A}+\boldsymbol{E}|&=|\boldsymbol{A}+\boldsymbol{AA}^{\mathrm{T}}|=|\boldsymbol{A}(\boldsymbol{E}+\boldsymbol{A}^{\mathrm{T}})|=|\boldsymbol{A}|\cdot|\boldsymbol{E}+\boldsymbol{A}^{\mathrm{T}}|\\&=-|(\boldsymbol{E}+\boldsymbol{A})^{\mathrm{T}}|=-|\boldsymbol{E}+\boldsymbol{A}|,\end{aligned}$$

所以 $2|\boldsymbol{E}+\boldsymbol{A}|=0\Rightarrow|\boldsymbol{E}+\boldsymbol{A}|=0$.

§2.3 逆矩阵

在数的运算中,$ab=ba=1$,那么 b 就是 a 的逆元,即 $b^{-1}=a$. 由此来定义矩阵的逆.

定义 8 设 $\boldsymbol{A}$ 是一个 n 阶方阵,若存在一个 n 阶方阵 $\boldsymbol{B}$,使得

$$\boldsymbol{AB}=\boldsymbol{BA}=\boldsymbol{E} \quad (\text{其中 } \boldsymbol{E} \text{ 是 } n \text{ 阶单位阵}),$$

则称 $\boldsymbol{A}$ 为**可逆矩阵**(或**非奇异矩阵**),也可简称为**可逆方阵或者可逆阵**,并称 $\boldsymbol{B}$ 为 $\boldsymbol{A}$ 的**逆矩阵**. 若这样的 $\boldsymbol{B}$ 不存在,则称 $\boldsymbol{A}$ 为**不可逆矩阵**(或**奇异矩阵**).

若矩阵 $\boldsymbol{A}$ 可逆,则 $\boldsymbol{A}$ 的逆矩阵是唯一的. 这是因为若 $\boldsymbol{B},\boldsymbol{C}$ 均为 $\boldsymbol{A}$ 的逆矩阵,则由定义可知

$$\boldsymbol{AB}=\boldsymbol{BA}=\boldsymbol{E},$$
$$\boldsymbol{AC}=\boldsymbol{CA}=\boldsymbol{E},$$

从而

$$\boldsymbol{B}=\boldsymbol{EB}=(\boldsymbol{CA})\boldsymbol{B}=\boldsymbol{C}(\boldsymbol{AB})=\boldsymbol{CE}=\boldsymbol{C}.$$

由于可逆矩阵 $\boldsymbol{A}$ 的逆矩阵是唯一的,记 $\boldsymbol{A}$ 的逆矩阵为 $\boldsymbol{A}^{-1}$. 于是

$$\boldsymbol{AA}^{-1}=\boldsymbol{A}^{-1}\boldsymbol{A}=\boldsymbol{E}.$$

注: 当 $\boldsymbol{B}$ 为 $\boldsymbol{A}$ 的逆矩阵时,$\boldsymbol{B}$ 也为可逆矩阵,且 $\boldsymbol{A}$ 也为 $\boldsymbol{B}$ 的逆矩阵,于是 $\boldsymbol{A}$ 与 $\boldsymbol{B}$ 互为逆矩阵.

定义 9 设 $\boldsymbol{A}=(a_{ij})_{n\times n}$,$A_{ij}$ 为 $\boldsymbol{A}$ 的元素 a_{ij} 的代数余子式($i,j=1,2,\cdots,n$),则矩阵

$$\begin{pmatrix} A_{11} & A_{21} & \cdots & A_{n1} \\ A_{12} & A_{22} & \cdots & A_{n2} \\ \vdots & \vdots & & \vdots \\ A_{1n} & A_{2n} & \cdots & A_{nn} \end{pmatrix}$$

称为矩阵 $\boldsymbol{A}$ 的**伴随矩阵**,记作 $\boldsymbol{A}^*$.

由伴随矩阵的定义可以看出,在构造 $\boldsymbol{A}$ 的伴随矩阵时,A_{ij} 必须放在 $\boldsymbol{A}^*$ 中的第 j 行、第 i 列的交叉位置上. 也就是说,$\boldsymbol{A}$ 的第 i 行元素对应的代数余子式,作为 $\boldsymbol{A}^*$ 的第 i 列元素.

现在来证明下面的重要定理. 这个定理给出了判定一个 n 阶方阵是否可逆的一个充分必要条件,以及方阵可逆时,求出其逆矩阵的一个方法.

定理 1 n 阶方阵 $\boldsymbol{A}$ 为可逆矩阵 $\Leftrightarrow |\boldsymbol{A}|\neq 0$.

证 必要性. 设 $\boldsymbol{A}$ 是 n 阶可逆矩阵,则存在 n 阶方阵 $\boldsymbol{B}$,使得 $\boldsymbol{AB}=\boldsymbol{E}$. 由方阵乘积的行列式性质,可得 $|\boldsymbol{A}|\cdot|\boldsymbol{B}|=|\boldsymbol{E}|=1$,于是必有 $|\boldsymbol{A}|\neq 0$.

充分性. 设 $\boldsymbol{A}=(a_{ij})$ 为 n 阶方阵且 $|\boldsymbol{A}|\neq 0$. 由于

$$a_{i1}A_{j1}+a_{i2}A_{j2}+\cdots+a_{in}A_{jn}=\begin{cases} |\boldsymbol{A}|, & i=j, \\ 0, & i\neq j, \end{cases}$$

所以

$$\boldsymbol{AA}^*=\begin{pmatrix} a_{11} & a_{12} & \cdots & a_{1n} \\ a_{21} & a_{22} & \cdots & a_{2n} \\ \vdots & \vdots & & \vdots \\ a_{n1} & a_{n2} & \cdots & a_{nn} \end{pmatrix}\begin{pmatrix} A_{11} & A_{21} & \cdots & A_{n1} \\ A_{12} & A_{22} & \cdots & A_{n2} \\ \vdots & \vdots & & \vdots \\ A_{1n} & A_{2n} & \cdots & A_{nn} \end{pmatrix}$$

$$=\begin{pmatrix} |\boldsymbol{A}| & 0 & \cdots & 0 \\ 0 & |\boldsymbol{A}| & \cdots & 0 \\ \vdots & \vdots & & \vdots \\ 0 & 0 & \cdots & |\boldsymbol{A}| \end{pmatrix}=|\boldsymbol{A}|\boldsymbol{E}.$$

由于$|\boldsymbol{A}|\neq 0$,故

$$\boldsymbol{A}\left(\frac{1}{|\boldsymbol{A}|}\boldsymbol{A}^*\right)=\boldsymbol{E}.$$

同理可得

$$\left(\frac{1}{|\boldsymbol{A}|}\boldsymbol{A}^*\right)\boldsymbol{A}=\boldsymbol{E}.$$

由矩阵可逆的定义可知,$\boldsymbol{A}$ 是可逆矩阵,且

$$\boldsymbol{A}^{-1}=\frac{1}{|\boldsymbol{A}|}\boldsymbol{A}^*.$$

设 $\boldsymbol{A}$ 为 n 阶方阵,若$|\boldsymbol{A}|=0$,则 $\boldsymbol{A}$ 是奇异矩阵,若$|\boldsymbol{A}|\neq 0$,则 $\boldsymbol{A}$ 是非奇异矩阵.

推论　设 $\boldsymbol{A},\boldsymbol{B}$ 均为 n 阶矩阵,并且满足 $\boldsymbol{AB}=\boldsymbol{E}$,则 $\boldsymbol{A},\boldsymbol{B}$ 都可逆,且 $\boldsymbol{A}^{-1}=\boldsymbol{B},\boldsymbol{B}^{-1}=\boldsymbol{A}$.

证　由 $\boldsymbol{AB}=\boldsymbol{E}$,可得$|\boldsymbol{AB}|=|\boldsymbol{A}|\cdot|\boldsymbol{B}|=1$,因此$|\boldsymbol{A}|\neq 0$ 且$|\boldsymbol{B}|\neq 0$,故由定理 1 知 $\boldsymbol{A}$ 可逆,$\boldsymbol{B}$ 也可逆.

在 $\boldsymbol{AB}=\boldsymbol{E}$ 两边左乘 $\boldsymbol{A}^{-1}$,得 $\boldsymbol{B}=\boldsymbol{A}^{-1}$.

在 $\boldsymbol{AB}=\boldsymbol{E}$ 两边右乘 $\boldsymbol{B}^{-1}$,得 $\boldsymbol{A}=\boldsymbol{B}^{-1}$.

这个推论表明,以后在验证一个矩阵是另一个矩阵的逆矩阵时,只需要证明等式$\boldsymbol{AB}=\boldsymbol{E}$或$\boldsymbol{BA}=\boldsymbol{E}$ 成立即可,而不需要按定义同时验证两个等式.

例 17　设 $\boldsymbol{A}=\begin{pmatrix} a & b \\ c & d \end{pmatrix}$,$ad-bc\neq 0$, 求 $\boldsymbol{A}$ 的逆矩阵.

解　因为$|\boldsymbol{A}|=ad-bc\neq 0$,于是 $\boldsymbol{A}$ 可逆, 且

$$\boldsymbol{A}^*=\begin{pmatrix} d & -b \\ -c & a \end{pmatrix}.$$

于是得

$$\boldsymbol{A}^{-1}=\frac{1}{|\boldsymbol{A}|}\boldsymbol{A}^*=\frac{1}{ad-bc}\begin{pmatrix} d & -b \\ -c & a \end{pmatrix}.$$

例 18　求矩阵 $\boldsymbol{A}$ 的逆矩阵:

$$\boldsymbol{A}=\begin{pmatrix} 1 & 0 & 1 \\ 2 & 1 & 0 \\ -3 & 2 & -5 \end{pmatrix}.$$

解　因为

$$|\boldsymbol{A}|=\begin{vmatrix} 1 & 0 & 1 \\ 2 & 1 & 0 \\ -3 & 2 & -5 \end{vmatrix}=2\neq 0,$$

所以 $\boldsymbol{A}$ 可逆.

$$A_{11}=(-1)^{1+1}\begin{vmatrix}1&0\\2&-5\end{vmatrix}=-5,\quad A_{12}=(-1)^{1+2}\begin{vmatrix}2&0\\-3&-5\end{vmatrix}=10,$$

$$A_{13}=(-1)^{1+3}\begin{vmatrix}2&1\\-3&2\end{vmatrix}=7,\quad A_{21}=(-1)^{2+1}\begin{vmatrix}0&1\\2&-5\end{vmatrix}=2,$$

$$A_{22}=(-1)^{2+2}\begin{vmatrix}1&1\\-3&-5\end{vmatrix}=-2,\quad A_{23}=(-1)^{2+3}\begin{vmatrix}1&0\\-3&2\end{vmatrix}=-2,$$

$$A_{31}=(-1)^{3+1}\begin{vmatrix}0&1\\1&0\end{vmatrix}=-1,\quad A_{32}=(-1)^{3+2}\begin{vmatrix}1&1\\2&0\end{vmatrix}=2,$$

$$A_{33}=(-1)^{3+3}\begin{vmatrix}1&0\\2&1\end{vmatrix}=1.$$

所以

$$\boldsymbol{A}^{-1}=\frac{1}{|\boldsymbol{A}|}\boldsymbol{A}^{*}=\frac{1}{2}\begin{pmatrix}-5&2&-1\\10&-2&2\\7&-2&1\end{pmatrix}=\begin{pmatrix}-\frac{5}{2}&1&-\frac{1}{2}\\5&-1&1\\\frac{7}{2}&-1&\frac{1}{2}\end{pmatrix}.$$

例 19 已知 n 阶矩阵 $\boldsymbol{A}$ 满足 $\boldsymbol{A}^2-2\boldsymbol{A}-4\boldsymbol{E}=\boldsymbol{0}$,试证 $\boldsymbol{A}+\boldsymbol{E}$ 是可逆矩阵,并求 $(\boldsymbol{A}+\boldsymbol{E})^{-1}$.

解 由 $\boldsymbol{A}^2-2\boldsymbol{A}-4\boldsymbol{E}=\boldsymbol{0}$,得

$$\boldsymbol{A}^2+\boldsymbol{A}-3\boldsymbol{A}-3\boldsymbol{E}=\boldsymbol{E},$$
$$(\boldsymbol{A}+\boldsymbol{E})\boldsymbol{A}-3(\boldsymbol{A}+\boldsymbol{E})=\boldsymbol{E},$$
$$(\boldsymbol{A}+\boldsymbol{E})(\boldsymbol{A}-3\boldsymbol{E})=\boldsymbol{E},$$

由定理 1 的推论知 $\boldsymbol{A}+\boldsymbol{E}$ 可逆,且

$$(\boldsymbol{A}+\boldsymbol{E})^{-1}=\boldsymbol{A}-3\boldsymbol{E}.$$

可逆矩阵的性质

可逆矩阵有如下基本性质:设 $\boldsymbol{A},\boldsymbol{B}$ 为同阶的可逆方阵,常数 $k\neq0$,则

(1) $\boldsymbol{A}^{-1}$ 为可逆矩阵,且 $(\boldsymbol{A}^{-1})^{-1}=\boldsymbol{A}$;

(2) $k\boldsymbol{A}$ 为可逆矩阵,且 $(k\boldsymbol{A})^{-1}=\frac{1}{k}\boldsymbol{A}^{-1}$;

(3) $|\boldsymbol{A}^{-1}|=\frac{1}{|\boldsymbol{A}|}=|\boldsymbol{A}|^{-1}$;

(4) $\boldsymbol{A}$ 为可逆矩阵,且 $(\boldsymbol{A}^{\mathrm{T}})^{-1}=(\boldsymbol{A}^{-1})^{\mathrm{T}}$;

(5) $\boldsymbol{AB}$ 为可逆矩阵,且 $(\boldsymbol{AB})^{-1}=\boldsymbol{B}^{-1}\boldsymbol{A}^{-1}$;

(6) 可逆矩阵可以从矩阵等式的同侧消去. 即当 $\boldsymbol{P}$ 为可逆矩阵时,有

$$\boldsymbol{PA}=\boldsymbol{PB}\Leftrightarrow\boldsymbol{A}=\boldsymbol{B},\quad \boldsymbol{AP}=\boldsymbol{BP}\Leftrightarrow\boldsymbol{A}=\boldsymbol{B}.$$

证 仅证(4)和(5).

(4) 由于 $\boldsymbol{A}^{\mathrm{T}}(\boldsymbol{A}^{-1})^{\mathrm{T}}=(\boldsymbol{A}^{-1}\boldsymbol{A})^{\mathrm{T}}=\boldsymbol{E}^{\mathrm{T}}=\boldsymbol{E}$,所以,$(\boldsymbol{A}^{\mathrm{T}})^{-1}=(\boldsymbol{A}^{-1})^{\mathrm{T}}$.

(5) 因为 $(\boldsymbol{AB})(\boldsymbol{B}^{-1}\boldsymbol{A}^{-1})=\boldsymbol{A}(\boldsymbol{BB}^{-1})\boldsymbol{A}^{-1}=\boldsymbol{A}(\boldsymbol{E})\boldsymbol{A}^{-1}=(\boldsymbol{AE})\boldsymbol{A}^{-1}=\boldsymbol{AA}^{-1}=\boldsymbol{E}$,由定理 1 的推论知,$(\boldsymbol{AB})^{-1}=\boldsymbol{B}^{-1}\boldsymbol{A}^{-1}$.

式(5)的推广:设 $\boldsymbol{A}_1,\boldsymbol{A}_2,\cdots,\boldsymbol{A}_m$ 是 m 个同阶的可逆矩阵,则 $\boldsymbol{A}_1\boldsymbol{A}_2\cdots\boldsymbol{A}_m$ 也可逆,且

$$(\boldsymbol{A}_1\boldsymbol{A}_2\cdots\boldsymbol{A}_m)^{-1}=\boldsymbol{A}_m^{-1}\cdots\boldsymbol{A}_2^{-1}\boldsymbol{A}_1^{-1}.$$

若 $\boldsymbol{A}$ 是 n 阶可逆矩阵. 可定义

$$\boldsymbol{A}^0=\boldsymbol{E},\quad \boldsymbol{A}^{-k}=(\boldsymbol{A}^{-1})^k,\text{其中 } k \text{ 是任意正整数}.$$

这样,可逆矩阵的幂运算可扩充到整数,即当 $\boldsymbol{A}$ 可逆时,对任意的整数 k,l,均有

$$A^kA^l=A^{k+l},\quad (A^k)^l=A^{kl}.$$

例 20 设 $\boldsymbol{P}=\begin{pmatrix}1&2\\3&7\end{pmatrix}$，$\boldsymbol{\Lambda}=\begin{pmatrix}2&0\\0&3\end{pmatrix}$，$\boldsymbol{A}$ 满足 $\boldsymbol{AP}=\boldsymbol{P\Lambda}$. 求 $\boldsymbol{A}^n$，其中 n 为正整数且 $n\geqslant 2$.

解 $|\boldsymbol{P}|=\begin{vmatrix}1&2\\3&7\end{vmatrix}=1$，$\boldsymbol{P}^*=\begin{pmatrix}7&-2\\-3&1\end{pmatrix}$，得 $\boldsymbol{P}^{-1}=\dfrac{1}{|\boldsymbol{P}|}\boldsymbol{P}^*=\begin{pmatrix}7&-2\\-3&1\end{pmatrix}$.

由 $\boldsymbol{AP}=\boldsymbol{P\Lambda}$，得 $\boldsymbol{A}=\boldsymbol{P\Lambda P}^{-1}$，于是

$$\begin{aligned}\boldsymbol{A}^n&=(\boldsymbol{P\Lambda P}^{-1})^n=(\boldsymbol{P\Lambda P}^{-1})(\boldsymbol{P\Lambda P}^{-1})\cdots(\boldsymbol{P\Lambda P}^{-1})\\&=\boldsymbol{P\Lambda}(\boldsymbol{P}^{-1}\boldsymbol{P})\boldsymbol{\Lambda}(\boldsymbol{P}^{-1}\boldsymbol{P})\boldsymbol{\Lambda}\cdots\boldsymbol{\Lambda}(\boldsymbol{P}^{-1}\boldsymbol{P})\boldsymbol{\Lambda P}^{-1}\\&=\boldsymbol{P\Lambda}^n\boldsymbol{P}^{-1}\\&=\begin{pmatrix}1&2\\3&7\end{pmatrix}\begin{pmatrix}2^n&0\\0&3^n\end{pmatrix}\begin{pmatrix}7&-2\\-3&1\end{pmatrix}\\&=\begin{pmatrix}7\cdot 2^n-2\cdot 3^{n+1}&-2^{n+1}+2\cdot 3^n\\21\cdot 2^n-7\cdot 3^{n+1}&-3\cdot 2^{n+1}+7\cdot 3^n\end{pmatrix}.\end{aligned}$$

对于 n 元线性方程组

$$\begin{cases}a_{11}x_1+a_{12}x_2+\cdots+a_{1n}x_n=b_1,\\a_{21}x_1+a_{22}x_2+\cdots+a_{2n}x_n=b_2,\\\quad\vdots\\a_{n1}x_1+a_{n2}x_2+\cdots+a_{nn}x_n=b_n.\end{cases}\tag{2.7}$$

若设

$$\boldsymbol{A}=\begin{pmatrix}a_{11}&a_{12}&\cdots&a_{1n}\\a_{21}&a_{22}&\cdots&a_{2n}\\\vdots&\vdots&&\vdots\\a_{n1}&a_{n2}&\cdots&a_{nn}\end{pmatrix},\quad \boldsymbol{x}=\begin{pmatrix}x_1\\x_2\\\vdots\\x_n\end{pmatrix},\quad \boldsymbol{b}=\begin{pmatrix}b_1\\b_2\\\vdots\\b_n\end{pmatrix},$$

则 n 元线性方程组(2.7)可表示为

$$\boldsymbol{Ax}=\boldsymbol{b}.$$

若 $\boldsymbol{A}$ 可逆，上式两边同乘以 $\boldsymbol{A}^{-1}$，得方程组的解为

$$\boldsymbol{x}=\boldsymbol{A}^{-1}\boldsymbol{b}.$$

这与用克拉默法则求得的解是相同的，因为

$$\boldsymbol{x}=\boldsymbol{A}^{-1}\boldsymbol{b}=\frac{\boldsymbol{A}^*}{|\boldsymbol{A}|}\boldsymbol{b}=\frac{1}{|\boldsymbol{A}|}\begin{pmatrix}A_{11}&A_{21}&\cdots&A_{n1}\\A_{12}&A_{22}&\cdots&A_{n2}\\\vdots&\vdots&&\vdots\\A_{1n}&A_{2n}&\cdots&A_{nn}\end{pmatrix}\begin{pmatrix}b_1\\b_2\\\vdots\\b_n\end{pmatrix}$$

$$=\frac{1}{|\boldsymbol{A}|}\begin{pmatrix}\sum\limits_{k=1}^{n}A_{k1}b_k\\\sum\limits_{k=1}^{n}A_{k2}b_k\\\vdots\\\sum\limits_{k=1}^{n}A_{kn}b_k\end{pmatrix}=\begin{pmatrix}\dfrac{D_1}{D}\\\dfrac{D_2}{D}\\\vdots\\\dfrac{D_n}{D}\end{pmatrix}.$$

其中 $D=|\boldsymbol{A}|$，$D_i=\sum\limits_{k=1}^{n}\boldsymbol{A}_{ki}b_k(k=1,2,\cdots,n)$.

例 21 用逆矩阵求解线性方程组

$$\begin{cases} x_1 - x_2 - x_3 = 2, \\ 2x_1 - x_2 - 3x_3 = 1, \\ 3x_1 + 2x_2 - 5x_3 = 0. \end{cases}$$

解 设

$$\boldsymbol{A} = \begin{pmatrix} 1 & -1 & -1 \\ 2 & -1 & -3 \\ 3 & 2 & -5 \end{pmatrix},$$

则

$$\boldsymbol{A}\begin{pmatrix} x_1 \\ x_2 \\ x_3 \end{pmatrix} = \begin{pmatrix} 2 \\ 1 \\ 0 \end{pmatrix}.$$

由于$|\boldsymbol{A}|=3\neq 0$,所以 $\boldsymbol{A}$ 可逆,且

$$\boldsymbol{A}^{-1} = \begin{pmatrix} \frac{11}{3} & -\frac{7}{3} & \frac{2}{3} \\ \frac{1}{3} & -\frac{2}{3} & \frac{1}{3} \\ \frac{7}{3} & -\frac{5}{3} & \frac{1}{3} \end{pmatrix},$$

从而有

$$\begin{pmatrix} x_1 \\ x_2 \\ x_3 \end{pmatrix} = \boldsymbol{A}^{-1}\begin{pmatrix} 2 \\ 1 \\ 0 \end{pmatrix} = \begin{pmatrix} \frac{11}{3} & -\frac{7}{3} & \frac{2}{3} \\ \frac{1}{3} & -\frac{2}{3} & \frac{1}{3} \\ \frac{7}{3} & -\frac{5}{3} & \frac{1}{3} \end{pmatrix}\begin{pmatrix} 2 \\ 1 \\ 0 \end{pmatrix} = \begin{pmatrix} 5 \\ 0 \\ 3 \end{pmatrix},$$

即 $x_1=5, x_2=0, x_3=3$.

同样,若 $\boldsymbol{A}$ 是一个 n 阶可逆矩阵,$\boldsymbol{B}$ 是任一 $n\times k$ 矩阵,对于矩阵方程

$$\boldsymbol{AX}=\boldsymbol{B}$$

两边同乘以 $\boldsymbol{A}^{-1}$,得解

$$\boldsymbol{X}=\boldsymbol{A}^{-1}\boldsymbol{B}.$$

例 22 设

$$\boldsymbol{A} = \begin{pmatrix} 3 & 0 & 1 \\ 1 & 1 & 0 \\ 0 & 1 & 4 \end{pmatrix},$$

若矩阵 $\boldsymbol{X}$ 满足关系式 $\boldsymbol{AX}=2\boldsymbol{X}+\boldsymbol{A}$,求 $\boldsymbol{X}$.

解 由 $\boldsymbol{AX}=2\boldsymbol{X}+\boldsymbol{A}$,得

$$(\boldsymbol{A}-2\boldsymbol{E})\boldsymbol{X}=\boldsymbol{A}.$$

由于

$$|\boldsymbol{A}-2\boldsymbol{E}| = \begin{vmatrix} 1 & 0 & 1 \\ 1 & -1 & 0 \\ 0 & 1 & 2 \end{vmatrix} = -1\neq 0,$$

故 $\boldsymbol{A}-2\boldsymbol{E}$ 可逆，且

$$(\boldsymbol{A}-2\boldsymbol{E})^{-1}=\begin{pmatrix}2&-1&-1\\2&-2&-1\\-1&1&1\end{pmatrix},$$

从而有

$$\boldsymbol{X}=(\boldsymbol{A}-2\boldsymbol{E})^{-1}\boldsymbol{A}=\begin{pmatrix}2&-1&-1\\2&-2&-1\\-1&1&1\end{pmatrix}\begin{pmatrix}3&0&1\\1&1&0\\0&1&4\end{pmatrix}=\begin{pmatrix}5&-2&-2\\4&-3&-2\\-2&2&3\end{pmatrix}.$$

§2.4　矩阵的秩与初等变换

一、矩阵的秩

矩阵的秩是线性代数中的一个重要概念，它描述了矩阵的一个数值特征.

对于一般的矩阵，若行数与列数不相等，则不能构成行列式，下面介绍矩阵的子式.

在 $m\times n$ 矩阵 $\boldsymbol{A}$ 中，任意取定某 k 行 $(i_1<i_2<\cdots<i_k)$ 和某 k 列 $(j_1<j_2<\cdots<j_k)$，$k\leqslant\min\{m,n\}$. 位于这些行与列交叉处的 k^2 个元素按原来的相对顺序排成的 k 阶行列式

$$\begin{vmatrix}a_{i_1j_1}&a_{i_1j_2}&\cdots&a_{i_1j_k}\\a_{i_2j_1}&a_{i_2j_2}&\cdots&a_{i_2j_k}\\\vdots&\vdots&&\vdots\\a_{i_kj_1}&a_{i_kj_2}&\cdots&a_{i_kj_k}\end{vmatrix}$$

称为 $\boldsymbol{A}$ 的一个 **k 阶子式**. 显然，对于确定的 k 来说，在 $m\times n$ 矩阵 $\boldsymbol{A}$ 中，k 阶子式的总个数为 $C_m^k\times C_n^k$. 把 $\boldsymbol{A}$ 中对应不同的 k 的所有的 k 阶子式放在一起，可以分成两大类：值为零的与值不为零的. 值不为零的子式称为**非零子式**.

定义 10　设在矩阵 $\boldsymbol{A}$ 中有一个 r 阶非零子式，且所有的 $r+1$ 阶子式(如果存在的话)全等于零，则称**矩阵 $\boldsymbol{A}$ 的秩**(rank)为 r. 记为 $\mathrm{r}(\boldsymbol{A})=r$. 有时也可用秩$(\boldsymbol{A})$表示 $\boldsymbol{A}$ 的秩. 零矩阵的秩规定为 0.

由定义可以看出：

(1) 若 $\boldsymbol{A}$ 为 $m\times n$ 矩阵，则 $\boldsymbol{A}$ 的秩不会大于矩阵的行数，也不会大于矩阵的列数，即 $\mathrm{r}(\boldsymbol{A})\leqslant\min\{m,n\}$；

(2) $\mathrm{r}(\boldsymbol{A}^{\mathrm{T}})=\mathrm{r}(\boldsymbol{A})$，$\mathrm{r}(k\boldsymbol{A})=\mathrm{r}(\boldsymbol{A})$，$k$ 为非零数；

(3) 若 $\mathrm{r}(\boldsymbol{A})=r$，则 $\boldsymbol{A}$ 中所有大于 r 阶的子式全为零，即 r 为 $\boldsymbol{A}$ 中不等于零的子式的最大阶数；

(4) 若 $\boldsymbol{A}$ 的所有 $r+1$ 阶子式都为零，则 $\mathrm{r}(\boldsymbol{A})<r+1$；

(5) 若 $\boldsymbol{A}$ 中存在一个 r 阶子式不为零，则 $\mathrm{r}(\boldsymbol{A})\geqslant r$.

例 23　求矩阵

$$\boldsymbol{A}=\begin{pmatrix}2&-3&8&2\\2&12&-2&12\\1&3&1&4\end{pmatrix}$$

的秩.

解 容易算出二阶子式

$$\begin{vmatrix} 2 & -3 \\ 2 & 12 \end{vmatrix} \neq 0.$$

而矩阵 $\boldsymbol{A}$ 的所有三阶子式

$$\begin{vmatrix} 2 & -3 & 8 \\ 2 & 12 & -2 \\ 1 & 3 & 1 \end{vmatrix} = 0, \quad \begin{vmatrix} 2 & -3 & 2 \\ 2 & 12 & 12 \\ 1 & 3 & 4 \end{vmatrix} = 0,$$

$$\begin{vmatrix} -3 & 8 & 2 \\ 12 & -2 & 12 \\ 3 & 1 & 4 \end{vmatrix} = 0, \quad \begin{vmatrix} 2 & 8 & 2 \\ 2 & -2 & 12 \\ 1 & 1 & 4 \end{vmatrix} = 0.$$

所以 $\mathrm{r}(\boldsymbol{A})=2$.

由上面的例子可以看出,按定义来求矩阵的秩,需要计算很多行列式,非常麻烦,下面讨论通过初等变换求矩阵的秩.

二、矩阵的初等变换

矩阵的初等变换是线性代数中的基本运算,它在求矩阵的秩、求矩阵的逆和解线性方程组等方面起着重要的作用.

定义 11 对一个矩阵 $\boldsymbol{A}=(a_{ij})_{m\times n}$ 施行以下三种变换,称为矩阵的**初等行变换**.

(1) 对换变换:对调 $\boldsymbol{A}$ 的某两行(对调 i,j 两行,记作 $r_i \leftrightarrow r_j$);

(2) 数乘变换:用一个数 $k(k\neq 0)$ 乘 $\boldsymbol{A}$ 的某一行中的所有元素(第 i 行乘 k,记作 kr_i);

(3) 倍加变换:把某一行的所有元素的 k 倍加到另一行对应的元素上去(第 j 行的 k 倍加到第 i 行上,记作 r_i+kr_j).

若把定义 11 中的行换成列,即得到矩阵的三种**初等列变换**(所用记号是把 r 换成 c).

矩阵的初等行变换和初等列变换统称为矩阵的**初等变换**.

三种初等变换都是可逆变换,且其逆是同一类型的初等变换. 以初等行变换为例,变换 $r_i \leftrightarrow r_j$ 的逆变换就是自身; 变换 kr_i 的逆变换为 $\frac{1}{k}r_i$; 变换 r_i+kr_j 的逆变换为 $r_i+(-k)r_j$(或记为 r_i-kr_j).

定义 12 若矩阵 $\boldsymbol{A}$ 经过有限次初等变换变为 $\boldsymbol{B}$,则称 $\boldsymbol{A}$ 与 $\boldsymbol{B}$ **等价**. 记为 $\boldsymbol{A}\cong\boldsymbol{B}$.

矩阵之间的等价关系有以下三条性质.

(1) 反身性:$\boldsymbol{A}\cong\boldsymbol{A}$;

(2) 对称性:若 $\boldsymbol{A}\cong\boldsymbol{B}$,则 $\boldsymbol{B}\cong\boldsymbol{A}$;

(3) 传递性:若 $\boldsymbol{A}\cong\boldsymbol{B}$,$\boldsymbol{B}\cong\boldsymbol{C}$,则 $\boldsymbol{A}\cong\boldsymbol{C}$.

定理 2 初等变换不改变矩阵的秩.

证 仅证初等行变换的情形.

(1) 将矩阵 $\boldsymbol{A}$ 的两行互换后得到矩阵 $\boldsymbol{B}$,由行列式的性质知,$\boldsymbol{B}$ 的子式与 $\boldsymbol{A}$ 相应的子式或者相等,或者只差一个符号,从而有 $\mathrm{r}(\boldsymbol{A})=\mathrm{r}(\boldsymbol{B})$.

(2) 将矩阵 $\boldsymbol{A}$ 的某一行乘以一个非零的数 k 得到矩阵 $\boldsymbol{B}$,由行列式的性质知,矩阵 $\boldsymbol{B}$ 的子式或者是矩阵 $\boldsymbol{A}$ 的相应子式的 k 倍,或者相等. 因此 $\mathrm{r}(\boldsymbol{A})=\mathrm{r}(\boldsymbol{B})$.

(3) 将矩阵 $\boldsymbol{A}$ 的第 j 行的 k 倍加到第 i 行上得到矩阵 $\boldsymbol{B}$. 设 $\mathrm{r}(\boldsymbol{A})=r$,为了证明 $\mathrm{r}(\boldsymbol{B})=r$,先证 $\mathrm{r}(\boldsymbol{B})\leqslant\mathrm{r}(\boldsymbol{A})$.

若矩阵 $\boldsymbol{B}$ 没有阶数大于 r 的子式,则它也没有阶数大于 r 的非零子式,因此 $\mathrm{r}(\boldsymbol{B})\leqslant\mathrm{r}(\boldsymbol{A})$.

若矩阵 $\boldsymbol{B}$ 有 $r+1$ 阶子式,对于 $\boldsymbol{B}$ 的任一 $r+1$ 阶子式 D_{r+1},分三种情况讨论:

① D_{r+1} 不含 i 行元素,则 D_{r+1} 也是矩阵 $\boldsymbol{A}$ 的 $r+1$ 阶子式,故 $D_{r+1}=0$.

② D_{r+1} 含 i,j 两行元素,则 D_{r+1} 是 $\boldsymbol{A}$ 中相应的 $r+1$ 阶子式将含 j 行元素的 k 倍加到 i 行元素上而得到的,由行列式的性质知 $D_{r+1}=0$.

③ D_{r+1} 含 i 行的元素而不含 j 行的元素,即

$$D_{r+1}=\begin{vmatrix} & \cdots\cdots\cdots\cdots\cdots & \\ a_{it_1}+ka_{jt_1} & a_{it_2}+ka_{jt_2} & a_{it_{r+1}}+ka_{jt_{r+1}} \\ & \cdots\cdots\cdots\cdots\cdots & \end{vmatrix}$$

$$=\begin{vmatrix} & \cdots\cdots\cdots\cdots\cdots & \\ a_{it_1} & a_{it_2} & a_{it_{r+1}} \\ & \cdots\cdots\cdots\cdots\cdots & \end{vmatrix}+k\begin{vmatrix} & \cdots\cdots\cdots\cdots\cdots & \\ a_{jt_1} & a_{jt_2} & a_{jt_{r+1}} \\ & \cdots\cdots\cdots\cdots\cdots & \end{vmatrix}=D_{r+1}^{(1)}+kD_{r+1}^{(2)},$$

其中 $D_{r+1}^{(1)}$ 是矩阵 $\boldsymbol{A}$ 的一个 $r+1$ 阶子式,故 $D_{r+1}^{(1)}=0$;$D_{r+1}^{(2)}$ 是矩阵 $\boldsymbol{A}$ 的一个不含第 i 行元素的 $r+1$ 阶子式经对换后得到的行列式,故 $D_{r+1}^{(2)}=0$; 从而 $D_{r+1}=0$.

以上证明了矩阵 $\boldsymbol{B}$ 的所有 $r+1$ 阶子式都等于零,所以有

$$\mathrm{r}(\boldsymbol{B})\leqslant\mathrm{r}(\boldsymbol{A}).$$

同理将矩阵 $\boldsymbol{B}$ 的第 j 行的 $-k$ 倍加到第 i 行上得到矩阵 $\boldsymbol{A}$,也有 $\mathrm{r}(\boldsymbol{A})\leqslant\mathrm{r}(\boldsymbol{B})$. 综上有 $\mathrm{r}(\boldsymbol{A})=\mathrm{r}(\boldsymbol{B})$.

经过一次初等行变换后矩阵的秩不变,则经过有限次初等行变换后矩阵的秩仍不变.

定理 2 说明,若 $\boldsymbol{A}$ 经有限次初等变换变为 $\boldsymbol{B}$(即 $\boldsymbol{A}\cong\boldsymbol{B}$),则 $\mathrm{r}(\boldsymbol{A})=\mathrm{r}(\boldsymbol{B})$.

三、用初等变换求矩阵的秩

由于初等变换不改变矩阵的秩,所以可以先用初等变换将矩阵化简,然后再求矩阵的秩.

例 24　设

$$\boldsymbol{A}=\begin{pmatrix} 2 & -3 & 8 & 2 \\ 2 & 12 & -2 & 12 \\ 1 & 3 & 1 & 4 \end{pmatrix},$$

求矩阵 $\boldsymbol{A}$ 的秩.

解　用记号"→"表示对 $\boldsymbol{A}$ 做初等变换,则有

$$\boldsymbol{A}\xrightarrow{r_1\leftrightarrow r_3}\begin{pmatrix} 1 & 3 & 1 & 4 \\ 2 & 12 & -2 & 12 \\ 2 & -3 & 8 & 2 \end{pmatrix}\xrightarrow[r_3-2r_1]{r_2-2r_1}\begin{pmatrix} 1 & 3 & 1 & 4 \\ 0 & 6 & -4 & 4 \\ 0 & -9 & 6 & -6 \end{pmatrix}$$

$$\xrightarrow{r_3+\frac{3}{2}r_2}\begin{pmatrix} 1 & 3 & 1 & 4 \\ 0 & 6 & -4 & 4 \\ 0 & 0 & 0 & 0 \end{pmatrix}=\boldsymbol{B}.$$

在矩阵 $\boldsymbol{B}$ 中,易见 $\boldsymbol{B}$ 的所有三阶子式全为零(有一行元素全为零),且有一个二阶子式

$$\begin{vmatrix} 1 & 3 \\ 0 & 6 \end{vmatrix} = 6 \neq 0,$$

所以 $\mathrm{r}(\boldsymbol{B})=2$,由定理 2 知 $\mathrm{r}(\boldsymbol{A})=2$.

上例中,矩阵 $\boldsymbol{B}$ 称为**行阶梯形矩阵**,其特点是:

(1) 如果存在全零行(元素全为零的行),则全零行都位于矩阵中非零行(元素不全为零的行)的下方;

(2) 各非零行中从左边数起的第一个非零元素(称为**主元**)的列指标 j 随着行指标 i 的递增而严格增大.

对于这样的矩阵,可画出一条阶梯线,线的下方全为 0;每个台阶只有一行,台阶数即是非零行数.

$m\times n$ **阶梯形矩阵**的一般形状是

$$\boldsymbol{T}=\begin{pmatrix} 0 & \cdots & 0 & a_{1j_1} & \cdots & * & * & \cdots & * & * & \cdots & * \\ 0 & \cdots & 0 & 0 & \cdots & 0 & a_{2j_2} & \cdots & * & * & \cdots & * \\ \vdots & & \vdots & \vdots & & \vdots & \vdots & & \vdots & \vdots & & \vdots \\ 0 & \cdots & 0 & 0 & \cdots & 0 & 0 & \cdots & a_{rj_r} & * & \cdots & * \\ 0 & \cdots & 0 & 0 & \cdots & 0 & 0 & \cdots & 0 & 0 & \cdots & 0 \\ \vdots & & \vdots & \vdots & & \vdots & \vdots & & \vdots & \vdots & & \vdots \\ 0 & \cdots & 0 & 0 & \cdots & 0 & 0 & \cdots & 0 & 0 & \cdots & 0 \end{pmatrix},$$

其中 $\prod_{i=1}^{r} a_{ij_i} \neq 0, 1 \leqslant j_1 < j_2 < \cdots < j_r \leqslant n$.

对于一般的矩阵而言,要确定它的非零子式的最高阶数,并非一件容易的事情. 但是,对于阶梯形矩阵来说,它的非零子式的最高阶数却是一目了然的.

从直观上看,第 i 个非零行从左边数起的第一个非零元素(即主元)为 a_{ij_i},位于 a_{ij_i} 下面的元素必须全为零. 显然,$\boldsymbol{T}$ 有最高阶非零子式:

$$\begin{vmatrix} a_{1j_1} & * & \cdots & * \\ & a_{2j_2} & \cdots & * \\ & & \ddots & \vdots \\ & & & a_{rj_r} \end{vmatrix}, \quad \prod_{i=1}^{r} a_{ij_i} \neq 0.$$

于是 $\mathrm{r}(\boldsymbol{T})=r=$"$\boldsymbol{T}$ 中非零行的行数".

如果对矩阵 $\boldsymbol{A}$ 施行初等行变换,得到其阶梯形矩阵后,进一步进行初等行变换,将阶梯形矩阵的主元素全化为 1,且这些主元素 1 所在列的其他元素全为零,最后的矩阵称为 $\boldsymbol{A}$ 的**简化的阶梯形矩阵**或称为 $\boldsymbol{A}$ 的**行最简形矩阵**.

例 25 求出矩阵 $\boldsymbol{A}=\begin{pmatrix} 1 & 2 & 3 & 4 \\ -1 & -1 & -4 & -2 \\ 3 & 4 & 11 & 8 \end{pmatrix}$ 的秩.

解

$$\boldsymbol{A}=\begin{pmatrix} 1 & 2 & 3 & 4 \\ -1 & -1 & -4 & -2 \\ 3 & 4 & 11 & 8 \end{pmatrix} \xrightarrow[r_3-3r_1]{r_2+r_1} \begin{pmatrix} 1 & 2 & 3 & 4 \\ 0 & 1 & -1 & 2 \\ 0 & -2 & 2 & -4 \end{pmatrix}$$

$$\xrightarrow{r_3+2r_2}\begin{pmatrix}1&2&3&4\\0&1&-1&2\\0&0&0&0\end{pmatrix}=\boldsymbol{B}_1.$$

上述 $\boldsymbol{B}_1$ 是矩阵 $\boldsymbol{A}$ 的行阶梯形矩阵. 由此知 $\mathrm{r}(\boldsymbol{A})=2$.

若对 $\boldsymbol{B}_1$ 继续施行初等行变换,还可以化 $\boldsymbol{B}_1$ 为更简单的形式.

$$\boldsymbol{B}_1\to\begin{pmatrix}1&2&3&4\\0&1&-1&2\\0&0&0&0\end{pmatrix}\xrightarrow{r_1-2r_2}\begin{pmatrix}1&0&5&0\\0&1&-1&2\\0&0&0&0\end{pmatrix}=\boldsymbol{B}_2.$$

矩阵 $\boldsymbol{B}_2$ 也是 $\boldsymbol{A}$ 的行阶梯形矩阵,特别地,它是 $\boldsymbol{A}$ 的行最简形矩阵.

再经过初等列变换,还可化为更简单的形式.

$$\boldsymbol{B}_2=\begin{pmatrix}1&0&5&0\\0&1&-1&2\\0&0&0&0\end{pmatrix}\xrightarrow[\substack{c_3-5c_1\\c_3+c_2\\c_4-2c_2}]{}\begin{pmatrix}1&0&0&0\\0&1&0&0\\0&0&0&0\end{pmatrix}=\boldsymbol{B}_3.$$

矩阵 $\boldsymbol{B}_3$ 称为 $\boldsymbol{A}$ 的**等价标准形**,其特点是: $\boldsymbol{B}_3$ 的左上角是单位矩阵.

注: 把表示初等行变换的记号写在箭号的上方,把表示初等列变换的记号写在箭号的下方.

由上面的讨论可知,对 $m\times n$ 矩阵 $\boldsymbol{A}$,若 $\mathrm{r}(\boldsymbol{A})=r$,则 $\boldsymbol{A}$ 经初等行变换后可化为行阶梯形矩阵及行最简形矩阵; 再经初等列变换,还可化为如下的等价标准形.

$$\boldsymbol{A}\to\begin{pmatrix}1&0&\cdots&0&0&\cdots&0\\0&1&\cdots&0&0&\cdots&0\\\vdots&\vdots&&\vdots&\vdots&&\vdots\\0&0&\cdots&1&0&\cdots&0\\0&0&\cdots&0&0&\cdots&0\\\vdots&\vdots&&\vdots&\vdots&&\vdots\\0&0&\cdots&0&0&\cdots&0\end{pmatrix}=\begin{pmatrix}\boldsymbol{E}_r&\boldsymbol{0}\\\boldsymbol{0}&\boldsymbol{0}\end{pmatrix}=\boldsymbol{B}.\tag{2.8}$$

其中 $\boldsymbol{E}_r$ 是 r 阶单位矩阵.

若矩阵 $\boldsymbol{A}$ 可通过初等变换化为(2.8)的形式,则称 $\boldsymbol{A}$ 等价于等价标准形 $\boldsymbol{B}$. 若 $\boldsymbol{A}\cong\boldsymbol{B}$,则 $\boldsymbol{A}$ 与 $\boldsymbol{B}$ 有相同的等价标准形.

若求矩阵的秩,则将矩阵化为行阶梯形即可,不必化为行最简形,更不必化为等价标准形. 若要将矩阵化为等价标准形,一般须经初等行变换和初等列变换才能完成.

定义 13　设 $\boldsymbol{A}$ 为 n 阶方阵,若 $\boldsymbol{A}\cong\boldsymbol{E}$,则称 $\boldsymbol{A}$ 为**满秩矩阵**; 否则称为**降秩矩阵**.

若 $\boldsymbol{A}\cong\boldsymbol{E}$,则 $\mathrm{r}(\boldsymbol{A})=n$,从而 $|\boldsymbol{A}|\neq 0$,即满秩矩阵就是可逆矩阵,又称非奇异矩阵; 降秩矩阵就是不可逆矩阵,也称奇异矩阵.

四、线性方程组与矩阵的初等变换

对于线性方程组

$$\begin{cases}a_{11}x_1+a_{12}x_2+\cdots+a_{1n}x_n=b_1,\\a_{21}x_1+a_{22}x_2+\cdots+a_{2n}x_n=b_2,\\\qquad\vdots\\a_{m1}x_1+a_{m2}x_2+\cdots+a_{mn}x_n=b_m.\end{cases}\tag{2.9}$$

若记

$$A=\begin{pmatrix}a_{11}&a_{12}&\cdots&a_{1n}\\a_{21}&a_{22}&\cdots&a_{2n}\\\vdots&\vdots&&\vdots\\a_{m1}&a_{m2}&\cdots&a_{mn}\end{pmatrix},\quad x=\begin{pmatrix}x_1\\x_2\\\vdots\\x_n\end{pmatrix},\quad b=\begin{pmatrix}b_1\\b_2\\\vdots\\b_m\end{pmatrix},$$

利用矩阵的乘法,可将 n 元线性方程组(2.9)写成如下的矩阵形式:

$$\boldsymbol{A}\boldsymbol{x}=\boldsymbol{b}. \tag{2.10}$$

矩阵 $\boldsymbol{A}$ 称为方程组(2.9)的系数矩阵.

若方程组(2.9)中的常数项全为零,即 $b_1=b_2=\cdots=b_m=0$,则称方程组为齐次线性方程组,用矩阵表示为 $\boldsymbol{A}\boldsymbol{x}=\boldsymbol{0}$.

用消元法求解线性方程组实际上就是对线性方程组进行**初等变换**,简化未知量的系数,从而得到与原方程组同解且易直接求解的阶梯形方程组.下面以齐次线性方程组为例说明其解法.

例 26 解齐次线性方程组

$$\begin{cases}x_1-x_2-x_3+x_4=0, & ①\\x_1-x_2+x_3-3x_4=0, & ②\\x_1-x_2-2x_3+3x_4=0. & ③\end{cases} \tag{2.11}$$

解 将①的(−1)倍分别加到②和③上,得

$$\begin{cases}x_1-x_2-x_3+x_4=0, & ④\\2x_3-4x_4=0, & ⑤\\-x_3+2x_4=0. & ⑥\end{cases}$$

先将⑤乘以 $\frac{1}{2}$,然后加到⑥上,得

$$\begin{cases}x_1-x_2-x_3+x_4=0, & ⑦\\x_3-2x_4=0, & ⑧\\0=0. & ⑨\end{cases} \tag{2.12}$$

式(2.12)是 4 个未知量 2 个独立方程的阶梯形方程组,可设 x_2,x_4 为自由取值的量(称为自由未知量),用回代的方式解出

$$\begin{cases}x_1=x_2+x_4,\\x_3=2x_4,\end{cases}\quad (x_2,x_4\text{ 可取任意值}). \tag{2.13}$$

每当 x_2,x_4 任取一组值,代入式(2.13)就得到方程组的一个解,故该方程组有无穷多个解.

下面用矩阵的初等行变换求解方程组(2.11),其过程可与上面的消元过程一一对照.

$$\boldsymbol{A}=\begin{pmatrix}1&-1&-1&1\\1&-1&1&-3\\1&-1&-2&3\end{pmatrix}\xrightarrow[r_3-r_1]{r_2-r_1}\begin{pmatrix}1&-1&-1&1\\0&0&2&-4\\0&0&-1&2\end{pmatrix}$$

$$\xrightarrow[r_3+r_2]{\frac{1}{2}r_2}\begin{pmatrix}1&-1&-1&1\\0&0&1&-2\\0&0&0&0\end{pmatrix}=\boldsymbol{B}_1,$$

由 $\boldsymbol{B}_1$ 可以得到方程组(2.12),回代过程也可用矩阵的初等行变换来完成,即

$$\boldsymbol{B}_1 \xrightarrow{r_1+r_2} \begin{pmatrix} 1 & -1 & 0 & -1 \\ 0 & 0 & 1 & -2 \\ 0 & 0 & 0 & 0 \end{pmatrix} = \boldsymbol{B}_2,$$

$\boldsymbol{B}_2$ 对应方程组

$$\begin{cases} x_1 - x_2 \quad\quad - x_4 = 0, \\ \quad\quad\quad x_3 - 2x_4 = 0. \end{cases}$$

取 x_2, x_4 为自由未知量，令 $x_2 = k_1, x_4 = k_2$，方程组解可记作

$$\boldsymbol{x} = \begin{pmatrix} x_1 \\ x_2 \\ x_3 \\ x_4 \end{pmatrix} = \begin{pmatrix} k_1 + k_2 \\ k_1 \\ 2k_2 \\ k_2 \end{pmatrix},$$

即

$$\boldsymbol{x} = k_1 \begin{pmatrix} 1 \\ 1 \\ 0 \\ 0 \end{pmatrix} + k_2 \begin{pmatrix} 1 \\ 0 \\ 2 \\ 1 \end{pmatrix}.$$

下面利用矩阵的秩给出齐次线性方程组有非零解的充分必要条件.

定理 3 n 元齐次线性方程组 $\boldsymbol{Ax}=\boldsymbol{0}$ 有非零解的充分必要条件是系数矩阵 $\boldsymbol{A}$ 的秩 $\mathrm{r}(\boldsymbol{A}) < n$.

证 必要性. 设方程组 $\boldsymbol{Ax}=\boldsymbol{0}$ 有非零解，要证 $\mathrm{r}(\boldsymbol{A}) < n$.

(用反证法)假设 $\mathrm{r}(\boldsymbol{A}) = n$，则 $\boldsymbol{A}$ 中必有一个 n 阶子式 $D_n \neq 0$，根据克拉默法则，D_n 所对应的 n 个方程只有零解. 这与原方程组有非零解矛盾，从而 $\mathrm{r}(\boldsymbol{A}) = n$ 不成立，即 $\mathrm{r}(\boldsymbol{A}) < n$.

充分性. 设 $\mathrm{r}(\boldsymbol{A}) = r < n$，则 $\boldsymbol{A}$ 的行阶梯形矩阵只有 r 个非零行，从而方程组 $\boldsymbol{Ax}=\boldsymbol{0}$ 有 $n-r$ 个自由未知量，让自由未知量的值都取 1，即可得方程组的一个非零解.

定理 3 所述条件 $\mathrm{r}(\boldsymbol{A}) < n$ 的必要性是克拉默法则的推广，克拉默法则只适用于 $m=n$ 的情形，其充分性包含了克拉默法则的逆命题. 因而由定理 3 可得：

推论 含有 n 个方程的 n 元齐次线性方程组 $\boldsymbol{Ax}=\boldsymbol{0}$ 有非零解的充分必要条件是 $|\boldsymbol{A}|=0$.

用矩阵的初等行变换也可以求解非齐次线性方程组. 在线性方程组理论部分将详细讨论线性方程组的求解问题.

§2.5 初等矩阵

引进初等矩阵的目的是想用矩阵乘法来描述初等变换，便于研讨矩阵的特征性质.

定义 14 由单位矩阵 $\boldsymbol{E}$ 经过一次初等变换得到的矩阵称为**初等矩阵**.

我们对 n 阶单位矩阵 $\boldsymbol{E}$ 施行下述三种初等变换得到以下三类 n 阶初等矩阵：

(1) 交换 $\boldsymbol{E}$ 的第 i, j 两行(列)($i \neq j$)，得到的初等矩阵记为

$$
\boldsymbol{P}_{ij}=\begin{pmatrix}
1 &&&&&&&& \\
& \ddots &&&&&&& \\
&& 0 & \cdots & \cdots & \cdots & 1 && \\
&& \vdots & 1 &&& \vdots && \\
&& \vdots && \ddots && \vdots && \\
&& \vdots &&& 1 & \vdots && \\
&& 1 & \cdots & \cdots & \cdots & 0 && \\
&&&&&&& \ddots & \\
&&&&&&&& 1
\end{pmatrix}\begin{matrix} \\ \\ i\text{ 行} \\ \\ \\ \\ j\text{ 行} \\ \\ \\ \end{matrix}.
$$

(2) 用非零常数 k 乘 $\boldsymbol{E}$ 的第 i 行(列),得到的初等矩阵记为

$$
\boldsymbol{D}_i(k)=\begin{pmatrix}
1 &&&&&& \\
& \ddots &&&&& \\
&& 1 &&&& \\
&&& k &&& \\
&&&& 1 && \\
&&&&& \ddots & \\
&&&&&& 1
\end{pmatrix}\begin{matrix} \\ \\ \\ i\text{ 行}, \\ \\ \\ \\ \end{matrix}\quad (k\neq 0).
$$

$$
\qquad\qquad i\text{ 列}
$$

(3) 将 $\boldsymbol{E}$ 的第 j 行的 k 倍加到第 i 行上去(或第 i 列的 k 倍加到第 j 列上去),得到的初等矩阵记为

$$
\boldsymbol{T}_{ij}(k)=\begin{pmatrix}
1 &&&&&& \\
& \ddots &&&&& \\
&& 1 & \cdots & k && \\
&&& \ddots & \vdots && \\
&&&& 1 && \\
&&&&& \ddots & \\
&&&&&& 1
\end{pmatrix}\begin{matrix} \\ \\ i\text{ 行} \\ \\ j\text{ 行} \\ \\ \\ \end{matrix};
$$

$$
\qquad i\text{ 列}\qquad j\text{ 列}
$$

将 $\boldsymbol{E}$ 的第 i 行的 k 倍加到第 j 行上去(或第 j 列的 k 倍加到第 i 列上去),得到的初等矩阵记为

$$
\boldsymbol{T}_{ji}(k)=\begin{pmatrix}
1 &&&&&& \\
& \ddots &&&&& \\
&& 1 &&&& \\
&& \vdots & \ddots &&& \\
&& k & \cdots & 1 && \\
&&&&& \ddots & \\
&&&&&& 1
\end{pmatrix}\begin{matrix} \\ \\ i\text{ 行} \\ \\ j\text{ 行} \\ \\ \\ \end{matrix}.
$$

$$
\qquad i\text{ 列}\qquad j\text{ 列}
$$

以上这些初等矩阵中,空白处的元素均为 0.

上述三类初等矩阵的记号分别取 Permutation，Diagonal，Triangular 的第一个字母，它们分别表示对换置换、对角形和三角形.

用行列式性质容易证明：

$$|\boldsymbol{P}_{ij}|=-1,\quad |\boldsymbol{D}_i(k)|=k,\quad |\boldsymbol{T}_{ij}(k)|=1.$$

因为 $|\boldsymbol{E}|=1$，而 $\boldsymbol{P}_{ij}$ 是由交换单位矩阵 $\boldsymbol{E}$ 的 i,j 两行而得到的，由行列式性质可知，$|\boldsymbol{P}_{ij}|=-|\boldsymbol{E}|=-1$. 用行列式性质也可以证明其余两式.

由初等矩阵的定义易得：

$$\boldsymbol{P}_{ij}^{-1}=\boldsymbol{P}_{ij},\quad \boldsymbol{D}_i(k)^{-1}=\boldsymbol{D}_i\left(\frac{1}{k}\right),\quad \boldsymbol{T}_{ij}(k)^{-1}=\boldsymbol{T}_{ij}(-k).$$

下面分别用三类二阶初等矩阵左(或右)乘某个矩阵，考察其结果.

$$\begin{pmatrix}0&1\\1&0\end{pmatrix}\begin{pmatrix}a&b\\c&d\end{pmatrix}=\begin{pmatrix}c&d\\a&b\end{pmatrix},\quad \begin{pmatrix}a&b\\c&d\end{pmatrix}\begin{pmatrix}0&1\\1&0\end{pmatrix}=\begin{pmatrix}b&a\\d&c\end{pmatrix}.$$

$$\begin{pmatrix}k&0\\0&1\end{pmatrix}\begin{pmatrix}a&b\\c&d\end{pmatrix}=\begin{pmatrix}ka&kb\\c&d\end{pmatrix},\quad \begin{pmatrix}a&b\\c&d\end{pmatrix}\begin{pmatrix}k&0\\0&1\end{pmatrix}=\begin{pmatrix}ka&b\\kc&d\end{pmatrix}.$$

$$\begin{pmatrix}1&0\\0&k\end{pmatrix}\begin{pmatrix}a&b\\c&d\end{pmatrix}=\begin{pmatrix}a&b\\kc&kd\end{pmatrix},\quad \begin{pmatrix}a&b\\c&d\end{pmatrix}\begin{pmatrix}1&0\\0&k\end{pmatrix}=\begin{pmatrix}a&kb\\c&kd\end{pmatrix}.$$

$$\begin{pmatrix}1&k\\0&1\end{pmatrix}\begin{pmatrix}a&b\\c&d\end{pmatrix}=\begin{pmatrix}a+kc&b+kd\\c&d\end{pmatrix},\quad \begin{pmatrix}a&b\\c&d\end{pmatrix}\begin{pmatrix}1&k\\0&1\end{pmatrix}=\begin{pmatrix}a&ka+b\\c&kc+d\end{pmatrix}.$$

$$\begin{pmatrix}1&0\\k&1\end{pmatrix}\begin{pmatrix}a&b\\c&d\end{pmatrix}=\begin{pmatrix}a&b\\ka+c&kb+d\end{pmatrix},\quad \begin{pmatrix}a&b\\c&d\end{pmatrix}\begin{pmatrix}1&0\\k&1\end{pmatrix}=\begin{pmatrix}a+kb&b\\c+kd&d\end{pmatrix}.$$

一般地，可以验证初等矩阵有如下功能：

(1) $\boldsymbol{P}_{ij}$ 左(右)乘 $\boldsymbol{A}$ 就是互换 $\boldsymbol{A}$ 的第 i 行(列)和第 j 行(列)；

(2) $\boldsymbol{D}_i(k)$ 左(右)乘 $\boldsymbol{A}$ 就是用非零数 k 乘 $\boldsymbol{A}$ 的第 i 行(列)；

(3) $\boldsymbol{T}_{ij}(k)$ 左乘 $\boldsymbol{A}$ 就是把 $\boldsymbol{A}$ 中第 j 行的 k 倍加到第 i 行上去；

(4) $\boldsymbol{T}_{ij}(k)$ 右乘 $\boldsymbol{A}$ 就是把 $\boldsymbol{A}$ 中第 i 列的 k 倍加到第 j 列上去.

综上所述，可得到下面的定理.

定理 4　设 $\boldsymbol{A}$ 是一个 $m\times n$ 矩阵，对 $\boldsymbol{A}$ 施行一次初等行变换，相当于在 $\boldsymbol{A}$ 的左边乘上相应的 m 阶初等矩阵；对 $\boldsymbol{A}$ 施行一次初等列变换，相当于在 $\boldsymbol{A}$ 的右边乘上相应的 n 阶初等矩阵.

可以对一个矩阵 $\boldsymbol{A}$ 施行若干次初等行、列变换化为等价标准形，由定理 4 可知，这些初等行、列变换相当于对矩阵 $\boldsymbol{A}$ 左、右乘有限个初等矩阵，将行变换对应的 m 阶初等矩阵和列变换对应的 n 阶初等矩阵分别记为

$$\boldsymbol{P}_1,\boldsymbol{P}_2,\cdots,\boldsymbol{P}_t \text{ 和 } \boldsymbol{Q}_1,\boldsymbol{Q}_2,\cdots,\boldsymbol{Q}_s.$$

若 $\mathrm{r}(\boldsymbol{A})=r$，则有

$$\boldsymbol{P}_t\boldsymbol{P}_{t-1}\cdots\boldsymbol{P}_2\boldsymbol{P}_1\boldsymbol{A}\boldsymbol{Q}_1\boldsymbol{Q}_2\cdots\boldsymbol{Q}_s=\begin{pmatrix}\boldsymbol{E}_r&\boldsymbol{0}\\\boldsymbol{0}&\boldsymbol{0}\end{pmatrix},$$

其中 $\boldsymbol{E}_r$ 为 r 阶单位矩阵.

令

$$\boldsymbol{P}=\boldsymbol{P}_t\boldsymbol{P}_{t-1}\cdots\boldsymbol{P}_2\boldsymbol{P}_1,\quad \boldsymbol{Q}=\boldsymbol{Q}_1\boldsymbol{Q}_2\cdots\boldsymbol{Q}_s,$$

由初等矩阵的可逆性可知，m 阶矩阵 $\boldsymbol{P}$ 和 n 阶矩阵 $\boldsymbol{Q}$ 都是可逆矩阵. 上式可写成

$$PAQ=\begin{pmatrix} E_r & 0 \\ 0 & 0 \end{pmatrix}, \tag{2.14}$$

于是可得下面的定理 5.

定理 5 设 A 为 $m\times n$ 矩阵,则存在 m 阶可逆矩阵 P 和 n 阶可逆矩阵 Q,使得(2.14)中等式成立.

若 A 是一个可逆的 n 阶矩阵,则 A 必等价于单位矩阵,即存在有限个初等矩阵 $Q_1,Q_2,\cdots,Q_r,Q_{r+1},\cdots,Q_l$,使得

$$Q_rQ_{r-1}\cdots Q_1AQ_lQ_{l-1}\cdots Q_{r+1}=E.$$

等式两边左乘矩阵$(Q_rQ_{r-1}\cdots Q_1)^{-1}$,右乘矩阵$(Q_lQ_{l-1}\cdots Q_{r+1})^{-1}$,得

$$A=Q_1^{-1}\cdots Q_r^{-1}Q_{r+1}^{-1}\cdots Q_l^{-1}.$$

记 $P_i=Q_i^{-1}(i=1,2,\cdots,l)$,则 P_i 是初等矩阵,且

$$A=P_1P_2\cdots P_{l-1}P_l.$$

由此即得下面的定理 6.

定理 6 可逆矩阵 A 可表示为有限个初等矩阵的乘积.

推论 $m\times n$ 矩阵 $A\cong B$ 的充分必要条件是存在 m 阶可逆矩阵 P 和 n 阶可逆矩阵 Q,使得 $PAQ=B$.

从定理 6 可以得到矩阵求逆的一个简便有效的方法——初等变换求逆法.

若 A 为 n 阶可逆矩阵,则 A^{-1} 可表示为有限个初等矩阵的乘积,即 $A^{-1}=P_1P_2\cdots P_m$. 由 $A^{-1}A=E$,就有

$$(P_1P_2\cdots P_m)A=E,\quad (P_1P_2\cdots P_m)E=A^{-1} \tag{2.15}$$

式(2.15)中第一式表示 A 经过有限个初等行变换化为单位矩阵 E,第二式表示 E 经过这些初等行变换化为 A^{-1}. 把上面的两个式子写在一起,则有

$$(P_1P_2\cdots P_m)(A\mid E)=(E\mid A^{-1}) \tag{2.16}$$

即对 $n\times 2n$ 矩阵$(E\mid A^{-1})$施行初等行变换,使 A 化成 E,则 E 就化成了 A^{-1}.

例 27 用初等行变换求 A 的逆,

$$A=\begin{pmatrix} 1 & -1 & 1 \\ 2 & -4 & 1 \\ 1 & -5 & 3 \end{pmatrix}.$$

解

$$(A\mid E)=\left(\begin{array}{ccc:ccc} 1 & -1 & 1 & 1 & 0 & 0 \\ 2 & -4 & 1 & 0 & 1 & 0 \\ 1 & -5 & 3 & 0 & 0 & 1 \end{array}\right)$$

$$\xrightarrow[r_3-r_1]{r_2-2r_1}\left(\begin{array}{ccc:ccc} 1 & -1 & 1 & 1 & 0 & 0 \\ 0 & -2 & -1 & -2 & 1 & 0 \\ 0 & -4 & 2 & -1 & 0 & 1 \end{array}\right)$$

$$\xrightarrow{r_3-2r_2}\left(\begin{array}{ccc:ccc} 1 & -1 & 1 & 1 & 0 & 0 \\ 0 & -2 & -1 & -2 & 1 & 0 \\ 0 & 0 & 4 & 3 & -2 & 1 \end{array}\right)$$

$$\xrightarrow{-\frac{1}{2}r_2,\frac{1}{4}r_3}\left(\begin{array}{ccc:ccc} 1 & -1 & 1 & 1 & 0 & 0 \\ 0 & 1 & \frac{1}{2} & 1 & -\frac{1}{2} & 0 \\ 0 & 0 & 1 & \frac{3}{4} & -\frac{1}{2} & \frac{1}{4} \end{array}\right)$$

$$\xrightarrow[r_1-r_3]{r_2-\frac{1}{2}r_3}\left(\begin{array}{ccc:ccc}1 & -1 & 0 & \frac{1}{4} & \frac{1}{2} & -\frac{1}{4}\\ 0 & 1 & 0 & \frac{5}{8} & -\frac{1}{4} & -\frac{1}{8}\\ 0 & 0 & 1 & \frac{3}{4} & -\frac{1}{2} & \frac{1}{4}\end{array}\right)$$

$$\xrightarrow{r_1+r_2}\left(\begin{array}{ccc:ccc}1 & 0 & 0 & \frac{7}{8} & \frac{1}{4} & -\frac{3}{8}\\ 0 & 1 & 0 & \frac{5}{8} & -\frac{1}{4} & -\frac{1}{8}\\ 0 & 0 & 1 & \frac{3}{4} & -\frac{1}{2} & \frac{1}{4}\end{array}\right).$$

从而

$$\boldsymbol{A}^{-1}=\begin{pmatrix}\frac{7}{8} & \frac{1}{4} & -\frac{3}{8}\\ \frac{5}{8} & -\frac{1}{4} & -\frac{1}{8}\\ \frac{3}{4} & -\frac{1}{2} & \frac{1}{4}\end{pmatrix}.$$

§ 2.6　矩阵的分块法

分块矩阵理论是矩阵理论中的重要组成部分. 在理论研究和实际问题中，有时会遇到行数和列数较高的矩阵，为了表示方便和运算简洁，常对矩阵采用分块的方法，即用一些贯穿于矩阵的横线和纵线把矩阵分割成若干小块，每个小块叫作矩阵的**子块(子矩阵)**，以子块为元素的形式上的矩阵叫作**分块矩阵**.

例如，设

$$\boldsymbol{A}=\left(\begin{array}{cc:ccc}1 & 0 & 0 & 2 & -1\\ 0 & 1 & 0 & -1 & 3\\ \hdashline 0 & 0 & 1 & -6 & 4\\ 0 & 0 & 0 & 2 & 0\\ 0 & 0 & 0 & 0 & 2\end{array}\right).$$

令

$$\boldsymbol{A}_{11}=\begin{pmatrix}1 & 0\\ 0 & 1\end{pmatrix}=\boldsymbol{E}_2,\quad \boldsymbol{A}_{12}=\begin{pmatrix}0 & 2 & -1\\ 0 & -1 & 3\end{pmatrix},$$

$$\boldsymbol{A}_{21}=\begin{pmatrix}0 & 0\\ 0 & 0\\ 0 & 0\end{pmatrix}=\boldsymbol{O}_{3\times 2},\quad \boldsymbol{A}_{22}=\begin{pmatrix}1 & -6 & 4\\ 0 & 2 & 0\\ 0 & 0 & 2\end{pmatrix},$$

则 $\boldsymbol{A}$ 的分块矩阵为 $\boldsymbol{A}=\begin{pmatrix}\boldsymbol{A}_{11} & \boldsymbol{A}_{12}\\ \boldsymbol{A}_{21} & \boldsymbol{A}_{22}\end{pmatrix}$.

这样，$\boldsymbol{A}$ 可以看成由 4 个子矩阵(子块)为元素组成的矩阵，它是一个分块矩阵. 分块矩阵的每一行称为一个**块行**,每一列称为一个**块列**.上述分块矩阵$\boldsymbol{A}=(\boldsymbol{A}_{ij})_{2\times 2}$中有2个块行、2个块列.

$m\times n$矩阵$\boldsymbol{A}=(a_{ij})$的分块矩阵的一般形状为

$$\boldsymbol{A}=\begin{pmatrix}\boldsymbol{A}_{11} & \boldsymbol{A}_{12} & \cdots & \boldsymbol{A}_{1s}\\ \boldsymbol{A}_{21} & \boldsymbol{A}_{22} & \cdots & \boldsymbol{A}_{2s}\\ \vdots & \vdots & & \vdots\\ \boldsymbol{A}_{r1} & \boldsymbol{A}_{r2} & \cdots & \boldsymbol{A}_{rs}\end{pmatrix}=(\boldsymbol{A}_{ij})_{r\times s}.$$

对于同一个矩阵可有不同的分块法.采用不同的分块方法得到的是不同的分块矩阵.

对于任意一个$m\times n$矩阵$\boldsymbol{A}=(a_{ij})$,常采用以下两种特殊的分块方法.

行向量表示法:$\boldsymbol{A}=\begin{pmatrix}\boldsymbol{\alpha}_1\\ \boldsymbol{\alpha}_2\\ \vdots\\ \boldsymbol{\alpha}_m\end{pmatrix}$,其中$\boldsymbol{\alpha}_i=(a_{i1},a_{i2},\cdots,a_{in}),i=1,2,\cdots,m.$

列向量表示法:$\boldsymbol{A}=(\boldsymbol{\beta}_1,\boldsymbol{\beta}_2,\cdots,\boldsymbol{\beta}_n)$,其中$\boldsymbol{\beta}_j=\begin{pmatrix}a_{1j}\\ a_{2j}\\ \vdots\\ a_{mj}\end{pmatrix},j=1,2,\cdots,n.$

前者也称将$\boldsymbol{A}$**按行分块**,后者也称将$\boldsymbol{A}$**按列分块**.

下面介绍四种最常用的分块矩阵的运算.需要特别指出的是,分块矩阵的所有运算仅仅是前面所讲的矩阵运算的换一种表述方法,并不是另外定义一种新的矩阵运算.

一、分块矩阵的加法

把$m\times n$矩阵$\boldsymbol{A}$和$\boldsymbol{B}$做同样的分块:

$$\boldsymbol{A}=\begin{pmatrix}\boldsymbol{A}_{11} & \boldsymbol{A}_{12} & \cdots & \boldsymbol{A}_{1s}\\ \boldsymbol{A}_{21} & \boldsymbol{A}_{22} & \cdots & \boldsymbol{A}_{2s}\\ \vdots & \vdots & & \vdots\\ \boldsymbol{A}_{r1} & \boldsymbol{A}_{r2} & \cdots & \boldsymbol{A}_{rs}\end{pmatrix},\quad \boldsymbol{B}=\begin{pmatrix}\boldsymbol{B}_{11} & \boldsymbol{B}_{12} & \cdots & \boldsymbol{B}_{1s}\\ \boldsymbol{B}_{21} & \boldsymbol{B}_{22} & \cdots & \boldsymbol{B}_{2s}\\ \vdots & \vdots & & \vdots\\ \boldsymbol{B}_{r1} & \boldsymbol{B}_{r2} & \cdots & \boldsymbol{B}_{rs}\end{pmatrix}.$$

其中,$\boldsymbol{A}_{ij}$的行数$=\boldsymbol{B}_{ij}$的行数,$\boldsymbol{A}_{ij}$的列数$=\boldsymbol{B}_{ij}$的列数,$1\leqslant i\leqslant r,1\leqslant j\leqslant s$,则

$$\boldsymbol{A}+\boldsymbol{B}=\begin{pmatrix}\boldsymbol{A}_{11}+\boldsymbol{B}_{11} & \boldsymbol{A}_{12}+\boldsymbol{B}_{12} & \cdots & \boldsymbol{A}_{1s}+\boldsymbol{B}_{1s}\\ \boldsymbol{A}_{21}+\boldsymbol{B}_{21} & \boldsymbol{A}_{22}+\boldsymbol{B}_{22} & \cdots & \boldsymbol{A}_{2s}+\boldsymbol{B}_{2s}\\ \vdots & \vdots & & \vdots\\ \boldsymbol{A}_{r1}+\boldsymbol{B}_{r1} & \boldsymbol{A}_{r2}+\boldsymbol{B}_{r2} & \cdots & \boldsymbol{A}_{rs}+\boldsymbol{B}_{rs}\end{pmatrix}.$$

例28 设$\boldsymbol{A}=(\boldsymbol{\alpha}_1,\boldsymbol{\alpha}_2,\boldsymbol{\alpha}_3,\boldsymbol{\beta})$,$\boldsymbol{B}=(\boldsymbol{\alpha}_1,\boldsymbol{\alpha}_2,\boldsymbol{\alpha}_3,\boldsymbol{\gamma})$都是四阶方阵的列向量分块矩阵,已知$|\boldsymbol{A}|=1$和$|\boldsymbol{B}|=-2$,求出行列式$|\boldsymbol{A}+\boldsymbol{B}|$的值.

解 根据分块矩阵加法的定义可知,$\boldsymbol{A}+\boldsymbol{B}=(2\boldsymbol{\alpha}_1,2\boldsymbol{\alpha}_2,2\boldsymbol{\alpha}_3,\boldsymbol{\beta}+\boldsymbol{\gamma})$.

再用行列式性质2,提出公因数以后可以求出

$$|\boldsymbol{A}+\boldsymbol{B}|=2^3\times|\boldsymbol{\alpha}_1,\boldsymbol{\alpha}_2,\boldsymbol{\alpha}_3,\boldsymbol{\beta}+\boldsymbol{\gamma}|.$$

于是,再根据行列式的性质4,把它拆开以后,即可求出

$$\begin{aligned}|\boldsymbol{A}+\boldsymbol{B}|&=2^3\times|\boldsymbol{\alpha}_1,\boldsymbol{\alpha}_2,\boldsymbol{\alpha}_3,\boldsymbol{\beta}+\boldsymbol{\gamma}|=8(|\boldsymbol{\alpha}_1,\boldsymbol{\alpha}_2,\boldsymbol{\alpha}_3,\boldsymbol{\beta}|+|\boldsymbol{\alpha}_1,\boldsymbol{\alpha}_2,\boldsymbol{\alpha}_3,\boldsymbol{\gamma}|)\\ &=8\times(|\boldsymbol{A}|+|\boldsymbol{B}|)=-8.\end{aligned}$$

二、数乘分块矩阵

数 k 与分块矩阵 $\boldsymbol{A}=(\boldsymbol{A}_{ij})_{r\times s}$ 的乘积为

$$k\boldsymbol{A}=\begin{pmatrix} k\boldsymbol{A}_{11} & k\boldsymbol{A}_{12} & \cdots & k\boldsymbol{A}_{1s} \\ k\boldsymbol{A}_{21} & k\boldsymbol{A}_{22} & \cdots & k\boldsymbol{A}_{2s} \\ \vdots & \vdots & & \vdots \\ k\boldsymbol{A}_{r1} & k\boldsymbol{A}_{r2} & \cdots & k\boldsymbol{A}_{rs} \end{pmatrix}.$$

三、分块矩阵转置

设 $\boldsymbol{A}=\begin{pmatrix} \boldsymbol{A}_{11} & \boldsymbol{A}_{12} & \cdots & \boldsymbol{A}_{1s} \\ \boldsymbol{A}_{21} & \boldsymbol{A}_{22} & \cdots & \boldsymbol{A}_{2s} \\ \vdots & \vdots & & \vdots \\ \boldsymbol{A}_{r1} & \boldsymbol{A}_{r2} & \cdots & \boldsymbol{A}_{rs} \end{pmatrix}=(\boldsymbol{A}_{ij})_{r\times s}$，则其转置矩阵为

$$\boldsymbol{A}^{\mathrm{T}}=\begin{pmatrix} \boldsymbol{A}_{11}^{\mathrm{T}} & \boldsymbol{A}_{21}^{\mathrm{T}} & \cdots & \boldsymbol{A}_{r1}^{\mathrm{T}} \\ \boldsymbol{A}_{12}^{\mathrm{T}} & \boldsymbol{A}_{22}^{\mathrm{T}} & \cdots & \boldsymbol{A}_{r2}^{\mathrm{T}} \\ \vdots & \vdots & & \vdots \\ \boldsymbol{A}_{1s}^{\mathrm{T}} & \boldsymbol{A}_{2s}^{\mathrm{T}} & \cdots & \boldsymbol{A}_{rs}^{\mathrm{T}} \end{pmatrix}=(\boldsymbol{B}_{ij})_{s\times r},$$

其中 $\boldsymbol{B}_{ij}=\boldsymbol{A}_{ji}^{\mathrm{T}}, i=1,2,\cdots,s; j=1,2,\cdots,r$. 分块矩阵转置时，不但看作元素的子块之间要转置，而且每个子块是个子矩阵，它内部也要转置，这一现象不妨称为“内外一起转”.

例 29　$\boldsymbol{A}=\left(\begin{array}{cc:ccc} 1 & 2 & 3 & 4 & 5 \\ 6 & 7 & 8 & 9 & 10 \\ \hdashline 10 & 9 & 8 & 7 & 6 \\ 5 & 4 & 3 & 2 & 1 \end{array}\right)=\begin{pmatrix} \boldsymbol{A}_{11} & \boldsymbol{A}_{12} \\ \boldsymbol{A}_{21} & \boldsymbol{A}_{22} \end{pmatrix}.$

$$\boldsymbol{A}^{\mathrm{T}}=\left(\begin{array}{cc:cc} 1 & 6 & 10 & 5 \\ 2 & 7 & 9 & 4 \\ \hdashline 3 & 8 & 8 & 3 \\ 4 & 9 & 7 & 2 \\ 5 & 10 & 6 & 1 \end{array}\right)=\begin{pmatrix} \boldsymbol{A}_{11}^{\mathrm{T}} & \boldsymbol{A}_{21}^{\mathrm{T}} \\ \boldsymbol{A}_{12}^{\mathrm{T}} & \boldsymbol{A}_{22}^{\mathrm{T}} \end{pmatrix}.$$

我们发现，不但每个子矩阵的位置做了转置，而且每个子矩阵的内部也做了转置.

四、分块矩阵的乘法和分块矩阵求逆

设矩阵 $\boldsymbol{A}=(a_{ij})_{m\times p}, \boldsymbol{B}=(b_{ij})_{p\times n}$. 利用分块矩阵计算乘积 $\boldsymbol{AB}$ 时，应使左边矩阵 $\boldsymbol{A}$ 的列分块方式与右边矩阵 $\boldsymbol{B}$ 的行分块方式一致，然后把矩阵的子块当作元素来看待，并且相乘时，$\boldsymbol{A}$ 的各子块分别左乘 $\boldsymbol{B}$ 的对应的子块.

设 $\boldsymbol{A}$ 的分块方式为

$$\boldsymbol{A}=\underset{\begin{matrix} l_1\text{ 列} & l_2\text{ 列} & \cdots & l_s\text{ 列}\end{matrix}}{\begin{pmatrix} \boldsymbol{A}_{11} & \boldsymbol{A}_{12} & \cdots & \boldsymbol{A}_{1s} \\ \boldsymbol{A}_{21} & \boldsymbol{A}_{22} & \cdots & \boldsymbol{A}_{2s} \\ \vdots & \vdots & & \vdots \\ \boldsymbol{A}_{r1} & \boldsymbol{A}_{r2} & \cdots & \boldsymbol{A}_{rs} \end{pmatrix}}\begin{matrix} m_1\text{ 行} \\ m_2\text{ 行} \\ \vdots \\ m_r\text{ 行} \end{matrix},\quad \boldsymbol{B}=\underset{\begin{matrix} n_1\text{ 列} & n_2\text{ 列} & \cdots & n_t\text{ 列}\end{matrix}}{\begin{pmatrix} \boldsymbol{B}_{11} & \boldsymbol{B}_{12} & \cdots & \boldsymbol{B}_{1t} \\ \boldsymbol{B}_{21} & \boldsymbol{B}_{22} & \cdots & \boldsymbol{B}_{2t} \\ \vdots & \vdots & & \vdots \\ \boldsymbol{B}_{s1} & \boldsymbol{B}_{s2} & \cdots & \boldsymbol{B}_{st} \end{pmatrix}}\begin{matrix} l_1\text{ 行} \\ l_2\text{ 行} \\ \vdots \\ l_s\text{ 行} \end{matrix}$$

其中 $\boldsymbol{A}_{ik}$ 为 $m_i\times l_k$ 矩阵($i=1,2,\cdots r;k=1,2,\cdots,s$);$\boldsymbol{B}_{kj}$ 为 $l_k\times n_j$ 矩阵($k=1,2,\cdots,s;j=1,2,\cdots,t$). 且 $\boldsymbol{A}_{i1},\boldsymbol{A}_{i2},\cdots,\boldsymbol{A}_{is}$ 的列数分别等于 $\boldsymbol{B}_{1j},\boldsymbol{B}_{2j},\cdots,\boldsymbol{B}_{sj}$ 的行数,则

$$\boldsymbol{AB}=\boldsymbol{C}=\begin{pmatrix}\boldsymbol{C}_{11}&\boldsymbol{C}_{12}&\cdots&\boldsymbol{C}_{1t}\\\boldsymbol{C}_{21}&\boldsymbol{C}_{22}&\cdots&\boldsymbol{C}_{2t}\\\vdots&\vdots&&\vdots\\\boldsymbol{C}_{r1}&\boldsymbol{C}_{r2}&\cdots&\boldsymbol{C}_{rt}\end{pmatrix},$$

其中 $\boldsymbol{C}_{ij}=\boldsymbol{A}_{i1}\boldsymbol{B}_{1j}+\boldsymbol{A}_{i2}\boldsymbol{B}_{2j}+\cdots+\boldsymbol{A}_{is}\boldsymbol{B}_{sj}\ (i=1,2,\cdots,r;j=1,2,\cdots,t)$.

例 30 对于矩阵

$$\boldsymbol{A}=\begin{pmatrix}1&0&2&1\\0&1&3&4\\0&0&-1&0\\0&0&0&-1\end{pmatrix},\quad \boldsymbol{B}=\begin{pmatrix}1&2&0&0\\3&0&0&0\\4&5&1&0\\0&2&0&1\end{pmatrix},$$

用分块矩阵计算 $\boldsymbol{AB}$.

解 将矩阵 $\boldsymbol{A},\boldsymbol{B}$ 分块如下:

$$\boldsymbol{A}=\left(\begin{array}{cc|cc}1&0&2&1\\0&1&3&4\\\hline 0&0&-1&0\\0&0&0&-1\end{array}\right)=\begin{pmatrix}\boldsymbol{E}&\boldsymbol{C}\\\boldsymbol{0}&-\boldsymbol{E}\end{pmatrix},$$

$$\boldsymbol{B}=\left(\begin{array}{cc|cc}1&2&0&0\\3&0&0&0\\\hline 4&5&1&0\\0&2&0&1\end{array}\right)=\begin{pmatrix}\boldsymbol{D}&\boldsymbol{0}\\\boldsymbol{F}&\boldsymbol{E}\end{pmatrix},$$

其中 $\boldsymbol{C}=\begin{pmatrix}2&1\\3&4\end{pmatrix},\boldsymbol{D}=\begin{pmatrix}1&2\\3&0\end{pmatrix},\boldsymbol{E}=\begin{pmatrix}1&0\\0&1\end{pmatrix},\boldsymbol{F}=\begin{pmatrix}4&5\\0&2\end{pmatrix}$. 于是得到

$$\boldsymbol{AB}=\begin{pmatrix}\boldsymbol{E}&\boldsymbol{C}\\\boldsymbol{0}&-\boldsymbol{E}\end{pmatrix}\begin{pmatrix}\boldsymbol{D}&\boldsymbol{0}\\\boldsymbol{F}&\boldsymbol{E}\end{pmatrix}=\begin{pmatrix}\boldsymbol{ED}+\boldsymbol{CF}&\boldsymbol{CE}\\-\boldsymbol{EF}&-\boldsymbol{E}\end{pmatrix}=\begin{pmatrix}\boldsymbol{D}+\boldsymbol{CF}&\boldsymbol{C}\\-\boldsymbol{F}&-\boldsymbol{E}\end{pmatrix}.$$

因为 $\boldsymbol{D}+\boldsymbol{CF}=\begin{pmatrix}1&2\\3&0\end{pmatrix}+\begin{pmatrix}2&1\\3&4\end{pmatrix}\begin{pmatrix}4&5\\0&2\end{pmatrix}=\begin{pmatrix}1&2\\3&0\end{pmatrix}+\begin{pmatrix}8&12\\12&23\end{pmatrix}=\begin{pmatrix}9&14\\15&23\end{pmatrix}$. 所以

$$\boldsymbol{AB}=\begin{pmatrix}9&14&2&1\\15&23&3&4\\-4&-5&-1&0\\0&-2&0&-1\end{pmatrix}.$$

五、对角分块矩阵

特殊分块矩阵及相关运算. 形如

$$\begin{pmatrix}\boldsymbol{A}_1&&&\\&\boldsymbol{A}_2&&\\&&\ddots&\\&&&\boldsymbol{A}_r\end{pmatrix}$$

的分块矩阵称为**分块对角矩阵**或**准对角矩阵**.其中 $\boldsymbol{A}_1,\boldsymbol{A}_2,\cdots,\boldsymbol{A}_r$ 均为方阵.

两个准对角矩阵的乘积为

$$\begin{pmatrix}\boldsymbol{A}_1 & & & \\ & \boldsymbol{A}_2 & & \\ & & \ddots & \\ & & & \boldsymbol{A}_r\end{pmatrix}\begin{pmatrix}\boldsymbol{B}_1 & & & \\ & \boldsymbol{B}_2 & & \\ & & \ddots & \\ & & & \boldsymbol{B}_r\end{pmatrix} = \begin{pmatrix}\boldsymbol{A}_1\boldsymbol{B}_1 & & & \\ & \boldsymbol{A}_2\boldsymbol{B}_2 & & \\ & & \ddots & \\ & & & \boldsymbol{A}_r\boldsymbol{B}_r\end{pmatrix},$$

其中,对于每一个 $1\leqslant i\leqslant r$,$\boldsymbol{A}_i$ 与 $\boldsymbol{B}_i$ 是同阶方阵(否则,它们不能相乘).

准对角矩阵的逆矩阵

$$\begin{pmatrix}\boldsymbol{A}_1 & & & \\ & \boldsymbol{A}_2 & & \\ & & \ddots & \\ & & & \boldsymbol{A}_r\end{pmatrix}^{-1} = \begin{pmatrix}\boldsymbol{A}_1^{-1} & & & \\ & \boldsymbol{A}_2^{-1} & & \\ & & \ddots & \\ & & & \boldsymbol{A}_r^{-1}\end{pmatrix}.$$

这里,每个 $\boldsymbol{A}_i(i=1,2,\cdots,r)$ 都是可逆方阵.

例 31 求矩阵 $\boldsymbol{A}=\begin{pmatrix}1 & -1 & & & \\ 1 & -3 & & & \\ & & 2 & 1 & \\ & & 3 & 2 & \\ & & & & 4\end{pmatrix}$ 的逆矩阵.

解 将矩阵 $\boldsymbol{A}$ 分块,得

$$\boldsymbol{A}=\begin{pmatrix}\boldsymbol{A}_1 & & \\ & \boldsymbol{A}_2 & \\ & & \boldsymbol{A}_3\end{pmatrix},$$

其中 $\boldsymbol{A}_1=\begin{pmatrix}1 & -1\\ 1 & -3\end{pmatrix}$,$\boldsymbol{A}_2=\begin{pmatrix}2 & 1\\ 3 & 2\end{pmatrix}$,$\boldsymbol{A}_3=(4)$,利用伴随矩阵方法求逆,得

$$\boldsymbol{A}_1^{-1}=\begin{pmatrix}\frac{3}{2} & -\frac{1}{2}\\ \frac{1}{2} & -\frac{1}{2}\end{pmatrix},\quad \boldsymbol{A}_2^{-1}=\begin{pmatrix}2 & -1\\ -3 & 2\end{pmatrix},\quad \boldsymbol{A}_3^{-1}=\left(\frac{1}{4}\right).$$

所以

$$\boldsymbol{A}^{-1}=\begin{pmatrix}\frac{3}{2} & -\frac{1}{2} & & & \\ \frac{1}{2} & -\frac{1}{2} & & & \\ & & 2 & -1 & \\ & & -3 & 2 & \\ & & & & \frac{1}{4}\end{pmatrix}.$$

形如

$$A=\begin{pmatrix} A_{11} & A_{12} & \cdots & A_{1r} \\ & A_{22} & \cdots & A_{2r} \\ & & \ddots & \vdots \\ & & & A_{rr} \end{pmatrix},\quad A=\begin{pmatrix} A_{11} & & & \\ A_{21} & A_{22} & & \\ \vdots & \vdots & \ddots & \\ A_{r1} & A_{r2} & \cdots & A_{rr} \end{pmatrix}$$

的分块矩阵分别称为**准上三角矩阵和准下三角矩阵**.它们都是分块三角矩阵.这里,每个主对角块 A_{ii} 都必须是方阵,但阶数可以不相同.

我们不加证明地给出以下重要结论:上述两类特殊分块矩阵的行列式同为

$$|A|=\prod_{i=1}^{r}|A_{ii}|.$$

例 32 设 $A=\begin{pmatrix} A_1 & 0 \\ A_3 & A_4 \end{pmatrix}$ 为 n 阶方阵,A_1 为 r 阶子块,若 A 可逆,求 A^{-1}.

解 由于 $|A|=|A_1|\cdot|A_4|$,且 A 可逆,可推得 $|A_1|\neq 0$,$|A_4|\neq 0$,因而 A_1,A_4 均可逆.设 A 的逆矩阵为 X,做如下分块:

$$X=\begin{pmatrix} X_1 & X_2 \\ X_3 & X_4 \end{pmatrix},$$

其中 X_1 是 r 阶方阵.由 $AX=E$,有

$$\begin{aligned} AX=A&=\begin{pmatrix} A_1 & 0 \\ A_3 & A_4 \end{pmatrix}\begin{pmatrix} X_1 & X_2 \\ X_3 & X_4 \end{pmatrix} \\ &=\begin{pmatrix} A_1X_1 & A_1X_2 \\ A_3X_1+A_4X_3 & A_3X_2+A_4X_4 \end{pmatrix}=\begin{pmatrix} E_1 & 0 \\ 0 & E_{n-r} \end{pmatrix}. \end{aligned}$$

比较上式最后两个分块矩阵,得矩阵方程组

$$\begin{cases} A_1X_1=E_r, \\ A_1X_2=0, \\ A_3X_1+A_4X_3=0, \\ A_3X_2+A_4X_4=E_{n-r}. \end{cases}$$

解这 4 个矩阵方程可得

$$\begin{cases} X_1=A_1^{-1}, \\ X_2=0, \\ X_3=-A_4^{-1}A_3A_1^{-1}, \\ X_4=A_4^{-1}. \end{cases}$$

所以 A 的逆为

$$A^{-1}=\begin{pmatrix} A_1^{-1} & 0 \\ -A_4^{-1}A_3A_1^{-1} & A_4^{-1} \end{pmatrix}.$$

对于线性方程组

$$\begin{cases} a_{11}x_1+a_{12}x_2+\cdots+a_{1n}x_n=b_1, \\ a_{21}x_1+a_{22}x_2+\cdots+a_{2n}x_n=b_2, \\ \qquad\vdots \\ a_{m1}x_1+a_{m2}x_2+\cdots+a_{mn}x_n=b_m, \end{cases}$$

记

$$\boldsymbol{A}=\begin{pmatrix} a_{11} & a_{12} & \cdots & a_{1n} \\ a_{21} & a_{22} & \cdots & a_{2n} \\ \vdots & \vdots & & \vdots \\ a_{m1} & a_{m2} & \cdots & a_{mn} \end{pmatrix},\quad \boldsymbol{x}=\begin{pmatrix} x_1 \\ x_2 \\ \vdots \\ x_n \end{pmatrix},\quad \boldsymbol{b}=\begin{pmatrix} b_1 \\ b_2 \\ \vdots \\ b_m \end{pmatrix},$$

如果把 $\boldsymbol{A}$ 按列分成 n 块，则与 $\boldsymbol{A}$ 相乘的 $\boldsymbol{x}$ 应对应地按行分成 n 块，则有

$$(\boldsymbol{\alpha}_1,\boldsymbol{\alpha}_2,\cdots,\boldsymbol{\alpha}_n)\begin{pmatrix} x_1 \\ x_2 \\ \vdots \\ x_n \end{pmatrix}=\boldsymbol{b},$$

即

$$x_1\boldsymbol{\alpha}_1+x_2\boldsymbol{\alpha}_2+\cdots+x_n\boldsymbol{\alpha}_n=\boldsymbol{b}.$$

这是线性方程组的向量形式的表示方法，在后面各章中会经常用到这种表示方法.

六*、分块矩阵的初等变换

下面仅以常用的 2×2 分块矩阵为例来讨论. 对分块矩阵的初等变换，相应定义三种分块初等矩阵：

(1) 分块对换初等矩阵

$$\begin{pmatrix} \boldsymbol{0} & \boldsymbol{E}_s \\ \boldsymbol{E}_r & \boldsymbol{0} \end{pmatrix},\quad \boldsymbol{E}_r,\boldsymbol{E}_s \text{ 分别为 } r \text{ 阶与 } s \text{ 阶单位矩阵.}$$

(2) 分块倍乘初等矩阵

$$\begin{pmatrix} k\boldsymbol{E}_r & \boldsymbol{0} \\ \boldsymbol{0} & \boldsymbol{E}_s \end{pmatrix} \text{ 或 } \begin{pmatrix} \boldsymbol{E}_r & \boldsymbol{0} \\ \boldsymbol{0} & k\boldsymbol{E}_s \end{pmatrix},\quad k \text{ 为非零常数.}$$

(3) 分块倍加初等矩阵

$$\begin{pmatrix} \boldsymbol{E}_r & \boldsymbol{0} \\ \boldsymbol{C}_1 & \boldsymbol{E}_s \end{pmatrix} \text{ 或 } \begin{pmatrix} \boldsymbol{E}_r & \boldsymbol{C}_2 \\ \boldsymbol{0} & \boldsymbol{E}_s \end{pmatrix}.$$

将这些分块初等矩阵左(右)乘矩阵 $\boldsymbol{A}$，则相当于对矩阵 $\boldsymbol{A}$ 做相应的行(列)块的初等变换. 例如，设 $\boldsymbol{A}$ 为 r 阶可逆矩阵，$\boldsymbol{D}$ 为 s 阶矩阵，对分块矩阵

$$\begin{pmatrix} \boldsymbol{A} & \boldsymbol{B} \\ \boldsymbol{C} & \boldsymbol{D} \end{pmatrix},$$

将该例中的矩阵 $\boldsymbol{C}$ 和 $\boldsymbol{B}$ 化为零矩阵，令倍加分块初等矩阵为

$$\boldsymbol{P}=\begin{pmatrix} \boldsymbol{E}_r & \boldsymbol{0} \\ -\boldsymbol{C}\boldsymbol{A}^{-1} & \boldsymbol{E}_s \end{pmatrix},\quad \boldsymbol{Q}=\begin{pmatrix} \boldsymbol{E}_r & -\boldsymbol{A}^{-1}\boldsymbol{B} \\ \boldsymbol{0} & \boldsymbol{E}_s \end{pmatrix}.$$

于是

$$\begin{pmatrix} \boldsymbol{E}_r & \boldsymbol{0} \\ -\boldsymbol{C}\boldsymbol{A}^{-1} & \boldsymbol{E}_s \end{pmatrix}\begin{pmatrix} \boldsymbol{A} & \boldsymbol{B} \\ \boldsymbol{C} & \boldsymbol{D} \end{pmatrix}=\begin{pmatrix} \boldsymbol{A} & \boldsymbol{B} \\ \boldsymbol{0} & \boldsymbol{D}-\boldsymbol{C}\boldsymbol{A}^{-1}\boldsymbol{B} \end{pmatrix},$$

$$\begin{pmatrix} \boldsymbol{E}_r & \boldsymbol{0} \\ -\boldsymbol{C}\boldsymbol{A}^{-1} & \boldsymbol{E}_s \end{pmatrix}\begin{pmatrix} \boldsymbol{A} & \boldsymbol{B} \\ \boldsymbol{C} & \boldsymbol{D} \end{pmatrix}\begin{pmatrix} \boldsymbol{E}_r & -\boldsymbol{A}^{-1}\boldsymbol{B} \\ \boldsymbol{0} & \boldsymbol{E}_s \end{pmatrix}=\begin{pmatrix} \boldsymbol{A} & \boldsymbol{0} \\ \boldsymbol{0} & \boldsymbol{D}-\boldsymbol{C}\boldsymbol{A}^{-1}\boldsymbol{B} \end{pmatrix}.$$

例 33 设 $\boldsymbol{A},\boldsymbol{B},\boldsymbol{C},\boldsymbol{D}$ 为 n 阶方阵,$\boldsymbol{A}$ 为可逆矩阵,且 $\boldsymbol{AC}=\boldsymbol{CA}$,证明

$$\begin{vmatrix} \boldsymbol{A} & \boldsymbol{B} \\ \boldsymbol{C} & \boldsymbol{D} \end{vmatrix} = |\boldsymbol{AD}-\boldsymbol{CB}|.$$

证 用倍加分块初等矩阵把 $\boldsymbol{C}$ 消为零矩阵,

$$\begin{pmatrix} \boldsymbol{E}_n & \boldsymbol{0} \\ -\boldsymbol{CA}^{-1} & \boldsymbol{E}_n \end{pmatrix}\begin{pmatrix} \boldsymbol{A} & \boldsymbol{B} \\ \boldsymbol{C} & \boldsymbol{D} \end{pmatrix} = \begin{pmatrix} \boldsymbol{A} & \boldsymbol{B} \\ \boldsymbol{0} & \boldsymbol{D}-\boldsymbol{CA}^{-1}\boldsymbol{B} \end{pmatrix},$$

对两边的矩阵取行列式,并利用倍加分块初等矩阵的行列式等于1及 $\boldsymbol{AC}=\boldsymbol{CA}$,得

$$\begin{vmatrix} \boldsymbol{A} & \boldsymbol{B} \\ \boldsymbol{C} & \boldsymbol{D} \end{vmatrix} = \begin{vmatrix} \boldsymbol{A} & \boldsymbol{B} \\ \boldsymbol{0} & \boldsymbol{D}-\boldsymbol{CA}^{-1}\boldsymbol{B} \end{vmatrix} = |\boldsymbol{A}|\cdot|\boldsymbol{D}-\boldsymbol{CA}^{-1}\boldsymbol{B}|$$

$$= |\boldsymbol{AD}-\boldsymbol{ACA}^{-1}\boldsymbol{B}| = |\boldsymbol{AD}-\boldsymbol{CAA}^{-1}\boldsymbol{B}| = |\boldsymbol{AD}-\boldsymbol{CB}|.$$

例 34 已知 $\boldsymbol{A},\boldsymbol{B}$ 均为 n 阶方阵,证明

$$|\boldsymbol{E}-\boldsymbol{AB}| = |\boldsymbol{E}-\boldsymbol{BA}|.$$

证 (1) 若 $\boldsymbol{A}$ 或 $\boldsymbol{B}$ 可逆,不妨设 $\boldsymbol{A}$ 可逆,则

$$|\boldsymbol{E}-\boldsymbol{AB}| = |\boldsymbol{A}(\boldsymbol{E}-\boldsymbol{BA})\boldsymbol{A}^{-1}| = |\boldsymbol{A}|\,|\boldsymbol{A}^{-1}|\,|\boldsymbol{E}-\boldsymbol{BA}| = |\boldsymbol{E}-\boldsymbol{BA}|.$$

(2) 若 $\boldsymbol{A},\boldsymbol{B}$ 皆不可逆,构造分块矩阵

$$\begin{pmatrix} \boldsymbol{E}_n & \boldsymbol{A} \\ \boldsymbol{B} & \boldsymbol{E}_n \end{pmatrix},$$

用倍加分块初等矩阵把 $\boldsymbol{B}$ 消为零矩阵,

$$\begin{pmatrix} \boldsymbol{E}_n & \boldsymbol{0} \\ -\boldsymbol{B} & \boldsymbol{E}_n \end{pmatrix}\begin{pmatrix} \boldsymbol{E}_n & \boldsymbol{A} \\ \boldsymbol{B} & \boldsymbol{E}_n \end{pmatrix} = \begin{pmatrix} \boldsymbol{E}_n & \boldsymbol{A} \\ \boldsymbol{0} & \boldsymbol{E}_n-\boldsymbol{AB} \end{pmatrix},$$

或

$$\begin{pmatrix} \boldsymbol{E}_n & \boldsymbol{A} \\ \boldsymbol{B} & \boldsymbol{E}_n \end{pmatrix}\begin{pmatrix} \boldsymbol{E}_n & \boldsymbol{0} \\ -\boldsymbol{B} & \boldsymbol{E}_n \end{pmatrix} = \begin{pmatrix} \boldsymbol{E}_n-\boldsymbol{AB} & \boldsymbol{A} \\ \boldsymbol{0} & \boldsymbol{E}_n \end{pmatrix},$$

对上面两式取行列式,得

$$\begin{vmatrix} \boldsymbol{E}_n & \boldsymbol{A} \\ \boldsymbol{B} & \boldsymbol{E}_n \end{vmatrix} = |\boldsymbol{E}_n|\,|\boldsymbol{E}_n-\boldsymbol{BA}| = |\boldsymbol{E}_n|\,|\boldsymbol{E}_n-\boldsymbol{AB}|,$$

故有

$$|\boldsymbol{E}_n-\boldsymbol{BA}| = |\boldsymbol{E}_n-\boldsymbol{AB}|.$$

习 题 二

1. 已知矩阵 $\boldsymbol{A}=\begin{pmatrix} 2 & 0 & -3 \\ 5 & -1 & 6 \end{pmatrix}$,$\boldsymbol{B}=\begin{pmatrix} 1 & 0 & 4 \\ 2 & -1 & -2 \end{pmatrix}$,求 $2\boldsymbol{A}$,$\boldsymbol{A}+\boldsymbol{B}$,$2\boldsymbol{A}-3\boldsymbol{B}$.

2. 设 $\boldsymbol{A}=\begin{pmatrix} 2 & 1 \\ -4 & -2 \end{pmatrix}$,$\boldsymbol{B}=\begin{pmatrix} 3 & -1 \\ -6 & 2 \end{pmatrix}$,求 $\boldsymbol{AB}$,$\boldsymbol{BA}$ 及 $\boldsymbol{A}^2$.

3. 已知矩阵 $\boldsymbol{A}=\begin{pmatrix} 1 & 3 \\ 2 & -1 \end{pmatrix}$,$\boldsymbol{B}=\begin{pmatrix} 3 & 0 \\ 1 & 2 \end{pmatrix}$,求 $\boldsymbol{AB}$ 及 $\boldsymbol{A}^3+2\boldsymbol{A}^2+\boldsymbol{A}-\boldsymbol{E}$.

4. 设 $\boldsymbol{A}=\begin{pmatrix}1 & 1 & 1\\1 & 1 & -1\\1 & -1 & 1\end{pmatrix}$，$\boldsymbol{B}=\begin{pmatrix}1 & 2 & 3\\-1 & -2 & 4\\0 & 5 & 1\end{pmatrix}$，求 $3\boldsymbol{AB}-2\boldsymbol{A}$ 及 $\boldsymbol{A}^{\mathrm{T}}\boldsymbol{B}$.

5. 设 $\boldsymbol{A}=\begin{pmatrix}5 & -2 & 1\\3 & 4 & -1\end{pmatrix}$，$\boldsymbol{B}=\begin{pmatrix}-3 & 2 & 0\\-2 & 0 & 1\end{pmatrix}$，求 $\boldsymbol{AB}^{\mathrm{T}}$ 及 $\boldsymbol{BA}^{\mathrm{T}}$.

6. 计算下列矩阵的乘积：

(1) $\begin{pmatrix}a\\b\\c\end{pmatrix}(a,b,c)$；　(2) $\begin{pmatrix}1 & 0 & 0\\0 & 1 & 0\\k & 0 & 1\end{pmatrix}\begin{pmatrix}a_{11} & a_{12}\\a_{21} & a_{22}\\a_{31} & a_{32}\end{pmatrix}$；　(3) $\begin{pmatrix}4 & 3 & 1\\1 & -2 & 3\\5 & 7 & 0\end{pmatrix}\begin{pmatrix}7\\2\\1\end{pmatrix}$；

(4) $(1,2,3)\begin{pmatrix}3\\2\\1\end{pmatrix}$；　(5) $\begin{pmatrix}2\\1\\3\end{pmatrix}(-1,2)$；　(6) $\begin{pmatrix}2 & 1 & 4 & 0\\1 & -1 & 3 & 4\end{pmatrix}\begin{pmatrix}1 & 3 & 1\\0 & -1 & 2\\1 & -3 & 1\\4 & 0 & -2\end{pmatrix}$；

(7) $(x_1,x_2,x_3)\begin{pmatrix}a_{11} & a_{12} & a_{13}\\a_{21} & a_{22} & a_{23}\\a_{31} & a_{32} & a_{33}\end{pmatrix}\begin{pmatrix}x_1\\x_2\\x_3\end{pmatrix}$；(8) $\begin{pmatrix}1 & 2 & 1 & 0\\0 & 1 & 0 & 1\\0 & 0 & 2 & 1\\0 & 0 & 0 & 3\end{pmatrix}\begin{pmatrix}1 & 0 & 3 & 1\\0 & 1 & 2 & -1\\0 & 0 & 1 & 0\\0 & 0 & 0 & 1\end{pmatrix}$.

7. (1) 已知 $\boldsymbol{A}=\begin{pmatrix}0 & 1 & 0\\0 & 0 & 1\\0 & 0 & 0\end{pmatrix}$，试求与 $\boldsymbol{A}$ 可交换的所有矩阵；

(2) 证明与对角线上元素相异的对角矩阵可交换的矩阵必是对角矩阵.

8. 设 $\boldsymbol{A}=\begin{pmatrix}1 & 2\\1 & 3\end{pmatrix}$，$\boldsymbol{B}=\begin{pmatrix}1 & 0\\1 & 2\end{pmatrix}$，问：

(1) $\boldsymbol{AB}=\boldsymbol{BA}$ 吗？

(2) $(\boldsymbol{A}+\boldsymbol{B})^2=\boldsymbol{A}^2+2\boldsymbol{AB}+\boldsymbol{B}^2$ 吗？

(3) $(\boldsymbol{A}+\boldsymbol{B})(\boldsymbol{A}-\boldsymbol{B})=\boldsymbol{A}^2-\boldsymbol{B}^2$ 吗？

9. 举反例说明下列命题是错误的：

(1) 若 $\boldsymbol{A}^2=\boldsymbol{0}$，则 $\boldsymbol{A}=\boldsymbol{0}$；

(2) 若 $\boldsymbol{A}^2=\boldsymbol{A}$，则 $\boldsymbol{A}=\boldsymbol{0}$ 或 $\boldsymbol{A}=\boldsymbol{E}$；

(3) 若 $\boldsymbol{AX}=\boldsymbol{AY}$，且 $\boldsymbol{A}\neq\boldsymbol{0}$，则 $\boldsymbol{X}=\boldsymbol{Y}$.

10. 用数学归纳法证明：

若 $\boldsymbol{A}=\begin{pmatrix}\lambda & 1 & 0\\0 & \lambda & 1\\0 & 0 & \lambda\end{pmatrix}$，则 $\boldsymbol{A}^n=\begin{pmatrix}\lambda^n & n\lambda^{n-1} & \dfrac{n(n-1)}{2}\lambda^{n-2}\\0 & \lambda^n & n\lambda^{n-1}\\0 & 0 & \lambda^n\end{pmatrix}$.

11. 求矩阵的幂：

(1) 已知 $\boldsymbol{A}=\begin{pmatrix}1 & 1 & 1\\2 & 2 & 2\\3 & 3 & 3\end{pmatrix}$，求 $\boldsymbol{A}^n$（n 是正整数）；

(2) 已知 $\boldsymbol{A}=\begin{pmatrix}1 & -1 & -1 & -1\\ -1 & 1 & -1 & -1\\ -1 & -1 & 1 & -1\\ -1 & -1 & -1 & 1\end{pmatrix}$,求 $\boldsymbol{A}^n$(n 是正整数).

12. 设 $\boldsymbol{A}=\begin{pmatrix}1 & 0 & 0\\ 1 & 0 & 1\\ 0 & 1 & 0\end{pmatrix}$,

(1) 证明:$\boldsymbol{A}^n=\boldsymbol{A}^{n-2}+\boldsymbol{A}^2-\boldsymbol{E}$,($n\geqslant 3$);

(2) 求 $\boldsymbol{A}^{100}$.

13. $\boldsymbol{A}$ 为 n 阶对称矩阵,$\boldsymbol{B}$ 为 n 阶反对称矩阵,证明:

(1) $\boldsymbol{B}^2$ 为对称矩阵;

(2) $\boldsymbol{AB}-\boldsymbol{BA}$ 为对称矩阵,$\boldsymbol{AB}+\boldsymbol{BA}$ 为反对称矩阵.

14. 求下列矩阵的逆矩阵:

(1) $\begin{pmatrix}1 & 2 & -3\\ 0 & 1 & 2\\ 0 & 0 & 1\end{pmatrix}$;　　(2) $\begin{pmatrix}1 & 0 & 4\\ 2 & 2 & 7\\ 0 & 1 & -2\end{pmatrix}$;

(3) $\begin{pmatrix}-11 & 2 & 2\\ -4 & 0 & 1\\ 6 & -1 & -1\end{pmatrix}$;　　(4) $\begin{pmatrix}1 & 1 & 1 & 1\\ 1 & 1 & -1 & -1\\ 1 & -1 & 1 & -1\\ 1 & -1 & -1 & 1\end{pmatrix}$.

15. 用求逆矩阵的方法解线性方程组

$$\begin{cases}x_1+2x_2+3x_3=1,\\ 2x_1+2x_2+5x_3=2,\\ 3x_1+5x_2+x_3=3.\end{cases}$$

16. 已知 $\begin{pmatrix}1 & 2 & 0\\ 0 & 1 & -3\\ 4 & 0 & 1\end{pmatrix}\boldsymbol{X}+\begin{pmatrix}0 & 0 & 1\\ 0 & 1 & 0\\ 1 & 0 & 1\end{pmatrix}=\boldsymbol{X}+\begin{pmatrix}1 & 0 & 1\\ 0 & 2 & 0\\ 1 & 0 & 1\end{pmatrix}$,求 $\boldsymbol{X}$.

17. 解下列矩阵方程:

(1) $\begin{pmatrix}2 & 3 & -1\\ 1 & 2 & 0\\ -1 & 2 & -1\end{pmatrix}\boldsymbol{X}=\begin{pmatrix}2 & 1\\ -1 & 0\\ 3 & 0\end{pmatrix}$;　　(2) $\boldsymbol{X}\begin{pmatrix}2 & 1 & -1\\ 2 & 1 & 0\\ 1 & -1 & 1\end{pmatrix}=\begin{pmatrix}1 & 0 & 2\\ 2 & 1 & 0\end{pmatrix}$;

(3) $\begin{pmatrix}0 & 1 & 0\\ 1 & 0 & 0\\ 0 & 0 & 1\end{pmatrix}\boldsymbol{X}\begin{pmatrix}1 & 0 & 0\\ 0 & 0 & 1\\ 0 & 1 & 0\end{pmatrix}=\begin{pmatrix}1 & -4 & 0\\ 2 & 0 & -1\\ 1 & -2 & 0\end{pmatrix}$.

18. (1) 若 $\boldsymbol{A}^3+2\boldsymbol{A}^2+\boldsymbol{A}-\boldsymbol{E}=\boldsymbol{0}$,证明 $\boldsymbol{A}$ 可逆,并求 $\boldsymbol{A}^{-1}$;

(2) 若 $\boldsymbol{A}^2-\boldsymbol{A}-4\boldsymbol{E}=\boldsymbol{0}$,证明 $\boldsymbol{A}+\boldsymbol{E}$ 可逆,并求 $(\boldsymbol{A}+\boldsymbol{E})^{-1}$;

(3) 若 $\boldsymbol{A}^2+2\boldsymbol{A}-3\boldsymbol{E}=\boldsymbol{0}$,求 $\boldsymbol{A}^{-1}$,$(\boldsymbol{A}+2\boldsymbol{E})^{-1}$,$(\boldsymbol{A}+4\boldsymbol{E})^{-1}$.

19. (1) 已知 $\boldsymbol{A}$ 为 n 阶矩阵,且 $|\boldsymbol{A}|=2$,求 $\left|\left(\frac{1}{2}\boldsymbol{A}\right)^{-1}-3\boldsymbol{A}^*\right|$;

(2) 已知 $\boldsymbol{A}=\begin{pmatrix}1&5&4\\0&2&4\\1&3&1\end{pmatrix}$,求 $(\boldsymbol{A}^*)^{-1}$.

20. 设 $\boldsymbol{A}^k=\boldsymbol{0}$($k$ 为正整数),证明:

$$(\boldsymbol{E}-\boldsymbol{A})^{-1}=\boldsymbol{E}+\boldsymbol{A}+\boldsymbol{A}^2+\cdots+\boldsymbol{A}^{k-1}.$$

21. 设 $\boldsymbol{A}=\begin{pmatrix}0&3&3\\1&1&0\\-1&2&3\end{pmatrix}$,$\boldsymbol{AB}=\boldsymbol{A}+2\boldsymbol{B}$,求 $\boldsymbol{B}$.

22. 设矩阵 $\boldsymbol{A}$ 的伴随矩阵 $\boldsymbol{A}^*=\begin{pmatrix}1&0&0&0\\0&1&0&0\\1&0&1&0\\0&-3&0&8\end{pmatrix}$ 且 $\boldsymbol{ABA}^{-1}=\boldsymbol{BA}^{-1}+3\boldsymbol{E}$,其中 $\boldsymbol{E}$ 是四阶单位矩阵,求矩阵 $\boldsymbol{B}$.

23. 设 $\boldsymbol{P}^{-1}\boldsymbol{AP}=\boldsymbol{\Lambda}$,其中 $\boldsymbol{P}=\begin{pmatrix}-1&-4\\1&1\end{pmatrix}$,$\boldsymbol{\Lambda}=\begin{pmatrix}-1&0\\0&2\end{pmatrix}$,求 $\boldsymbol{A}^{11}$.

24. 设 $\boldsymbol{AP}=\boldsymbol{P\Lambda}$,其中 $\boldsymbol{P}=\begin{pmatrix}1&1&1\\1&0&-2\\1&-1&1\end{pmatrix}$,$\boldsymbol{\Lambda}=\begin{pmatrix}-1&0&0\\0&1&0\\0&0&5\end{pmatrix}$,求 $\varphi(\boldsymbol{A})=\boldsymbol{A}^8(5\boldsymbol{E}-6\boldsymbol{A}+\boldsymbol{A}^2)$.

25. 用初等变换求下列矩阵的秩:

(1) $\begin{pmatrix}1&0&0&2&2\\5&7&6&8&3\\4&0&0&8&4\\7&1&0&1&0\end{pmatrix}$;　　(2) $\begin{pmatrix}4&-1&3&-2\\3&-1&4&-2\\3&-2&2&-4\\0&1&2&2\end{pmatrix}$;

(3) $\begin{pmatrix}1&1&1&1&1\\3&2&1&1&-3\\0&1&3&2&5\\5&4&3&3&-1\end{pmatrix}$;　　(4) $\begin{pmatrix}1&5&6&-4&-10\\2&3&5&-1&-6\\6&-1&5&7&2\\2&-3&-1&5&6\end{pmatrix}$.

26. 用初等变换求下列矩阵的逆矩阵:

(1) $\begin{pmatrix}3&-3&4\\2&-3&4\\0&-1&1\end{pmatrix}$;　　(2) $\begin{pmatrix}1&-3&2\\-3&0&1\\1&1&-1\end{pmatrix}$;

(3) $\begin{pmatrix}1&0&0&0\\2&1&0&0\\3&2&1&0\\4&3&2&1\end{pmatrix}$；　　(4) $\begin{pmatrix}1&1&1&1\\1&1&1&0\\1&1&0&0\\1&0&0&0\end{pmatrix}$.

27. (1) 用分块法求 $\boldsymbol{AB}$,其中

$$\boldsymbol{A}=\begin{pmatrix}1&0&0&0\\0&1&0&0\\-1&2&1&0\\1&1&0&1\end{pmatrix},\quad \boldsymbol{B}=\begin{pmatrix}1&0&3&2\\-1&2&0&1\\1&0&4&1\\1&-1&0&0\end{pmatrix};$$

(2) 设 $\boldsymbol{A}=\begin{pmatrix}3&4&0&0\\4&-3&0&0\\0&0&2&4\\0&0&0&2\end{pmatrix}$,求 $|\boldsymbol{A}^{2k}|$,$\boldsymbol{A}^{2k}$,k 为正整数.

28. 用分块法求下列矩阵的逆矩阵：

(1) $\begin{pmatrix}1&2&0&0\\3&7&0&0\\0&0&5&6\\0&0&4&5\end{pmatrix}$；　(2) $\begin{pmatrix}0&0&1&2\\0&0&3&7\\5&6&0&0\\4&5&0&0\end{pmatrix}$；　(3) $\begin{pmatrix}0&0&a&0\\0&0&0&b\\c&0&0&0\\0&d&0&0\end{pmatrix}$,$abcd\neq 0$；

(4) $\begin{pmatrix}1&3&0&0\\2&8&0&0\\1&0&1&0\\0&1&2&3\end{pmatrix}$；　(5) $\begin{pmatrix}\cos\theta&\sin\theta&0&0&0\\-\sin\theta&\cos\theta&0&0&0\\0&0&1&a&b\\0&0&0&1&a\\0&0&0&0&1\end{pmatrix}$.

29. 做下列分块矩阵的乘法,其中 $\boldsymbol{A},\boldsymbol{B},\boldsymbol{E}$ 都是 n 阶矩阵：

(1) $\boldsymbol{A}^{-1}(\boldsymbol{A},\boldsymbol{E})$；　　(2) $(\boldsymbol{A},\boldsymbol{E})^{\mathrm{T}}(\boldsymbol{A},\boldsymbol{E})$；　　(3) $\begin{pmatrix}\boldsymbol{A}\\\boldsymbol{E}\end{pmatrix}\boldsymbol{A}^{-1}$；

(4) $\begin{pmatrix}\boldsymbol{A}^{-1}\\\boldsymbol{E}\end{pmatrix}(\boldsymbol{A},\boldsymbol{E})$；　(5) $\begin{pmatrix}\boldsymbol{0}&\boldsymbol{E}\\\boldsymbol{E}&\boldsymbol{0}\end{pmatrix}\begin{pmatrix}\boldsymbol{A}\\\boldsymbol{B}\end{pmatrix}$；　　(6) $\begin{pmatrix}\boldsymbol{E}&\boldsymbol{0}\\\boldsymbol{0}&\boldsymbol{0}\end{pmatrix}\begin{pmatrix}\boldsymbol{A}\\\boldsymbol{B}\end{pmatrix}$.

30. 设 $\boldsymbol{A},\boldsymbol{B}$ 均有逆,求下列分块矩阵的逆：

(1) $\begin{pmatrix}\boldsymbol{A}&\boldsymbol{C}\\\boldsymbol{0}&\boldsymbol{B}\end{pmatrix}$；　　(2) $\begin{pmatrix}\boldsymbol{0}&\boldsymbol{A}\\\boldsymbol{B}&\boldsymbol{0}\end{pmatrix}$.

31. 化简下列各式：

(1) $(\boldsymbol{AB}^{\mathrm{T}})^{-1}(\boldsymbol{C}^{\mathrm{T}}\boldsymbol{A}^{\mathrm{T}}+\boldsymbol{E})^{\mathrm{T}}-(\boldsymbol{C}^{\mathrm{T}}\boldsymbol{B}^{-1})^{\mathrm{T}}$,其中 $\boldsymbol{A},\boldsymbol{B}$ 均为可逆矩阵；

(2) $(\boldsymbol{E}+\boldsymbol{BA})[\boldsymbol{E}-\boldsymbol{B}(\boldsymbol{E}+\boldsymbol{AB})^{-1}\boldsymbol{A}]$,其中 $(\boldsymbol{E}+\boldsymbol{AB})$ 可逆.

32. 证明：若 $\boldsymbol{A},\boldsymbol{B}$ 为两个 n 阶矩阵,则 $\boldsymbol{AB}$ 与 $\boldsymbol{BA}$ 的主对角线上元素之和相等.

33. 设 $\boldsymbol{A}$ 为 n 阶矩阵,$\boldsymbol{A}^{\mathrm{T}}\boldsymbol{A}=\boldsymbol{E}$,$|\boldsymbol{A}|<0$,证明 $|\boldsymbol{A}+\boldsymbol{E}|=0$.

34. 设 $\boldsymbol{A}$ 为 n 阶可逆方阵，且每一行元素之和都等于常数 $a(a\neq0)$，证明 $\boldsymbol{A}$ 的逆矩阵的每一行元素之和为 a^{-1}.

35. 设 $\boldsymbol{A}=\boldsymbol{E}-\boldsymbol{X}\boldsymbol{X}^{\mathrm{T}}$，$\boldsymbol{X}=(x_1,x_2,\cdots,x_n)^{\mathrm{T}}$ 为非零列矩阵，证明：

(1) $\boldsymbol{A}^2=\boldsymbol{A}$ 的充分必要条件是 $\boldsymbol{X}^{\mathrm{T}}\boldsymbol{X}=1$；

(2) 若 $\boldsymbol{X}^{\mathrm{T}}\boldsymbol{X}=1$，则 $\boldsymbol{A}$ 不可逆.

36. 设 n 阶矩阵 $\boldsymbol{A}$ 的伴随矩阵为 $\boldsymbol{A}^*$，证明：

(1) 若 $|\boldsymbol{A}|=0$，则 $|\boldsymbol{A}^*|=0$；

(2) $|\boldsymbol{A}^*|=|\boldsymbol{A}|^{n-1}$.

37. 设 $\boldsymbol{A}$ 为 n 阶可逆矩阵，$\boldsymbol{A}^*$ 为 $\boldsymbol{A}$ 的伴随矩阵. 证明：

(1) $(\boldsymbol{A}^*)^{\mathrm{T}}=(\boldsymbol{A}^{\mathrm{T}})^*$；

(2) $(\boldsymbol{A}^*)^*=|\boldsymbol{A}|^{n-2}\boldsymbol{A}$.

38. 设 $\boldsymbol{A}$ 为 n 阶$(n>2)$非零矩阵，且 $A_{ij}=a_{ij}$，A_{ij} 是矩阵 $\boldsymbol{A}$ 的行列式中元素 a_{ij} 对应的代数余子式. 证明：

(1) $\boldsymbol{A}$ 可逆； (2) $|\boldsymbol{A}|=1$.

第3章　向量代数、平面与直线

在平面解析几何中，通过坐标法把平面上的点与一对有次序的数对应起来，把平面上的图形和方程对应起来，从而可以用代数方法来研究几何问题．空间解析几何也是按照类似的方法建立起来的，通过坐标法把空间的点与一个有次序的三元数组对应起来，把几何空间的性质数量化，把几何问题转化为代数问题，从而可以用代数方法来研究几何问题．自然界中有一类量要用大小和方向两个要素来描述，这类量叫向量，将向量法和坐标法结合能使某些几何问题迎刃而解．

本章先引入向量的概念，根据向量的线性运算建立空间坐标系，然后利用坐标讨论向量的运算，并介绍空间直线与平面的内容．

§3.1　向量及其线性运算

本节包括向量的概念、向量的线性运算；向量的共线、共面问题；向量、点、坐标之间的一一对应．

一、向量的概念

定义1　既有大小、又有方向的量称为**向量**或**矢量**．

在几何上，向量可以用一个有向线段来表示．设已给空间两点 A,B，以 A 为起点，B 为终点，这就确定了向量的方向，而 A,B 两点间直线段的长度确定了向量的大小，这个向量记作 $\overrightarrow{AB}$．向量 $\overrightarrow{AB}$ 的大小也称为 $\overrightarrow{AB}$ 的**长度**或**模**，记作 $|\overrightarrow{AB}|$．通常用黑体希腊字母 $\boldsymbol{\alpha},\boldsymbol{\beta},\boldsymbol{\gamma},\cdots$ 或 $\boldsymbol{a},\boldsymbol{b},\boldsymbol{c},\cdots$ 表示向量．解析几何中所说的向量只考虑它的大小和方向而不计较它的起点的位置，因此它可以平行移动，这种向量称为**自由向量**．

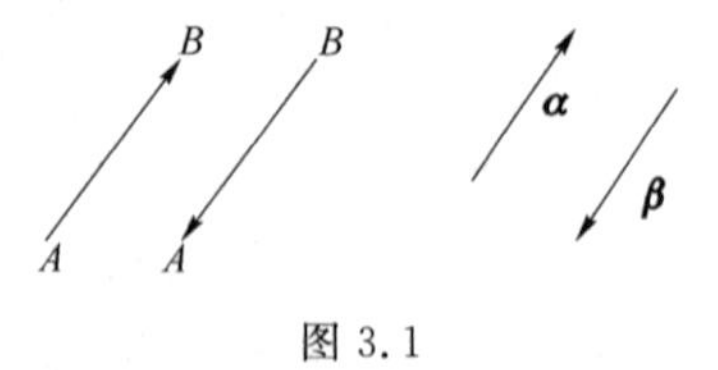

图 3.1

如果两个向量 $\boldsymbol{\alpha}$ 和 $\boldsymbol{\beta}$ 的大小相等，方向相同，则称这两个**向量相等**，记作 $\boldsymbol{\alpha}=\boldsymbol{\beta}$．

如果两个向量 $\boldsymbol{\alpha}$ 和 $\boldsymbol{\beta}$ 的大小相等，方向相反，则称 $\boldsymbol{\beta}$ 是 $\boldsymbol{\alpha}$ 的**负向量**，记作 $\boldsymbol{\beta}=-\boldsymbol{\alpha}$．显然 $\overrightarrow{BA}=-\overrightarrow{AB}$，如图3.1所示．

长度为0的向量称为**零向量**，即起点与终点重合的向量，记作 $\mathbf{0}$，它的方向可以看作是任意的．

长度为1的向量叫作**单位向量**．任意非零向量 $\boldsymbol{\alpha}$ 的单位向量为 $\boldsymbol{\alpha}_0=\dfrac{\boldsymbol{\alpha}}{|\boldsymbol{\alpha}|}$，故 $\boldsymbol{\alpha}=|\boldsymbol{\alpha}|\boldsymbol{\alpha}_0$．

两个非零向量如果它们的方向相同或者相反，就称这两个向量**平行**，向量 $\boldsymbol{\alpha}$ 与 $\boldsymbol{\beta}$ 平行，记

作 $\boldsymbol{\alpha}/\!/\boldsymbol{\beta}$. 由于零向量的方向可以看作是任意的，因此可以认为零向量与任何向量都平行.

当两个平行向量的起点放在同一点时，它们的终点和公共起点应在一条直线上，因此，两向量平行，又称向量**共线**.

设有 $k(k\geqslant 3)$ 个向量，当把它们的起点放在同一点时，如果 k 个终点和公共起点在一个平面上，就称这 k 个向量**共面**.

二、向量的线性运算

1. 向量的加减法

在物理中，一个质点从点 O 出发经过位移 $\boldsymbol{\alpha}$ 到达点 A，再从点 A 经过位移 $\boldsymbol{\beta}$ 到达点 B，其结果等于从点 O 出发移到点 B. 这个位移 $\overrightarrow{OB}$ 称为位移 $\boldsymbol{\alpha}$ 与 $\boldsymbol{\beta}$ 的和，如图 3.2 所示.

定义 2　设有两个向量 $\boldsymbol{\alpha}$ 和 $\boldsymbol{\beta}$，任取一点 O 作向量 $\overrightarrow{OA}=\boldsymbol{\alpha}$，再以 A 为起点作向量 $\overrightarrow{AB}=\boldsymbol{\beta}$，连接 OB，则向量 $\overrightarrow{OB}=\boldsymbol{\gamma}$，称为向量 $\boldsymbol{\alpha}$ 与 $\boldsymbol{\beta}$ 的和，记为 $\boldsymbol{\alpha}+\boldsymbol{\beta}$，即

$$\boldsymbol{\gamma}=\boldsymbol{\alpha}+\boldsymbol{\beta}.$$

这样作出两个向量之和的方法叫作向量相加的**三角形法则**.

定义 3　从一点 O 作向量 $\overrightarrow{OA}=\boldsymbol{\alpha}$，$\overrightarrow{OB}=\boldsymbol{\beta}$，再以 OA，OB 为邻边作平行四边形 $OACB$，称向量 $\overrightarrow{OC}=\boldsymbol{\gamma}$ 为向量 $\boldsymbol{\alpha}$ 与 $\boldsymbol{\beta}$ 的和. 记作 $\boldsymbol{\gamma}=\overrightarrow{OC}=\overrightarrow{OA}+\overrightarrow{OB}=\boldsymbol{\alpha}+\boldsymbol{\beta}$. 这称为向量加法的**平行四边形法则**，如图 3.3 所示.

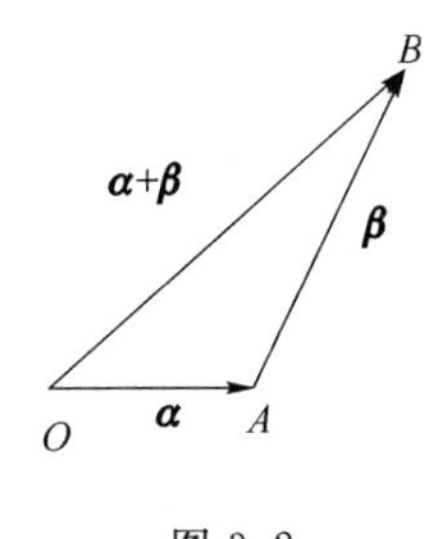

图 3.2

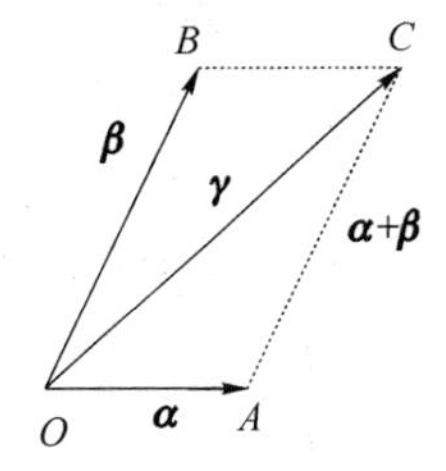

图 3.3

向量的加法性质

(1) 交换律：$\boldsymbol{\alpha}+\boldsymbol{\beta}=\boldsymbol{\beta}+\boldsymbol{\alpha}$；

(2) 结合律：$(\boldsymbol{\alpha}+\boldsymbol{\beta})+\boldsymbol{\gamma}=\boldsymbol{\alpha}+(\boldsymbol{\beta}+\boldsymbol{\gamma})$(图 3.4)；

(3) $\boldsymbol{\alpha}+\boldsymbol{0}=\boldsymbol{0}+\boldsymbol{\alpha}=\boldsymbol{\alpha}$；

(4) $\boldsymbol{\alpha}+(-\boldsymbol{\alpha})=(-\boldsymbol{\alpha})+\boldsymbol{\alpha}=\boldsymbol{0}$.

由于向量的加法满足结合律，三个向量 $\boldsymbol{\alpha}$，$\boldsymbol{\beta}$，$\boldsymbol{\gamma}$ 之和可简记为 $\boldsymbol{\alpha}+\boldsymbol{\beta}+\boldsymbol{\gamma}$，而不必用括号来表示运算的顺序，$n$ 个向量 $\boldsymbol{\alpha}_1$，$\boldsymbol{\alpha}_2$，…，$\boldsymbol{\alpha}_n$ $(n\geqslant 3)$ 之和简记为

$$\sum_{i=1}^{n}\boldsymbol{\alpha}_i=\boldsymbol{\alpha}_1+\boldsymbol{\alpha}_2+\cdots+\boldsymbol{\alpha}_n,$$

并按向量相加的三角形法则，可得 n 个向量相加的法则如下：作 $\overrightarrow{OA_1}=\boldsymbol{\alpha}_1$，再由点 A_1 作 $\overrightarrow{A_1A_2}=\boldsymbol{\alpha}_2$ …，最后由 $\boldsymbol{\alpha}_{n-1}$ 的终点 A_{n-1} 作 $\overrightarrow{A_{n-1}A_n}=\boldsymbol{\alpha}_n$，则向量 $\overrightarrow{OA_n}=\sum\limits_{i=1}^{n}\boldsymbol{\alpha}_i$.

例如在图 3.5 中，$\boldsymbol{\beta}=\boldsymbol{\alpha}_1+\boldsymbol{\alpha}_2+\cdots+\boldsymbol{\alpha}_5$.

定义 4　向量 $\boldsymbol{\alpha}$ 和 $\boldsymbol{\beta}$ 的差(**减法**)规定为

$$\boldsymbol{\alpha}-\boldsymbol{\beta}=\boldsymbol{\alpha}+(-\boldsymbol{\beta}).$$

按三角形法则，当向量 $\boldsymbol{\alpha}$ 与 $\boldsymbol{\beta}$ 的起点重合时，由 $\boldsymbol{\beta}$ 的终点指向 $\boldsymbol{\alpha}$ 的终点的那个向量即$\boldsymbol{\alpha}-\boldsymbol{\beta}$(图 3.6).

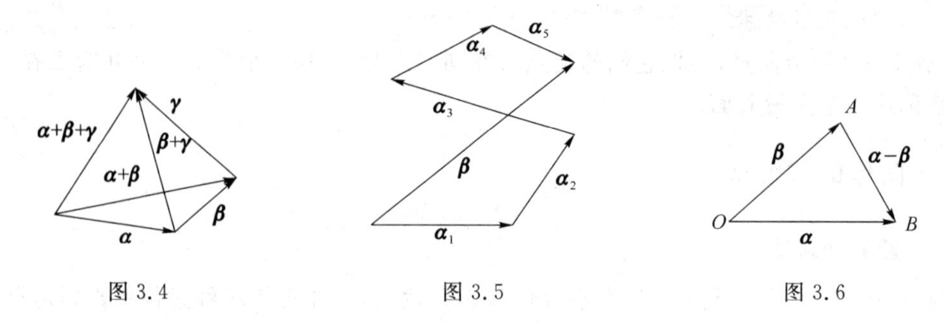

图 3.4　　图 3.5　　图 3.6

2. 向量与数的乘法

定义 5　向量 $\boldsymbol{\alpha}$ 与实数 λ 相乘是一个向量，记作 $\lambda\boldsymbol{\alpha}$. 它的模为

$$|\lambda\boldsymbol{\alpha}|=|\lambda||\boldsymbol{\alpha}|,$$

当 $\lambda>0$ 时它的方向与 $\boldsymbol{\alpha}$ 相同，当 $\lambda<0$ 时与 $\boldsymbol{\alpha}$ 相反，当 $\lambda=0$ 时，$|\lambda\boldsymbol{\alpha}|=\mathbf{0}$，即 $\lambda\boldsymbol{\alpha}=0$，这时它的方向可以是任意的.

由上述定义可知：$\lambda\boldsymbol{\alpha}=\mathbf{0}$ 的充分必要条件是 $\boldsymbol{\alpha}=\mathbf{0}$ 或 $\lambda=0$.

特别地，当 $\lambda=-1$ 时，有$(-1)\boldsymbol{\alpha}=-\boldsymbol{\alpha}$.

向量与数的乘法(简称**数乘**)满足下列性质.

向量数乘的性质

(1) $1\cdot\boldsymbol{\alpha}=\boldsymbol{\alpha}$;

(2) $k(l\boldsymbol{\alpha})=(kl)\boldsymbol{\alpha},\ \forall k,l\in\mathbf{R}$;

(3) $(k+l)\boldsymbol{\alpha}=k\boldsymbol{\alpha}+l\boldsymbol{\alpha}$;

(4) $k(\boldsymbol{\alpha}+\boldsymbol{\beta})=k\boldsymbol{\alpha}+k\boldsymbol{\beta}$.

向量加法与数乘统称为向量的**线性运算**.

定理 1　两个向量 $\boldsymbol{\alpha},\boldsymbol{\beta}$ 共线的充分必要条件是存在不全为零的数 λ,μ，使 $\lambda\boldsymbol{\alpha}+\mu\boldsymbol{\beta}=\mathbf{0}$.

证　必要性. 若 $\boldsymbol{\alpha}\neq\mathbf{0}$，则$|\boldsymbol{\alpha}|\neq\mathbf{0}$. 由于 $\boldsymbol{\alpha},\boldsymbol{\beta}$ 共线，取$|\lambda|=\dfrac{|\boldsymbol{\beta}|}{|\boldsymbol{\alpha}|}$，当 $\boldsymbol{\beta}$ 与 $\boldsymbol{\alpha}$ 同向时 λ 取正值，当 $\boldsymbol{\beta}$ 与 $\boldsymbol{\alpha}$ 反向时 λ 取负值，即有 $\boldsymbol{\beta}=\lambda\boldsymbol{\alpha}$. 这是因为此时 $\boldsymbol{\beta}$ 与 $\lambda\boldsymbol{\alpha}$ 同向，且

$$|\lambda\boldsymbol{\alpha}|=|\lambda||\boldsymbol{\alpha}|=\frac{|\boldsymbol{\beta}|}{|\boldsymbol{\alpha}|}|\boldsymbol{\alpha}|=|\boldsymbol{\beta}|,$$

取 $\mu=-1$，则 $\lambda\boldsymbol{\alpha}+\mu\boldsymbol{\beta}=\mathbf{0}$. 若 $\boldsymbol{\alpha}=\mathbf{0}$，则显然有 $1\cdot\boldsymbol{\alpha}+0\cdot\boldsymbol{\beta}=\mathbf{0}$.

充分性. 设存在不全为零的数 λ,μ，使 $\lambda\boldsymbol{\alpha}+\mu\boldsymbol{\beta}=\mathbf{0}$. 不妨设 $\lambda\neq0$，则 $\boldsymbol{\alpha}=\frac{\mu}{\lambda}\boldsymbol{\beta}$. 由数乘的定义可知，$\boldsymbol{\alpha}$ 与 $\boldsymbol{\beta}$ 共线.

定理 2　三个向量 $\boldsymbol{\alpha},\boldsymbol{\beta},\boldsymbol{\gamma}$ 共面的充分必要条件是存在不全为零的数 k_1,k_2,k_3，使 $k_1\boldsymbol{\alpha}+k_2\boldsymbol{\beta}+k_3\boldsymbol{\gamma}=\mathbf{0}$.

证　必要性. 若 $\boldsymbol{\alpha},\boldsymbol{\beta},\boldsymbol{\gamma}$ 中有两个共线，不妨设 $\boldsymbol{\alpha}/\!/\boldsymbol{\beta}$，由定理 1 可知，存在不全为零的数 k_1,k_2 使 $k_1\boldsymbol{\alpha}+k_2\boldsymbol{\beta}=\mathbf{0}$，故 $k_1\boldsymbol{\alpha}+k_2\boldsymbol{\beta}+0\cdot\boldsymbol{\gamma}=\mathbf{0}$ 成立，其中 $k_1,k_2,0$ 仍不全为零.

若 $\boldsymbol{\alpha},\boldsymbol{\beta},\boldsymbol{\gamma}$ 均不共线，但 $\boldsymbol{\alpha},\boldsymbol{\beta},\boldsymbol{\gamma}$ 共面，由三角形法则及数乘定义可知 $\boldsymbol{\gamma}=k_1\boldsymbol{\alpha}+k_2\boldsymbol{\beta},\ k_1,k_2\in\mathbf{R}$(图 3.7).

于是成立

$$k_1\boldsymbol{\alpha}+k_2\boldsymbol{\beta}-\boldsymbol{\gamma}=\mathbf{0},$$

其中 $k_1,k_2,-1$ 不全为零.

充分性. 若存在不全为零的数 k_1,k_2,k_3,使

$$k_1\boldsymbol{\alpha}+k_2\boldsymbol{\beta}+k_3\boldsymbol{\gamma}=\mathbf{0}.$$

不妨设 $k_3\neq 0$,则

$$\boldsymbol{\gamma}=-\frac{k_1}{k_3}\boldsymbol{\alpha}-\frac{k_2}{k_3}\boldsymbol{\beta}.$$

这说明 $\boldsymbol{\gamma}$ 是以 $-\frac{k_1}{k_3}\boldsymbol{\alpha}$, $-\frac{k_2}{k_3}\boldsymbol{\beta}$ 为边的平行四边形的对角线,故 $\boldsymbol{\alpha},\boldsymbol{\beta},\boldsymbol{\gamma}$ 共面.

推论　设向量 $\boldsymbol{\alpha},\boldsymbol{\beta}$ 不共线,若 $\boldsymbol{\alpha},\boldsymbol{\beta},\boldsymbol{\gamma}$ 共面,则存在唯一的实数组 k_1,k_2,使 $\boldsymbol{\gamma}=k_1\boldsymbol{\alpha}+k_2\boldsymbol{\beta}$.

例 1　在平行四边形 $ABCD$ 中,设 $\overrightarrow{AB}=\boldsymbol{\alpha}$, $\overrightarrow{AD}=\boldsymbol{\beta}$. 试用 $\boldsymbol{\alpha},\boldsymbol{\beta}$ 表示向量 $\overrightarrow{MA}$, $\overrightarrow{MB}$, $\overrightarrow{MC}$ 和 $\overrightarrow{MD}$,这里 M 是平行四边形对角线的交点(图 3.8).

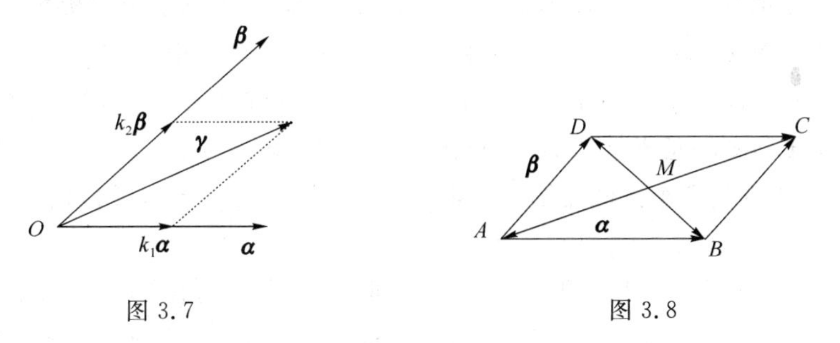

图 3.7　　　　图 3.8

解　由于平行四边形的对角线互相平分,所以

$$\boldsymbol{\alpha}+\boldsymbol{\beta}=\overrightarrow{AC}=2\,\overrightarrow{AM},$$

即

$$-(\boldsymbol{\alpha}+\boldsymbol{\beta})=2\,\overrightarrow{MA},$$

于是

$$\overrightarrow{MA}=-\frac{1}{2}(\boldsymbol{\alpha}+\boldsymbol{\beta}).$$

因为 $\overrightarrow{MC}=-\overrightarrow{MA}$,所以 $\overrightarrow{MC}=\frac{1}{2}(\boldsymbol{\alpha}+\boldsymbol{\beta})$.

又因 $-\boldsymbol{\alpha}+\boldsymbol{\beta}=\overrightarrow{BD}=2\,\overrightarrow{MD}$,所以 $\overrightarrow{MD}=\frac{1}{2}(-\boldsymbol{\alpha}+\boldsymbol{\beta})$.

由于 $\overrightarrow{MB}=-\overrightarrow{MD}$,所以 $\overrightarrow{MB}=\frac{1}{2}(\boldsymbol{\alpha}-\boldsymbol{\beta})$.

例 2　设 ΔABC 中,D 是 BC 边的中点(图 3.9),证明:$\overrightarrow{AD}=\frac{1}{2}(\overrightarrow{AB}+\overrightarrow{AC})$.

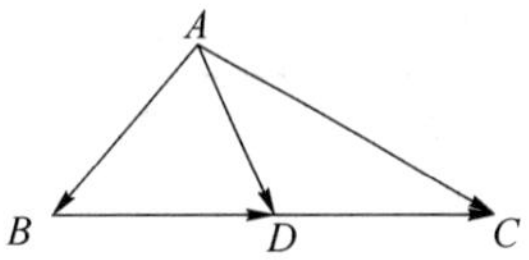

图 3.9

证　由三角形法则可知,

$$\overrightarrow{AD}=\overrightarrow{AB}+\overrightarrow{BD}, \tag{3.1}$$

$$\overrightarrow{AD}=\overrightarrow{AC}+\overrightarrow{CD}, \tag{3.2}$$

由于 D 是 BC 边的中点,故 $\overrightarrow{BD}=-\overrightarrow{CD}$,式(3.1)与式(3.2)两边同时相加,得

$$2\,\overrightarrow{AD}=\overrightarrow{AB}+\overrightarrow{AC}$$

即

$$\overrightarrow{AD}=\frac{1}{2}(\overrightarrow{AB}+\overrightarrow{AC}).$$

三、空间直角坐标系

定义6 在空间取定一点O称为原点,再取过O点的三条两两互相垂直的有向直线,这三条有向直线的正向单位向量分别为$\boldsymbol{i},\boldsymbol{j},\boldsymbol{k}$,三条有向直线称为坐标轴,依次记为$x$轴、$y$轴、$z$轴. 这样就建立起空间**直角坐标系**,称为$Oxyz$坐标系.

通常把x轴和y轴配置在水平面上,而z轴则是铅垂线;它们的正向通常符合**右手规则**,即以右手握住z轴,当右手的四个手指从x轴正向以$\frac{\pi}{2}$角度转向y轴正向时,大拇指的指向就是z轴的正向.

三条坐标轴中的任意两条可以确定一个平面,这样定出的三个平面统称为**坐标面**. x轴和y轴所确定的坐标面叫作xOy平面,另两个由y轴和z轴和由z轴及x轴所确定的坐标面,分别叫作yOz平面和zOx平面. 三个坐标面把空间分成八个部分,每一部分叫作一个**卦限**. 含有x轴、y轴与z轴正半轴的那个卦叫作第一卦限,表示为Ⅰ(+,+,+),含有x轴负半轴、y轴与z轴正半轴的那个卦叫作第二卦限,表示为Ⅱ(-,+,+),类似地,八个卦限可分别表示为

Ⅰ(+,+,+),Ⅱ(-,+,+),Ⅲ(-,-,+),Ⅳ(+,-,+),
Ⅴ(+,+,-),Ⅵ(-,+,-),Ⅶ(-,-,-),Ⅷ(+,-,-).

任给一个向量$\boldsymbol{r}$,对应有空间一点M,使$\boldsymbol{r}=\overrightarrow{OM}$. 以$OM$为对角线、三条坐标轴为棱作长方体$RHMK\text{-}OPNQ$,如图3.10所示,有

$$\boldsymbol{r}=\overrightarrow{OM}=\overrightarrow{OP}+\overrightarrow{PN}+\overrightarrow{NM}=\overrightarrow{OP}+\overrightarrow{OQ}+\overrightarrow{OR}.$$

设

$$\overrightarrow{OP}=x\boldsymbol{i},\quad \overrightarrow{OQ}=y\boldsymbol{j},\quad \overrightarrow{OR}=z\boldsymbol{k}.$$

则

$$\boldsymbol{r}=\overrightarrow{OM}=x\boldsymbol{i}+y\boldsymbol{j}+z\boldsymbol{k}.$$

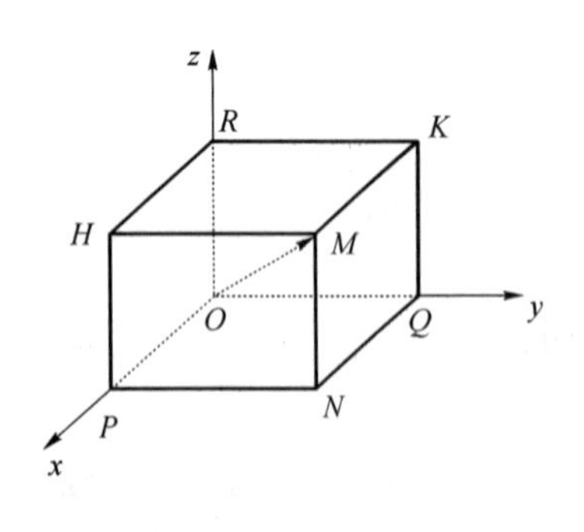

图 3.10

上式称为向量$\boldsymbol{r}$的坐标分解式,$x\boldsymbol{i},y\boldsymbol{j},z\boldsymbol{k}$称为向量$\boldsymbol{r}$沿三个坐标轴方向的分向量.

给定了向量$\boldsymbol{r}$,就确定了点M及$\overrightarrow{OP},\overrightarrow{OQ},\overrightarrow{OR}$三个分向量,进而确定了$x,y,z$三个有序数;反之,给定三个有序数$x,y,z$,也确定了向量$\boldsymbol{r}$与点$M$. 于是点$M$、向量$\boldsymbol{r}$与三个有序数$x,y,z$之间有一一对应关系

$$M\leftrightarrow \boldsymbol{r}=\overrightarrow{OM}=x\boldsymbol{i}+y\boldsymbol{j}+z\boldsymbol{k}\leftrightarrow(x,y,z),$$

据此,定义:有序数x,y,z称为向量$\boldsymbol{r}$在直角坐标系$Oxyz$中的**坐标**,记作$\boldsymbol{r}=(x,y,z)$,有序数x,y,z也称为点M在直角坐标系$Oxyz$中的**坐标**,记作$M(x,y,z)$.

向量$\boldsymbol{r}=\overrightarrow{OM}$称为点$M$关于原点$O$的**向径**. 上述定义表明,一个点与该点的向径有相同的

坐标. 记号(x,y,z)既表示点 M,又表示向量$\overrightarrow{OM}$.

三个单位向量 $\boldsymbol{i},\boldsymbol{j},\boldsymbol{k}$ 的坐标为

$$\boldsymbol{i}=(1,0,0),\quad \boldsymbol{j}=(0,1,0),\quad \boldsymbol{k}=(0,0,1).$$

四、利用坐标进行向量的线性运算

利用向量的坐标,可得向量的加法、减法以及向量与数的乘法运算如下:

设
$$\boldsymbol{\alpha}=(x_1,y_1,z_1),\quad \boldsymbol{\beta}=(x_2,y_2,z_2),$$
即
$$\boldsymbol{\alpha}=x_1\boldsymbol{i}+y_1\boldsymbol{j}+z_1\boldsymbol{k},\quad \boldsymbol{\beta}=x_2\boldsymbol{i}+y_2\boldsymbol{j}+z_2\boldsymbol{k}.$$
利用向量加法的交换律与结合律,以及向量与数的乘法的结合律与分配律,有
$$\boldsymbol{\alpha}\pm\boldsymbol{\beta}=(x_1\pm x_2)\boldsymbol{i}+(y_1\pm y_2)\boldsymbol{j}+(z_1\pm z_2)\boldsymbol{k},$$
$$\lambda\boldsymbol{\alpha}=\lambda x_1\boldsymbol{i}+\lambda y_1\boldsymbol{j}+\lambda z_1\boldsymbol{k}.$$
由坐标的唯一性可知,
$$\boldsymbol{\alpha}\pm\boldsymbol{\beta}=(x_1\pm x_2,y_1\pm y_2,z_1\pm z_2),$$
$$\lambda\boldsymbol{\alpha}=(\lambda x_1,\lambda y_1,\lambda z_1).$$
由此可见,对向量进行加、减及与数相乘的运算,只需对向量的各个坐标分别进行相应的数量运算就可以了.

例 3(定比分点)　如图 3.11 所示,设点 $A(x_1,y_1,z_1)$,$B(x_2,y_2,z_2)$,$C(x_3,y_3,z_3)$共线,而且点 C 分线段 AB 为两段比值为λ,即$\overrightarrow{AC}=\lambda\overrightarrow{CB}$,则
$$x_3=\frac{x_1+\lambda x_2}{1+\lambda},\quad y_3=\frac{y_1+\lambda y_2}{1+\lambda},\quad z_3=\frac{z_1+\lambda z_2}{1+\lambda}.$$

证　由条件可知,向量$\overrightarrow{OA}$,$\overrightarrow{OB}$,$\overrightarrow{OC}$的坐标分别是(x_1,y_1,z_1),(x_2,y_2,z_2),(x_3,y_3,z_3),而$\overrightarrow{OC}-\overrightarrow{OA}=\lambda(\overrightarrow{OB}-\overrightarrow{OC})$,即
$$(x_3,y_3,z_3)-(x_1,y_1,z_1)=\lambda((x_2,y_2,z_2)-(x_3,y_3,z_3))$$
即
$$(x_3-x_1,y_3-y_1,z_3-z_1)=(\lambda(x_2-x_3),\lambda(y_2-y_3),\lambda(z_2-z_3)),$$
于是得
$$x_3-x_1=\lambda(x_2-x_3),\quad y_3-y_1=\lambda(y_2-y_3),\quad z_3-z_1=\lambda(z_2-z_3),$$
所以
$$x_3=\frac{x_1+\lambda x_2}{1+\lambda},\quad y_3=\frac{y_1+\lambda y_2}{1+\lambda},\quad z_3=\frac{z_1+\lambda z_2}{1+\lambda}.$$

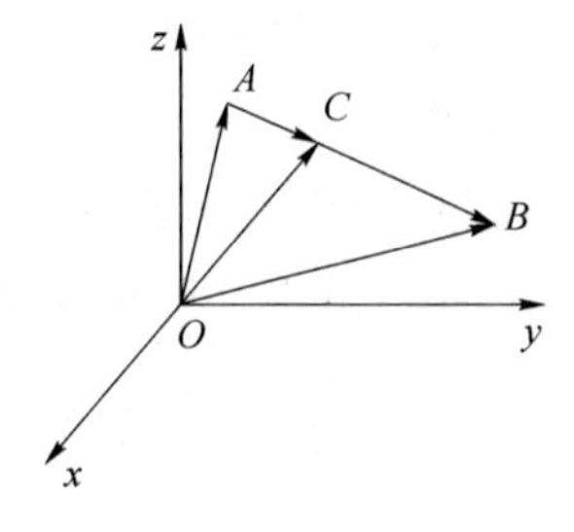

图 3.11

五、向量的模、方向角、投影

1. 向量的模与两点间的距离公式

设向量 $\boldsymbol{r}=(x,y,z)$，作向量 $\overrightarrow{OM}=\boldsymbol{r}$，如图 3.10 所示，有

$$\boldsymbol{r}=\overrightarrow{OM}=\overrightarrow{OP}+\overrightarrow{OQ}+\overrightarrow{OR},$$

按勾股定理可得

$$|\boldsymbol{r}|=|OM|=\sqrt{|OP|^2+|OQ|^2+|OR|^2}.$$

由

$$\overrightarrow{OP}=x\boldsymbol{i},\quad \overrightarrow{OQ}=y\boldsymbol{j},\quad \overrightarrow{OR}=z\boldsymbol{k},$$

有

$$|OP|=|x|,\quad |OQ|=|y|,\quad |OR|=|z|,$$

于是得向量**模**的坐标表示式

$$|\boldsymbol{r}|=\sqrt{x^2+y^2+z^2}.$$

设点 $A(x_1,y_1,z_1)$，$B(x_2,y_2,z_2)$，则点 A 与点 B 间的距离 $|AB|$ 就是向量 $\overrightarrow{AB}$ 的模. 由

$$\begin{aligned}\overrightarrow{AB}=\overrightarrow{OB}-\overrightarrow{OA}&=(x_2,y_2,z_2)-(x_1,y_1,z_1)\\&=(x_2-x_1,y_2-y_1,z_2-z_1),\end{aligned}$$

即得 A、B 两点间的距离

$$|AB|=|\overrightarrow{AB}|=\sqrt{(x_2-x_1)^2+(y_2-y_1)^2+(z_2-z_1)^2}.$$

例 4 已知两点 $A(4,1,5)$ 和 $B(1,2,7)$，求与 $\overrightarrow{AB}$ 方向相同的单位向量 $\boldsymbol{e}$.

解 因为

$$\overrightarrow{AB}=(1,2,7)-(4,1,5)=(-3,1,2),$$

所以

$$|\overrightarrow{AB}|=\sqrt{(-3)^2+1^2+2^2}=\sqrt{14},$$

于是

$$\boldsymbol{e}=\frac{\overrightarrow{AB}}{|\overrightarrow{AB}|}=\frac{1}{\sqrt{14}}(-3,1,2).$$

2. 方向角与方向余弦

定义 7 设有两个非零向量 $\boldsymbol{\alpha}$，$\boldsymbol{\beta}$，任取空间一点 O，作 $\overrightarrow{OA}=\boldsymbol{\alpha}$，$\overrightarrow{OB}=\boldsymbol{\beta}$，规定不超过 π 的 $\angle AOB$(设 $\varphi=\angle AOB,0\leqslant\varphi\leqslant\pi$)为**向量 $\boldsymbol{\alpha}$ 与 $\boldsymbol{\beta}$ 的夹角**，记作 $\varphi=\langle\widehat{\boldsymbol{\alpha},\boldsymbol{\beta}}\rangle$. 如果 $\boldsymbol{\alpha}$ 与 $\boldsymbol{\beta}$ 中有一个是零向量，规定它们的夹角可以取 0 与 π 之间的任意值.

定义 8 设在直角坐标系中，向量 $\overrightarrow{OM}$ 与三个坐标向量 $\boldsymbol{i},\boldsymbol{j},\boldsymbol{k}$ 的夹角分别为 α,β,γ，称它们为向量 $\overrightarrow{OM}$ 的**方向角**，$\cos\alpha,\cos\beta,\cos\gamma$ 称为 $\overrightarrow{OM}$ 的方向余弦.

如图 3.12 所示，设 $\boldsymbol{r}=\overrightarrow{OM}=(x,y,z)$，由于 x 是有向线段 $\overrightarrow{OP}$ 的值，$MP\perp OP$，故

$$\cos\alpha=\frac{x}{|OM|}=\frac{x}{|\boldsymbol{r}|},$$

类似可知

$$\cos\beta=\frac{y}{|OM|}=\frac{y}{|\boldsymbol{r}|},\quad \cos\gamma=\frac{z}{|OM|}=\frac{z}{|\boldsymbol{r}|},$$

从而

$$(\cos\alpha,\cos\beta,\cos\gamma)=\left(\frac{x}{|\boldsymbol{r}|},\frac{y}{|\boldsymbol{r}|},\frac{z}{|\boldsymbol{r}|}\right)=\frac{1}{|\boldsymbol{r}|}(x,y,z)=\frac{\boldsymbol{r}}{|\boldsymbol{r}|}=\boldsymbol{e},$$

由此可得

$$\cos^2\alpha+\cos^2\beta+\cos^2\gamma=1.$$

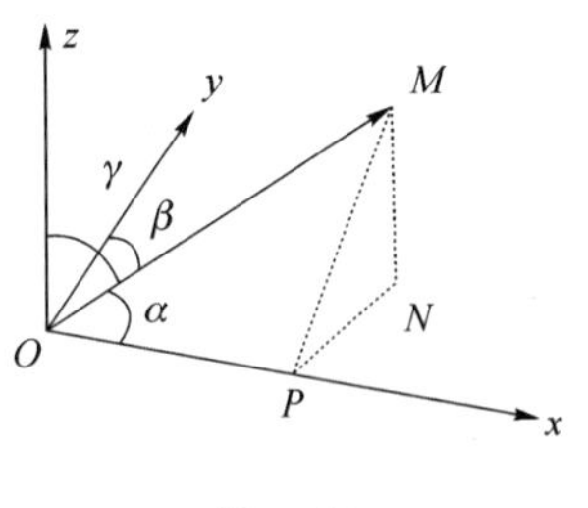

图 3.12

例 5　设有点 $A(1,1,1)$，$B(2,-1,3)$，求向量 $\overrightarrow{AB}$ 的方向余弦.

解　设 $\overrightarrow{AB}$ 的方向角为 α,β,γ，因为 $\overrightarrow{AB}=(1,-2,2)$. 于是

$$|\overrightarrow{AB}|=\sqrt{1^2+(-2)^2+2^2}=3,$$

故

$$\cos\alpha=\frac{1}{3},\quad \cos\beta=-\frac{2}{3},\quad \cos\gamma=\frac{2}{3}.$$

3. 向量在轴上的投影

定义 9　取定点 O 及单位向量 $\boldsymbol{e}$ 确定 u 轴(图 3.13)，任给向量 $\boldsymbol{r}$，作 $\overrightarrow{OM}=\boldsymbol{r}$，再过点 M 作与 u 轴垂直的平面交 u 轴于点 M'，则点 M' 称为**点 M 在 u 轴上的投影**，向量 $\overrightarrow{OM'}$ 称为 $\boldsymbol{r}$ 在 u 轴上的分量. 设 $\overrightarrow{OM'}=\lambda\boldsymbol{e}$，则数 λ 称为**向量 $\boldsymbol{r}$ 在 u 轴上的投影**. 记作 $\mathrm{Prj}_u\boldsymbol{r}$ 或 $(\boldsymbol{r})_u$.

由定义 9 知，向量 $\boldsymbol{\alpha}=(a_x,a_y,a_z)$ 在直角坐标系 $Oxyz$ 的坐标就是 $\boldsymbol{\alpha}$ 在三条坐标轴上的投影，即

$$\mathrm{Prj}_x\boldsymbol{\alpha}=a_x,\quad \mathrm{Prj}_y\boldsymbol{\alpha}=a_y,\quad \mathrm{Prj}_z\boldsymbol{\alpha}=a_z.$$

由此可知，向量的投影具有与坐标相同的性质：

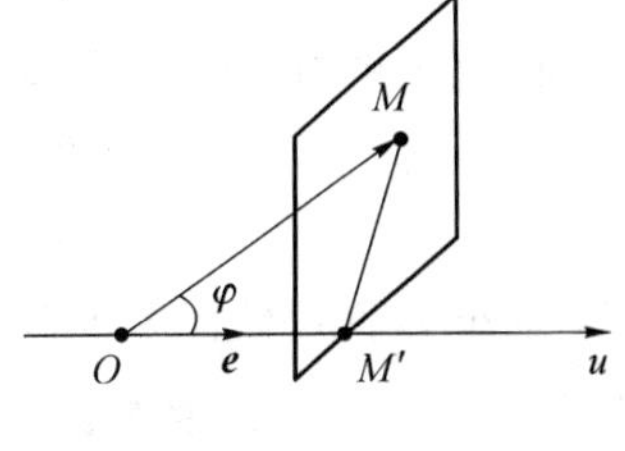

图 3.13

性质 1　$\mathrm{Prj}_u\boldsymbol{\alpha}=|\boldsymbol{\alpha}|\cos\varphi$，其中 φ 是向量 $\boldsymbol{\alpha}$ 与 u 轴的夹角；

性质 2　$\mathrm{Prj}_u(\boldsymbol{\alpha}+\boldsymbol{\beta})=\mathrm{Prj}_u\boldsymbol{\alpha}+\mathrm{Prj}_u\boldsymbol{\beta}$；

性质 3　$\mathrm{Prj}_u(\lambda\boldsymbol{\alpha})=\lambda\mathrm{Prj}_u\boldsymbol{\alpha}$.

§3.2　向量的数量积、向量积、混合积

一、两向量的数量积

设一物体在常力 $\boldsymbol{F}$ 作用下沿直线从点 M_1 移动到点 M_2. 以 $\boldsymbol{s}$ 表示位移 $\overrightarrow{M_1M_2}$，由物理学知道，力 $\boldsymbol{F}$ 所做的功等于

$$W=|\boldsymbol{F}||\boldsymbol{s}|\cos\theta,$$

其中 θ 为 $\boldsymbol{F}$ 与 $\boldsymbol{s}$ 的夹角(图 3.14).

下面抽去它的物理意义，引出两个向量的数量积的定义.

定义 10　两个向量 $\boldsymbol{\alpha}$ 与 $\boldsymbol{\beta}$ 的**数量积**(又称为**点积**或**内积**)是一个实数，它等于这两个向量的长度与它们的夹角 $\theta=\langle\widehat{\boldsymbol{\alpha},\boldsymbol{\beta}}\rangle$ 余弦的乘积，记作 $(\boldsymbol{\alpha},\boldsymbol{\beta})$ 或 $\boldsymbol{\alpha}\cdot\boldsymbol{\beta}$，即有

$$(\boldsymbol{\alpha},\boldsymbol{\beta})=\boldsymbol{\alpha}\cdot\boldsymbol{\beta}=|\boldsymbol{\alpha}||\boldsymbol{\beta}|\cos\theta=\text{一个实数},$$

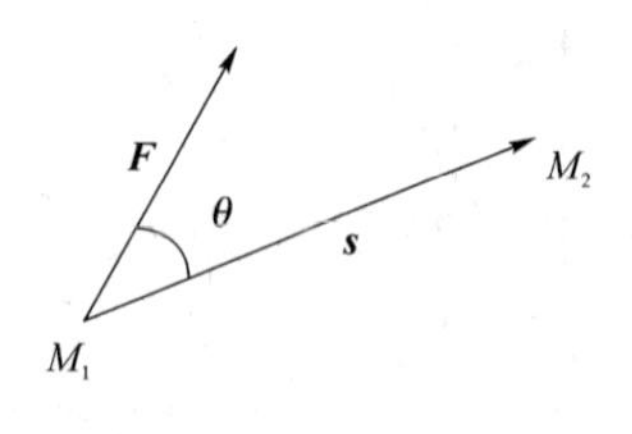

图 3.14

其中 θ 的取值范围是 $0\leqslant\theta\leqslant\pi$. 于是向量的长度(模)表示为

$$|\boldsymbol{\alpha}|=\sqrt{\boldsymbol{\alpha}^2}=\sqrt{(\boldsymbol{\alpha},\boldsymbol{\alpha})}.$$

若$(\boldsymbol{\alpha},\boldsymbol{\beta})=0$,则称 $\boldsymbol{\alpha}$ 与 $\boldsymbol{\beta}$ **正交**,记作 $\boldsymbol{\alpha}\perp\boldsymbol{\beta}$. 两个向量正交即它们的夹角为 $\theta=\frac{\pi}{2}$. 规定零向量与任意向量正交. 例如,直角坐标系中的基向量 $\boldsymbol{i},\boldsymbol{j},\boldsymbol{k}$ 就是两两正交的向量.

由于$|\boldsymbol{\beta}|\cos\theta=|\boldsymbol{\beta}|\cos\langle\widehat{\boldsymbol{\alpha},\boldsymbol{\beta}}\rangle$,当 $\boldsymbol{\alpha}\neq\boldsymbol{0}$ 时是向量 $\boldsymbol{\beta}$ 在向量 $\boldsymbol{\alpha}$ 的方向上的投影,用 $\mathrm{Prj}_{\boldsymbol{\alpha}}\boldsymbol{\beta}$ 来表示这个投影,便有

$$\boldsymbol{\alpha}\cdot\boldsymbol{\beta}=|\boldsymbol{\alpha}|\mathrm{Prj}_{\boldsymbol{\alpha}}\boldsymbol{\beta},$$

同理,当 $\boldsymbol{\beta}\neq\boldsymbol{0}$ 时有

$$\boldsymbol{\alpha}\cdot\boldsymbol{\beta}=|\boldsymbol{\beta}|\mathrm{Prj}_{\boldsymbol{\beta}}\boldsymbol{\alpha}.$$

这就是说,两个向量的数量积等于其中一个向量的模和另一个向量在这个向量的方向上的投影的乘积.

内积的基本性质

(1) 交换性:$(\boldsymbol{\alpha},\boldsymbol{\beta})=(\boldsymbol{\beta},\boldsymbol{\alpha})$;

(2) 齐次性:$(\lambda\boldsymbol{\alpha},\boldsymbol{\beta})=\lambda(\boldsymbol{\alpha},\boldsymbol{\beta}),\forall\lambda\in\mathbf{R}$;

(3) 可加性:$(\boldsymbol{\alpha}+\boldsymbol{\beta},\boldsymbol{\gamma})=(\boldsymbol{\alpha},\boldsymbol{\gamma})+(\boldsymbol{\beta},\boldsymbol{\gamma})$;

(4) 非负性:$(\boldsymbol{\alpha},\boldsymbol{\alpha})=|\boldsymbol{\alpha}|^2\geqslant0$,当且仅当 $\boldsymbol{\alpha}=\boldsymbol{0}$ 时,等号成立.

下面仅证明性质(3),性质(1)(2)和(4)可直接由内积的定义验证.

$$\begin{aligned}(\boldsymbol{\alpha}+\boldsymbol{\beta},\boldsymbol{\gamma})&=|\boldsymbol{\gamma}|\mathrm{Prj}_{\boldsymbol{\gamma}}(\boldsymbol{\alpha}+\boldsymbol{\beta})=|\boldsymbol{\gamma}|\mathrm{Prj}_{\boldsymbol{\gamma}}\boldsymbol{\alpha}+|\boldsymbol{\gamma}|\mathrm{Prj}_{\boldsymbol{\gamma}}\boldsymbol{\beta}\\&=(\boldsymbol{\alpha},\boldsymbol{\gamma})+(\boldsymbol{\beta},\boldsymbol{\gamma}).\end{aligned}$$

下面推导直角坐标系下数量积的坐标表示式.

设 $\boldsymbol{\alpha}=x_1\boldsymbol{i}+y_1\boldsymbol{j}+z_1\boldsymbol{k},\boldsymbol{\beta}=x_2\boldsymbol{i}+y_2\boldsymbol{j}+z_2\boldsymbol{k}$,按数量积的基本性质可得

$$\begin{aligned}(\boldsymbol{\alpha},\boldsymbol{\beta})&=(x_1\boldsymbol{i}+y_1\boldsymbol{j}+z_1\boldsymbol{k},x_2\boldsymbol{i}+y_2\boldsymbol{j}+z_2\boldsymbol{k})\\&=(x_1\boldsymbol{i},x_2\boldsymbol{i}+y_2\boldsymbol{j}+z_2\boldsymbol{k})+(y_1\boldsymbol{j},x_2\boldsymbol{i}+y_2\boldsymbol{j}+z_2\boldsymbol{k})+(z_1\boldsymbol{k},x_2\boldsymbol{i}+y_2\boldsymbol{j}+z_2\boldsymbol{k})\\&=(x_1\boldsymbol{i},x_2\boldsymbol{i})+(x_1\boldsymbol{i},y_2\boldsymbol{j})+(x_1\boldsymbol{i},z_2\boldsymbol{k})+(y_1\boldsymbol{j},x_2\boldsymbol{i})+(y_1\boldsymbol{j},y_2\boldsymbol{j})+(y_1\boldsymbol{j},z_2\boldsymbol{k})+\\&\quad(z_1\boldsymbol{k},x_2\boldsymbol{i})+(z_1\boldsymbol{k},y_2\boldsymbol{j})+(z_1\boldsymbol{k},z_2\boldsymbol{k})\\&=x_1x_2(\boldsymbol{i},\boldsymbol{i})+x_1y_2(\boldsymbol{i},\boldsymbol{j})+x_1z_2(\boldsymbol{i},\boldsymbol{k})+y_1x_2(\boldsymbol{j},\boldsymbol{i})+y_1y_2(\boldsymbol{j},\boldsymbol{j})+y_1z_2(\boldsymbol{j},\boldsymbol{k})+\\&\quad z_1x_2(\boldsymbol{k},\boldsymbol{i})+z_1y_2(\boldsymbol{k},\boldsymbol{j})+z_1z_2(\boldsymbol{k},\boldsymbol{k}).\end{aligned}$$

由于 $\boldsymbol{i},\boldsymbol{j},\boldsymbol{k}$ 两两互相垂直,所以$(\boldsymbol{i},\boldsymbol{j})=(\boldsymbol{j},\boldsymbol{k})=(\boldsymbol{k},\boldsymbol{i})=0,(\boldsymbol{j},\boldsymbol{i})=(\boldsymbol{k},\boldsymbol{j})=(\boldsymbol{i},\boldsymbol{k})=0$. 又由于 $\boldsymbol{i},\boldsymbol{j},\boldsymbol{k}$ 的模均为 1,所以$(\boldsymbol{i},\boldsymbol{i})=(\boldsymbol{j},\boldsymbol{j})=(\boldsymbol{k},\boldsymbol{k})=1$. 因而得两个向量的内积的坐标表示式

$$(\boldsymbol{\alpha},\boldsymbol{\beta})=x_1x_2+y_1y_2+z_1z_2.$$

由于$(\boldsymbol{\alpha},\boldsymbol{\beta})=|\boldsymbol{\alpha}||\boldsymbol{\beta}|\cos\theta$,当 $\boldsymbol{\alpha},\boldsymbol{\beta}$ 均为非零向量时,有

$$\cos\theta=\frac{(\boldsymbol{\alpha},\boldsymbol{\beta})}{|\boldsymbol{\alpha}||\boldsymbol{\beta}|}.$$

以数量积的坐标表示式及向量的模的坐标表示式代入上式,就得

$$\cos\theta=\frac{x_1x_2+y_1y_2+z_1z_2}{\sqrt{x_1^2+y_1^2+z_1^2}\cdot\sqrt{x_2^2+y_2^2+z_2^2}}.$$

这就是两向量夹角余弦的坐标表示式.

例 6 用向量证明三角形的余弦定理.

证明　在 $\triangle ABC$ 中(图 3.15),$\boldsymbol{c}=\boldsymbol{a}-\boldsymbol{b}$,由内积的定义,得

$$\boldsymbol{c}^2=(\boldsymbol{a}-\boldsymbol{b})^2=(\boldsymbol{a}-\boldsymbol{b},\boldsymbol{a}-\boldsymbol{b})=\boldsymbol{a}^2+\boldsymbol{b}^2-2(\boldsymbol{a},\boldsymbol{b})=\boldsymbol{a}^2+\boldsymbol{b}^2-2|\boldsymbol{a}||\boldsymbol{b}|\cos\angle C.$$

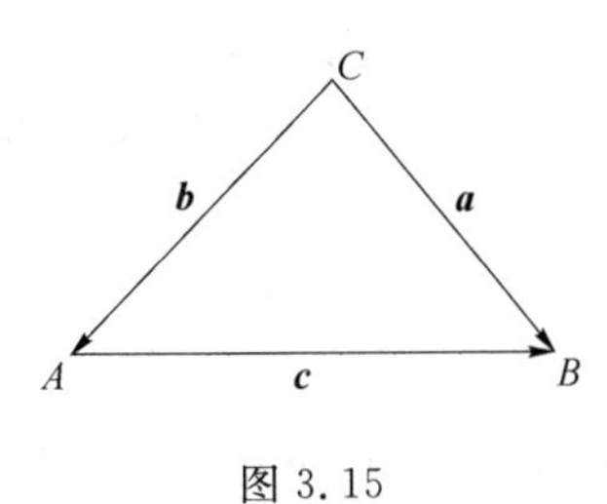

图 3.15

二、两向量的向量积

在物理学中,一个力 $\boldsymbol{F}$ 作用在向量 $\boldsymbol{r}$ 的终点上(图 3.16),它的力矩 $\boldsymbol{M}$ 是一个向量,其大小为 $|\boldsymbol{M}|=|\boldsymbol{F}||\boldsymbol{r}|\sin\theta$,方向垂直于 $\boldsymbol{r}$,$\boldsymbol{F}$,且 $\boldsymbol{M}$ 与 $\boldsymbol{r}$,$\boldsymbol{F}$ 构成右手系.

下面抽去它的物理意义,引出两个向量的向量积的定义.

定义 11　两个向量 $\boldsymbol{\alpha}$ 与 $\boldsymbol{\beta}$ 的向量积(又称为**叉积**或**外积**)$\boldsymbol{\alpha}\times\boldsymbol{\beta}$ 是一个向量,其模是以 $\boldsymbol{\alpha}$,$\boldsymbol{\beta}$ 为边的平行四边形的面积,即

$$|\boldsymbol{\alpha}\times\boldsymbol{\beta}|=|\boldsymbol{\alpha}|\cdot|\boldsymbol{\beta}|\sin\langle\widehat{\boldsymbol{\alpha},\boldsymbol{\beta}}\rangle,$$

其方向与 $\boldsymbol{\alpha}$,$\boldsymbol{\beta}$ 均垂直,且使 $\boldsymbol{\alpha}$,$\boldsymbol{\beta}$,$\boldsymbol{\alpha}\times\boldsymbol{\beta}$ 构成右手系(图 3.17).

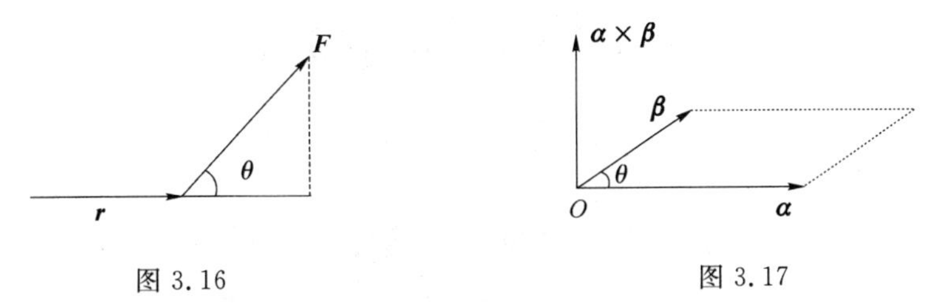

图 3.16　　　　图 3.17

由定义可知,对于两个非零向量 $\boldsymbol{\alpha}$,$\boldsymbol{\beta}$,如果 $\boldsymbol{\alpha}\times\boldsymbol{\beta}=\boldsymbol{0}$,那么 $\boldsymbol{\alpha}/\!/\boldsymbol{\beta}$;反之,如果 $\boldsymbol{\alpha}/\!/\boldsymbol{\beta}$,那么 $\boldsymbol{\alpha}\times\boldsymbol{\beta}=\boldsymbol{0}$. 因为如果 $\boldsymbol{\alpha}\times\boldsymbol{\beta}=\boldsymbol{0}$,由于 $|\boldsymbol{\alpha}|\neq0$,$|\boldsymbol{\beta}|\neq0$,那么必有 $\sin\theta=0$,于是 $\theta=0$ 或 π,即 $\boldsymbol{\alpha}/\!/\boldsymbol{\beta}$;反之,如果 $\boldsymbol{\alpha}/\!/\boldsymbol{\beta}$,那么 $\theta=0$ 或 π,于是 $\sin\theta=0$,从而 $|\boldsymbol{\alpha}\times\boldsymbol{\beta}|=0$,即 $\boldsymbol{\alpha}\times\boldsymbol{\beta}=\boldsymbol{0}$.

由于可以认为零向量与任何向量都平行,因此有结论:向量 $\boldsymbol{\alpha}/\!/\boldsymbol{\beta}$ 的充分必要条件是 $\boldsymbol{\alpha}\times\boldsymbol{\beta}=\boldsymbol{0}$. 显然,对于任何向量 $\boldsymbol{\alpha}$,都有 $\boldsymbol{\alpha}\times\boldsymbol{\alpha}=\boldsymbol{0}$.

向量积的基本性质

(1) 反对称性:$\boldsymbol{\alpha}\times\boldsymbol{\beta}=-\boldsymbol{\beta}\times\boldsymbol{\alpha}$;

(2) 齐次性:$(\lambda\boldsymbol{\alpha})\times\boldsymbol{\beta}=\boldsymbol{\alpha}\times(\lambda\boldsymbol{\beta})=\lambda(\boldsymbol{\alpha}\times\boldsymbol{\beta})$,$\lambda$ 为实数;

(3) 分配律:$(\boldsymbol{\alpha}+\boldsymbol{\beta})\times\boldsymbol{\gamma}=\boldsymbol{\alpha}\times\boldsymbol{\gamma}+\boldsymbol{\beta}\times\boldsymbol{\gamma}$.

这三个性质的证明从略.

例 7　设向量 $\boldsymbol{\alpha}$,$\boldsymbol{\beta}$ 不共线,若向量 $3\boldsymbol{\alpha}+k\boldsymbol{\beta}$ 与 $k\boldsymbol{\alpha}+27\boldsymbol{\beta}$ 共线,求 k 的值.

解　$(3\boldsymbol{\alpha}+k\boldsymbol{\beta})\times(k\boldsymbol{\alpha}+27\boldsymbol{\beta})=\boldsymbol{0}$,即

$$3\boldsymbol{\alpha}\times k\boldsymbol{\alpha}+81\boldsymbol{\alpha}\times\boldsymbol{\beta}+k^2\boldsymbol{\beta}\times\boldsymbol{\alpha}+27k\boldsymbol{\beta}\times\boldsymbol{\beta}=\boldsymbol{0}.$$

由于

$$\boldsymbol{\alpha}\times\boldsymbol{\alpha}=\boldsymbol{\beta}\times\boldsymbol{\beta}=\boldsymbol{0},\quad \boldsymbol{\alpha}\times\boldsymbol{\beta}=-\boldsymbol{\beta}\times\boldsymbol{\alpha},$$

所以

$$(81-k^2)\boldsymbol{\alpha}\times\boldsymbol{\beta}=\mathbf{0}.$$

由于 $\boldsymbol{\alpha}\times\boldsymbol{\beta}\neq\mathbf{0}$,故 $k=\pm 9$.

例 8 证明:$(\boldsymbol{\alpha}\cdot\boldsymbol{\beta})^2+|\boldsymbol{\alpha}\times\boldsymbol{\beta}|^2=|\boldsymbol{\alpha}|^2\cdot|\boldsymbol{\beta}|^2$,并由此证明关于三角形面积的海伦(Heron)公式:$S^2=s(s-a)(s-b)(s-c)$,其中 a,b,c 是三角形的三边长,s 是周长的一半,S 表示面积.

证 因为

$$(\boldsymbol{\alpha}\cdot\boldsymbol{\beta})^2=|\boldsymbol{\alpha}|^2\cdot|\boldsymbol{\beta}|^2\cos^2\langle\widehat{\boldsymbol{\alpha},\boldsymbol{\beta}}\rangle,\quad |\boldsymbol{\alpha}\times\boldsymbol{\beta}|^2=|\boldsymbol{\alpha}|^2|\boldsymbol{\beta}|^2\sin^2\langle\widehat{\boldsymbol{\alpha},\boldsymbol{\beta}}\rangle,$$

所以

$$(\boldsymbol{\alpha}\cdot\boldsymbol{\beta})^2+|\boldsymbol{\alpha}\times\boldsymbol{\beta}|^2=|\boldsymbol{\alpha}|^2|\boldsymbol{\beta}|^2.$$

设在 $\triangle ABC$ 中,记 $\overrightarrow{BC}=\boldsymbol{\alpha}$,$\overrightarrow{CA}=\boldsymbol{\beta}$,$\overrightarrow{AB}=\boldsymbol{\gamma}$,$|\boldsymbol{\alpha}|=a$,$|\boldsymbol{\beta}|=b$,$|\boldsymbol{\gamma}|=c$,则有

$$\boldsymbol{\alpha}+\boldsymbol{\beta}+\boldsymbol{\gamma}=\mathbf{0}\quad 或\quad \boldsymbol{\alpha}+\boldsymbol{\beta}=-\boldsymbol{\gamma},$$

平方后,移项得

$$\boldsymbol{\alpha}\cdot\boldsymbol{\beta}=\frac{1}{2}(|\boldsymbol{\gamma}|^2-|\boldsymbol{\alpha}|^2-|\boldsymbol{\beta}|^2).$$

将它与 $S=\frac{1}{2}|\boldsymbol{\alpha}\times\boldsymbol{\beta}|$ 一起代入 $|\boldsymbol{\alpha}\times\boldsymbol{\beta}|^2=|\boldsymbol{\alpha}|^2|\boldsymbol{\beta}|^2-|\boldsymbol{\alpha}\cdot\boldsymbol{\beta}|^2$,得

$$\begin{aligned}4S^2&=|\boldsymbol{\alpha}|^2|\boldsymbol{\beta}|^2-\frac{1}{4}(|\boldsymbol{\gamma}|^2-|\boldsymbol{\alpha}|^2-|\boldsymbol{\beta}|^2)^2\\&=a^2b^2-\frac{1}{4}(c^2-a^2-b^2)^2\\&=\frac{1}{4}[2ab-(c^2-a^2-b^2)][2ab+(c^2-a^2-b^2)]\\&=\frac{1}{4}(a+b+c)(a+b-c)(c-a+b)(c+a-b)\\&=\frac{1}{4}\cdot 2s(2s-2a)(2s-2b)(2s-2c),\end{aligned}$$

化简,得 $S^2=s(s-a)(s-b)(s-c)$.

下面来推导向量积的坐标表示式.

由于

$$\boldsymbol{i}\times\boldsymbol{i}=\boldsymbol{j}\times\boldsymbol{j}=\boldsymbol{k}\times\boldsymbol{k}=\mathbf{0},\quad \boldsymbol{i}\times\boldsymbol{j}=\boldsymbol{k},\quad \boldsymbol{j}\times\boldsymbol{k}=\boldsymbol{i},\quad \boldsymbol{k}\times\boldsymbol{i}=\boldsymbol{j},\quad \boldsymbol{j}\times\boldsymbol{i}=-\boldsymbol{k},\quad \boldsymbol{k}\times\boldsymbol{j}=-\boldsymbol{i},\quad \boldsymbol{i}\times\boldsymbol{k}=-\boldsymbol{j}.$$

设 $\boldsymbol{\alpha}=x_1\boldsymbol{i}+y_1\boldsymbol{j}+z_1\boldsymbol{k}$,$\boldsymbol{\beta}=x_2\boldsymbol{i}+y_2\boldsymbol{j}+z_2\boldsymbol{k}$,按向量积的性质可得

$$\begin{aligned}\boldsymbol{\alpha}\times\boldsymbol{\beta}&=(x_1\boldsymbol{i}+y_1\boldsymbol{j}+z_1\boldsymbol{k})\times(x_2\boldsymbol{i}+y_2\boldsymbol{j}+z_2\boldsymbol{k})\\&=x_1x_2(\boldsymbol{i}\times\boldsymbol{i})+x_1y_2(\boldsymbol{i}\times\boldsymbol{j})+x_1z_2(\boldsymbol{i}\times\boldsymbol{k})+x_2y_1(\boldsymbol{j}\times\boldsymbol{i})+y_1y_2(\boldsymbol{j}\times\boldsymbol{j})+\\&\quad y_1z_2(\boldsymbol{j}\times\boldsymbol{k})+x_2z_1(\boldsymbol{k}\times\boldsymbol{i})+y_2z_1(\boldsymbol{k}\times\boldsymbol{j})+z_1z_2(\boldsymbol{k}\times\boldsymbol{k}).\\&=x_1\boldsymbol{i}\times(x_2\boldsymbol{i}+y_2\boldsymbol{j}+z_2\boldsymbol{k})+y_1\boldsymbol{j}\times(x_2\boldsymbol{i}+y_2\boldsymbol{j}+z_2\boldsymbol{k})+z_1\boldsymbol{k}\times(x_2\boldsymbol{i}+y_2\boldsymbol{j}+z_2\boldsymbol{k})\\&=(y_1z_2-y_2z_1)\boldsymbol{i}+(x_2z_1-x_1z_2)\boldsymbol{j}+(x_1y_2-x_2y_1)\boldsymbol{k}.\end{aligned}$$

为了便于记忆,把上式写成三阶行列式形式:

$$\boldsymbol{\alpha}\times\boldsymbol{\beta}=\begin{vmatrix}\boldsymbol{i}&\boldsymbol{j}&\boldsymbol{k}\\x_1&y_1&z_1\\x_2&y_2&z_2\end{vmatrix}.$$

例 9 设 $\boldsymbol{\alpha}=(-2,3,6)$,$\boldsymbol{\beta}=(1,5,-2)$,求 $\boldsymbol{\alpha}\times\boldsymbol{\beta}$.

解　$\boldsymbol{\alpha}\times\boldsymbol{\beta}=\begin{vmatrix} \boldsymbol{i} & \boldsymbol{j} & \boldsymbol{k} \\ -2 & 3 & 6 \\ 1 & 5 & -2 \end{vmatrix}=-36\boldsymbol{i}+2\boldsymbol{j}-13\boldsymbol{k}.$

例 10　已知三点 $A(1,2,3)$,$B(2,4,1)$,$C(1,-3,5)$,求三角形 ABC 的面积.

解　$\triangle ABC$ 的面积是以$\overrightarrow{AB}$,$\overrightarrow{AC}$为边的平行四边形的面积的$\frac{1}{2}$. 于是由向量积的定义,可知 $\triangle ABC$ 的面积

$$S=\frac{1}{2}|\overrightarrow{AB}|\cdot|\overrightarrow{AC}|\sin\angle A=\frac{1}{2}|\overrightarrow{AB}\times\overrightarrow{AC}|.$$

由于$\overrightarrow{AB}=\boldsymbol{i}+2\boldsymbol{j}-2\boldsymbol{k}$,$\overrightarrow{AC}=-5\boldsymbol{j}+2\boldsymbol{k}$,因此

$$\overrightarrow{AB}\times\overrightarrow{AC}=\begin{vmatrix} \boldsymbol{i} & \boldsymbol{j} & \boldsymbol{k} \\ 1 & 2 & -2 \\ 0 & -5 & 2 \end{vmatrix}=-6\boldsymbol{i}-2\boldsymbol{j}-5\boldsymbol{k}.$$

于是

$$S=\frac{1}{2}|-6\boldsymbol{i}-2\boldsymbol{j}-5\boldsymbol{k}|=\frac{\sqrt{65}}{2}.$$

三、向量的混合积

定义 12　已知三个向量 $\boldsymbol{\alpha},\boldsymbol{\beta},\boldsymbol{\gamma}$,先作向量 $\boldsymbol{\alpha},\boldsymbol{\beta}$ 的向量积 $\boldsymbol{\alpha}\times\boldsymbol{\beta}$,把所得到的向量与第三个向量 $\boldsymbol{\gamma}$ 再作数量积$(\boldsymbol{\alpha}\times\boldsymbol{\beta})\cdot\boldsymbol{\gamma}$,这样得到的数量叫作三向量 $\boldsymbol{\alpha},\boldsymbol{\beta},\boldsymbol{\gamma}$ 的混合积. 记作$(\boldsymbol{\alpha},\boldsymbol{\beta},\boldsymbol{\gamma})$或$[\boldsymbol{\alpha},\boldsymbol{\beta},\boldsymbol{\gamma}]$.

混合积的性质

(1) 轮换对称性:$(\boldsymbol{\alpha},\boldsymbol{\beta},\boldsymbol{\gamma})=(\boldsymbol{\beta},\boldsymbol{\gamma},\boldsymbol{\alpha})=(\boldsymbol{\gamma},\boldsymbol{\alpha},\boldsymbol{\beta})$;

(2) $(\boldsymbol{\alpha},\boldsymbol{\beta},\boldsymbol{\gamma})=-(\boldsymbol{\beta},\boldsymbol{\alpha},\boldsymbol{\gamma})$;

(3) $(k\boldsymbol{\alpha},\boldsymbol{\beta},\boldsymbol{\gamma})=(\boldsymbol{\alpha},k\boldsymbol{\beta},\boldsymbol{\gamma})=(\boldsymbol{\alpha},\boldsymbol{\beta},k\boldsymbol{\gamma})=k(\boldsymbol{\alpha},\boldsymbol{\beta},\boldsymbol{\gamma})$, $\forall k\in\mathbf{R}$;

(4) $(\boldsymbol{\alpha}_1+\boldsymbol{\alpha}_2,\boldsymbol{\beta},\boldsymbol{\gamma})=(\boldsymbol{\alpha}_1,\boldsymbol{\beta},\boldsymbol{\gamma})+(\boldsymbol{\alpha}_2,\boldsymbol{\beta},\boldsymbol{\gamma})$;

(5) $(\boldsymbol{\alpha},\boldsymbol{\alpha},\boldsymbol{\gamma})=0$.

下面讨论混合积的几何意义(图 3.18)

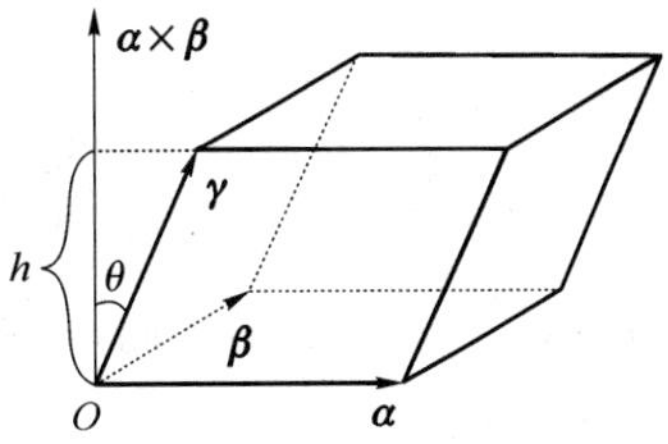

设 $\boldsymbol{\alpha},\boldsymbol{\beta},\boldsymbol{\gamma}$ 是三个不共面的向量,过点 O 作一个以 $\boldsymbol{\alpha}$,$\boldsymbol{\beta}$,$\boldsymbol{\gamma}$ 为棱的平行六面体,其高为 h,体积为 V,并作 $\boldsymbol{\alpha}\times\boldsymbol{\beta}$,记 $\boldsymbol{\alpha}\times\boldsymbol{\beta}$ 与 $\boldsymbol{\gamma}$ 的夹角为 θ. 由于底面是平行四边形,可用 $|\boldsymbol{\alpha}\times\boldsymbol{\beta}|$ 表示其面积,高应与底面垂直,因而高与 $\boldsymbol{\alpha}\times\boldsymbol{\beta}$ 共线,其长度正好是 $\boldsymbol{\gamma}$ 在 $\boldsymbol{\alpha}\times\boldsymbol{\beta}$ 上的投影的绝对值,即

$$h=|\boldsymbol{\gamma}||\cos\langle\boldsymbol{\alpha}\times\boldsymbol{\beta},\boldsymbol{\gamma}\rangle|,$$

图 3.18

因此

$$\begin{aligned} V&=|\boldsymbol{\alpha}\times\boldsymbol{\beta}||\boldsymbol{\gamma}||\cos\langle\boldsymbol{\alpha}\times\boldsymbol{\beta},\boldsymbol{\gamma}\rangle| \\ &=|(\boldsymbol{\alpha}\times\boldsymbol{\beta})\cdot\boldsymbol{\gamma}|=|(\boldsymbol{\alpha},\boldsymbol{\beta},\boldsymbol{\gamma})|. \end{aligned}$$

当$\langle\widehat{\boldsymbol{\alpha}\times\boldsymbol{\beta},\boldsymbol{\gamma}}\rangle<\frac{\pi}{2}$时,$\cos\langle\widehat{\boldsymbol{\alpha}\times\boldsymbol{\beta},\boldsymbol{\gamma}}\rangle>0$,即 $\boldsymbol{\alpha},\boldsymbol{\beta},\boldsymbol{\gamma}$ 符合右手坐标系,$V=(\boldsymbol{\alpha},\boldsymbol{\beta},\boldsymbol{\gamma})$;当$\langle\widehat{\boldsymbol{\alpha}\times\boldsymbol{\beta},\boldsymbol{\gamma}}\rangle>\frac{\pi}{2}$时,$\cos\langle\widehat{\boldsymbol{\alpha}\times\boldsymbol{\beta},\boldsymbol{\gamma}}\rangle<0$,即 $\boldsymbol{\alpha},\boldsymbol{\beta},\boldsymbol{\gamma}$ 符合左手坐标系,$V=-(\boldsymbol{\alpha},\boldsymbol{\beta},\boldsymbol{\gamma})$. 称混合积$(\boldsymbol{\alpha},\boldsymbol{\beta},\boldsymbol{\gamma})$

表示以 $\boldsymbol{\alpha},\boldsymbol{\beta},\boldsymbol{\gamma}$ 为棱的平行六面体的**有向体积**.

例 11 试证:三个向量 $\boldsymbol{\alpha},\boldsymbol{\beta},\boldsymbol{\gamma}$ 共面的充分必要条件是

$$(\boldsymbol{\alpha},\boldsymbol{\beta},\boldsymbol{\gamma})=0.$$

证 必要性. 若 $\boldsymbol{\alpha},\boldsymbol{\beta},\boldsymbol{\gamma}$ 共面,则当 $\boldsymbol{\alpha}/\!/\boldsymbol{\beta}$ 时,$\boldsymbol{\alpha}\times\boldsymbol{\beta}=\mathbf{0}$,显然

$$(\boldsymbol{\alpha},\boldsymbol{\beta},\boldsymbol{\gamma})=(\boldsymbol{\alpha}\times\boldsymbol{\beta})\cdot\boldsymbol{\gamma}=0.$$

当 $\boldsymbol{\alpha}$ 不平行于 $\boldsymbol{\beta}$ 时,$\boldsymbol{\alpha}\times\boldsymbol{\beta}$ 垂直于 $\boldsymbol{\alpha},\boldsymbol{\beta}$ 所在的平面,因而$(\boldsymbol{\alpha}\times\boldsymbol{\beta})\perp\boldsymbol{\gamma}$,有

$$(\boldsymbol{\alpha},\boldsymbol{\beta},\boldsymbol{\gamma})=(\boldsymbol{\alpha}\times\boldsymbol{\beta})\cdot\boldsymbol{\gamma}=0.$$

充分性. 若$(\boldsymbol{\alpha},\boldsymbol{\beta},\boldsymbol{\gamma})=0$,逆推也成立.

例 12 设 $\boldsymbol{\alpha},\boldsymbol{\beta},\boldsymbol{\gamma}$ 是三个不共面的向量,求空间任意向量 $\boldsymbol{\xi}$ 关于 $\boldsymbol{\alpha},\boldsymbol{\beta},\boldsymbol{\gamma}$ 的分解式.

解 设 $\boldsymbol{\xi}=x\boldsymbol{\alpha}+y\boldsymbol{\beta}+z\boldsymbol{\gamma}$,因为$(\boldsymbol{\alpha},\boldsymbol{\beta},\boldsymbol{\gamma})\neq 0$,且

$$(\boldsymbol{\xi},\boldsymbol{\beta},\boldsymbol{\gamma})=x(\boldsymbol{\alpha},\boldsymbol{\beta},\boldsymbol{\gamma})+y(\boldsymbol{\beta},\boldsymbol{\beta},\boldsymbol{\gamma})+z(\boldsymbol{\gamma},\boldsymbol{\beta},\boldsymbol{\gamma})=x(\boldsymbol{\alpha},\boldsymbol{\beta},\boldsymbol{\gamma}),$$

所以

$$x=\frac{(\boldsymbol{\xi},\boldsymbol{\beta},\boldsymbol{\gamma})}{(\boldsymbol{\alpha},\boldsymbol{\beta},\boldsymbol{\gamma})},$$

同理可得

$$y=\frac{(\boldsymbol{\alpha},\boldsymbol{\xi},\boldsymbol{\gamma})}{(\boldsymbol{\alpha},\boldsymbol{\beta},\boldsymbol{\gamma})},\quad z=\frac{(\boldsymbol{\alpha},\boldsymbol{\beta},\boldsymbol{\xi})}{(\boldsymbol{\alpha},\boldsymbol{\beta},\boldsymbol{\gamma})}.$$

下面来推导三个向量的混合积的坐标表示式.

设 $\boldsymbol{\alpha}=x_1\boldsymbol{i}+y_1\boldsymbol{j}+z_1\boldsymbol{k},\boldsymbol{\beta}=x_2\boldsymbol{i}+y_2\boldsymbol{j}+z_2\boldsymbol{k},\boldsymbol{\gamma}=x_3\boldsymbol{i}+y_3\boldsymbol{j}+z_3\boldsymbol{k}$.

因为 $$\boldsymbol{\alpha}\times\boldsymbol{\beta}=\begin{vmatrix}\boldsymbol{i}&\boldsymbol{j}&\boldsymbol{k}\\x_1&y_1&z_1\\x_2&y_2&z_2\end{vmatrix}=\begin{vmatrix}y_1&z_1\\y_2&z_2\end{vmatrix}\boldsymbol{i}-\begin{vmatrix}x_1&z_1\\x_2&z_2\end{vmatrix}\boldsymbol{j}+\begin{vmatrix}x_1&y_1\\x_2&y_2\end{vmatrix}\boldsymbol{k},$$

再由两向量的数量积的坐标表示式,便得

$$\begin{aligned}(\boldsymbol{\alpha},\boldsymbol{\beta},\boldsymbol{\gamma})&=(\boldsymbol{\alpha}\times\boldsymbol{\beta})\cdot\boldsymbol{\gamma}\\&=\begin{vmatrix}y_1&z_1\\y_2&z_2\end{vmatrix}x_3-\begin{vmatrix}x_1&z_1\\x_2&z_2\end{vmatrix}y_3+\begin{vmatrix}x_1&y_1\\x_2&y_2\end{vmatrix}z_3\end{aligned}$$

或

$$(\boldsymbol{\alpha},\boldsymbol{\beta},\boldsymbol{\gamma})=\begin{vmatrix}x_1&y_1&z_1\\x_2&y_2&z_2\\x_3&y_3&z_3\end{vmatrix}.$$

例 13 已知不共面的四点:$A(x_1,y_1,z_1)$、$B(x_2,y_2,z_2)$、$C(x_3,y_3,z_3)$、$D(x_4,y_4,z_4)$. 求四面体的体积.

解 由立体几何知道,四面体的体积 V_{T} 等于以向量$\overrightarrow{AB}$,$\overrightarrow{AC}$和$\overrightarrow{AD}$为棱的平行六面体的体积的六分之一. 因而

$$V_{\mathrm{T}}=\frac{1}{6}|(\overrightarrow{AB},\overrightarrow{AC},\overrightarrow{AD})|.$$

由于

$$\begin{aligned}\overrightarrow{AB}&=(x_2-x_1,y_2-y_1,z_2-z_1),\\\overrightarrow{AC}&=(x_3-x_1,y_3-y_1,z_3-z_1),\\\overrightarrow{AD}&=(x_4-x_1,y_4-y_1,z_4-z_1),\end{aligned}$$

所以

$$V_{\mathrm{T}}=\pm\frac{1}{6}\begin{vmatrix}x_2-x_1 & y_2-y_1 & z_2-z_1\\ x_3-x_1 & y_3-y_1 & z_3-z_1\\ x_4-x_1 & y_4-y_1 & z_4-z_1\end{vmatrix}.$$

上式中符号的选择必须和行列式的符号一致.

§3.3　平面及其方程

本节和下一节将在右手直角坐标系中,以向量为工具来讨论平面和直线.

一、平面的方程

在直角坐标系下,给定一个点 $M_0(x_0,y_0,z_0)$ 和一个非零向量 $\boldsymbol{n}=(A,B,C)$,那么就可以唯一确定一个平面 π,使 π 通过点 M_0,且与 $\boldsymbol{n}$ 垂直(图 3.19),向量 $\boldsymbol{n}$ 称为平面 π 的**法向量**.下面来建立平面 π 的方程.

设 $M(x,y,z)$ 是空间中的任一点,那么点 M 在平面 π 上的充分必要条件是向量 $\overrightarrow{M_0M}$ 与平面的法向量 $\boldsymbol{n}$ 垂直,即它们的数量积等于零:

$$\boldsymbol{n}\cdot\overrightarrow{M_0M}=0.$$

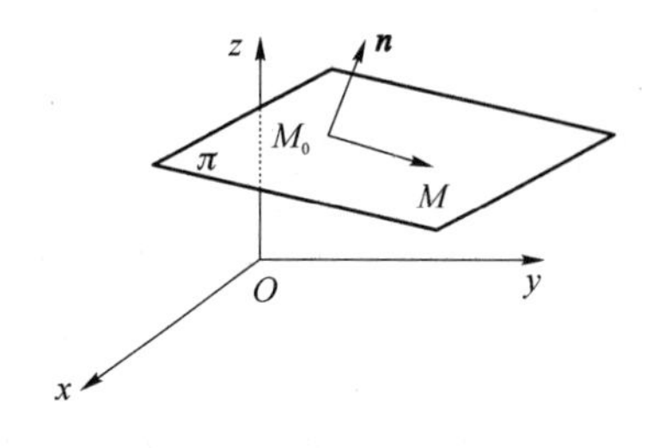

图 3.19

由于 $\boldsymbol{n}=(A,B,C)$,$\overrightarrow{M_0M}=(x-x_0,y-y_0,z-z_0)$,所以有

$$A(x-x_0)+B(y-y_0)+C(z-z_0)=0. \tag{3.3}$$

这就是平面 π 上任一点 M 的坐标 x,y,z 所满足的方程.因为方程(3.3)是由平面 π 上的一点 $M_0(x_0,y_0,z_0)$ 和它的一个法向量 $\boldsymbol{n}=(A,B,C)$ 所确定的,所以(3.3)就称为**平面的点法式方程**.

若把(3.3)展开,并记 $D=-(Ax_0+By_0+Cz_0)$,则有

$$Ax+By+Cz+D=0. \tag{3.4}$$

式(3.4)是一个三元一次方程,称为**平面的一般方程**.任何一个三元一次方程都表示一个平面.

例如,方程

$$2x-4y+7z-1=0$$

表示一个平面,$\boldsymbol{n}=(2,-4,7)$ 是这个平面的一个法向量.

特别地,若 $\boldsymbol{n}/\!/\boldsymbol{i}$,即平面 π 平行于 yOz 平面时,若点 $(x_0,0,0)$ 在平面 π 上,则 π 的方程为 $Ax+D=0$ 或 $x=x_0$.

类似地,当平面 π 平行于 xOz 或 xOy 平面时,π 的方程分别为 $By+D=0$ 或 $Cz+D=0$.

若 $\boldsymbol{n}\perp\boldsymbol{i}$,即平面 π 平行于 x 轴,此时 $\boldsymbol{n}=(0,B,C)$,π 的方程为 $By+Cz+D=0$.若平面 π 平行于 y 轴或 z 轴时,平面 π 的方程分别为 $Ax+Cz+D=0$ 或 $Ax+By+D=0$.

若平面 π 过原点 $O(0,0,0)$,则 π 的方程为 $Ax+By+Cz=0$.

若平面 π 过 z 轴,此时 $C=D=0$,π 的方程为 $Ax+By=0$.

例 14　已知一平面过点 $(-2,3,1)$,法向量为 $\boldsymbol{n}=(5,-2,3)$,求它的方程.

解 由平面的点法式方程,有

$$5(x+2)-2(y-3)+3(z-1)=0,$$

即

$$5x-2y+3z+13=0.$$

例 15 求过三点 $M_1(1,-2,1)$,$M_2(2,1,0)$,$M_3(3,1,5)$的平面的方程.

解 先求出平面的一个法向量 $\boldsymbol{n}$,由于向量 $\boldsymbol{n}$ 与向量$\overrightarrow{M_1M_2}$,$\overrightarrow{M_1M_3}$都垂直,所以可取法向量为 $\boldsymbol{n}=\overrightarrow{M_1M_2}\times\overrightarrow{M_1M_3}$,而$\overrightarrow{M_1M_2}=(1,3,-1)$,$\overrightarrow{M_1M_3}=(2,3,4)$,于是

$$\boldsymbol{n}=\begin{vmatrix}\boldsymbol{i} & \boldsymbol{j} & \boldsymbol{k}\\ 1 & 3 & -1\\ 2 & 3 & 4\end{vmatrix}=15\boldsymbol{i}-6\boldsymbol{j}-3\boldsymbol{k}.$$

根据平面的点法式方程,得所求平面的方程为

$$15(x-1)-6(y+2)-3(z-1)=0,$$

即 $5(x-1)-2(y+2)-(z-1)=0$ 或 $5x-2y-z-8=0$.

例 16 求过 y 轴和点$(3,-2,7)$的平面方程.

解 平面过 y 轴,即法向量 $\boldsymbol{n}$ 垂直于 y 轴,它在 y 轴上的投影为零,即 $\boldsymbol{n}=(A,0,C)$,设平面 π 的方程为

$$Ax+Cz+D=0.$$

又因为平面 π 必过原点,且又过点$(3,-2,7)$,故有

$$\begin{cases}D=0,\\ 3A+7C=0,\end{cases}\Rightarrow\begin{cases}D=0,\\ C=-\dfrac{3}{7}A.\end{cases}$$

即平面 π 的方程为 $Ax-\dfrac{3}{7}Az=0$ 或 $7x-3z=0$.

例 17 已知一平面过三点$(a,0,0)$,$(0,b,0)$,$(0,0,c)$,$abc\neq0$,求该平面的方程.

解 设平面方程为 $Ax+By+Cz+D=0$,将所给三点分别代入方程,即可得

$$A=-\frac{D}{a},\quad B=-\frac{D}{b},\quad C=-\frac{D}{c}.$$

代入原方程得

$$-\frac{D}{a}x-\frac{D}{b}y-\frac{D}{c}z+D=0.$$

两边同除以$-D$,并移项后得

$$\frac{x}{a}+\frac{y}{b}+\frac{z}{c}=1.$$

上式称为**平面的截距式方程**,a,b,c 称为平面在 x,y,z 轴上的截距.

例 18 已知 $P_0(x_0,y_0,z_0)$,$A(x_1,y_1,z_1)$,$B(x_2,y_2,z_2)$是不共线的三点,求过这三点的平面方程.

解 设 $P(x,y,z)$是所求平面 π 上任一点,则$\overrightarrow{P_0P}$,$\overrightarrow{P_0A}$,$\overrightarrow{P_0B}$共面,根据混合积公式,可得平面 π 的方程为

$$\begin{vmatrix}x-x_0 & y-y_0 & z-z_0\\ x_1-x_0 & y_1-y_0 & z_1-z_0\\ x_2-x_0 & y_2-y_0 & z_2-z_0\end{vmatrix}=0.$$

上式称为平面 π 的**三点式方程**.

二、与平面相关的一些问题

1. 两平面的夹角

设有平面

$$\pi_1: A_1x+B_1y+C_1z+D_1=0,$$
$$\pi_2: A_2x+B_2y+C_2z+D_2=0.$$

它们的法向量分别为 $\boldsymbol{n}_1=(A_1,B_1,C_1)$，$\boldsymbol{n}_2=(A_2,B_2,C_2)$. 规定两平面 π_1 与 π_2 的夹角 $\theta(0\leqslant\theta\leqslant\frac{\pi}{2})$ 为两平面法向量 $\boldsymbol{n}_1,\boldsymbol{n}_2$ 所夹的不超过 $\frac{\pi}{2}$ 的角，此时有

$$\cos\theta=\frac{|\boldsymbol{n}_1\cdot\boldsymbol{n}_2|}{|\boldsymbol{n}_1|\cdot|\boldsymbol{n}_2|}=\frac{|A_1A_2+B_1B_2+C_1C_2|}{\sqrt{A_1^2+B_1^2+C_1^2}\sqrt{A_2^2+B_2^2+C_2^2}}.$$

由此可以推出：

(1) π_1,π_2 平行 $\Leftrightarrow\frac{A_1}{A_2}=\frac{B_1}{B_2}=\frac{C_1}{C_2}\neq\frac{D_1}{D_2}$；

(2) π_1,π_2 重合 $\Leftrightarrow\frac{A_1}{A_2}=\frac{B_1}{B_2}=\frac{C_1}{C_2}=\frac{D_1}{D_2}$；

(3) π_1,π_2 垂直 $\boldsymbol{n}_1\cdot\boldsymbol{n}_2=0\Leftrightarrow A_1A_2+B_1B_2+C_1C_2=0$.

例 19　求两平面 $x-y+2z-6=0$ 和 $2x+y+2z-5=0$ 的夹角.

解　两平面的法向量分别为 $\boldsymbol{n}_1=(1,-1,2)$ 和 $\boldsymbol{n}_2=(2,1,1)$，设两平面的夹角为 θ，则有

$$\cos\theta=\frac{|1\times2+(-1)\times1+2\times1|}{\sqrt{1^2+(-1)^2+2^2}\cdot\sqrt{2^2+1^2+1^2}}=\frac{1}{2},$$

因此，所求夹角 $\theta=\frac{\pi}{3}$.

2. 点到平面的距离

设 $P_0(x_0,y_0,z_0)$ 是平面 $\pi: Ax+By+Cz+D=0$ 外的一点，在平面 π 上任取一点 $P(x_1,y_1,z_1)$，作 $\overrightarrow{PP_0}$ 在平面 π 法向量上的投影向量 $\overrightarrow{PQ}$（图 3.20），则向量 $\overrightarrow{PQ}$ 的长 $|\overrightarrow{PQ}|$ 即为 P_0 到平面 π 的距离 d.

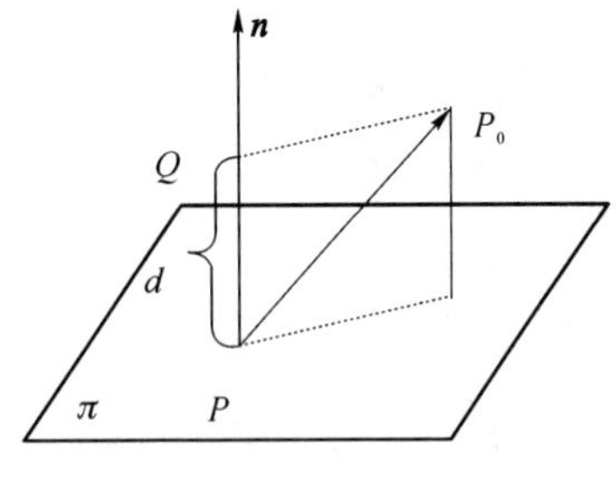

图 3.20

平面 π 的单位法向量为

$$\boldsymbol{n}^0=\frac{(A,B,C)}{\sqrt{A^2+B^2+C^2}},$$

$$d=|\overrightarrow{PP_0}\cdot \boldsymbol{n}^0|=\frac{|(x_0-x_1,y_0-y_1,z_0-z_1)\cdot(A,B,C)|}{\sqrt{A^2+B^2+C^2}}$$
$$=\frac{|Ax_0+By_0+Cz_0-(Ax_1+By_1+Cz_1)|}{\sqrt{A^2+B^2+C^2}}.$$

因为点 $P(x_1,y_1,z_1)$ 在平面 π 上,故有

$$Ax_1+By_1+Cz_1=-D,$$

代入上式,可得

$$d=\frac{|Ax_0+By_0+Cz_0+D|}{\sqrt{A^2+B^2+C^2}}.$$

例如,点(3,2,5)到平面 $\pi:x+2y-2z-3=0$ 的距离为

$$d=\frac{|1\times3+2\times2-2\times5-3|}{\sqrt{1^2+2^2+(-2)^2}}=\frac{6}{3}=2.$$

§3.4 空间直线的方程

一、空间直线的方程

如果一个非零向量平行于一条已知直线,这个向量就称为这条直线的**方向向量**. 容易知道,直线上任一向量都平行于该直线的方向向量.

由于过空间一点可作且只能作一条直线平行于一已知直线,所以,若已知直线 L 上一点 $M_0(x_0,y_0,z_0)$ 和它的一个方向向量 $\boldsymbol{s}=(l,m,n)$,则直线就完全确定了. 设 $M(x,y,z)$ 是直线 L 上的任一点,则应有 $\overrightarrow{M_0M}/\!/\boldsymbol{s}$,于是得

$$\overrightarrow{M_0M}=t\boldsymbol{s}.$$

上式写成坐标形式为

$$(x-x_0,y-y_0,z-z_0)=t(l,m,n),$$

即

$$\begin{cases}x=x_0+lt,\\ y=y_0+mt,\\ z=z_0+nt\end{cases}\quad(t\text{ 为参数}),$$

此方程称为直线 L 的**参数方程**.

从直线的参数方程中消去参数 t,可得

$$\frac{x-x_0}{l}=\frac{y-y_0}{m}=\frac{z-z_0}{n},$$

此方程称为直线 L 的**标准方程**或**点向式方程**或**对称方程**.

直线的任一方向向量 $\boldsymbol{s}$ 的坐标 l、m、n 都叫作该直线一组**方向数**,而向量 $\boldsymbol{s}$ 的方向余弦叫作该直线的**方向余弦**.

当 l、m、n 中有一个或两个为零时,则理解如下.

(1) 若 $l=0,m\neq0,n\neq0$,则标准方程理解为

$$x-x_0=0,\quad \frac{y-y_0}{m}=\frac{z-z_0}{n}.$$

(2) 若 $l=0,m=0,n\neq0$，则标准方程理解为

$$x-x_0=0,\quad y-y_0=0.$$

直线的标准方程也可等价地写成

$$\begin{cases}\dfrac{x-x_0}{l}=\dfrac{y-y_0}{m},\\[2mm]\dfrac{x-x_0}{l}=\dfrac{z-z_0}{n},\end{cases}$$

其中每一个方程都表示一个平面，而直线 L 可看成是这两个平面的交线.

一般地，两相交平面的联立方程

$$\begin{cases}A_1x+B_1y+C_1z+D_1=0,\\A_2x+B_2y+C_2z+D_2=0\end{cases}$$

表示它们的交线 L，称此方程为 L 的**普通方程**或**一般方程**.

例 20　设直线 L 过两个已知点 $A(x_0,y_0,z_0)$，$B(x_1,y_1,z_1)$，求 L 的方程.

解　取方向向量为 $\boldsymbol{s}=\overrightarrow{AB}=(x_1-x_0,y_1-y_0,z_1-z_0)$，代入直线的标准方程，得

$$\frac{x-x_0}{x_1-x_0}=\frac{y-y_0}{y_1-y_0}=\frac{z-z_0}{z_1-z_0},$$

上述方程称为直线的**两点式方程**.

例 21　求过已知点 $M_0(2,3,-5)$ 且垂直于平面 $2x+7y-2z+5=0$ 的直线方程.

解　依题意，直线的方向向量 $\boldsymbol{s}$ 应与平面的法向量 $\boldsymbol{n}=(2,7,-2)$ 平行，可取

$$\boldsymbol{s}=\boldsymbol{n}=(2,7,-2).$$

又因为点 $M_0(2,3,-5)$ 在直线 L 上，所以直线 L 的标准方程为

$$\frac{x-2}{2}=\frac{y-3}{7}=\frac{z+5}{-2}.$$

例 22　已知直线 L 的一般方程为

$$\begin{cases}2x-3y-z-3=0,\\4x-6y+5z+1=0,\end{cases}$$

求它的标准方程和参数方程.

解　直线的一般方程中，两平面的法向量分别为 $\boldsymbol{n}_1=(2,-3,-1)$，$\boldsymbol{n}_2=(4,-6,5)$，直线的方向向量应分别垂直于 $\boldsymbol{n}_1$ 和 $\boldsymbol{n}_2$，故 $\boldsymbol{s}/\!/\boldsymbol{n}_1\times\boldsymbol{n}_2$，取

$$\boldsymbol{s}=\boldsymbol{n}_1\times\boldsymbol{n}_2=\begin{vmatrix}\boldsymbol{i}&\boldsymbol{j}&\boldsymbol{k}\\2&-3&-1\\4&-6&5\end{vmatrix}=-21\boldsymbol{i}-14\boldsymbol{j},$$

即

$$\boldsymbol{s}=(-21,-14,0).$$

现在求直线上一点 M_0，令 $y=0$，解方程组

$$\begin{cases}2x-z-3=0,\\4x+5z+1=0,\end{cases}$$

得

$$\begin{cases}x=1,\\z=-1,\end{cases}$$

即 M_0 为(1,0,−1).

直线的标准方程为

$$\frac{x-1}{-21}=\frac{y}{-14}=\frac{z+1}{0},$$

即

$$\frac{x-1}{3}=\frac{y}{2}=\frac{z+1}{0}.$$

直线的参数方程为

$$\begin{cases}x=1+3t,\\y=2t,\\z=-1.\end{cases}$$

二、与直线有关的一些问题

1. 点到直线的距离

已知直线 $L:\frac{x-x_0}{l}=\frac{y-y_0}{m}=\frac{z-z_0}{n}$ 及直线外一点 $M_0(x_1,y_1,z_1)$. 设向量 $\overrightarrow{P_0P}$ 在直线 L 上,点 M_0 在直线 L 的投影点为 M(图 3.21),点 M 到直线 L 的距离为 $d=|\overrightarrow{M_0M}|$.

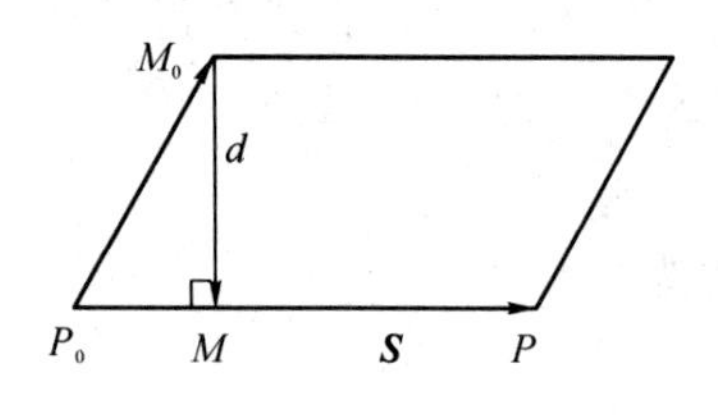

图 3.21

若要求两条平行直线的距离,则只需在一条直线上任取一点,求这个点到另一条直线的距离即可.

例 23 求点 $M_0(1,-2,1)$ 到直线 $\frac{x}{1}=\frac{y-1}{2}=\frac{z+3}{-2}$ 的距离.

解 过点 $M_0(1,-2,1)$ 作与直线垂直的平面 π. 易见 π 的法向量即直线的方向向量,即

$$\boldsymbol{n}=\boldsymbol{s}=(1,2,-2).$$

又平面过点 M_0,所以平面的方程为

$$1(x-1)+2(y+2)-2(z-1)=0.$$

将直线的参数方程

$$\begin{cases}x=t,\\y=1+2t,\\z=-3-2t\end{cases}$$

代入平面方程中,解得 $t=-\frac{13}{9}$,再将 $t=-\frac{13}{9}$ 代入直线的参数方程中,解得直线与平面 π 的交点坐标为 $M\left(-\frac{13}{9},-\frac{17}{9},-\frac{1}{9}\right)$.

点 M_0 到 M 的距离为

$$d=|\overrightarrow{M_0M}|=\sqrt{\left(1+\frac{13}{9}\right)^2+\left(-2+\frac{17}{9}\right)^2+\left(1+\frac{1}{9}\right)^2}=\frac{\sqrt{65}}{3}.$$

例 24　求点 $M(1,1,2)$ 到直线 $L:\frac{x-2}{2}=\frac{y-3}{1}=\frac{z}{2}$ 的距离.

解　在直线 L 上取点 $M_0(2,3,0)$. 直线 L 的方向向量为 $\boldsymbol{s}=(2,1,2)$. 以向量 $\overrightarrow{M_0M}$ 和 $\boldsymbol{s}$ 为相邻边作平行四边形(图 3.22)，其中 $\boldsymbol{s}=\overrightarrow{M_0N}$，则平行四边形底边 M_0N 上的高就是点 M 到直线 L 的距离，记为 d. 由向量积模的几何意义，得

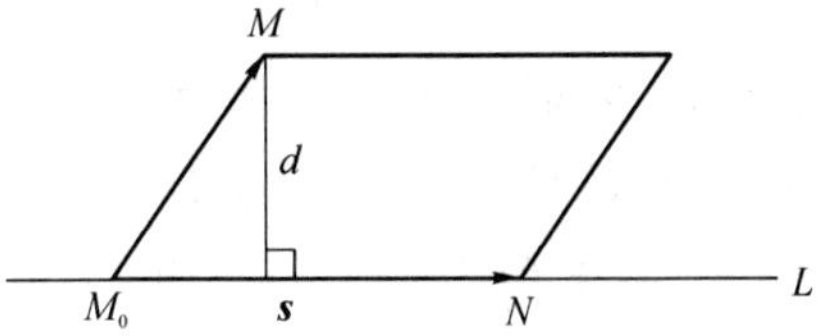

$$|\overrightarrow{M_0M}\times\boldsymbol{s}|=|\boldsymbol{s}|\cdot d,$$

图 3.22

即

$$d=\frac{|\overrightarrow{M_0M}\times\boldsymbol{s}|}{|\boldsymbol{s}|}.$$

由 $\overrightarrow{M_0M}=(-1,-2,2)$，得

$$\overrightarrow{M_0M}\times\boldsymbol{s}=\begin{vmatrix}\boldsymbol{i} & \boldsymbol{j} & \boldsymbol{k}\\ -1 & -2 & 2\\ 2 & 1 & 2\end{vmatrix}=-6\boldsymbol{i}+6\boldsymbol{j}+3\boldsymbol{k},$$

得

$$|\overrightarrow{M_0M}\times\boldsymbol{s}|=\sqrt{(-6)^2+6^2+3^2}=9,\quad |\boldsymbol{s}|=\sqrt{2^2+1^2+2^2}=3.$$

于是得所求距离为 $d=3$.

2. 空间两直线间的关系

设空间两条直线的方程分别为

$$L_1:\frac{x-x_1}{l_1}=\frac{y-y_1}{m_1}=\frac{z-z_1}{n_1},\quad L_2:\frac{x-x_2}{l_2}=\frac{y-y_2}{m_2}=\frac{z-z_2}{n_2}.$$

取 L_1 上的点 $M_1(x_1,y_1,z_1)$，L_2 上的点 $M_2(x_2,y_2,z_2)$，两直线的方向向量分别记为 $\boldsymbol{s}_1$ 和 $\boldsymbol{s}_2$，则

(1) L_1 与 L_2 共面 $\Leftrightarrow(\overrightarrow{M_1M_2},\boldsymbol{s}_1,\boldsymbol{s}_2)=0$；

(2) L_1 与 L_2 异面 $\Leftrightarrow(\overrightarrow{M_1M_2},\boldsymbol{s}_1,\boldsymbol{s}_2)\neq0$.

两直线 L_1 与 L_2 之间的夹角 θ 规定为两方向向量 $\boldsymbol{s}_1$ 和 $\boldsymbol{s}_2$ 所夹的不超过 $\frac{\pi}{2}$ 的角，于是有

$$\cos\theta=\frac{\boldsymbol{s}_1\cdot\boldsymbol{s}_2}{|\boldsymbol{s}_1||\boldsymbol{s}_2|}=\frac{|l_1l_2+m_1m_2+n_1n_2|}{\sqrt{l_1^2+m_1^2+n_1^2}\sqrt{l_2^2+m_2^2+n_2^2}}.$$

3. 直线与平面的夹角

直线 L 与平面 π 的夹角 φ 是指 L 与它在平面上的投影直线 L' 的夹角，一般取锐角(如图 3.23 所示).

设直线方程：$L:\frac{x-x_0}{l}=\frac{y-y_0}{m}=\frac{z-z_0}{n}$，

平面方程：$Ax+By+Cz+D=0$，

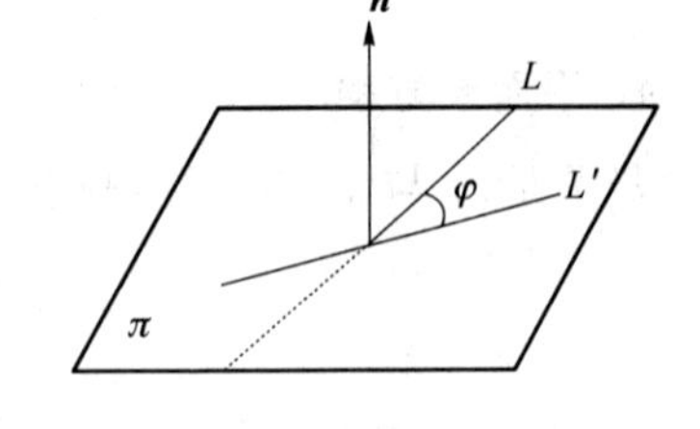

图 3.23

则直线与平面的夹角 φ 满足

$$\sin\varphi=\cos\left(\frac{\pi}{2}-\varphi\right)=\frac{|\boldsymbol{n}\cdot\boldsymbol{s}|}{|\boldsymbol{n}||\boldsymbol{s}|}=\frac{|Al+Bm+Cn|}{\sqrt{A^2+B^2+C^2}\sqrt{l^2+m^2+n^2}}.$$

例 25 判定两直线

$$L_1:\frac{x-1}{1}=\frac{y}{1}=\frac{z+1}{-1},\quad L_2:\frac{x}{1}=\frac{y-1}{-1}=\frac{z+1}{0}$$

的相互位置,并求夹角 θ. 若两直线相交,则求出其交点.

解 两直线的方向向量分别为 $\boldsymbol{s}_1=(1,1,-1)$,$\boldsymbol{s}_2=(1,-1,0)$,直线 L_1 上取点 $M_1(1,0,-1)$,L_2 上取点 $M_2(0,1,-1)$,由于

$$(\overrightarrow{M_1M_2},\boldsymbol{s}_1,\boldsymbol{s}_2)=\begin{vmatrix}0-1 & 1-0 & -1-(-1)\\ 1 & 1 & -1\\ 1 & -1 & 0\end{vmatrix}=0,$$

可知两直线是共面的. 又因为

$$\cos\theta=\frac{|1\times1+1\times(-1)+(-1)\times0|}{\sqrt{1^2+1^2+(-1)^2}\sqrt{1^2+(-1)^2+0^1}}=0,$$

所以 $\theta=\frac{\pi}{2}$,因此两直线 L_1 与 L_2 是垂直相交的.

把直线 L_1 的参数方程: $x=1+t,y=t,z=-1-t$ 代入 L_2 中,得 $t=0$,故交点为$(1,0,-1)$.

例 26 直线过点$(1,2,1)$,并与下列两直线

$$L_1:\begin{cases}x+2y+5z=0,\\ 2x-y+z-1=0,\end{cases}\quad L_2:\frac{x-1}{2}=\frac{y+2}{0}=\frac{z}{3}$$

垂直,求此直线的方程.

解 过直线 L_1 的两平面的法向量为 $\boldsymbol{n}_1=(1,2,5)$,$\boldsymbol{n}_2=(2,-1,1)$,则 L_1 的方向向量为

$$\boldsymbol{s}_1=\boldsymbol{n}_1\times\boldsymbol{n}_2=\begin{vmatrix}\boldsymbol{i} & \boldsymbol{j} & \boldsymbol{k}\\ 1 & 2 & 5\\ 2 & -1 & 1\end{vmatrix}=7\boldsymbol{i}+9\boldsymbol{j}-5\boldsymbol{k},$$

直线 L_2 的方向向量为

$$\boldsymbol{s}_2=(2,0,3).$$

因所求直线 L 垂直于 L_1 和 L_2,故 L 的方向向量为

$$\boldsymbol{s}=\boldsymbol{s}_1\times\boldsymbol{s}_2=\begin{vmatrix}\boldsymbol{i} & \boldsymbol{j} & \boldsymbol{k}\\ 7 & 9 & -5\\ 2 & 0 & 3\end{vmatrix}=27\boldsymbol{i}-31\boldsymbol{j}-18\boldsymbol{k},$$

故所求直线方程为

$$\frac{x-1}{27}=\frac{y-2}{-31}=\frac{z-1}{-18}.$$

4. 平面束方程

若平面 π_1 与 π_2 不平行,则它们必相交. 设它们的方程为

$$\pi_1:A_1x+B_1y+C_1z+D_1=0,$$
$$\pi_2:A_2x+B_2y+C_2z+D_2=0.$$

π_1 与 π_2 的交线为直线 L,过 L 有无穷多个平面,这些平面的集合称为由平面 π_1 与 π_2 所确定的**平面束**. 该平面束的方程可以写为

$$\lambda(A_1x+B_1y+C_1z+D_1)+\mu(A_2x+B_2y+C_2z+D_2)=0,$$

其中 λ,μ 不同时为零.

例 27　求直线 $L:\begin{cases}x-y+z+2=0,\\x+2y-z+5=0\end{cases}$ 在平面 $\pi:2x+y-3z+1=0$ 上的投影直线的方程.

解　过 L 的平面束方程为

$$\lambda(x-y+z+2)+\mu(x+2y-z+5)=0,$$

即

$$(\lambda+\mu)x+(-\lambda+2\mu)y+(\lambda-\mu)z+(2\lambda+5\mu)=0.$$

平面束中任一个平面的法向量为

$$\boldsymbol{n}=(\lambda+\mu,-\lambda+2\mu,\lambda-\mu).$$

平面 π 的法向量为

$$\boldsymbol{n}_\pi=(2,1,-3).$$

由 $\boldsymbol{n}\cdot\boldsymbol{n}_\pi=0$,即

$$2(\lambda+\mu)+(-\lambda+2\mu)-3(\lambda-\mu)=0,$$

可得 $2\lambda=7\mu$,令 $\lambda=7,\mu=2$,得过直线 L 的垂直于 π 的平面方程为

$$9x-3y+5z+24=0.$$

于是 L 在平面 π 上的投影直线的方程为

$$\begin{cases}2x+y-3z+1=0,\\9x-3y+5z+24=0.\end{cases}$$

习 题 三

1. 已知平行四边形 $ABCD$ 的对角线为 $\overrightarrow{AC}=\boldsymbol{\alpha},\overrightarrow{BD}=\boldsymbol{\beta}$,求 $\overrightarrow{AB},\overrightarrow{BC}$.

2. 判断下列等式何时成立:

(1) $|\boldsymbol{\alpha}+\boldsymbol{\beta}|=|\boldsymbol{\alpha}-\boldsymbol{\beta}|$;　　(2) $|\boldsymbol{\alpha}+\boldsymbol{\beta}|=|\boldsymbol{\alpha}|+|\boldsymbol{\beta}|$;

(3) $|\boldsymbol{\alpha}+\boldsymbol{\beta}|=|\boldsymbol{\alpha}|-|\boldsymbol{\beta}|$;　　(4) $\dfrac{\boldsymbol{\alpha}}{|\boldsymbol{\alpha}|}=\dfrac{\boldsymbol{\beta}}{|\boldsymbol{\beta}|}$.

3. 设 M 是平行四边形 $ABCD$ 的对角线的交点,证明:对平面上任意一点 O,$\overrightarrow{OM}=\dfrac{1}{4}(\overrightarrow{OA}+\overrightarrow{OB}+\overrightarrow{OC}+\overrightarrow{OD})$.

4. 设 A,B,C,D 是一个四面体的顶点,M,N 分别是边 AB,CD 的中点,证明:$\overrightarrow{MN}=\dfrac{1}{2}(\overrightarrow{AD}+\overrightarrow{BC})$.

5. 判断下列向量是否共面:

(1) $\boldsymbol{\alpha}=(-2,3,10),\boldsymbol{\beta}=(-1,4,15),\boldsymbol{\gamma}=(3,6,-15)$;

(2) $\boldsymbol{\alpha}=(7,0,3),\boldsymbol{\beta}=(-8,-3,-6),\boldsymbol{\gamma}=(3,2,3)$.

6. 一矢量的起点为 $A(1,4,-2)$,终点为 $B(-1,5,0)$,试求 $\overrightarrow{AB}$ 在 x 轴、y 轴、z 轴上的投影,并求 $|\overrightarrow{AB}|$ 和 $\overrightarrow{AB}$ 的单位矢量.

7. 设 $\boldsymbol{r}$ 的模为 1,且与 u 轴的夹角为 $\dfrac{\pi}{3}$,求 $\boldsymbol{r}$ 在 u 轴上投影.

8. 已知向量 $\boldsymbol{a}=(3,5,4),\boldsymbol{b}=(-6,1,2),\boldsymbol{c}=(0,-3,-4)$,求 $2\boldsymbol{a}-3\boldsymbol{b}+4\boldsymbol{c}$ 及其单位向量.

9. 已知 $\boldsymbol{\alpha}=(3,5,-1),\boldsymbol{\beta}=(2,2,3)$,求向量 $\boldsymbol{\gamma}$,使 $\boldsymbol{\alpha},\boldsymbol{\beta},\boldsymbol{\gamma}$ 共面.

10. 求向量$\boldsymbol{\alpha}=(5,-12,-13)$的方向余弦.

11. 计算下列各题：

(1) $\boldsymbol{\alpha}=(3,4,5)$,$\boldsymbol{\beta}=(2,1,2)$,求内积$\boldsymbol{\alpha}\cdot\boldsymbol{\beta}$和夹角$\langle\boldsymbol{\alpha},\boldsymbol{\beta}\rangle$；

(2) $\boldsymbol{\alpha}=(-7,13,3)$,$\boldsymbol{\beta}=(-1,2,-2)$,求$\boldsymbol{\alpha}$在$\boldsymbol{\beta}$上的投影向量及投影向量的长；

(3) $\boldsymbol{\alpha}=(1,-1,3)$,$\boldsymbol{\beta}=(2,3,1)$,$\boldsymbol{\gamma}=(2,1,2)$,求满足：垂直于$\boldsymbol{\alpha}$和$\boldsymbol{\beta}$,并与$\boldsymbol{\gamma}$内积为1的向量$\boldsymbol{x}$；

(4) 求以$A(-1,1,-2)$,$B(2,9,-1,)$,$C(1,3,-3)$为顶点的ΔABC的面积及AC边的高；

(5) $\boldsymbol{\alpha}=(1,-1,1)$,$\boldsymbol{\beta}=(1,2,-1)$,$\boldsymbol{\gamma}=(2,1,4)$,求$\boldsymbol{\alpha}\times\boldsymbol{\beta}$,$\boldsymbol{\alpha}\times(\boldsymbol{\beta}+\boldsymbol{\gamma})$,$(\boldsymbol{\alpha}\times\boldsymbol{\beta})\times\boldsymbol{\gamma}$,$\boldsymbol{\alpha}\times(\boldsymbol{\beta}\times\boldsymbol{\gamma})$.

12. 已知$|\boldsymbol{\alpha}|=3$,$|\boldsymbol{\beta}|=2$,$\langle\boldsymbol{\alpha},\boldsymbol{\beta}\rangle=\frac{\pi}{3}$,求$(3\boldsymbol{\alpha}+2\boldsymbol{\beta})\cdot(2\boldsymbol{\alpha}-5\boldsymbol{\beta})$.

13. 设向量$\boldsymbol{\alpha},\boldsymbol{\beta},\boldsymbol{\gamma}$满足$\boldsymbol{\alpha}+\boldsymbol{\beta}+\boldsymbol{\gamma}=\mathbf{0}$,$|\boldsymbol{\alpha}|=3$,$|\boldsymbol{\beta}|=5$,$|\boldsymbol{\gamma}|=6$,求$\boldsymbol{\alpha}\cdot\boldsymbol{\beta}+\boldsymbol{\beta}\cdot\boldsymbol{\gamma}+\boldsymbol{\gamma}\cdot\boldsymbol{\alpha}$.

14. 化简：$(\boldsymbol{\alpha}-2\boldsymbol{\beta}+2\boldsymbol{\gamma})\cdot[(\boldsymbol{\alpha}-3\boldsymbol{\beta})\times(\boldsymbol{\alpha}+2\boldsymbol{\beta}-5\boldsymbol{\gamma})]$.

15. 证明：向量$\boldsymbol{\alpha},\boldsymbol{\beta},\boldsymbol{\gamma}$共面的充分必要条件是$\boldsymbol{\alpha}\times\boldsymbol{\beta}$,$\boldsymbol{\beta}\times\boldsymbol{\gamma}$,$\boldsymbol{\gamma}\times\boldsymbol{\alpha}$共线.

16. 证明：$|(\boldsymbol{\alpha},\boldsymbol{\beta},\boldsymbol{\gamma})|\leqslant|\boldsymbol{\alpha}|\cdot|\boldsymbol{\beta}|\cdot|\boldsymbol{\gamma}|$.

17. 设$\boldsymbol{\alpha},\boldsymbol{\beta},\boldsymbol{\gamma},\boldsymbol{\delta}$为任何向量,证明：$\boldsymbol{\alpha}\times\boldsymbol{\delta}$,$\boldsymbol{\beta}\times\boldsymbol{\delta}$,$\boldsymbol{\gamma}\times\boldsymbol{\delta}$共面.

18. 一个四面体的顶点为$A(0,0,0)$,$B(3,4,-1)$,$C(2,3,5)$和$D(6,0,3)$,求它的体积.

19. 已知$|\boldsymbol{\alpha}|=3$,$|\boldsymbol{\beta}|=26$,$|\boldsymbol{\alpha}\times\boldsymbol{\beta}|=72$,求$\boldsymbol{\alpha}\cdot\boldsymbol{\beta}$.

20. 已知$|\boldsymbol{\alpha}|=10$,$|\boldsymbol{\beta}|=2$,$\boldsymbol{\alpha}\cdot\boldsymbol{\beta}=12$,求$|\boldsymbol{\alpha}\times\boldsymbol{\beta}|$.

21. 求下列各平面的一般方程：

(1) 过点$(2,-3,1)$,$(4,1,3)$和$(1,0,2)$三点；

(2) 过点$(-1,0,3)$并垂直于向量$(1,2,-5)$；

(3) 过点$(2,1,3)$并平行于向量$(0,2,1)$和$(-1,-1,2)$；

(4) 过点$(1,2,-1)$和y轴；

(5) 过点$(2,0,1)$和点$(5,1,3)$且平行于z轴.

22. 求过点$(1,-1,1)$且同时垂直于两平面$x-y+z-1=0$和$2x+y+z+1=0$的平面的方程.

23. 求过x轴且与平面$\sqrt{5}x+2y+z-18=0$的夹角为$\frac{\pi}{3}$的平面的方程.

24. 一平面平行于平面π：$2x-y+3z-1=0$,且与平面π的距离为$\sqrt{14}$,求此平面的方程.

25. 求两平行平面$3x+2y+6z-35=0$与$3x+2y+6z-56=0$之间的距离.

26. 已知坐标原点到平面$\frac{x}{a}+\frac{y}{b}+\frac{z}{c}=1$的距离为$d$,试证明$\frac{1}{a^2}+\frac{1}{b^2}+\frac{1}{c^2}=\frac{1}{d^2}$.

27. 已知平面在x轴上的截距为2,且过点$(0,-1,0)$和点$(2,1,3)$,求此平面的方程.

28. 求与两平面$4x-y-2z-3=0$和$4x-y-2z-5=0$等距离的平面的方程.

29. 已知两个平面$x-3y-2z+D=0$,$3x+By+Cz+7=0$,问：当B,C,D为何值时,两平面平行？何时重合？

30. 求下列直线的参数方程及对称方程：

(1) 经过$A(-1,2,4)$,$B(3,2,0)$两点；

(2) 经过点 $P(-4,5,-3)$且平行于 z 轴；

(3) 经过点 $P(-6,7,-8)$且与直线$\frac{x}{-2}=\frac{y+3}{7}=\frac{z-5}{-4}$平行.

31. 把下列直线方程化为参数方程：

(1) $\begin{cases}x+y-3=0,\\x+2z-2=0;\end{cases}$

(2) $\begin{cases}x+2y-2z-1=0,\\2x+3y+3z-5=0.\end{cases}$

32. 求下列直线的方程：

(1) 经过点$(1,2,1)$且与直线$\frac{x-1}{3}=\frac{y}{2}=\frac{z+1}{1}$垂直相交；

(2) 经过点$(1,0,-2)$，与平面 $3x-y+2z+1=0$ 平行，且与直线$\frac{x-1}{4}=\frac{y-3}{-2}=\frac{z}{1}$相交；

(3) 在平面 $\pi:x+y+z+1=0$ 内，经过 π 与直线 $L_1:\begin{cases}x+2z=0,\\y+z+1=0\end{cases}$ 的交点，并与 L_1 垂直；

(4) 直线$\frac{x-1}{1}=\frac{y}{1}=\frac{z-1}{-1}$在平面 $x-y+2z-1=0$ 上的投影.

33. 判别下列直线 L_1 与 L_2 的相互位置，并求夹角的余弦：

(1) $L_1:\frac{x}{2}=\frac{y+3}{3}=\frac{z}{4}$，　$L_2:\frac{x-1}{1}=\frac{y+2}{1}=\frac{z-2}{2}$；

(2) $L_1:\frac{x+1}{1}=\frac{y}{1}=\frac{z-1}{2}$，　$L_2:\frac{x}{1}=\frac{y+1}{3}=\frac{z-2}{4}$.

34. 求 k 的值，使直线$\frac{x-3}{2k}=\frac{y+1}{k+1}=\frac{z-3}{5}$与直线$\frac{x-1}{3}=y+5=\frac{z+2}{k-2}$垂直.

35. 证明直线$\frac{x+3}{5}=\frac{y+1}{2}=\frac{z-2}{4}$与直线 $x=8+3t,y=1+t,z=6+2t$ 共面，并求它们所在平面的方程.

36. 判别下列直线与平面的位置关系，若有交点则求出交点的坐标：

(1) $L:\frac{x+3}{5}=\frac{y+1}{2}=\frac{z-2}{4}$，　$\pi:x-3y+4z-7=0$；

(2) $L:\frac{x-8}{4}=\frac{y-7}{5}=\frac{z-4}{3}$，　$\pi:x-2y+2z-2=0$.

37. 求下列直线与平面的夹角：

(1) $L:x-3=y+2=-z-4$，　$\pi:x-z-5=0$；

(2) $L:\frac{x+1}{3}=\frac{y-5}{2}=\frac{z+3}{-6}$，　$\pi:2x-2y+z+3=0$.

38. 求下列点到平面的距离：

(1) 点 $P(3,-2,-5)$到 $2x+y-2z-8=0$；

(2) 点 $P(2,3,-2)$到 $6x-3y+2z-6=0$.

39. 求下列点到直线的距离：

(1) 点 $P(1,-4,5)$到直线 $L:\frac{x}{-2}=\frac{y+1}{1}=\frac{z}{1}$；

(2) 点 $P(3,-1,2)$到直线$\begin{cases}2x-y+z-4=0,\\x+y-z+1=0.\end{cases}$

40. 求点 $P(1,3,-4)$在平面 $x+2y-3z-5=0$ 上的投影点.

41. 求从点 $P(2,1,3)$到直线 $L:\dfrac{x+1}{3}=\dfrac{y-1}{2}=\dfrac{z}{-1}$的垂线与垂足.

42. 求过点$(0,-1,2)$且平行于两已知直线

$$L_1:\begin{cases}2x+3y-z+1=0,\\x-y+z+7=0\end{cases}\quad 和 \quad L_2:\begin{cases}2x-y+z-2=0,\\x-y+z=0\end{cases}$$

的平面方程.

43. 设平面 π 过 $x+5y+z=0$ 和 $x-z+4=0$ 的交线且与平面 $x-4y-8z+12=0$ 成$\dfrac{\pi}{4}$角,求 π 的方程.

44. 设一平面垂直于平面 $z=0$,并且通过由点$(1,-1,1)$到直线$\begin{cases}x=0,\\y-z+1=0\end{cases}$的垂线,求该平面的方程.

45. (1) 求两直线 $L_1:\dfrac{x-9}{4}=\dfrac{y+2}{-3}=\dfrac{z}{1}$与 $L_2:\dfrac{x}{-2}=\dfrac{y+7}{9}=\dfrac{z-2}{2}$的公垂线的方程.

(2) 求直线 $L_1:\begin{cases}x+2y+5=0,\\2y-z-4=0\end{cases}$与 $L_2:\begin{cases}y=0,\\x+2z+4=0\end{cases}$的公垂线的方程.

第4章　向量组的线性相关性

本章介绍 n 维向量组的线性相关性、向量组的极大线性无关组及向量组的秩的概念，并讨论向量组的秩和矩阵的秩之间的关系，最后给出向量空间的概念.

§4.1　n 维向量的概念及其线性运算

在三维空间中，用 $\boldsymbol{i},\boldsymbol{j},\boldsymbol{k}$ 分别表示空间直角坐标系的三个坐标轴 x 轴、y 轴和 z 轴上的单位向量，即 $\boldsymbol{i}=(1,0,0)$，$\boldsymbol{j}=(0,1,0)$，$\boldsymbol{k}=(0,0,1)$. 以坐标原点 $\boldsymbol{O}(0,0,0)$ 为起点，以 $\boldsymbol{M}(x,y,z)$ 为终点的向量可表示为

$$\overrightarrow{\boldsymbol{OM}}=x\boldsymbol{i}+y\boldsymbol{j}+z\boldsymbol{k},$$

或简记为 $\overrightarrow{\boldsymbol{OM}}=(x,y,z)$，即用三元有序数组来表示一个三维向量.

若暂时抛开向量的几何背景，而把一个向量抽象为一个数组，且数组中数的个数也可以少于或多于3个，那么向量可表示的对象就十分广泛，这使得向量理论在数学和其他应用科学中都有着广泛的应用.

一、n 维向量的定义

定义1　由 n 个数 $a_1,a_2,\cdots,a_n$ 组成的有序数组

$$\boldsymbol{\alpha}=(a_1,a_2,\cdots,a_n)$$

称为一个 **n 维向量**，数 a_i 称为该向量的**第 i 个分量**$(i=1,2,\cdots,n)$.

分量为实数的向量称为实向量，分量为复数的向量称为复向量. 如无特殊说明，本书中的向量都指实向量.

向量可以写成一行：$(a_1,a_2,\cdots,a_n)$；也可以写成一列

$$\boldsymbol{\alpha}=\begin{pmatrix}a_1\\a_2\\\vdots\\a_n\end{pmatrix}.$$

前者称为**行向量**，后者称为**列向量**. 列向量也可以写成 $(a_1,a_2,\cdots,a_n)^{\mathrm{T}}$ 的形式.

用小写黑体字母 $\boldsymbol{\alpha},\boldsymbol{\beta},\boldsymbol{x},\boldsymbol{y},\cdots$ 来表示向量，用带下标的非黑体字母 $a_i,b_i,x_i,y_i,\cdots$ 表示向量的分量. 本书下面所讨论的向量若未写出具体形式，也没有指明是行向量还是列向量时，都当作列向量.

n 维向量是解析几何中向量的推广，当 $n>3$ 时，n 维向量没有直观的几何意义，只是沿用

了几何上的述语.

可用矩阵方法定义向量:一个 n 维行向量定义为一个 $1\times n$ 矩阵

$$\boldsymbol{\alpha}=(a_1,a_2,\cdots,a_n).$$

一个 n 维列向量定义为一个 $n\times 1$ 矩阵

$$\boldsymbol{\beta}=\begin{pmatrix}b_1\\b_2\\\vdots\\b_n\end{pmatrix}.$$

这样向量又是一种特殊的矩阵,因此,向量相等、零向量、负向量的定义及向量运算的定义,自然都应与矩阵的相应的定义一致.

规定:所有分量都是零的 n 维向量称为 n **维零向量**. 记作 $\mathbf{0}$,即

$$\mathbf{0}=(0,0,\cdots,0).$$

向量 $\boldsymbol{\alpha}=(a_1,a_2,\cdots,a_n)$ 的各个分量都取相反数组成的向量,称为 $\boldsymbol{\alpha}$ 的**负向量**,记作

$$-\boldsymbol{\alpha}=(-a_1,-a_2,\cdots,-a_n).$$

如果两个 n 维向量 $\boldsymbol{\alpha}=(a_1,a_2,\cdots,a_n)$ 与 $\boldsymbol{\beta}=(b_1,b_2,\cdots,b_n)$ 的对应分量都相等,即 $a_i=b_i(i=1,2,\cdots,n)$,则称向量 $\boldsymbol{\alpha}$ 与 $\boldsymbol{\beta}$ 相等,记作 $\boldsymbol{\alpha}=\boldsymbol{\beta}$.

二、n 维向量的加法和数乘运算

定义 2(向量的加法) 设 n 维向量 $\boldsymbol{\alpha}=(a_1,a_2,\cdots,a_n)$,$\boldsymbol{\beta}=(b_1,b_2,\cdots,b_n)$,则 $\boldsymbol{\alpha}$ 与 $\boldsymbol{\beta}$ 的和是向量

$$\boldsymbol{\alpha}+\boldsymbol{\beta}=(a_1+b_1,a_2+b_2,\cdots,a_n+b_n).$$

利用负向量的概念,还可以定义向量的减法为

$$\boldsymbol{\alpha}-\boldsymbol{\beta}=\boldsymbol{\alpha}+(-\boldsymbol{\beta})=(a_1-b_1,a_2-b_2,\cdots,a_n-b_n).$$

定义 3(数与向量的乘法) 设 $\boldsymbol{\alpha}=(a_1,a_2,\cdots,a_n)$ 是一个 n 维向量,k 为一个实数,则实数 k 与 $\boldsymbol{\alpha}$ 的乘积称为数乘向量,简称为**数乘**,记作 $k\boldsymbol{\alpha}$,并且

$$k\boldsymbol{\alpha}=k(a_1,a_2,\cdots,a_n)=(ka_1,ka_2,\cdots,ka_n).$$

约定:对于任意实数 k 以及任意的 n 维向量 $\boldsymbol{\alpha}$,都有 $k\boldsymbol{\alpha}=\boldsymbol{\alpha}k$.

以上是就行向量的情形定义了向量的加法、减法与数乘运算. 对列向量的情形可完全类似地定义向量的加法、减法与数乘运算.

向量的加法运算及数乘运算统称为向量的**线性运算**,这是向量最基本的运算.

向量的运算满足下列 8 条运算规律:设 $\boldsymbol{\alpha},\boldsymbol{\beta},\boldsymbol{\gamma}$ 都是 n 维向量,k,l 是任意实数,则

(1) $\boldsymbol{\alpha}+\boldsymbol{\beta}=\boldsymbol{\beta}+\boldsymbol{\alpha}$; (加法交换律)

(2) $(\boldsymbol{\alpha}+\boldsymbol{\beta})+\boldsymbol{\gamma}=\boldsymbol{\alpha}+(\boldsymbol{\beta}+\boldsymbol{\gamma})$; (加法结合律)

(3) $\boldsymbol{\alpha}+\mathbf{0}=\boldsymbol{\alpha}$;

(4) $\boldsymbol{\alpha}+(-\boldsymbol{\alpha})=\mathbf{0}$;

(5) $1\times\boldsymbol{\alpha}=\boldsymbol{\alpha}$;

(6) $k(\boldsymbol{\alpha}+\boldsymbol{\beta})=k\boldsymbol{\alpha}+k\boldsymbol{\beta}$; (数乘分配律)

(7) $(k+l)\boldsymbol{\alpha}=k\boldsymbol{\alpha}+l\boldsymbol{\alpha}$; (数乘分配律)

(8) $(kl)\boldsymbol{\alpha}=k(l\boldsymbol{\alpha})$. (数乘向量结合律)

例 1　设 $\boldsymbol{\alpha}=(2,1,3)$，$\boldsymbol{\beta}=(-1,3,6)$，$\boldsymbol{\gamma}=(2,-1,4)$. 求向量 $2\boldsymbol{\alpha}+3\boldsymbol{\beta}-\boldsymbol{\gamma}$.

解　
$$\begin{aligned}&2\boldsymbol{\alpha}+3\boldsymbol{\beta}-\boldsymbol{\gamma}\\&=2(2,1,3)+3(-1,3,6)-(2,-1,4)=(4,2,6)+(-3,9,18)-(2,-1,4)\\&=(-1,12,20).\end{aligned}$$

例 2　设 $\boldsymbol{\alpha}=(1,0,-2,3)$，$\boldsymbol{\beta}=(4,-1,-2,3)$，求满足 $2\boldsymbol{\alpha}+\boldsymbol{\beta}+3\boldsymbol{\gamma}=0$ 的 $\boldsymbol{\gamma}$.

解　
$$\begin{aligned}\boldsymbol{\gamma}&=-\frac{1}{3}[2\boldsymbol{\alpha}+\boldsymbol{\beta}]=-\frac{1}{3}[2(1,0,-2,3)+(4,-1,-2,3)]\\&=-\frac{1}{3}[(2,0,-4,6)+(4,-1,-2,3)]=\left(-2,\frac{1}{3},2,-3\right).\end{aligned}$$

§4.2　向量组的线性相关性

空间两个非零向量 $\boldsymbol{\alpha}$，$\boldsymbol{\beta}$ 互相平行，则可表示为
$$\boldsymbol{\beta}=k\boldsymbol{\alpha},$$
k 为实数. 若 $\boldsymbol{\alpha}$，$\boldsymbol{\beta}$ 不平行，那么与 $\boldsymbol{\alpha}$，$\boldsymbol{\beta}$ 共面的任一向量 $\boldsymbol{\gamma}$ 可由 $\boldsymbol{\alpha}$，$\boldsymbol{\beta}$ 表示为
$$\boldsymbol{\gamma}=k_1\boldsymbol{\alpha}+k_2\boldsymbol{\beta},\quad k_1,k_2\text{ 为实数}.$$
称 $\boldsymbol{\gamma}$ 可由 $\boldsymbol{\alpha}$，$\boldsymbol{\beta}$ 线性表示或 $\boldsymbol{\gamma}$ 是 $\boldsymbol{\alpha}$，$\boldsymbol{\beta}$ 的线性组合(图 4.1).

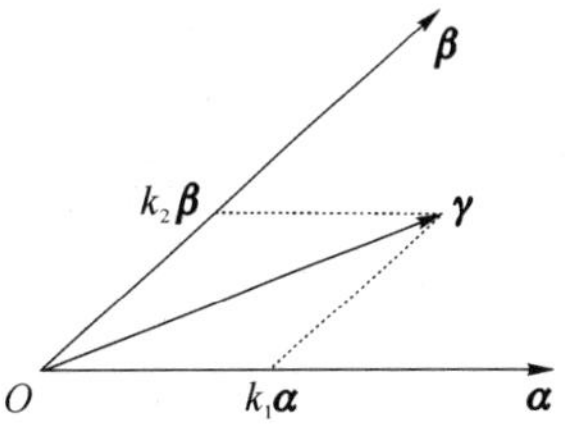

图 4.1

定义 4　设 $\boldsymbol{\alpha}_1,\boldsymbol{\alpha}_2,\cdots,\boldsymbol{\alpha}_m$ 是一组 n 维向量，$k_1,k_2,\cdots,k_m$ 是一组实常数，则称
$$k_1\boldsymbol{\alpha}_1+k_2\boldsymbol{\alpha}_2+\cdots+k_m\boldsymbol{\alpha}_m$$
为 $\boldsymbol{\alpha}_1,\boldsymbol{\alpha}_2,\cdots,\boldsymbol{\alpha}_m$ 的一个线性组合；常数 $k_1,k_2,\cdots,k_m$ 为该线性组合的**组合系数**.

若一个 n 维向量 $\boldsymbol{\beta}$ 可以表示成
$$\boldsymbol{\beta}=k_1\boldsymbol{\alpha}_1+k_2\boldsymbol{\alpha}_2+\cdots+k_m\boldsymbol{\alpha}_m,$$
则称 $\boldsymbol{\beta}$ 是 $\boldsymbol{\alpha}_1,\boldsymbol{\alpha}_2,\cdots,\boldsymbol{\alpha}_m$ 的**线性组合**，或称 $\boldsymbol{\beta}$ 可用 $\boldsymbol{\alpha}_1,\boldsymbol{\alpha}_2,\cdots,\boldsymbol{\alpha}_m$ **线性表出(线性表示)**. 仍称 $k_1,k_2,\cdots,k_m$ 为**组合系数**，或**表出系数**.

若干个同维数的向量所组成的集合叫作**向量组**，m 个向量 $\boldsymbol{\alpha}_1,\boldsymbol{\alpha}_2,\cdots,\boldsymbol{\alpha}_m$ 组成的向量组可记为
$$R:\boldsymbol{\alpha}_1,\boldsymbol{\alpha}_2,\cdots,\boldsymbol{\alpha}_m\quad\text{或}\quad R=\{\boldsymbol{\alpha}_1,\boldsymbol{\alpha}_2,\cdots,\boldsymbol{\alpha}_m\}.$$

例如矩阵 $\mathbf{A}=(a_{ij})_{m\times n}$ 可以看成由 n 个 m 维列向量
$$\boldsymbol{\alpha}_j=\begin{pmatrix}a_{1j}\\a_{2j}\\\vdots\\a_{mj}\end{pmatrix}\quad(j=1,2,\cdots,n)$$
组成的向量组. 称 $\boldsymbol{\alpha}_1,\boldsymbol{\alpha}_2,\cdots,\boldsymbol{\alpha}_n$ 是矩阵 $\mathbf{A}$ 的列向量组.

矩阵 $\mathbf{A}$ 又可以看成由 m 个 n 维行向量
$$\boldsymbol{\beta}_i=(a_{i1},a_{i2},\cdots,a_{in})\quad(i=1,2,\cdots,m)$$
组成的行向量组，称 $\boldsymbol{\beta}_1,\boldsymbol{\beta}_2,\cdots,\boldsymbol{\beta}_m$ 为矩阵 $\mathbf{A}$ 的行向量组.

对于线性方程组 $\mathbf{A}\boldsymbol{x}=\boldsymbol{b}$，视 $\mathbf{A}$ 为列向量组成的向量组，那么方程组可写成

$$k_1\boldsymbol{\alpha}_1+k_2\boldsymbol{\alpha}_2+\cdots+k_n\boldsymbol{\alpha}_n=\boldsymbol{b}.$$

因而讨论方程组 $\boldsymbol{A}\boldsymbol{x}=\boldsymbol{b}$ 是否有解的问题实际上就是讨论 $\boldsymbol{b}$ 能否由 $\boldsymbol{A}$ 的列向量组线性表出.

考虑下面的 n 维**单位坐标向量**:

$$\boldsymbol{\varepsilon}_i=(0,\cdots,0,1,0,\cdots,0)\quad(i=1,2,\cdots,n),$$

$\boldsymbol{\varepsilon}_i$ 中第 i 个分量为 1,其余分量都为 0. 显然,任意一个 n 维向量 $\boldsymbol{\alpha}=(a_1,a_2,\cdots,a_n)$ 都可以唯一地表示为这 n 个标准单位向量的线性组合:

$$\boldsymbol{\alpha}=a_1\boldsymbol{\varepsilon}_1+a_2\boldsymbol{\varepsilon}_2+\cdots+a_n\boldsymbol{\varepsilon}_n.$$

例 3 设 $\boldsymbol{\alpha}_1=(1,2,3)^{\mathrm{T}},\boldsymbol{\alpha}_2=(2,3,1)^{\mathrm{T}},\boldsymbol{\alpha}_3=(3,1,2)^{\mathrm{T}},\boldsymbol{\beta}=(0,4,2)^{\mathrm{T}}$,试问 $\boldsymbol{\beta}$ 能否由 $\boldsymbol{\alpha}_1,\boldsymbol{\alpha}_2,\boldsymbol{\alpha}_3$ 线性表出?若能,写出具体的表示式.

解 令

$$k_1\boldsymbol{\alpha}_1+k_2\boldsymbol{\alpha}_2+k_3\boldsymbol{\alpha}_3=\boldsymbol{\beta}.$$

即

$$k_1\begin{pmatrix}1\\2\\3\end{pmatrix}+k_2\begin{pmatrix}2\\3\\1\end{pmatrix}+k_3\begin{pmatrix}3\\1\\2\end{pmatrix}=\begin{pmatrix}0\\4\\2\end{pmatrix}.$$

由此得线性方程组

$$\begin{cases}k_1+2k_2+3k_3=0,\\2k_1+3k_2+k_3=4,\\3k_1+k_2+2k_3=2.\end{cases}$$

因为

$$D=\begin{vmatrix}1&2&3\\2&3&1\\3&1&2\end{vmatrix}=-18\neq0,$$

由克拉默法则,求出

$$k_1=1,\quad k_2=1,\quad k_3=-1.$$

所以

$$\boldsymbol{\beta}=\boldsymbol{\alpha}_1+\boldsymbol{\alpha}_2-\boldsymbol{\alpha}_3,$$

即 $\boldsymbol{\beta}$ 能由 $\boldsymbol{\alpha}_1,\boldsymbol{\alpha}_2,\boldsymbol{\alpha}_3$ 线性表出.

例 4 问 $\boldsymbol{\beta}=(4,5,5)$ 能否表示成 $\boldsymbol{\alpha}_1=(1,2,3),\boldsymbol{\alpha}_2=(-1,1,4),\boldsymbol{\alpha}_3=(3,3,2)$ 的线性组合?

解 用矩阵的初等行变换化简以下矩阵:

$$(\boldsymbol{\alpha}_1^{\mathrm{T}},\boldsymbol{\alpha}_2^{\mathrm{T}},\boldsymbol{\alpha}_3^{\mathrm{T}},\boldsymbol{\beta}^{\mathrm{T}})=\left(\begin{array}{ccc|c}1&-1&3&4\\2&1&3&5\\3&4&2&5\end{array}\right)\to\left(\begin{array}{ccc|c}1&-1&3&4\\0&3&-3&-3\\0&7&-7&-7\end{array}\right)$$

$$\to\left(\begin{array}{ccc|c}1&-1&3&4\\0&1&-1&-1\\0&0&0&0\end{array}\right)\to\left(\begin{array}{ccc|c}1&0&2&3\\0&1&-1&-1\\0&0&0&0\end{array}\right).$$

同解方程组为 $\begin{cases}x_1=3-2x_3,\\x_2=-1+x_3.\end{cases}$ 取 $x_3=k$,则有 $\boldsymbol{\beta}=(3-2k)\boldsymbol{\alpha}_1+(k-1)\boldsymbol{\alpha}_2+k\boldsymbol{\alpha}_3$,其中 k 可任意取值. 这说明 $\boldsymbol{\beta}$ 用 $\boldsymbol{\alpha}_1,\boldsymbol{\alpha}_2,\boldsymbol{\alpha}_3$ 线性表出的方法有无穷多种.

上面讨论了向量之间的线性运算关系. 一个向量能由某一个向量组线性表出的关系,就是这单个向量与向量组之间的一种线性关系. 在一个向量组中是否存在某个向量可以由该组中的其他向量线性表出,这是向量组的一个重要性质. 要深入研究向量组的这一特性,需要研究向量组的线性相关性与线性无关性.

先考察两个平面向量,$\boldsymbol{\alpha}=(1,3)$ 和 $\boldsymbol{\beta}=(2,6)$,则由 $\boldsymbol{\beta}=2\boldsymbol{\alpha}$ 知道 $\boldsymbol{\alpha}$ 与 $\boldsymbol{\beta}$ 共线. 这个关系式可以改写成 $-2\boldsymbol{\alpha}+\boldsymbol{\beta}=\mathbf{0}$,即存在 $k_1=-2,k_2=1$,使得 $k_1\boldsymbol{\alpha}+k_2\boldsymbol{\beta}=\mathbf{0}$. 而 $\boldsymbol{\alpha}=(1,2)$ 与 $\boldsymbol{\gamma}=(-1,3)$ 不共线,这时 $k_1\boldsymbol{\alpha}+k_2\boldsymbol{\gamma}=\mathbf{0}$ 当且仅当 $k_1=k_2=0$ 才能成立.

一般地,根据向量组中向量之间的关系,把向量组分成有本质区别的两大类.

定义 5　设有 n 维向量 $\boldsymbol{\alpha}_1,\boldsymbol{\alpha}_2,\cdots,\boldsymbol{\alpha}_m$,若存在 m 个**不全为零**的实数 $k_1,k_2,\cdots,k_m$,使得

$$k_1\boldsymbol{\alpha}_1+k_2\boldsymbol{\alpha}_2+\cdots+k_m\boldsymbol{\alpha}_m=\mathbf{0},$$

则称 $\boldsymbol{\alpha}_1,\boldsymbol{\alpha}_2,\cdots,\boldsymbol{\alpha}_m$ **线性相关**,称 $k_1,k_2,\cdots,k_m$ 为**相关系数**. 否则,称 $\boldsymbol{\alpha}_1,\boldsymbol{\alpha}_2,\cdots,\boldsymbol{\alpha}_m$ **线性无关**. 换言之,向量组 $\boldsymbol{\alpha}_1,\boldsymbol{\alpha}_2,\cdots,\boldsymbol{\alpha}_m$ **线性无关**当且仅当 $k_1=k_2=\cdots=k_m=0$ 时,上式成立.

定理 1　n 维向量组 $\boldsymbol{\alpha}_1,\boldsymbol{\alpha}_2,\cdots,\boldsymbol{\alpha}_m(m\geqslant 2)$ 线性相关$\Leftrightarrow$至少存在某个 $\boldsymbol{\alpha}_i$ 是其余向量的线性组合.

即 $\boldsymbol{\alpha}_1,\boldsymbol{\alpha}_2,\cdots,\boldsymbol{\alpha}_m(m\geqslant 2)$ 线性无关$\Leftrightarrow$任意一个 $\boldsymbol{\alpha}_i$ 都不能由其余向量线性表出.

证　必要性.　设 $\boldsymbol{\alpha}_1,\boldsymbol{\alpha}_2,\cdots,\boldsymbol{\alpha}_m$ 线性相关,则存在不全为零的数 $k_1,k_2,\cdots,k_m$,使

$$k_1\boldsymbol{\alpha}_1+k_2\boldsymbol{\alpha}_2+\cdots+k_m\boldsymbol{\alpha}_m=\mathbf{0}.$$

不妨设 $k_m\neq 0$,则有 $\boldsymbol{\alpha}_m=-\dfrac{1}{k_m}(k_1\boldsymbol{\alpha}_1+\cdots+k_{m-1}\boldsymbol{\alpha}_{m-1})$.

充分性.　如果 $\boldsymbol{\alpha}_m=\lambda_1\boldsymbol{\alpha}_1+\lambda_2\boldsymbol{\alpha}_2+\cdots+\lambda_{m-1}\boldsymbol{\alpha}_{m-1}$,则

$$\lambda_1\boldsymbol{\alpha}_1+\lambda_2\boldsymbol{\alpha}_2+\cdots+\lambda_{m-1}\boldsymbol{\alpha}_{m-1}+(-1)\boldsymbol{\alpha}_m=\mathbf{0}.$$

由于 m 个数 $\lambda_1,\lambda_2,\cdots,\lambda_{m-1},\lambda_m=-1$ 不全为零,所以向量组 $\boldsymbol{\alpha}_1,\boldsymbol{\alpha}_2,\cdots,\boldsymbol{\alpha}_m$ 线性相关.

由定义 5 易知:

(1) 任意一个含有零向量的向量组必为线性相关组.

(2) 单个向量 $\boldsymbol{\alpha}$ 线性相关$\Leftrightarrow\boldsymbol{\alpha}=\mathbf{0}$,即单个向量 $\boldsymbol{\alpha}$ 线性无关$\Leftrightarrow\boldsymbol{\alpha}\neq\mathbf{0}$.

(3) 两个非零的 n 维向量 $\boldsymbol{\alpha},\boldsymbol{\beta}$ 线性相关当且仅当存在不全为零的数 k,l 使得

$$k\boldsymbol{\alpha}+l\boldsymbol{\beta}=\mathbf{0},\quad 即\ \boldsymbol{\alpha}=-\frac{l}{k}\boldsymbol{\beta}\ 或\ \boldsymbol{\beta}=-\frac{k}{l}\boldsymbol{\alpha}.$$

这说明 $\boldsymbol{\alpha}$ 与 $\boldsymbol{\beta}$ 共线,即它们的对应分量成比例.

一般地,判断一个向量组 $\boldsymbol{\alpha}_1,\boldsymbol{\alpha}_2,\cdots,\boldsymbol{\alpha}_m$ 线性相关的基本方法和步骤是:

(1) 假定存在一组数 $k_1,k_2,\cdots,k_m$,使

$$k_1\boldsymbol{\alpha}_1+k_2\boldsymbol{\alpha}_2+\cdots+k_m\boldsymbol{\alpha}_m=\mathbf{0};$$

(2) 应用向量的线性运算和向量相等的定义,列出含未知量 $k_1,k_2,\cdots,k_m$ 的齐次线性方程组;

(3) 判断方程组有无非零解;

(4) 如果有非零解,则 $\boldsymbol{\alpha}_1,\boldsymbol{\alpha}_2,\cdots,\boldsymbol{\alpha}_m$ 线性相关; 如仅有零解,则 $\boldsymbol{\alpha}_1,\boldsymbol{\alpha}_2,\cdots,\boldsymbol{\alpha}_m$ 线性无关.

例 5　试讨论 n 维**单位坐标向量组**:

$$\boldsymbol{\varepsilon}_i=(0,\cdots,0,1,0,\cdots,0)^{\mathrm{T}}\quad(i=1,2,\cdots,n)$$

线性相关性.

解　设有一组数 $k_1,k_2,\cdots,k_n$,使

$$k_1\boldsymbol{\varepsilon}_1+k_2\boldsymbol{\varepsilon}_2+\cdots+k_n\boldsymbol{\varepsilon}_n=\mathbf{0},$$

即

$$k_1\begin{pmatrix}1\\0\\\vdots\\0\end{pmatrix}+k_2\begin{pmatrix}0\\1\\\vdots\\0\end{pmatrix}+\cdots+k_n\begin{pmatrix}0\\0\\\vdots\\1\end{pmatrix}=0.$$

得$(k_1,k_2,\cdots,k_n)^T=(0,0,\cdots,0)^T$. 从而

$$k_1=k_2=\cdots=k_n=0,$$

所以 $\boldsymbol{\varepsilon}_1,\boldsymbol{\varepsilon}_2,\cdots,\boldsymbol{\varepsilon}_n$ 线性无关.

例 6 讨论向量组

$$\boldsymbol{\alpha}_1=\begin{pmatrix}2\\3\\1\end{pmatrix},\quad \boldsymbol{\alpha}_2=\begin{pmatrix}1\\2\\1\end{pmatrix},\quad \boldsymbol{\alpha}_3=\begin{pmatrix}3\\2\\-1\end{pmatrix}$$

的线性相关性.

解 **方法 1** 设有一组数 x_1,x_2,x_3,使

$$x_1\boldsymbol{\alpha}_1+x_2\boldsymbol{\alpha}_2+x_3\boldsymbol{\alpha}_3=\mathbf{0},$$

即

$$x_1\begin{pmatrix}2\\3\\1\end{pmatrix}+x_2\begin{pmatrix}1\\2\\1\end{pmatrix}+x_3\begin{pmatrix}3\\2\\-1\end{pmatrix}=\begin{pmatrix}0\\0\\0\end{pmatrix}.$$

于是得线性方程组

$$\begin{cases}2x_1+x_2+3x_3=0,\\3x_1+2x_2+2x_3=0,\\x_1+x_2-x_3=0.\end{cases}\tag{4.1}$$

由于第一个方程加第三个方程正好等于第二个方程,所以得同解方程组

$$\begin{cases}2x_1+x_2+3x_3=0,\\x_1+x_2-x_3=0.\end{cases}$$

将上面两个方程中的 x_3 移到右边,得

$$\begin{cases}2x_1+x_2=-3x_3,\\x_1+x_2=x_3.\end{cases}$$

令 $x_3=1$,求出 $x_1=-4,x_2=5$,故方程组的个解为 $x_1=-4,x_2=5,x_3=1$. 从而

$$(-4)\boldsymbol{\alpha}_1+5\boldsymbol{\alpha}_2+\boldsymbol{\alpha}_3=\mathbf{0},$$

所以 $\boldsymbol{\alpha}_1,\boldsymbol{\alpha}_2,\boldsymbol{\alpha}_3$ 线性相关.

方法 2 设有 x_1,x_2,x_3,使 $x_1\boldsymbol{\alpha}_1+x_2\boldsymbol{\alpha}_2+x_3\boldsymbol{\alpha}_3=\mathbf{0}$,则有方程组(4.1),将其系数矩阵化为行阶梯形矩阵,

$$\mathbf{A}=\begin{pmatrix}2&1&3\\3&2&2\\1&1&-1\end{pmatrix}\xrightarrow{r_1\leftrightarrow r_3}\begin{pmatrix}1&1&-1\\3&2&2\\2&1&3\end{pmatrix}\xrightarrow[r_3-2r_2]{r_2-3r_1}\begin{pmatrix}1&1&-1\\0&-1&5\\0&-1&5\end{pmatrix}$$

$$\xrightarrow{r_3-r_2}\begin{pmatrix}1&1&-1\\0&-1&5\\0&0&0\end{pmatrix}.$$

由于 $r(\boldsymbol{A})=2<3$,根据第 2 章定理 3,方程组(4.1)有非零解,从而 $\boldsymbol{\alpha}_1,\boldsymbol{\alpha}_2,\boldsymbol{\alpha}_3$ 线性相关.

例 7　判断向量组

$$\boldsymbol{\alpha}_1=(2,1,0),\quad \boldsymbol{\alpha}_2=(1,2,1),\quad \boldsymbol{\alpha}_3=(0,1,2)$$

是否线性相关?

解　设

$$k_1\boldsymbol{\alpha}_1+k_2\boldsymbol{\alpha}_2+k_3\boldsymbol{\alpha}_3=\boldsymbol{0},$$

即

$$k_1\begin{pmatrix}2\\1\\0\end{pmatrix}+k_2\begin{pmatrix}1\\2\\1\end{pmatrix}+k_3\begin{pmatrix}0\\1\\2\end{pmatrix}=\begin{pmatrix}0\\0\\0\end{pmatrix}.$$

于是有

$$\begin{cases}2k_1+k_2=0,\\ k_1+2k_2+k_3=0,\\ k_2+2k_3=0.\end{cases}$$

因为方程组的系数行列式

$$\begin{vmatrix}2&1&0\\1&2&1\\0&1&1\end{vmatrix}=4\neq 0,$$

所以方程组只有零解,即 $k_1=k_2=k_3=0$,从而向量组 $\boldsymbol{\alpha}_1,\boldsymbol{\alpha}_2,\boldsymbol{\alpha}_3$ 线性无关.

例 8　若 $\boldsymbol{\alpha}_1,\boldsymbol{\alpha}_2,\boldsymbol{\alpha}_3$ 线性无关,证明以下三个向量线性无关:

$$\boldsymbol{\beta}_1=\boldsymbol{\alpha}_2+\boldsymbol{\alpha}_3,\quad \boldsymbol{\beta}_2=\boldsymbol{\alpha}_1+\boldsymbol{\alpha}_3,\quad \boldsymbol{\beta}_3=\boldsymbol{\alpha}_1+\boldsymbol{\alpha}_2.$$

证　设 $k_1\boldsymbol{\beta}_1+k_2\boldsymbol{\beta}_2+k_3\boldsymbol{\beta}_3=\boldsymbol{0}$. 将已知条件代入得

$$k_1(\boldsymbol{\alpha}_2+\boldsymbol{\alpha}_3)+k_2(\boldsymbol{\alpha}_1+\boldsymbol{\alpha}_3)+k_3(\boldsymbol{\alpha}_1+\boldsymbol{\alpha}_2)=\boldsymbol{0}.$$

把它整理后可得

$$(k_2+k_3)\boldsymbol{\alpha}_1+(k_1+k_3)\boldsymbol{\alpha}_2+(k_1+k_2)\boldsymbol{\alpha}_3=\boldsymbol{0}.$$

因为 $\boldsymbol{\alpha}_1,\boldsymbol{\alpha}_2,\boldsymbol{\alpha}_3$ 线性无关,必有 $k_2+k_3=0,k_1+k_3=0,k_1+k_2=0$. 把它们相加得到 $2(k_1+k_2+k_3)=0$. 据此得 $k_1=k_2=k_3=0$. 这就证明了 $\boldsymbol{\beta}_1,\boldsymbol{\beta}_2,\boldsymbol{\beta}_3$ 线性无关.

定理 2　如果向量组 $\boldsymbol{\alpha}_1,\boldsymbol{\alpha}_2,\cdots,\boldsymbol{\alpha}_m$ 线性无关,而向量组 $\boldsymbol{\alpha}_1,\boldsymbol{\alpha}_2,\cdots,\boldsymbol{\alpha}_m,\boldsymbol{\beta}$ 线性相关,则 $\boldsymbol{\beta}$ 可以用 $\boldsymbol{\alpha}_1,\boldsymbol{\alpha}_2,\cdots,\boldsymbol{\alpha}_m$ 线性表出,且表示法是唯一的.

证　可表性. 因为 $\boldsymbol{\alpha}_1,\boldsymbol{\alpha}_2,\cdots,\boldsymbol{\alpha}_m,\boldsymbol{\beta}$ 线性相关,所以存在不全为零的数 k 和 $k_1,k_2,\cdots,k_m$ 使得

$$k\boldsymbol{\beta}+k_1\boldsymbol{\alpha}_1+k_2\boldsymbol{\alpha}_2+\cdots+k_m\boldsymbol{\alpha}_m=\boldsymbol{0}.$$

如果 $k=0$,则 $k_1,k_2,\cdots,k_m$ 就不全为零,且 $k_1\boldsymbol{\alpha}_1+k_2\boldsymbol{\alpha}_2+\cdots+k_m\boldsymbol{\alpha}_m=\boldsymbol{0}$. 这与 $\boldsymbol{\alpha}_1,\boldsymbol{\alpha}_2,\cdots,\boldsymbol{\alpha}_m$ 为线性无关组的假设矛盾. 所以必有 $k\neq 0$,于是得到线性表出式

$$\boldsymbol{\beta}=-\frac{k_1}{k}\boldsymbol{\alpha}_1-\frac{k_2}{k}\boldsymbol{\alpha}_2-\cdots-\frac{k_m}{k}\boldsymbol{\alpha}_m.$$

即 $\boldsymbol{\beta}$ 可由向量组 $\boldsymbol{\alpha}_1,\boldsymbol{\alpha}_2,\cdots,\boldsymbol{\alpha}_m$ 线性表出.

唯一性. 如果有两个线性表出式

$$\boldsymbol{\beta}=\lambda_1\boldsymbol{\alpha}_1+\lambda_2\boldsymbol{\alpha}_2+\cdots+\lambda_m\boldsymbol{\alpha}_m=\mu_1\boldsymbol{\alpha}_1+\mu_2\boldsymbol{\alpha}_2+\cdots+\mu_m\boldsymbol{\alpha}_m,$$

则有

$$(\lambda_1-\mu_1)\boldsymbol{\alpha}_1+(\lambda_2-\mu_2)\boldsymbol{\alpha}_2+\cdots+(\lambda_m-\mu_m)\boldsymbol{\alpha}_m=\mathbf{0}.$$

因为 $\boldsymbol{\alpha}_1,\boldsymbol{\alpha}_2,\cdots,\boldsymbol{\alpha}_m$ 线性无关，必有 $\lambda_i-\mu_i=0$，即 $\lambda_i=\mu_i,i=1,2,\cdots,m$，所以线性表出式唯一.

§4.3 线性相关性的判别定理

首先介绍向量组中部分向量组与整个向量组线性相关性的关系.

定理 3 若 $\boldsymbol{\alpha}_1,\boldsymbol{\alpha}_2,\cdots,\boldsymbol{\alpha}_r$ 线性相关,则 $\boldsymbol{\alpha}_1,\boldsymbol{\alpha}_2,\cdots,\boldsymbol{\alpha}_r,\boldsymbol{\alpha}_{r+1},\cdots,\boldsymbol{\alpha}_m$ 也线性相关.

证 因为 $\boldsymbol{\alpha}_1,\boldsymbol{\alpha}_2,\cdots,\boldsymbol{\alpha}_r$ 为线性相关组,所以存在不全为零的数 $k_1,k_2,\cdots,k_r$ 使得

$$k_1\boldsymbol{\alpha}_1+k_2\boldsymbol{\alpha}_2+\cdots+k_r\boldsymbol{\alpha}_r=\mathbf{0}.$$

此时,有

$$k_1\boldsymbol{\alpha}_1+k_2\boldsymbol{\alpha}_2+\cdots+k_r\boldsymbol{\alpha}_r+0\cdot\boldsymbol{\alpha}_{r+1}+0\cdot\boldsymbol{\alpha}_{r+2}+\cdots+0\cdot\boldsymbol{\alpha}_m=\mathbf{0}.$$

$k_1,k_2,\cdots,k_r,0,\cdots,0$ 这 m 个数不全为零,故 $\boldsymbol{\alpha}_1,\boldsymbol{\alpha}_2,\cdots,\boldsymbol{\alpha}_r,\boldsymbol{\alpha}_{r+1},\cdots,\boldsymbol{\alpha}_m$ 线性相关.

我们常把定理 3 简述为“相关组的扩充向量组必为相关组”,或者“部分相关,整体必相关”. 它的等价说法是“无关组的子向量组必为无关组”或者“整体无关,部分必无关”.

推论 若向量中含有零向量,则此向量组线性相关.

由此推论可知,线性无关向量组中一定不含零向量.

定理 4 设有两个向量组

$$R:\boldsymbol{\alpha}_j=(a_{1j},a_{2j},\cdots,a_{nj})^{\mathrm{T}}\quad(j=1,2,\cdots,m),$$
$$S:\boldsymbol{\beta}_j=(a_{p_1j},a_{p_2j},\cdots,a_{p_nj})^{\mathrm{T}}\quad(j=1,2,\cdots,m),$$

其中 $p_1p_2\cdots p_n$ 是自然数 $1,2,\cdots,n$ 的某个确定的排列,则向量组 R 与向量组 S 的线性相关性相同.

证 向量组 R 线性相关的充分必要条件是方程组

$$x_1\boldsymbol{\alpha}_1+x_2\boldsymbol{\alpha}_2+\cdots+x_m\boldsymbol{\alpha}_m=\mathbf{0},$$

即

$$x_1\begin{pmatrix}a_{11}\\a_{21}\\\vdots\\a_{n1}\end{pmatrix}+x_2\begin{pmatrix}a_{12}\\a_{22}\\\vdots\\a_{n2}\end{pmatrix}+\cdots+x_m\begin{pmatrix}a_{1m}\\a_{2m}\\\vdots\\a_{nm}\end{pmatrix}=\begin{pmatrix}0\\0\\\vdots\\0\end{pmatrix}\tag{4.2}$$

有非零解.

向量组 S 线性相关的充分必要条件是方程组

$$x_1\boldsymbol{\beta}_1+x_2\boldsymbol{\beta}_2+\cdots+x_m\boldsymbol{\beta}_m=\mathbf{0},$$

即

$$x_1\begin{pmatrix}a_{p_11}\\a_{p_21}\\\vdots\\a_{p_n1}\end{pmatrix}+x_2\begin{pmatrix}a_{p_12}\\a_{p_22}\\\vdots\\a_{p_n2}\end{pmatrix}+\cdots+x_m\begin{pmatrix}a_{p_1m}\\a_{p_2m}\\\vdots\\a_{p_nm}\end{pmatrix}=\begin{pmatrix}0\\0\\\vdots\\0\end{pmatrix}\tag{4.3}$$

有非零解.

由于 $p_1p_2\cdots p_n$ 是自然数 $1,2,\cdots,n$ 的某个确定的排列，因而方程组(4.2)和(4.3)只是方程的次序不同，因而这两个方程组是同解的. 所以若向量组 R 线性无关，则向量组 S 也线性无关；若向量组 R 线性相关，则向量组 S 也线性相关.

定理 4 是对列向量叙述的，对行向量显然也有相同的结论.

定理 5　设有两个向量组，它们的前 r 个分量对应相同：

$$R:\boldsymbol{\alpha}_j=(a_{1j},a_{2j},\cdots,a_{rj})^{\mathrm{T}}\quad(j=1,2,\cdots,m),$$

$$S:\boldsymbol{\beta}_j=(a_{1j},a_{2j},\cdots,a_{rj},a_{r+1,j})^{\mathrm{T}}\quad(j=1,2,\cdots,m),$$

如果 $\boldsymbol{\beta}_1,\boldsymbol{\beta}_2,\cdots,\boldsymbol{\beta}_m$ 为线性相关组，则 $\boldsymbol{\alpha}_1,\boldsymbol{\alpha}_2,\cdots,\boldsymbol{\alpha}_m$ 必为线性相关组.

证　设 $\boldsymbol{\beta}_1,\boldsymbol{\beta}_2,\cdots,\boldsymbol{\beta}_m$ 为线性相关组，则一定存在不全为零的数 $k_1,k_2,\cdots,k_m$ 使得

$$k_1\boldsymbol{\beta}_1+k_2\boldsymbol{\beta}_2+\cdots+k_m\boldsymbol{\beta}_m=\mathbf{0},$$

即

$$k_1\begin{pmatrix}a_{11}\\ \vdots\\ a_{r1}\\ a_{r+1,1}\end{pmatrix}+k_2\begin{pmatrix}a_{12}\\ \vdots\\ a_{r2}\\ a_{r+1,2}\end{pmatrix}+\cdots+k_m\begin{pmatrix}a_{1m}\\ \vdots\\ a_{rm}\\ a_{r+1,m}\end{pmatrix}=\begin{pmatrix}0\\ \vdots\\ 0\\ 0\end{pmatrix}.$$

取其前 r 个等式，即

$$k_1\boldsymbol{\alpha}_1+k_2\boldsymbol{\alpha}_2+\cdots+k_m\boldsymbol{\alpha}_m=\mathbf{0},$$

这就证明了 $\boldsymbol{\alpha}_1,\boldsymbol{\alpha}_2,\cdots,\boldsymbol{\alpha}_m$ 为线性相关组.

把向量组 $\boldsymbol{\beta}_1,\boldsymbol{\beta}_2,\cdots,\boldsymbol{\beta}_m$ 称为向量组 $\boldsymbol{\alpha}_1,\boldsymbol{\alpha}_2,\cdots,\boldsymbol{\alpha}_m$ 的“接长”向量组；而把向量组 $\boldsymbol{\alpha}_1,\boldsymbol{\alpha}_2,\cdots,\boldsymbol{\alpha}_m$ 称为向量组 $\boldsymbol{\beta}_1,\boldsymbol{\beta}_2,\cdots,\boldsymbol{\beta}_m$ 的“截短”向量组.

定理 5 可以简述为“线性相关向量组的截短向量组必线性相关”. 它的等价说法是“线性无关向量组的接长向量组必线性无关”.

推论　r 维向量组的每个向量添上 $n-r$ 个分量，成为 n 维向量组. 若 r 维向量组线性无关，则 n 维向量组也线性无关.

$n-r$ 次应用定理 5，每次添上一个分量即得结论.

向量组 $\boldsymbol{\alpha}_1,\boldsymbol{\alpha}_2,\cdots,\boldsymbol{\alpha}_m$ 构成矩阵 $\boldsymbol{A}=(\boldsymbol{\alpha}_1,\boldsymbol{\alpha}_2,\cdots,\boldsymbol{\alpha}_m)$，由前面的讨论知，向量组 $\boldsymbol{\alpha}_1,\boldsymbol{\alpha}_2,\cdots,\boldsymbol{\alpha}_m$ 线性相关的充分必要条件是线性方程组

$$x_1\boldsymbol{\alpha}_1+x_2\boldsymbol{\alpha}_2+\cdots+x_m\boldsymbol{\alpha}_m=\mathbf{0},$$

即 $\boldsymbol{Ax}=\mathbf{0}$ 有非零解. 再由第 2 章的定理 3 可得如下的主要定理.

定理 6　向量组 $\boldsymbol{\alpha}_1,\boldsymbol{\alpha}_2,\cdots,\boldsymbol{\alpha}_m$ 线性相关的充分必要条件是它所构成的矩阵 $\boldsymbol{A}=(\boldsymbol{\alpha}_1,\boldsymbol{\alpha}_2,\cdots,\boldsymbol{\alpha}_m)$ 的秩小于向量的个数 m；该向量组线性无关的充分必要条件是 $\mathrm{r}(\boldsymbol{A})=m$.

由定理 6 可得下面的推论.

推论 1　n 个 n 维向量线性无关的充分必要条件是它们构成的方阵的行列式不等于零.

推论 2　当 $m>n$ 时，m 个 n 维向量 $\boldsymbol{\alpha}_1,\boldsymbol{\alpha}_2,\cdots,\boldsymbol{\alpha}_m$ 一定线性相关.

证　m 个 n 维向量 $\boldsymbol{\alpha}_1,\boldsymbol{\alpha}_2,\cdots,\boldsymbol{\alpha}_m$ 构成矩阵 $\boldsymbol{A}=(\boldsymbol{\alpha}_1,\boldsymbol{\alpha}_2,\cdots,\boldsymbol{\alpha}_m)$. 由于 $\mathrm{r}(\boldsymbol{A})\leqslant n$，当 $m>n$ 时，有 $\mathrm{r}(\boldsymbol{A})\leqslant n<m$，故 $\boldsymbol{\alpha}_1,\boldsymbol{\alpha}_2,\cdots,\boldsymbol{\alpha}_m$ 线性相关.

特别地，$n+1$ 个 n 维向量必线性相关.

例 9　讨论下列向量组的线性相关性：

(1) $\boldsymbol{\alpha}_1=(1,2,1)^{\mathrm{T}},\boldsymbol{\alpha}_2=(0,5,-1)^{\mathrm{T}},\boldsymbol{\alpha}_3=(1,1,2)^{\mathrm{T}},\boldsymbol{\alpha}_4=(3,0,1)^{\mathrm{T}}$；

(2) $\boldsymbol{\alpha}_1=(1,2,3)^{\mathrm{T}},\boldsymbol{\alpha}_2=(2,2,1)^{\mathrm{T}},\boldsymbol{\alpha}_3=(3,4,3)^{\mathrm{T}}$；

(3) $\boldsymbol{\alpha}_1=(1,1,1,2)^{\mathrm{T}},\boldsymbol{\alpha}_2=(0,2,1,3)^{\mathrm{T}},\boldsymbol{\alpha}_3=(3,1,0,1)^{\mathrm{T}}$.

解 (1) 由于向量组所含向量的个数大于维数,故 $\boldsymbol{\alpha}_1,\boldsymbol{\alpha}_2,\boldsymbol{\alpha}_3,\boldsymbol{\alpha}_4$ 线性相关.

(2) $\boldsymbol{\alpha}_1,\boldsymbol{\alpha}_2,\boldsymbol{\alpha}_3$ 构成矩阵 $\boldsymbol{A}=(\boldsymbol{\alpha}_1,\boldsymbol{\alpha}_2,\boldsymbol{\alpha}_3)$. 由于 $|\boldsymbol{A}|=2\neq 0$,故 $\boldsymbol{\alpha}_1,\boldsymbol{\alpha}_2,\boldsymbol{\alpha}_3$ 线性无关.

(3) $\boldsymbol{\alpha}_1,\boldsymbol{\alpha}_2,\boldsymbol{\alpha}_3$ 构成矩阵 $\boldsymbol{A}=(\boldsymbol{\alpha}_1,\boldsymbol{\alpha}_2,\boldsymbol{\alpha}_3)$. 用初等行变换把 $\boldsymbol{A}$ 化成阶梯形:

$$\boldsymbol{A}=\begin{pmatrix}1&0&3\\1&2&1\\1&1&0\\2&3&1\end{pmatrix}\to\begin{pmatrix}1&0&3\\0&1&0\\0&0&1\\0&0&0\end{pmatrix},$$

因为 $\mathrm{r}(\boldsymbol{A})=3$,故 $\boldsymbol{\alpha}_1,\boldsymbol{\alpha}_2,\boldsymbol{\alpha}_3$ 线性无关.

§4.4 向量组的秩

一、向量组等价的概念

定义 6 设有两个 n 维向量组

$$R=\{\boldsymbol{\alpha}_1,\boldsymbol{\alpha}_2,\cdots,\boldsymbol{\alpha}_r\},\quad S=\{\boldsymbol{\beta}_1,\boldsymbol{\beta}_2,\cdots,\boldsymbol{\beta}_s\},$$

若向量组 R 中的每个向量 $\boldsymbol{\alpha}_i$ 都可以由向量组 S 中的向量 $\boldsymbol{\beta}_1,\boldsymbol{\beta}_2,\cdots,\boldsymbol{\beta}_s$ 线性表出,则称向量组 R 可以由向量组 S 线性表出. 又若向量组 S 也可以由向量组 R 线性表出,则称这两个**向量组等价**.

设向量组 R 可由向量组 S 线性表示为

$$\begin{cases}\boldsymbol{\alpha}_1=k_{11}\boldsymbol{\beta}_1+k_{21}\boldsymbol{\beta}_2+\cdots+k_{s1}\boldsymbol{\beta}_s,\\\boldsymbol{\alpha}_2=k_{12}\boldsymbol{\beta}_1+k_{22}\boldsymbol{\beta}_2+\cdots+k_{s2}\boldsymbol{\beta}_s,\\\qquad\vdots\\\boldsymbol{\alpha}_r=k_{1r}\boldsymbol{\beta}_1+k_{2r}\boldsymbol{\beta}_2+\cdots+k_{sr}\boldsymbol{\beta}_s.\end{cases}\tag{4.4}$$

用矩阵乘法的形式可表示为

$$\boldsymbol{\alpha}_i=(\boldsymbol{\beta}_1,\boldsymbol{\beta}_2,\cdots,\boldsymbol{\beta}_s)\begin{pmatrix}k_{1i}\\k_{2i}\\\vdots\\k_{si}\end{pmatrix}\quad(i=1,2,\cdots,r),$$

于是式(4.4)又可表示为

$$(\boldsymbol{\alpha}_1,\boldsymbol{\alpha}_2,\cdots,\boldsymbol{\alpha}_r)=(\boldsymbol{\beta}_1,\boldsymbol{\beta}_2,\cdots,\boldsymbol{\beta}_s)\begin{pmatrix}k_{11}&k_{12}&\cdots&k_{1r}\\k_{21}&k_{22}&\cdots&k_{2r}\\\vdots&\vdots&&\vdots\\k_{s1}&k_{s2}&\cdots&k_{sr}\end{pmatrix}.\tag{4.5}$$

设矩阵 $\boldsymbol{A}=(\boldsymbol{\alpha}_1,\boldsymbol{\alpha}_2,\cdots,\boldsymbol{\alpha}_r)$,$\boldsymbol{B}=(\boldsymbol{\beta}_1,\boldsymbol{\beta}_2,\cdots,\boldsymbol{\beta}_s)$,$\boldsymbol{K}=(k_{ij})_{s\times r}$,则可把式(4.5)写成矩阵的形式

$$\boldsymbol{A}=\boldsymbol{BK}.\tag{4.6}$$

可见向量组 R 由向量组 S 线性表示可简记为(4.6)所示的矩阵的乘法;反之若有(4.6)的矩阵形式,则可把矩阵 $\boldsymbol{A}$ 的列向量看作矩阵 $\boldsymbol{B}$ 的列向量的线性表示.

容易证明向量组之间的线性表出关系具有传递性，即若有三个向量组

$$R=\{\boldsymbol{\alpha}_1,\boldsymbol{\alpha}_2,\cdots,\boldsymbol{\alpha}_r\},\quad S=\{\boldsymbol{\beta}_1,\boldsymbol{\beta}_2,\cdots,\boldsymbol{\beta}_s\},\quad T=\{\boldsymbol{\gamma}_1,\boldsymbol{\gamma}_2,\cdots,\boldsymbol{\gamma}_t\},$$

如果 R 可由 S 线性表出，S 可由 T 线性表出，则 R 必可由 T 线性表出.

向量组之间的等价关系有下列基本性质：设 R,S,T 为三个同维向量组，则有

(1) **反身性**：R 必与 R 自身等价；

(2) **对称性**：若 R 与 S 等价，则 S 必与 R 等价；

(3) **传递性**：若 R 与 S 等价，S 与 T 等价，则 R 必与 T 等价.

在数学中，把具有上述三个性质的关系称为**等价关系**.

二、极大线性无关组与向量组的秩

考察下面的例子.

例 10　设向量组 $\boldsymbol{\alpha}_1=\begin{pmatrix}1\\0\\0\end{pmatrix},\boldsymbol{\alpha}_2=\begin{pmatrix}0\\1\\0\end{pmatrix},\boldsymbol{\alpha}_3=\begin{pmatrix}1\\2\\0\end{pmatrix}$. 显然有 $\boldsymbol{\alpha}_1+2\boldsymbol{\alpha}_2-\boldsymbol{\alpha}_3=\mathbf{0}$. 记

$$R=\{\boldsymbol{\alpha}_1,\boldsymbol{\alpha}_2\},\quad S=\{\boldsymbol{\alpha}_1,\boldsymbol{\alpha}_3\},\quad T=\{\boldsymbol{\alpha}_2,\boldsymbol{\alpha}_3\}.$$

易知部分组 R,S,T 都是线性无关的向量组，且 $\boldsymbol{\alpha}_3$ 可由 R 线性表出，$\boldsymbol{\alpha}_2$ 可由 S 线性表出，$\boldsymbol{\alpha}_1$ 可由 T 线性表出. 具有这种特性的部分组 R,S,T 都称为向量组 $\boldsymbol{\alpha}_1,\boldsymbol{\alpha}_2,\boldsymbol{\alpha}_3$ 的极大线性无关组.

定义 7　设 T 是由若干个(有限或无限多个)向量组成的向量组. 若存在 T 的一个部分组 $\boldsymbol{\alpha}_1,\boldsymbol{\alpha}_2,\cdots,\boldsymbol{\alpha}_r$ 满足以下条件：

(1) $\boldsymbol{\alpha}_1,\boldsymbol{\alpha}_2,\cdots,\boldsymbol{\alpha}_r$ 线性无关；

(2) 对于任意一个向量 $\boldsymbol{\beta}\in T$，向量组 $\boldsymbol{\beta},\boldsymbol{\alpha}_1,\boldsymbol{\alpha}_2,\cdots,\boldsymbol{\alpha}_r$ 都线性相关，

则称 $\boldsymbol{\alpha}_1,\boldsymbol{\alpha}_2,\cdots,\boldsymbol{\alpha}_r$ 为 T 的一个**极大线性无关向量组**，简称为**极大无关组**. 极大线性无关组所含向量的个数 r 称为**向量组 T 的秩**.

只含零向量的向量组没有极大线性无关组，规定它的秩为 0.

现在先讨论向量组与它的任意一个极大无关组之间的关系，然后讨论它的任意两个极大无关组之间的关系.

定理 7　向量组 T 与它的任意一个极大无关组等价，因而 T 的任意两个极大无关组等价.

证　设 S 为 T 的一个极大无关组. 因为 S 为 T 的一个子集，所以对于任意一个 $\boldsymbol{\alpha}\in S$，$\boldsymbol{\alpha}$ 也是 T 中的向量，且有 $\boldsymbol{\alpha}=1\times\boldsymbol{\alpha}$，这说明 S 可用 T 线性表出.

反之，由极大无关组的定义知，T 可用 S 线性表出. 因而 S 与 T 等价.

由向量组等价的对称性和传递性，即可证得向量组 T 的任意两个极大无关组都等价：设 S_1 和 S_2 同为 T 的极大无关组，则由 S_1 与 T 等价，T 与 S_2 等价可知 S_1 与 S_2 等价.

由上面的例 10 可以看出，一个向量组的极大无关组可能不止一个.

例 11　由全体 n 维向量所组成的集合记为 $\mathbf{R}^n$，求 $\mathbf{R}^n$ 的一个极大线性无关组. 并证明 $\mathbf{R}^n$ 中的任意 $n+1$ 个向量一定线性相关.

证　由 4.2 节的例 5 知，n 维单位坐标向量组

$$\boldsymbol{\varepsilon}_1=(1,0,\cdots,0),\quad \boldsymbol{\varepsilon}_2=(0,1,\cdots,0),\cdots,\quad \boldsymbol{\varepsilon}_n=(0,0,\cdots,1)$$

是线性无关的，且任一 n 维向量 $\boldsymbol{\alpha}=(a_1,a_2,\cdots,a_n)$ 都可用 $\boldsymbol{\varepsilon}_1,\boldsymbol{\varepsilon}_2,\cdots,\boldsymbol{\varepsilon}_n$ 线性表出，即

$$\boldsymbol{\alpha}=(a_1,a_2,\cdots,a_n)=a_1\boldsymbol{\varepsilon}_1+a_2\boldsymbol{\varepsilon}_2+\cdots+a_n\boldsymbol{\varepsilon}_n.$$

从而 $\boldsymbol{\varepsilon}_1,\boldsymbol{\varepsilon}_2,\cdots,\boldsymbol{\varepsilon}_n$ 是 $\mathbf{R}^n$ 的一个极大线性无关组.

设 $\boldsymbol{\alpha}_1,\boldsymbol{\alpha}_2,\cdots,\boldsymbol{\alpha}_n,\boldsymbol{\alpha}_{n+1}$ 是 $\mathbf{R}^n$ 中的任意 $n+1$ 个向量. 由于向量的个数大于向量维数,所以,$\boldsymbol{\alpha}_1,\boldsymbol{\alpha}_2,\cdots,\boldsymbol{\alpha}_n,\boldsymbol{\alpha}_{n+1}$ 一定线性相关.

例 11 表明,$\mathbf{R}^n$ 中的任意 n 个线性无关向量都构成 $\mathbf{R}^n$ 中的极大无关组,从而任意一个 $\boldsymbol{\beta}\in\mathbf{R}^n$ 都可以唯一地表为它们的线性组合.

定理 8 设向量组 R 的秩为 r,向量组 S 的秩为 s,若向量组 R 可由向量组 S 线性表出,则必有 $r\leqslant s$.

证 设向量组 R 的一个极大无关组为

$$R_0=\{\boldsymbol{\alpha}_1,\boldsymbol{\alpha}_2,\cdots,\boldsymbol{\alpha}_r\};$$

设向量组 S 的一个极大无关组为

$$S_0=\{\boldsymbol{\beta}_1,\boldsymbol{\beta}_2,\cdots,\boldsymbol{\beta}_s\}.$$

因向量组 R_0 可由向量组 R 线性表出,向量组 R 可由向量组 S 线性表出,向量组 S 可由向量组 S_0 线性表出,故向量组 R_0 可由向量组 S_0 线性表出. 即存在矩阵 $\mathbf{K}=(k_{ij})_{s\times r}$,使得

$$(\boldsymbol{\alpha}_1,\boldsymbol{\alpha}_2,\cdots,\boldsymbol{\alpha}_r)=(\boldsymbol{\beta}_1,\boldsymbol{\beta}_2,\cdots,\boldsymbol{\beta}_s)\begin{pmatrix}k_{11}&k_{12}&\cdots&k_{1r}\\k_{21}&k_{22}&\cdots&k_{2r}\\\vdots&\vdots&&\vdots\\k_{s1}&k_{s2}&\cdots&k_{sr}\end{pmatrix}.$$

假设 $r>s$,则 $\mathrm{r}(\mathbf{K})\leqslant s<r$,即方程组

$$\mathbf{K}\begin{pmatrix}x_1\\x_2\\\vdots\\x_r\end{pmatrix}=\mathbf{0}$$

有非零解,设它的一组非零解为

$$x_1=\lambda_1,\quad x_2=\lambda_2,\quad\cdots,\quad x_r=\lambda_r,$$

则

$$\lambda_1\boldsymbol{\alpha}_1+\lambda_2\boldsymbol{\alpha}_2+\cdots+x_r\boldsymbol{\alpha}_r=(\boldsymbol{\alpha}_1,\boldsymbol{\alpha}_2,\cdots,\boldsymbol{\alpha}_r)\begin{pmatrix}\lambda_1\\\lambda_2\\\vdots\\\lambda_r\end{pmatrix}$$

$$=(\boldsymbol{\beta}_1,\boldsymbol{\beta}_2,\cdots,\boldsymbol{\beta}_s)\mathbf{K}\begin{pmatrix}\lambda_1\\\lambda_2\\\vdots\\\lambda_r\end{pmatrix}=(\boldsymbol{\beta}_1,\boldsymbol{\beta}_2,\cdots,\boldsymbol{\beta}_s)\mathbf{0}=\mathbf{0}.$$

这与 $R_0=\{\boldsymbol{\alpha}_1,\boldsymbol{\alpha}_2,\cdots,\boldsymbol{\alpha}_r\}$ 线性无关矛盾,从而有 $r\leqslant s$.

推论 1 等价的向量组必有相同的秩.

证 设向量组 S 的秩为 s,向量组 T 的秩为 t. 当 S 与 T 等价时,它们可互相线性表出. 于是根据定理 8 有 $s\leqslant t$ 和 $t\leqslant s$,立得 $s=t$.

推论 2 任意两个线性无关的等价向量组所含向量的个数相等.

证　设 R 和 S 是两个等价的线性无关组，其中向量个数分别为 r 和 s，则向量组 R 的秩为 r，向量组 S 的秩为 s，由推论 1 知，必有 $r=s$.

注　等价的向量组一定有相同的秩. 但是，反之不然，秩相同的两个向量组未必等价. 因为它们之间未必有线性表出关系.

三、向量组的秩及极大无关组的求法

下面讨论向量组的秩与矩阵的秩之间的关系，并给出求向量组的秩及其极大线性无关组的方法.

设 $\boldsymbol{A}$ 是一个 $m\times n$ 矩阵

$$\boldsymbol{A}=\begin{pmatrix} a_{11} & a_{12} & \cdots & a_{1n} \\ a_{21} & a_{22} & \cdots & a_{2n} \\ \vdots & \vdots & & \vdots \\ a_{m1} & a_{m2} & \cdots & a_{mn} \end{pmatrix}.$$

将矩阵 $\boldsymbol{A}$ 分别按行分块和按列分块，得

$$\boldsymbol{A}=\begin{pmatrix} \boldsymbol{\alpha}_1 \\ \boldsymbol{\alpha}_2 \\ \vdots \\ \boldsymbol{\alpha}_m \end{pmatrix}, \quad 其中\ \boldsymbol{\alpha}_i=(a_{i1},a_{i2},\cdots,a_{in}) \quad (i=1,2,\cdots m),$$

$$\boldsymbol{A}=(\boldsymbol{\beta}_1,\boldsymbol{\beta}_2,\cdots,\boldsymbol{\beta}_n), \quad 其中\ \boldsymbol{\beta}_j=\begin{pmatrix} a_{1j} \\ a_{2j} \\ \vdots \\ a_{mj} \end{pmatrix} \quad (j=1,2,\cdots,n).$$

于是 $m\times n$ 矩阵 $\boldsymbol{A}$ 对应两个向量组（分别为 n 维行向量组和 m 维列向量组）：

$$M=\{\boldsymbol{\alpha}_1,\boldsymbol{\alpha}_2,\cdots,\boldsymbol{\alpha}_m\}, \quad N=\{\boldsymbol{\beta}_1,\boldsymbol{\beta}_2,\cdots,\boldsymbol{\beta}_n\}.$$

称 M 为 $\boldsymbol{A}$ **的行向量组**，称 N 为 $\boldsymbol{A}$ **的列向量组**.

定义 8　矩阵 $\boldsymbol{A}$ 的行向量组 M 的秩称为 $\boldsymbol{A}$ 的**行秩**；列向量组 N 的秩称为 $\boldsymbol{A}$ 的**列秩**.

矩阵的秩与它的行秩和列秩的关系有如下的定理：

定理 9　矩阵的秩等于它的列秩，也等于它的行秩.

证　设 $\boldsymbol{A}$ 为 $m\times n$ 矩阵. 当 $\mathrm{r}(\boldsymbol{A})=0$ 时，即 $\boldsymbol{A}=\boldsymbol{0}$，定理显然成立.

设 $\mathrm{r}(\boldsymbol{A})=r>0$，把 $\boldsymbol{A}$ 看作 n 个列向量构成的矩阵，令 $\boldsymbol{A}=(\boldsymbol{\beta}_1,\boldsymbol{\beta}_2,\cdots,\boldsymbol{\beta}_n)$. 由矩阵秩的定义，存在一个 r 阶子式 $D_r\neq 0$，由定理 6 知 D_r 所在的 r 列线性无关. 又由于 $\boldsymbol{A}$ 中所有 $r+1$ 阶子式均为零，知 $\boldsymbol{A}$ 中任意 $r+1$ 个列向量都线性相关.

不妨设 D_r 所在的列就是 $\boldsymbol{A}$ 的前 r 列 $\boldsymbol{\beta}_1,\boldsymbol{\beta}_2,\cdots,\boldsymbol{\beta}_r$. 对于 $\boldsymbol{A}$ 的任一列向量 $\boldsymbol{\beta}_k$，当 $1\leqslant k\leqslant r$ 时，$\boldsymbol{\beta}_k$ 可以由 $\boldsymbol{\beta}_1,\boldsymbol{\beta}_2,\cdots,\boldsymbol{\beta}_r$ 线性表出；当 $r<k\leqslant n$ 时，由于 $\boldsymbol{\beta}_1,\boldsymbol{\beta}_2,\cdots,\boldsymbol{\beta}_r$ 线性无关，而 $\boldsymbol{\beta}_1,\boldsymbol{\beta}_2,\cdots,\boldsymbol{\beta}_r,\boldsymbol{\beta}_k$ 线性相关，由定理 2 知，$\boldsymbol{\beta}_k$ 可由 $\boldsymbol{\beta}_1,\boldsymbol{\beta}_2,\cdots,\boldsymbol{\beta}_r$ 线性表出. 因此 D_r 所在的 r 列就是 $\boldsymbol{A}$ 的列向量组的一个极大线性无关组. 所以 $\boldsymbol{A}$ 的列秩等于 r.

由于 $\mathrm{r}(\boldsymbol{A})=\mathrm{r}(\boldsymbol{A}^{\mathrm{T}})$，又由上面的证明知，$\boldsymbol{A}^{\mathrm{T}}$ 的秩等于 $\boldsymbol{A}^{\mathrm{T}}$ 的列秩，而 $\boldsymbol{A}^{\mathrm{T}}$ 的列秩就是 $\boldsymbol{A}$ 的行秩，所以 $\boldsymbol{A}$ 的行秩等于 r.

一般地，将一个向量组 $\boldsymbol{\alpha}_1,\boldsymbol{\alpha}_2,\cdots,\boldsymbol{\alpha}_m$ 的秩记作秩$(\boldsymbol{\alpha}_1,\boldsymbol{\alpha}_2,\cdots,\boldsymbol{\alpha}_m)$.

定理 10 矩阵 $\boldsymbol{A}$ 经过**初等行变换**化为矩阵 $\boldsymbol{B}$,则 $\boldsymbol{A}$ 的列向量组的任一部分组与 $\boldsymbol{B}$ 的列向量组的对应的部分组有相同的线性组合关系.

证 对 $m\times n$ 矩阵 $\boldsymbol{A}$ 做初等行变换化为矩阵 $\boldsymbol{B}$,相当于用一个可逆矩阵 $\boldsymbol{P}$ 左乘 $\boldsymbol{A}$,即 $\boldsymbol{PA}=\boldsymbol{B}$. 对 $\boldsymbol{A}$ 和 $\boldsymbol{B}$ 做列分块

$$\boldsymbol{A}=(\boldsymbol{\alpha}_1,\boldsymbol{\alpha}_2,\cdots,\boldsymbol{\alpha}_n),\quad \boldsymbol{B}=(\boldsymbol{\beta}_1,\boldsymbol{\beta}_2,\cdots,\boldsymbol{\beta}_n),$$

则有

$$\boldsymbol{PA}=(\boldsymbol{P\alpha}_1,\boldsymbol{P\alpha}_2,\cdots,\boldsymbol{P\alpha}_n)=(\boldsymbol{\beta}_1,\boldsymbol{\beta}_2,\cdots,\boldsymbol{\beta}_n),$$

即

$$\boldsymbol{\beta}_i=\boldsymbol{P\alpha}_i\quad(i=1,2,\cdots,n).$$

设 $\boldsymbol{A}$ 的任一个部分组 $\boldsymbol{\alpha}_{i_1},\boldsymbol{\alpha}_{i_2},\cdots,\boldsymbol{\alpha}_{i_k}$ 的线性组合为

$$x_1\boldsymbol{\alpha}_{i_1}+x_2\boldsymbol{\alpha}_{i_2}+\cdots+x_k\boldsymbol{\alpha}_{i_k}=\boldsymbol{0},$$

那么有

$$\begin{aligned}x_1\boldsymbol{\beta}_{i_1}+x_2\boldsymbol{\beta}_{i_2}+\cdots+x_k\boldsymbol{\beta}_{i_k}&=x_1\boldsymbol{P\alpha}_{i_1}+x_2\boldsymbol{P\alpha}_{i_2}+\cdots+x_k\boldsymbol{P\alpha}_{i_k}\\&=\boldsymbol{P}(x_1\boldsymbol{\alpha}_{i_1}+x_2\boldsymbol{\alpha}_{i_2}+\cdots+x_k\boldsymbol{\alpha}_{i_k})=\boldsymbol{P}\cdot\boldsymbol{0}=\boldsymbol{0}.\end{aligned}$$

这就证明了 $\boldsymbol{B}$ 的列向量组 $\boldsymbol{\beta}_{i_1},\boldsymbol{\beta}_{i_2},\cdots,\boldsymbol{\beta}_{i_k}$ 与 $\boldsymbol{A}$ 的对应的列向量组 $\boldsymbol{\alpha}_{i_1},\boldsymbol{\alpha}_{i_2},\cdots,\boldsymbol{\alpha}_{i_k}$ 有相同的线性组合关系.

例 12 求向量组 $\boldsymbol{\alpha}_1=(1,4,1,0,2)^{\mathrm{T}},\boldsymbol{\alpha}_2=(2,5,-1,-3,2)^{\mathrm{T}},\boldsymbol{\alpha}_3=(-1,2,5,6,2)^{\mathrm{T}},\boldsymbol{\alpha}_4=(0,2,2,-1,0)^{\mathrm{T}}$ 的秩及其一个极大无关组,并把不属于极大无关组的向量用该极大无关组线性表出.

解 把向量组按列排成矩阵 $\boldsymbol{A}$,并用初等行变换把 $\boldsymbol{A}$ 化成行最简形 $\boldsymbol{B}$.

$$\boldsymbol{A}=(\boldsymbol{\alpha}_1,\boldsymbol{\alpha}_2,\boldsymbol{\alpha}_3,\boldsymbol{\alpha}_4)=\begin{pmatrix}1&2&-1&0\\4&5&2&2\\1&-1&5&2\\0&-3&6&-1\\2&2&2&0\end{pmatrix}\to\begin{pmatrix}1&2&-1&0\\0&-3&6&2\\0&-3&6&2\\0&-3&6&-1\\0&-2&4&0\end{pmatrix}$$

$$\to\begin{pmatrix}1&2&-1&0\\0&-1&2&0\\0&0&0&1\\0&0&0&0\\0&0&0&0\end{pmatrix}=\boldsymbol{B}_1\to\begin{pmatrix}1&0&3&0\\0&1&-2&0\\0&0&0&1\\0&0&0&0\\0&0&0&0\end{pmatrix}=\boldsymbol{B}.$$

$$\boldsymbol{\beta}_1\quad\boldsymbol{\beta}_2\quad\boldsymbol{\beta}_3\quad\boldsymbol{\beta}_4$$

其中 $\boldsymbol{B}_1$ 为 $\boldsymbol{A}$ 的行阶梯形矩阵,由 $\boldsymbol{B}_1$ 即可知 $\boldsymbol{A}$ 的秩为 3.

$\boldsymbol{A}$ 的行最简形 $\boldsymbol{B}$ 的第 1,2,4 列 $\boldsymbol{\beta}_1,\boldsymbol{\beta}_2,\boldsymbol{\beta}_4$ 线性无关,由于 $\boldsymbol{A}$ 的列向量组与 $\boldsymbol{B}$ 的对应的列向量组有相同的线性组合关系,故与其对应的矩阵 $\boldsymbol{A}$ 的 $\boldsymbol{\alpha}_1,\boldsymbol{\alpha}_2,\boldsymbol{\alpha}_4$ 线性无关,即 $\boldsymbol{\alpha}_1,\boldsymbol{\alpha}_2,\boldsymbol{\alpha}_4$ 是 $\boldsymbol{\alpha}_1,\boldsymbol{\alpha}_2,\boldsymbol{\alpha}_3,\boldsymbol{\alpha}_4$ 的一个极大线性无关组.

由矩阵 $\boldsymbol{B}$ 易得 $\boldsymbol{\beta}_3=3\boldsymbol{\beta}_1-2\boldsymbol{\beta}_2$,所以有

$$\boldsymbol{\alpha}_3=3\boldsymbol{\alpha}_1-2\boldsymbol{\alpha}_2.$$

在求向量组的极大线性无关组时,如果所给的是行向量组,那么也要**按列**排成矩阵再做**初等行变换**.

例 13 求向量组 $\boldsymbol{\alpha}_1=(2,1,4,3),\boldsymbol{\alpha}_2=(-1,1,-6,6),\boldsymbol{\alpha}_3=(-1,-2,2,-9),\boldsymbol{\alpha}_4=(1,1,-2,7),$

$\boldsymbol{\alpha}_5=(2,4,4,9)$的一个极大无关组.

解　把向量组按列排成矩阵 $\boldsymbol{A}$,用初等行变换化为行阶梯形矩阵 $\boldsymbol{B}$.

$$\boldsymbol{A}=(\boldsymbol{\alpha}_1^{\mathrm{T}},\boldsymbol{\alpha}_2^{\mathrm{T}},\boldsymbol{\alpha}_3^{\mathrm{T}},\boldsymbol{\alpha}_4^{\mathrm{T}},\boldsymbol{\alpha}_5^{\mathrm{T}})=\begin{pmatrix}2&-1&-1&1&2\\1&1&-2&1&4\\4&-6&2&-2&4\\3&6&-9&7&9\end{pmatrix}$$

$$\xrightarrow[\frac{1}{2}r_3]{r_1\leftrightarrow r_2}\begin{pmatrix}1&1&-2&1&4\\2&-1&-1&1&2\\2&-3&1&-1&2\\3&6&-9&7&9\end{pmatrix}\xrightarrow[r_4-3r_1]{\substack{r_2\leftrightarrow r_3\\ r_3-2r_1}}\begin{pmatrix}1&1&-2&1&4\\0&2&-2&2&0\\0&-5&5&-3&-6\\0&3&-3&4&-3\end{pmatrix}$$

$$\xrightarrow[r_4-3r_2]{\substack{\frac{1}{2}r_2\\ r_3+5r_2}}\begin{pmatrix}1&1&-2&1&4\\0&1&-1&1&0\\0&0&0&2&-6\\0&0&0&1&-3\end{pmatrix}\xrightarrow[r_4-r_3]{\frac{1}{2}r_3}\begin{pmatrix}1&1&-2&1&4\\0&1&-1&1&0\\0&0&0&1&-3\\0&0&0&0&0\end{pmatrix}=\boldsymbol{B}.$$

由于 $\boldsymbol{B}$ 的 1,2,4 列线性无关,故 $\boldsymbol{\alpha}_1,\boldsymbol{\alpha}_2,\boldsymbol{\alpha}_4$ 是 $\boldsymbol{\alpha}_1,\boldsymbol{\alpha}_2,\boldsymbol{\alpha}_3,\boldsymbol{\alpha}_4,\boldsymbol{\alpha}_5$ 的一个极大无关组.

由于没有要求将其余的向量用所求的极大无关组线性表出,所以不必将 $\boldsymbol{A}$ 化为行最简形矩阵.

例 14　用矩阵的秩与向量组的秩的关系证明

$$\mathrm{r}(\boldsymbol{AB})\leqslant\min\{\mathrm{r}(\boldsymbol{A}),\mathrm{r}(\boldsymbol{B})\}.$$

证　设 $\boldsymbol{A},\boldsymbol{B}$ 分别为 $m\times n$ 矩阵和 $n\times k$ 矩阵,$\boldsymbol{AB}=\boldsymbol{C}$,则 $\boldsymbol{C}$ 是 $m\times k$ 矩阵. 先证明 $\mathrm{r}(\boldsymbol{AB})\leqslant\mathrm{r}(\boldsymbol{A})$.

将 $\boldsymbol{A}$ 和 $\boldsymbol{C}$ 看成是列向量构成的矩阵,设

$$\boldsymbol{A}=(\boldsymbol{\alpha}_1,\boldsymbol{\alpha}_2,\cdots,\boldsymbol{\alpha}_n),\quad \boldsymbol{C}=(\boldsymbol{\gamma}_1,\boldsymbol{\gamma}_2,\cdots,\boldsymbol{\gamma}_k),$$

则

$$(\boldsymbol{\gamma}_1,\boldsymbol{\gamma}_2,\cdots,\boldsymbol{\gamma}_k)=(\boldsymbol{\alpha}_1,\boldsymbol{\alpha}_2,\cdots,\boldsymbol{\alpha}_n)\begin{pmatrix}b_{11}&b_{12}&\cdots&b_{1k}\\b_{21}&b_{22}&\cdots&b_{2k}\\\vdots&\vdots&&\vdots\\b_{n1}&b_{n2}&\cdots&b_{nk}\end{pmatrix},$$

即 $\boldsymbol{C}$ 的列向量组可由 $\boldsymbol{A}$ 的列向量组线性表出. 由定理 8 得

$$秩(\boldsymbol{\gamma}_1,\boldsymbol{\gamma}_2,\cdots,\boldsymbol{\gamma}_k)\leqslant秩(\boldsymbol{\alpha}_1,\boldsymbol{\alpha}_2,\cdots,\boldsymbol{\alpha}_n),$$

即 $\mathrm{r}(\boldsymbol{AB})\leqslant\mathrm{r}(\boldsymbol{A})$.

因 $\boldsymbol{C}^{\mathrm{T}}=\boldsymbol{B}^{\mathrm{T}}\boldsymbol{A}^{\mathrm{T}}$,由上面的证明知 $\mathrm{r}(\boldsymbol{C}^{\mathrm{T}})\leqslant\mathrm{r}(\boldsymbol{B}^{\mathrm{T}})$,所以 $\mathrm{r}(\boldsymbol{AB})\leqslant\mathrm{r}(\boldsymbol{B})$. 故

$$\mathrm{r}(\boldsymbol{AB})\leqslant\min\{\mathrm{r}(\boldsymbol{A}),\mathrm{r}(\boldsymbol{B})\}.$$

类似地可证明两矩阵和的秩的不等式:

$$\mathrm{r}(\boldsymbol{A}+\boldsymbol{B})\leqslant\mathrm{r}(\boldsymbol{A})+\mathrm{r}(\boldsymbol{B}).$$

例 15　设向量组 R 能由向量组 S 线性表出,且它们的秩相等,证明向量组 R 与向量组 S 等价.

证　只要证明向量组 S 能由向量组 R 线性表出.

设两个向量组的秩都是 r,并设向量组 R 和向量组 S 的极大无关组分别为

$$R_0=\{\boldsymbol{\alpha}_1,\boldsymbol{\alpha}_2,\cdots,\boldsymbol{\alpha}_r\},\quad S_0=\{\boldsymbol{\beta}_1,\boldsymbol{\beta}_2,\cdots,\boldsymbol{\beta}_r\}.$$

因向量组 R 能由 S 线性表出,故 R_0 能由 S_0 线性表出,即有 r 阶方阵 $\boldsymbol{K}_r$,使

$$(\boldsymbol{\alpha}_1,\boldsymbol{\alpha}_2,\cdots,\boldsymbol{\alpha}_r)=(\boldsymbol{\beta}_1,\boldsymbol{\beta}_2,\cdots,\boldsymbol{\beta}_r)\boldsymbol{K}_r.$$

因 R_0 线性无关,故秩$(\boldsymbol{\alpha}_1,\boldsymbol{\alpha}_2,\cdots,\boldsymbol{\alpha}_r)=r$,由例 14,得

$$\mathrm{r}(\boldsymbol{K}_r)\geqslant 秩(\boldsymbol{\alpha}_1,\boldsymbol{\alpha}_2,\cdots,\boldsymbol{\alpha}_r)=r.$$

但 $\mathrm{r}(\boldsymbol{K}_r)\leqslant r$,因此 $\mathrm{r}(\boldsymbol{K}_r)=r$,于是矩阵 $\boldsymbol{K}_r$ 可逆,并有

$$(\boldsymbol{\beta}_1,\boldsymbol{\beta}_2,\cdots,\boldsymbol{\beta}_r)=(\boldsymbol{\alpha}_1,\boldsymbol{\alpha}_2,\cdots,\boldsymbol{\alpha}_r)\boldsymbol{K}_r^{-1},$$

即向量组 S_0 能由 R_0 线性表出,从而向量组 S 能由向量组 R 线性表出. 所以向量组 R 与向量组 S 等价.

§4.5 向量空间

一、n 维向量空间的概念

定义 9 设 V 是 n 维向量构成的非空集合,且满足

(1) 若 $\boldsymbol{\alpha},\boldsymbol{\beta}\in V$,则 $\boldsymbol{\alpha}+\boldsymbol{\beta}\in V$;

(2) 若 $\forall\boldsymbol{\alpha}\in V$,及 $\forall k\in\mathbf{R}$,都有 $k\boldsymbol{\alpha}\in V$,

则称集合 V 是**向量空间**.

定义中的条件(1)称为 V 对向量的加法运算封闭,条件(2)称为 V 对向量的数乘运算封闭.

上述两个条件可以合并成以下条件:

对任意向量 $\boldsymbol{\alpha},\boldsymbol{\beta}\in V$ 和任意常数 $k,l\in\mathbf{R}$,都有 $k\boldsymbol{\alpha}+l\boldsymbol{\beta}\in V$.

例 16 n 维行向量的全体所构成的集合

$$\mathbf{R}^n=\{\boldsymbol{\alpha}=(a_1,a_2,\cdots,a_n)\mid a_i\in\mathbf{R},i=1,2,\cdots,n\}$$

构成一个向量空间,因为任意两个 n 维行向量之和仍然是 n 维行向量,数 k 乘 n 维行向量也仍然是 n 维行向量,它们都属于 $\mathbf{R}^n$. 即 $\mathbf{R}^n$ 对向量的加法和数与向量的乘法都封闭.

全体 n 维列向量的集合也构成向量空间,仍记为 $\mathbf{R}^n$.

$\mathbf{R}^n$ 关于向量加法和数乘满足封闭性. 可是,关于向量加法和数乘封闭的向量集合未必是 $\mathbf{R}^n$ 本身. 在 $\mathbf{R}^n$ 中存在无穷多个真子集合,它们关于向量加法和数乘也都是封闭的.

例如向量集 $\{\mathbf{0}\}$ 关于向量的加法和数乘运算是封闭的.

再如,不难验证在三维向量空间 $\mathbf{R}^3=\{(a,b,c)\mid a,b,c\in\mathbf{R}\}$ 中,任意一条过原点的直线 L 关于向量加法和数乘是封闭的. 事实上,始点在坐标原点,终点在 L 上的所有向量的线性组合一定仍然在 L 上. 同理可证:任意一个过原点的平面关于向量加法和数乘也是封闭的,它们都是 $\mathbf{R}^3$ 的真子集.

现在,引入向量空间的子空间的定义.

定义 10 设 V_1 和 V_2 都是向量空间,且 $V_1\subseteq V_2$,则称 V_1 是 V_2 的**子空间**.

任何一个由 n 维向量所组成的向量空间 V 都满足 $V\subseteq\mathbf{R}^n$,于是 V 是 $\mathbf{R}^n$ 的一个子空间.

为了叙述方便,常把 $\mathbf{R}^n$ 中的子空间简称为**向量空间**. 它未必是 $\mathbf{R}^n$ 本身.

特别地,$V=\{\mathbf{0}\}$是向量空间. 称为**零空间**.

由向量空间的非空性和两个封闭性易见，在任意一个向量空间 V 中一定包含零向量. 事实上，由 V 不是空集知道，可以任取 $\boldsymbol{\alpha}\in V$，则 $-\boldsymbol{\alpha}=(-1)\boldsymbol{\alpha}\in V$，于是由封闭性知 $\boldsymbol{\alpha}+(-1)\boldsymbol{\alpha}=\mathbf{0}\in V$. 我们可以把零向量称为向量空间的"原点".

例 17　证明 $\mathbf{R}^n$ 中的以下子集 V_1,V_2 都是向量空间，但 V_3 不是向量空间：

$$V_1=\{\boldsymbol{\alpha}=(0,a_2,\cdots,a_n)\mid \forall a_i\in\mathbf{R}\};$$

$$V_2=\{\boldsymbol{\alpha}=(a_1,0,a_3,0,a_5,\cdots,a_n)\mid \forall a_i\in\mathbf{R}\};$$

$$V_3=\{\boldsymbol{\alpha}=(1,a_2,\cdots,a_n)\mid \forall a_i\in\mathbf{R}\}.$$

证　事实上，由于 V_1 中的向量的特征是它的第一个分量为 0，要判别一个 n 维向量是否属于 V_1，只需判别它的第一个分量是否为 0 即可.

在 V_1 中任取两个向量 $\boldsymbol{\alpha}=(0,x_2,\cdots,x_n)$，$\boldsymbol{\beta}=(0,y_2,\cdots,y_n)$，则对任意的数 k 都有

$$\boldsymbol{\alpha}+\boldsymbol{\beta}=(0,x_2+y_2,\cdots,x_n+y_n)\in V_1,\quad k\boldsymbol{\alpha}=(0,kx_2,\cdots,kx_n)\in V_1.$$

根据向量空间的定义知 V_1 是向量空间.

类似可以验证 V_2 也是向量空间.

因为 V_3 中任意两个向量之和的第一个分量是 2，即 V_3 对加法不封闭，因此 V_3 不是向量空间.

二、生成空间

为了对生成空间有个感性认识，先考察下面的例子.

例 18　设 $\boldsymbol{\alpha},\boldsymbol{\beta}$ 是两个已知的 n 维向量，集合

$$V=\{\boldsymbol{x}=\lambda\boldsymbol{\alpha}+\mu\boldsymbol{\beta}\mid\lambda,\mu\in\mathbf{R}\}$$

是一个向量空间. 因为若 $\boldsymbol{x}_1=\lambda_1\boldsymbol{\alpha}+\mu_1\boldsymbol{\beta}$，$\boldsymbol{x}_2=\lambda_2\boldsymbol{\alpha}+\mu_2\boldsymbol{\beta}\in V$，则有

$$\boldsymbol{x}_1+\boldsymbol{x}_2=(\lambda_1+\lambda_2)\boldsymbol{\alpha}+(\mu_1+\mu_2)\boldsymbol{\beta}\in V,\quad(\lambda_1+\lambda_2,\mu_1+\mu_2\in\mathbf{R}),$$

$$k\boldsymbol{x}_1=(k\lambda_1)\boldsymbol{\alpha}+(k\mu_1)\boldsymbol{\beta}\in V,\quad(k\lambda_1,k\mu_1\in\mathbf{R}).$$

这个向量空间称为由向量 $\boldsymbol{\alpha},\boldsymbol{\beta}$ 生成的向量空间.

一般地，任意取定向量组 $\boldsymbol{\alpha}_1,\boldsymbol{\alpha}_2,\cdots,\boldsymbol{\alpha}_m\in\mathbf{R}^n$，则可证明由它们的线性组合全体所组成的向量集合

$$V=\{\boldsymbol{\alpha}=k_1\boldsymbol{\alpha}_1+k_2\boldsymbol{\alpha}_2+\cdots+k_m\boldsymbol{\alpha}_m\mid\forall k_i\in\mathbf{R},j=1,2,\cdots,m\}$$

是 $\mathbf{R}^n$ 中的一个向量空间，记为 $V=L(\boldsymbol{\alpha}_1,\boldsymbol{\alpha}_2,\cdots,\boldsymbol{\alpha}_n)$，并称它为由 $\boldsymbol{\alpha}_1,\boldsymbol{\alpha}_2,\cdots,\boldsymbol{\alpha}_m$ **生成的向量空间**.

三、向量空间的基与维数及向量的坐标

定义 11　设 V 是 $\mathbf{R}^n$ 的一个子空间. 若 V 中的向量组 $\boldsymbol{\alpha}_1,\boldsymbol{\alpha}_2,\cdots,\boldsymbol{\alpha}_r$ 满足：

(1) $\boldsymbol{\alpha}_1,\boldsymbol{\alpha}_2,\cdots,\boldsymbol{\alpha}_r$ 线性无关；

(2) V 中的任意一个向量 $\boldsymbol{\alpha}$ 都可由向量组 $\boldsymbol{\alpha}_1,\boldsymbol{\alpha}_2,\cdots,\boldsymbol{\alpha}_r$ 线性表出：即存在常数 $k_1,k_2,\cdots,k_r\in\mathbf{R}$ 使得

$$\boldsymbol{\alpha}=k_1\boldsymbol{\alpha}_1+k_2\boldsymbol{\alpha}_2+\cdots+k_r\boldsymbol{\alpha}_r,$$

则称向量组 $\boldsymbol{\alpha}_1,\boldsymbol{\alpha}_2,\cdots,\boldsymbol{\alpha}_r$ 为向量空间 V 的一个**基**，其中每个 $\boldsymbol{\alpha}_i(i=1,2,\cdots,r)$ 都称为**基向量**. 基中所含向量的个数 r 称为 V 的**维数**，记为 $\dim V=r$，并称 V 为 r 维向量空间.

零空间的维数规定为 0.

由基的定义可知,向量空间 V 的一个基,实际上就是向量集合 V 中的一个极大线性无关组,V 的维数就是极大无关组中所含向量的个数,也即 V 的秩.

例 19 $\mathbf{R}^n$ 中任意 n 个线性无关的向量都是 $\mathbf{R}^n$ 的一个基.

证 设 $\boldsymbol{\alpha}_1,\boldsymbol{\alpha}_2,\cdots,\boldsymbol{\alpha}_n$ 是 $\mathbf{R}^n$ 中 n 个线性无关的向量,对任意的 $\boldsymbol{\alpha}\in\mathbf{R}^n$,则 $n+1$ 个向量 $\boldsymbol{\alpha}_1$,$\boldsymbol{\alpha}_2,\cdots,\boldsymbol{\alpha}_n,\boldsymbol{\alpha}$ 线性相关,根据定理 2,$\boldsymbol{\alpha}$ 可由 $\boldsymbol{\alpha}_1,\boldsymbol{\alpha}_2,\cdots,\boldsymbol{\alpha}_n$ 线性表出. 由定义 11 知,$\boldsymbol{\alpha}_1,\boldsymbol{\alpha}_2,\cdots,\boldsymbol{\alpha}_n$ 是 $\mathbf{R}^n$ 的一个基.

由向量空间的维数的定义可知,$\mathbf{R}^3$ 中过原点的直线是一维子空间,过原点的平面是二维子空间.

例 20 证明 $\boldsymbol{\alpha}_1=(1,1,1,1)^{\mathrm{T}},\boldsymbol{\alpha}_2=(1,3,1,0)^{\mathrm{T}},\boldsymbol{\alpha}_3=(1,0,1,0)^{\mathrm{T}},\boldsymbol{\alpha}_4=(1,0,0,1)^{\mathrm{T}}$ 是 $\mathbf{R}^4$ 的一个基.

证 根据例 19 的结论,只要证明 $\boldsymbol{\alpha}_1,\boldsymbol{\alpha}_2,\boldsymbol{\alpha}_3,\boldsymbol{\alpha}_4$ 线性无关即可.

把 $\boldsymbol{\alpha}_1,\boldsymbol{\alpha}_2,\boldsymbol{\alpha}_3,\boldsymbol{\alpha}_4$ 排成矩阵 $\boldsymbol{A}=(\boldsymbol{\alpha}_1,\boldsymbol{\alpha}_2,\boldsymbol{\alpha}_3,\boldsymbol{\alpha}_4)$,则

$$|\boldsymbol{A}|=\begin{vmatrix}1&1&1&1\\1&3&0&0\\1&1&1&0\\1&0&0&1\end{vmatrix}=-3\neq 0,$$

由定理 6 的推论 1 知 $\boldsymbol{\alpha}_1,\boldsymbol{\alpha}_2,\boldsymbol{\alpha}_3,\boldsymbol{\alpha}_4$ 线性无关,故 $\boldsymbol{\alpha}_1,\boldsymbol{\alpha}_2,\boldsymbol{\alpha}_3,\boldsymbol{\alpha}_4$ 是 $\mathbf{R}^4$ 的一个基.

如果 $\boldsymbol{\alpha}_1,\boldsymbol{\alpha}_2,\cdots,\boldsymbol{\alpha}_r$ 是向量空间 V 的一个基,那么,根据向量组的极大无关组的定义可知,每一个 $\boldsymbol{\alpha}\in V$ 一定可以唯一地表成 $\boldsymbol{\alpha}_1,\boldsymbol{\alpha}_2,\cdots,\boldsymbol{\alpha}_r$ 的线性组合,于是必有

$$V=L(\boldsymbol{\alpha}_1,\boldsymbol{\alpha}_2,\cdots,\boldsymbol{\alpha}_r)=\left\{\sum_{i=1}^{r}k_i\boldsymbol{\alpha}_i \mid \forall k_i\in\mathbf{R}\right\}.$$

这就是说,任意一个向量空间都是由它的任意一个基(即极大无关组)生成的.

例 21 在 $\mathbf{R}^4$ 中,求由向量组 $\boldsymbol{\alpha}_1=(2,1,-1,-2)^{\mathrm{T}},\boldsymbol{\alpha}_2=(1,0,-3,2)^{\mathrm{T}},\boldsymbol{\alpha}_3=(2,2,1,-1)^{\mathrm{T}},\boldsymbol{\alpha}_4=(3,3,3,-5)^{\mathrm{T}}$ 生成的线性子空间的维数和一组基.

解 由 $\boldsymbol{\alpha}_1,\boldsymbol{\alpha}_2,\boldsymbol{\alpha}_3,\boldsymbol{\alpha}_4$ 生成的子空间的维数即为该向量组的秩,其基即为该向量组的一个极大无关组. 把 $\boldsymbol{\alpha}_1,\boldsymbol{\alpha}_2,\boldsymbol{\alpha}_3,\boldsymbol{\alpha}_4$ 排成矩阵 $\boldsymbol{A}=(\boldsymbol{\alpha}_1,\boldsymbol{\alpha}_2,\boldsymbol{\alpha}_3,\boldsymbol{\alpha}_4)$,则

$$\boldsymbol{A}=\begin{pmatrix}2&1&2&3\\1&0&2&3\\-1&-3&1&3\\-2&2&-1&-5\end{pmatrix}\xrightarrow{r_1\leftrightarrow r_2}\begin{pmatrix}1&0&2&3\\2&1&2&3\\-1&-3&1&3\\-2&2&-1&-5\end{pmatrix}$$

$$\xrightarrow[r_4+2r_1]{\substack{r_2-2r_1\\ r_3+r_1}}\begin{pmatrix}1&0&2&3\\0&1&-2&-3\\0&-3&3&6\\0&2&3&1\end{pmatrix}\xrightarrow[r_4-2r_2]{r_3+3r_2}\begin{pmatrix}1&0&2&3\\0&1&-2&-3\\0&0&-3&-3\\0&0&7&7\end{pmatrix}$$

$$\xrightarrow[\frac{1}{7}r_4]{-\frac{1}{3}r_3}\begin{pmatrix}1&0&2&3\\0&1&-2&-3\\0&0&1&1\\0&0&1&1\end{pmatrix}\xrightarrow{r_4-r_3}\begin{pmatrix}1&0&2&3\\0&1&-2&-3\\0&0&1&1\\0&0&0&0\end{pmatrix}.$$

从而,由 $\boldsymbol{\alpha}_1,\boldsymbol{\alpha}_2,\boldsymbol{\alpha}_3,\boldsymbol{\alpha}_4$ 生成的子空间的维数为 3,$\boldsymbol{\alpha}_1,\boldsymbol{\alpha}_2,\boldsymbol{\alpha}_3$ 为其一个基.

定义 12　设 $\boldsymbol{\alpha}_1,\boldsymbol{\alpha}_2,\cdots,\boldsymbol{\alpha}_n$ 是 n 维向量空间的一个基，向量空间 V 中的任意一个向量 $\boldsymbol{\alpha}$ 都可唯一地表示为

$$\boldsymbol{\alpha}=x_1\boldsymbol{\alpha}_1+x_2\boldsymbol{\alpha}_2+\cdots+x_n\boldsymbol{\alpha}_n,$$

$\boldsymbol{\alpha}_i(i=1,2,\cdots,n)$ 的系数构成的有序数组 $x_1,x_2,\cdots,x_n$ 称为向量 $\boldsymbol{\alpha}$ 在基 $\boldsymbol{\alpha}_1,\boldsymbol{\alpha}_2,\cdots,\boldsymbol{\alpha}_n$ 下的**坐标**.

同一个向量在不同的基下有不同的坐标向量. 求坐标向量的方法就是求表出系数，也就是解线性方程组.

例 22　证明 $\boldsymbol{\alpha}_1=(1,1,2)^{\mathrm{T}},\boldsymbol{\alpha}_2=(1,-2,0)^{\mathrm{T}},\boldsymbol{\alpha}_3=(2,0,5)^{\mathrm{T}}$ 构成 $\mathbf{R}^3$ 的基，并求出 $\boldsymbol{\beta}=(1,-1,3)^{\mathrm{T}}$ 在此基下的坐标.

解　将 $\boldsymbol{\alpha}_1,\boldsymbol{\alpha}_2,\boldsymbol{\alpha}_3,\boldsymbol{\beta}$ 排成矩阵 $\boldsymbol{A}=(\boldsymbol{\alpha}_1,\boldsymbol{\alpha}_2,\boldsymbol{\alpha}_3,\boldsymbol{\beta})$，对 $\boldsymbol{A}$ 施行初等行变换把它化成行最简形. 若 $\boldsymbol{A}$ 的行最简形中前 3 列构成单位矩阵，则 $\boldsymbol{\alpha}_1,\boldsymbol{\alpha}_2,\boldsymbol{\alpha}_3$ 是 $\mathbf{R}^3$ 的一个基，且第 4 列即为 $\boldsymbol{\beta}$ 在基 $\boldsymbol{\alpha}_1,\boldsymbol{\alpha}_2,\boldsymbol{\alpha}_3$ 下的坐标.

$$\boldsymbol{A}=\begin{pmatrix}1&1&2&1\\1&-2&0&-1\\2&0&5&3\end{pmatrix}\xrightarrow[r_3-2r_1]{r_2-r_1}\begin{pmatrix}1&1&2&1\\0&-3&-2&-2\\0&-2&1&1\end{pmatrix}$$

$$\xrightarrow{r_2-r_3}\begin{pmatrix}1&1&2&1\\0&-1&-3&-3\\0&-2&1&1\end{pmatrix}\xrightarrow{(-1)r_2}\begin{pmatrix}1&1&2&1\\0&1&3&3\\0&-2&1&1\end{pmatrix}$$

$$\xrightarrow[r_3+2r_2]{r_1-r_2}\begin{pmatrix}1&0&-1&-2\\0&1&3&3\\0&0&7&7\end{pmatrix}\xrightarrow{\frac{1}{7}r_3}\begin{pmatrix}1&0&-1&-2\\0&1&3&3\\0&0&1&1\end{pmatrix}$$

$$\xrightarrow[r_2-3r_3]{r_1+r_3}\begin{pmatrix}1&0&0&-1\\0&1&0&0\\0&0&1&1\end{pmatrix}.$$

从而 $\boldsymbol{\alpha}_1,\boldsymbol{\alpha}_2,\boldsymbol{\alpha}_3$ 是 $\mathbf{R}^3$ 的一个基，且 $\boldsymbol{\beta}=\boldsymbol{\alpha}_3-\boldsymbol{\alpha}_1$，即 $\boldsymbol{\beta}$ 在基 $\boldsymbol{\alpha}_1,\boldsymbol{\alpha}_2,\boldsymbol{\alpha}_3$ 有坐标是$(-1,0,1)$.

习　题　四

1. 已知 $\boldsymbol{\alpha}=(2,1,0,4),\boldsymbol{\beta}=(-1,0,2,4)$. 求 $-\boldsymbol{\alpha},2\boldsymbol{\beta},\boldsymbol{\alpha}+\boldsymbol{\beta},3\boldsymbol{\alpha}-2\boldsymbol{\beta}$.

2. 设 $\boldsymbol{\alpha}=(-5,1,3,2,7)^{\mathrm{T}},\boldsymbol{\beta}=(3,0,-1,-1,2)^{\mathrm{T}}$. 求 $\boldsymbol{\xi}$，使 $\boldsymbol{\alpha}+\boldsymbol{\xi}=\boldsymbol{\beta}$.

3. 试问下列向量 $\boldsymbol{\beta}$ 能否由其余向量线性表出，若能，写出线性表示式：

(1) $\boldsymbol{\beta}=(4,3),\boldsymbol{\alpha}_1=(2,1),\boldsymbol{\alpha}_2=(-1,1)$；

(2) $\boldsymbol{\beta}=(1,1,1),\boldsymbol{\alpha}_1=(0,1,-1),\boldsymbol{\alpha}_2=(1,1,0),\boldsymbol{\alpha}_3=(1,0,2)$；

(3) $\boldsymbol{\beta}=(1,2,0),\boldsymbol{\alpha}_1=(2,-11,0),\boldsymbol{\alpha}_2=(1,0,2)$；

(4) $\boldsymbol{\beta}=(2,3,-1,-4),\boldsymbol{e}_1=(1,0,0,0),\boldsymbol{e}_2=(0,1,0,0),\boldsymbol{e}_3=(0,0,1,0),\boldsymbol{e}_4=(0,0,0,1)$.

4. 举例说明下列各命题是错误的：

(1) 若向量组 $\boldsymbol{\alpha}_1,\boldsymbol{\alpha}_2,\cdots,\boldsymbol{\alpha}_m$ 线性相关，则 $\boldsymbol{\alpha}_1$ 可由 $\boldsymbol{\alpha}_2,\cdots,\boldsymbol{\alpha}_m$ 线性表出；

(2) 若有不全为 0 的数 $\lambda_1,\lambda_2,\cdots,\lambda_m$，使

$$\lambda_1\boldsymbol{\alpha}_1+\lambda_2\boldsymbol{\alpha}_2+\cdots+\lambda_m\boldsymbol{\alpha}_m+\lambda_1\boldsymbol{\beta}_1+\lambda_2\boldsymbol{\beta}_2+\cdots+\lambda_m\boldsymbol{\beta}_m=\mathbf{0}$$

成立,则 $\boldsymbol{\alpha}_1,\boldsymbol{\alpha}_2,\cdots,\boldsymbol{\alpha}_m$ 线性相关,$\boldsymbol{\beta}_1,\boldsymbol{\beta}_2,\cdots,\boldsymbol{\beta}_m$ 亦线性相关;

(3) 若只有当 $\lambda_1,\lambda_2,\cdots,\lambda_m$ 全为 0 时,等式

$$\lambda_1\boldsymbol{\alpha}_1+\lambda_2\boldsymbol{\alpha}_2+\cdots+\lambda_m\boldsymbol{\alpha}_m+\lambda_1\boldsymbol{\beta}_1+\lambda_2\boldsymbol{\beta}_2+\cdots+\lambda_m\boldsymbol{\beta}_m=\mathbf{0}$$

才能成立,则 $\boldsymbol{\alpha}_1,\boldsymbol{\alpha}_2,\cdots,\boldsymbol{\alpha}_m$ 线性无关,$\boldsymbol{\beta}_1,\boldsymbol{\beta}_2,\cdots,\boldsymbol{\beta}_m$ 亦线性无关;

(4) 若 $\boldsymbol{\alpha}_1,\boldsymbol{\alpha}_2,\cdots,\boldsymbol{\alpha}_m$ 线性相关,$\boldsymbol{\beta}_1,\boldsymbol{\beta}_2,\cdots,\boldsymbol{\beta}_m$ 亦线性相关,则有不全为 0 的数 $\lambda_1,\lambda_2,\cdots,\lambda_m$,使

$$\lambda_1\boldsymbol{\alpha}_1+\lambda_2\boldsymbol{\alpha}_2+\cdots+\lambda_m\boldsymbol{\alpha}_m=\mathbf{0},\quad \lambda_1\boldsymbol{\beta}_1+\lambda_2\boldsymbol{\beta}_2+\cdots+\lambda_m\boldsymbol{\beta}_m=\mathbf{0}$$

同时成立.

5. 已知向量 $\boldsymbol{\gamma}_1,\boldsymbol{\gamma}_2$ 由向量 $\boldsymbol{\beta}_1,\boldsymbol{\beta}_2,\boldsymbol{\beta}_3$ 的线性表示式为

$$\boldsymbol{\gamma}_1=3\boldsymbol{\beta}_1-\boldsymbol{\beta}_2+\boldsymbol{\beta}_3,$$
$$\boldsymbol{\gamma}_2=\boldsymbol{\beta}_1+2\boldsymbol{\beta}_2+4\boldsymbol{\beta}_3.$$

向量 $\boldsymbol{\beta}_1,\boldsymbol{\beta}_2,\boldsymbol{\beta}_3$ 由向量 $\boldsymbol{\alpha}_1,\boldsymbol{\alpha}_2,\boldsymbol{\alpha}_3$ 的线性表示式为

$$\boldsymbol{\beta}_1=2\boldsymbol{\alpha}_1+\boldsymbol{\alpha}_2-5\boldsymbol{\alpha}_3,$$
$$\boldsymbol{\beta}_2=\boldsymbol{\alpha}_1+3\boldsymbol{\alpha}_2+\boldsymbol{\alpha}_3,$$
$$\boldsymbol{\beta}_3=-\boldsymbol{\alpha}_1+4\boldsymbol{\alpha}_2-\boldsymbol{\alpha}_3.$$

求向量 $\boldsymbol{\gamma}_1,\boldsymbol{\gamma}_2$ 由向量 $\boldsymbol{\alpha}_1,\boldsymbol{\alpha}_2,\boldsymbol{\alpha}_3$ 的线性表示式.

6. 判别下列向量组的线性相关性:

(1) $(1,2),(2,3),(4,3)$;

(2) $(1,2,3),(1,1,1),\left(\frac{1}{2},1,\frac{3}{2}\right)$;

(3) $(1,-1,0),(2,1,1),(1,3,-1)$;

(4) $(1,1,3,1),(4,1,-3,2),(1,0,-1,2)$;

(5) $(1,1,2,2,1),(0,2,1,5,-1),(2,0,3,-1,3),(1,1,0,4,-1)$.

7. 设向量组 $\boldsymbol{\alpha}_1,\boldsymbol{\alpha}_2,\cdots,\boldsymbol{\alpha}_r$ 线性无关,证明向量组 $\boldsymbol{\beta}_1=\boldsymbol{\alpha}_1+\boldsymbol{\alpha}_r,\boldsymbol{\beta}_2=\boldsymbol{\alpha}_2+\boldsymbol{\alpha}_r,\cdots,\boldsymbol{\beta}_{r-1}=\boldsymbol{\alpha}_{r-1}+\boldsymbol{\alpha}_r,\boldsymbol{\beta}_r=\boldsymbol{\alpha}_r$ 线性无关.

8. 设向量组 $\boldsymbol{\alpha}_1,\boldsymbol{\alpha}_2,\boldsymbol{\alpha}_3$ 线性无关,问 l,m 满足什么条件时,向量组 $l\boldsymbol{\alpha}_2-\boldsymbol{\alpha}_1,m\boldsymbol{\alpha}_3-\boldsymbol{\alpha}_2,\boldsymbol{\alpha}_1-\boldsymbol{\alpha}_2$ 线性相关.

9. 如果向量组 $\boldsymbol{\alpha}_1,\boldsymbol{\alpha}_2,\cdots,\boldsymbol{\alpha}_r$ 线性相关,而其中任意 $r-1$ 个向量线性无关,证明:要使

$$k_1\boldsymbol{\alpha}_1+k_2\boldsymbol{\alpha}_2+\cdots+k_r\boldsymbol{\alpha}_r=\mathbf{0}$$

成立,$k_1,k_2,\cdots,k_r$ 必全不为零或全为零.

10. 设 $\boldsymbol{\beta}_1=\boldsymbol{\alpha}_1+\boldsymbol{\alpha}_2,\boldsymbol{\beta}_2=\boldsymbol{\alpha}_2+\boldsymbol{\alpha}_3,\boldsymbol{\beta}_3=\boldsymbol{\alpha}_3+\boldsymbol{\alpha}_4,\boldsymbol{\beta}_4=\boldsymbol{\alpha}_4+\boldsymbol{\alpha}_1$,证明:$\boldsymbol{\beta}_1,\boldsymbol{\beta}_2,\boldsymbol{\beta}_3,\boldsymbol{\beta}_4$ 线性相关.

11. 设向量 $\boldsymbol{\beta}$ 可由向量组 $\boldsymbol{\alpha}_1,\boldsymbol{\alpha}_2,\cdots,\boldsymbol{\alpha}_m$ 线性表出,试证明表示法唯一的充分必要条件是 $\boldsymbol{\alpha}_1,\boldsymbol{\alpha}_2,\cdots,\boldsymbol{\alpha}_m$ 线性无关.

12. 设向量组 $\boldsymbol{\alpha}_1,\boldsymbol{\alpha}_2,\cdots,\boldsymbol{\alpha}_s$ 线性无关,$\boldsymbol{\beta}=b_1\boldsymbol{\alpha}_1+b_2\boldsymbol{\alpha}_2+\cdots+b_s\boldsymbol{\alpha}_s$. 证明:如果某个 $b_i\neq0$,则用 $\boldsymbol{\beta}$ 替换 $\boldsymbol{\alpha}_i$ 后得到的向量组 $\boldsymbol{\alpha}_1,\boldsymbol{\alpha}_2,\cdots,\boldsymbol{\alpha}_{i-1},\boldsymbol{\beta},\boldsymbol{\alpha}_{i+1},\cdots,\boldsymbol{\alpha}_s$ 也线性无关.

13. 求下列向量组的秩,并求一个极大线性无关组:

(1) $\boldsymbol{\alpha}_1=(1,2,-1,4)^{\mathrm{T}},\boldsymbol{\alpha}_2=(9,100,10,4)^{\mathrm{T}},\boldsymbol{\alpha}_3=(-2,-4,2,-8)^{\mathrm{T}}$;

(2) $\boldsymbol{\alpha}_1=(1,2,1,3)^{\mathrm{T}},\boldsymbol{\alpha}_2=(4,-1,-5,-6)^{\mathrm{T}},\boldsymbol{\alpha}_3=(1,-3,-4,-7)^{\mathrm{T}}$;

(3) $\boldsymbol{\alpha}_1=(1,3,6,2)^{\mathrm{T}},\boldsymbol{\alpha}_2=(2,1,2,-1)^{\mathrm{T}},\boldsymbol{\alpha}_3=(3,5,10,2)^{\mathrm{T}},\boldsymbol{\alpha}_4=(-2,1,2,3)^{\mathrm{T}}$;

(4) $\boldsymbol{\alpha}_1=(1,0,-2,1)^{\mathrm{T}},\boldsymbol{\alpha}_2=(3,1,0,-1)^{\mathrm{T}},\boldsymbol{\alpha}_3=(1,1,4,-3)^{\mathrm{T}},\boldsymbol{\alpha}_4=(3,0,10,3)^{\mathrm{T}}$;

(5) $\boldsymbol{\alpha}_1=(1,-2,-1,0,2)^{\mathrm{T}}$，$\boldsymbol{\alpha}_2=(1,-2,-1,-3,3)^{\mathrm{T}}$，$\boldsymbol{\alpha}_3=(2,-1,0,2,3)^{\mathrm{T}}$，$\boldsymbol{\alpha}_4=(3,3,3,3,4)^{\mathrm{T}}$.

14. 求向量组 $\boldsymbol{\alpha}_1=\left(0,2,5,1,\frac{1}{2}\right)^{\mathrm{T}}$，$\boldsymbol{\alpha}_2=\left(2,2,-\frac{1}{2},1,1\right)^{\mathrm{T}}$，$\boldsymbol{\alpha}_3=(-8,-1,12,4,-3)^{\mathrm{T}}$，$\boldsymbol{\alpha}_4=(4,3,-1,0,2)^{\mathrm{T}}$ 的一个极大线性无关组，并用极大线性无关组表示向量组中其余向量.

15. 设 $\boldsymbol{\alpha}_1,\boldsymbol{\alpha}_2,\cdots,\boldsymbol{\alpha}_n$ 是一组 n 维向量，已知 n 维单位坐标向量 $\boldsymbol{e}_1,\boldsymbol{e}_2,\cdots,\boldsymbol{e}_n$ 能由它们线性表出，证明 $\boldsymbol{\alpha}_1,\boldsymbol{\alpha}_2,\cdots,\boldsymbol{\alpha}_n$ 线性无关.

16. 设 $\boldsymbol{\alpha}_1,\boldsymbol{\alpha}_2,\cdots,\boldsymbol{\alpha}_n$ 是一组 n 维向量，证明它们线性无关的充分必要条件是：任一 n 维向量都可由它们线性表出.

17. 证明：如果秩为 r 的向量组可以由它的 r 个向量线性表出，则这 r 个向量构成这个向量组的一个极大线性无关组.

18. 证明：n 个方程的 n 元线性方程组

$$x_1\boldsymbol{\alpha}_1+x_2\boldsymbol{\alpha}_2+\cdots+x_n\boldsymbol{\alpha}_n=\boldsymbol{\beta}$$

对任何 $\boldsymbol{\beta}\in\mathbf{R}^n$ 都有解的充分必要条件是它的系数行列式 $|\boldsymbol{A}|\neq 0$.

19. 证明：$\mathrm{r}(\boldsymbol{\alpha}_1,\boldsymbol{\alpha}_2,\cdots,\boldsymbol{\alpha}_r,\boldsymbol{\beta}_1,\boldsymbol{\beta}_2\cdots,\boldsymbol{\beta}_s)\leqslant\mathrm{r}(\boldsymbol{\alpha}_1,\boldsymbol{\alpha}_2,\cdots,\boldsymbol{\alpha}_r)+\mathrm{r}(\boldsymbol{\beta}_1,\boldsymbol{\beta}_2\cdots,\boldsymbol{\beta}_s)$.

20. 证明 $\mathrm{r}(\boldsymbol{A}+\boldsymbol{B})\leqslant\mathrm{r}(\boldsymbol{A})+\mathrm{r}(\boldsymbol{B})$.

21. 判别下面的集合是否构成向量空间，若构成向量空间，求一个基及维数：

(1) 平面上不平行于某一向量的所有向量的集合；

(2) $V=\{\boldsymbol{\alpha}=(x_1,x_2,\cdots,x_n)\mid x_1+x_2+\cdots+x_n=0\}$；

(3) $V=\{\boldsymbol{\alpha}=(x_1,x_2,\cdots,x_n)\mid x_1+x_2+\cdots+x_n=1\}$；

(4) $V=\{\boldsymbol{\alpha}=(x_1,x_2,x_3)\mid x_1=5x_2\}$.

22. 证明向量组 $\boldsymbol{\alpha}_1=(1,1,0)^{\mathrm{T}}$，$\boldsymbol{\alpha}_2=(0,0,2)^{\mathrm{T}}$，$\boldsymbol{\alpha}_3=(0,3,2)^{\mathrm{T}}$ 是 $\mathbf{R}^3$ 上的一个基.

23. 证明向量组 $\boldsymbol{\alpha}_1=(1,1,0,1)^{\mathrm{T}}$，$\boldsymbol{\alpha}_2=(2,1,3,1)^{\mathrm{T}}$，$\boldsymbol{\alpha}_3=(1,1,0,0)^{\mathrm{T}}$，$\boldsymbol{\alpha}_4=(0,1,-1,-1)^{\mathrm{T}}$ 构成 $\mathbf{R}^4$ 的一个基，并把向量 $\boldsymbol{\beta}=(2,2,4,1)^{\mathrm{T}}$ 用这个基线性表出.

24. 在 $\mathbf{R}^3$ 中求一个向量 $\boldsymbol{\gamma}$，使它在下面两个基：

(1) $\boldsymbol{\alpha}_1=(1,0,1)^{\mathrm{T}}$，$\boldsymbol{\alpha}_2=(-1,0,0)^{\mathrm{T}}$，$\boldsymbol{\alpha}_3=(0,1,1)^{\mathrm{T}}$；

(2) $\boldsymbol{\beta}_1=(0,-1,1)^{\mathrm{T}}$，$\boldsymbol{\beta}_2=(1,-1,0)^{\mathrm{T}}$，$\boldsymbol{\beta}_3=(1,0,1)^{\mathrm{T}}$

下有相同的坐标.

25. 设 $\mathbf{R}^n$ 的一个基为 $\boldsymbol{\alpha}_1=(1,0,0,\cdots,0)^{\mathrm{T}}$，$\boldsymbol{\alpha}_2=(1,1,0,\cdots,0)^{\mathrm{T}}$，$\cdots$，$\boldsymbol{\alpha}_n=(1,1,1,\cdots,1)^{\mathrm{T}}$，求向量 $\boldsymbol{\alpha}=(a_1,a_2,a_3,\cdots,a_n)^{\mathrm{T}}$ 在此基下的坐标.

26. 设向量组 $\boldsymbol{\alpha}_1,\boldsymbol{\alpha}_2,\cdots,\boldsymbol{\alpha}_r$ 线性无关，又向量组 $\boldsymbol{\beta}_1,\boldsymbol{\beta}_2,\cdots,\boldsymbol{\beta}_s$ 是 $\boldsymbol{\alpha}_1,\boldsymbol{\alpha}_2,\cdots,\boldsymbol{\alpha}_r$ 的线性组合，即

$$\boldsymbol{\beta}_i=\sum_{j=1}^{r}b_{ij}\boldsymbol{\alpha}_j\quad(i=1,2,\cdots,s).$$

证明：$\boldsymbol{\beta}_1,\boldsymbol{\beta}_2,\cdots,\boldsymbol{\beta}_s$ 线性相关的充分必要条件是矩阵

$$\begin{pmatrix} b_{11} & b_{12} & \cdots & b_{1r} \\ b_{21} & b_{22} & \cdots & b_{2r} \\ \vdots & \vdots & & \vdots \\ b_{s1} & b_{s2} & \cdots & b_{sr} \end{pmatrix}$$

的秩小于 s.

27. 设 $s\times n$ 矩阵 $\boldsymbol{A}$ 为

$$\boldsymbol{A}=\begin{pmatrix} 1 & a & a^2 & \cdots & a^{n-1} \\ 1 & a^2 & a^4 & \cdots & a^{2(n-1)} \\ \vdots & \vdots & \vdots & & \vdots \\ 1 & a^s & a^{2s} & \cdots & a^{s(n-1)} \end{pmatrix},$$

其中 $s\leqslant n$,且当 $0<r<n$ 时,$a^r\neq 1$. 求 $\boldsymbol{A}$ 的秩和它的列向量组的一个极大线性无关组.

28. 设 $\lambda_1,\lambda_2,\cdots,\lambda_k$ 为互不相同的数,向量组 $\boldsymbol{\alpha}_i=(1,\lambda_i,\lambda_i^2,\cdots,\lambda_i^{n-1}),i=1,2,\cdots,k$. 证明:

(1) $k\leqslant n$ 时,向量组线性无关;

(2) $k>n$ 时,向量组线性相关.

29. 设 $\boldsymbol{A},\boldsymbol{B}$ 分别为 $m\times n,n\times m$ 矩阵,$n>m$ 且 $\boldsymbol{AB}=\boldsymbol{E}_m$,证明 $\boldsymbol{B}$ 的 m 个列向量线性无关.

30. 设在向量组 $\boldsymbol{\alpha}_1,\boldsymbol{\alpha}_2,\cdots,\boldsymbol{\alpha}_r$ 中,$\boldsymbol{\alpha}_1\neq\boldsymbol{0}$,并且每一个向量 $\boldsymbol{\alpha}_i$ 都不能由它前面的向量 $\boldsymbol{\alpha}_1,\boldsymbol{\alpha}_2,\cdots,\boldsymbol{\alpha}_{i-1}$ 线性表出,证明 $\boldsymbol{\alpha}_1,\boldsymbol{\alpha}_2,\cdots,\boldsymbol{\alpha}_r$ 线性无关.

31. 设向量组Ⅰ:$\boldsymbol{\beta}_1,\boldsymbol{\beta}_2,\cdots,\boldsymbol{\beta}_r$ 能由向量组Ⅱ:$\boldsymbol{\alpha}_1,\boldsymbol{\alpha}_2,\cdots,\boldsymbol{\alpha}_s$ 线性表示为

$$(\boldsymbol{\beta}_1,\boldsymbol{\beta}_2,\cdots,\boldsymbol{\beta}_r)=(\boldsymbol{\alpha}_1,\boldsymbol{\alpha}_2,\cdots,\boldsymbol{\alpha}_s)\boldsymbol{K},$$

其中 $\boldsymbol{K}$ 为 $s\times r$ 矩阵,且向量组Ⅱ线性无关. 证明向量组Ⅰ线性无关的充分必要条件是矩阵 $\boldsymbol{K}$ 的秩 $\mathrm{r}(\boldsymbol{K})=r$.

32. 用矩阵的秩讨论下面三个平面的位置关系:

$$\pi_1: a_1x+b_1y+c_1z=0,$$
$$\pi_2: a_2x+b_2y+c_2z=0,$$
$$\pi_3: a_3x+b_3y+c_3z=0.$$

第 5 章　线性方程组

在工程技术领域中，大量的问题都可归结为解线性方程组. 线性方程组的解的理论和求解方法，是线性代数学的核心内容. 在第一章中介绍的克拉默法则，只讨论了方程个数与变量个数相同的特殊的线性方程组. 本章将建立线性方程组理论：解的存在性和解的结构，以及线性方程组的通解表示法.

§5.1　齐次线性方程组

齐次线性方程组的一般形式为

$$\begin{cases} a_{11}x_1+a_{12}x_2+\cdots+a_{1n}x_n=0, \\ a_{21}x_1+a_{22}x_2+\cdots+a_{2n}x_n=0, \\ \qquad\qquad\vdots \\ a_{m1}x_1+a_{m2}x_2+\cdots+a_{mn}x_n=0. \end{cases} \tag{5.1}$$

设

$$\boldsymbol{A}=\begin{pmatrix} a_{11} & a_{12} & \cdots & a_{1n} \\ a_{21} & a_{22} & \cdots & a_{2n} \\ \vdots & \vdots & & \vdots \\ a_{m1} & a_{m2} & \cdots & a_{mn} \end{pmatrix}, \quad \boldsymbol{x}=\begin{pmatrix} x_1 \\ x_2 \\ \vdots \\ x_n \end{pmatrix}, \quad \boldsymbol{0}=\begin{pmatrix} 0 \\ 0 \\ \vdots \\ 0 \end{pmatrix}.$$

常把上述齐次线性方程组简写成

$$\boldsymbol{Ax}=\boldsymbol{0}. \tag{5.2}$$

称 $\boldsymbol{Ax}=\boldsymbol{0}$ 中的 $\boldsymbol{A}$ 为**系数矩阵**，$\boldsymbol{x}$ 为 n **维未知列向量**，$\boldsymbol{0}$ 为 m **维零列向量**.

定义 1　设 $\boldsymbol{A}$ 是 $m\times n$ 矩阵，满足 $\boldsymbol{A\xi}=\boldsymbol{0}$ 的 n 维列向量 $\boldsymbol{\xi}=(\xi_1,\xi_2,\cdots,\xi_n)^{\mathrm{T}}$ 称为 $\boldsymbol{Ax}=\boldsymbol{0}$ 的**解向量**.

也可把解向量 $\boldsymbol{\xi}$ 简称为 $\boldsymbol{Ax}=\boldsymbol{0}$ 的**解**. n 维零列向量 $\boldsymbol{0}$ 显然是 $\boldsymbol{Ax}=\boldsymbol{0}$ 的解，称为**零解**. $\boldsymbol{Ax}=\boldsymbol{0}$ 的其他解称为**非零解**.

若把 $\boldsymbol{A}$ 看作由列向量组构成的矩阵，设

$$\boldsymbol{A}=(\boldsymbol{\alpha}_1,\boldsymbol{\alpha}_2,\cdots,\boldsymbol{\alpha}_n),$$

则方程组 $\boldsymbol{Ax}=\boldsymbol{0}$ 可表示为向量组合的形式

$$x_1\boldsymbol{\alpha}_1+x_2\boldsymbol{\alpha}_2+\cdots+x_n\boldsymbol{\alpha}_n=\boldsymbol{0}. \tag{5.3}$$

上面给出了齐次线性方程组的三种不同的形式，它们表示同一个线性方程组.

考虑由 $\boldsymbol{Ax}=\boldsymbol{0}$ 的解的全体所组成的向量集合

$$S=\{\boldsymbol{\xi}\,|\,\boldsymbol{A\xi}=\boldsymbol{0}\}.$$

容易证明 S 有以下性质：

性质 1 若 $\boldsymbol{\xi}_1,\boldsymbol{\xi}_2$ 是齐次线性方程组 $\boldsymbol{Ax}=\boldsymbol{0}$ 的解,则 $\boldsymbol{\xi}_1+\boldsymbol{\xi}_2$ 也是 $\boldsymbol{Ax}=\boldsymbol{0}$ 的解.

证 由于 $\boldsymbol{A\xi}_1=\boldsymbol{0},\boldsymbol{A\xi}_2=\boldsymbol{0}$,必有 $\boldsymbol{A}(\boldsymbol{\xi}_1\pm\boldsymbol{\xi}_2)=\boldsymbol{A\xi}_1\pm\boldsymbol{A\xi}_2=\boldsymbol{0}$,所以 $\boldsymbol{\xi}_1+\boldsymbol{\xi}_2$ 是 $\boldsymbol{Ax}=\boldsymbol{0}$ 的解.

性质 2 若 $\boldsymbol{\xi}$ 是齐次线性方程组 $\boldsymbol{Ax}=\boldsymbol{0}$ 的解,k 是任意实数,则 $k\boldsymbol{\xi}$ 也是 $\boldsymbol{Ax}=\boldsymbol{0}$ 的解.

证 由于 $\boldsymbol{A}(k\boldsymbol{\xi})=k\boldsymbol{A\xi}=k\times\boldsymbol{0}=\boldsymbol{0}$,所以 $k\boldsymbol{\xi}$ 也是 $\boldsymbol{Ax}=\boldsymbol{0}$ 的解.

由性质 1,性质 2 可得：

(1) 若 $\boldsymbol{\xi}_1,\boldsymbol{\xi}_2\in S$,则 $\boldsymbol{\xi}_1+\boldsymbol{\xi}_2\in S$;

(2) 若 $\boldsymbol{\xi}\in S,k\in\mathbf{R}$,则 $k\boldsymbol{\xi}\in S$.

这说明集合 S 对向量的加法和数乘两种运算是封闭的,且 n 维零列向量 $\boldsymbol{0}$ 一定是 $\boldsymbol{Ax}=\boldsymbol{0}$ 的解,这说明 S 不是空集. 因此 S 构成一个向量空间. 把 S 称为 $\boldsymbol{Ax}=\boldsymbol{0}$ 的**解空间**.

定义 2 齐次线性方程组 $\boldsymbol{Ax}=\boldsymbol{0}$ 的解空间 S 中的任意一个基$\{\boldsymbol{\xi}_1,\boldsymbol{\xi}_2,\cdots,\boldsymbol{\xi}_s\}$,都称为 $\boldsymbol{Ax}=\boldsymbol{0}$ 的**基础解系**.

若$\{\boldsymbol{\xi}_1,\boldsymbol{\xi}_2,\cdots,\boldsymbol{\xi}_s\}$为齐次线性方程组 $\boldsymbol{Ax}=\boldsymbol{0}$ 的一个基础解系,则必须满足两个条件：

(1) $\boldsymbol{\xi}_1,\boldsymbol{\xi}_2,\cdots,\boldsymbol{\xi}_s$ 是 $\boldsymbol{Ax}=\boldsymbol{0}$ 的线性无关的解向量组；

(2) 此方程组的任意一个解 $\boldsymbol{\xi}$,都可表为 $\boldsymbol{\xi}_1,\boldsymbol{\xi}_2,\cdots,\boldsymbol{\xi}_s$ 的线性组合. 即

$$\boldsymbol{\xi}=k_1\boldsymbol{\xi}_1+k_2\boldsymbol{\xi}_2+\cdots+k_s\boldsymbol{\xi}_s,\quad \text{其中 } k_1,k_2,\cdots,k_s \text{ 是任意实数.}$$

下面来求解空间 S 的基和维数.

设 $\boldsymbol{Ax}=\boldsymbol{0}$ 的系数矩阵 $\boldsymbol{A}$ 的秩 $\mathrm{r}(\boldsymbol{A})=r$,不妨设 $\boldsymbol{A}$ 的前 r 个列向量线性无关,对 $\boldsymbol{A}$ 施行初等行变换把它化为行最简形矩阵 $\boldsymbol{B}$,设

$$\boldsymbol{B}=\begin{pmatrix} 1 & 0 & \cdots & 0 & b_{11} & \cdots & b_{1,n-r} \\ 0 & 1 & \cdots & 0 & b_{21} & \cdots & b_{2,n-r} \\ \vdots & \vdots & & \vdots & \vdots & & \vdots \\ 0 & 0 & \cdots & 1 & b_{r1} & \cdots & b_{r,n-r} \\ 0 & 0 & \cdots & 0 & 0 & \cdots & 0 \\ \vdots & \vdots & & \vdots & \vdots & & \vdots \\ 0 & 0 & \cdots & 0 & 0 & \cdots & 0 \end{pmatrix},$$

以 $\boldsymbol{B}$ 为系数矩阵的线性方程组可化为

$$\begin{cases} x_1=-b_{11}x_{r+1}-b_{12}x_{r+2}-\cdots-b_{1,n-r}x_n, \\ x_2=-b_{21}x_{r+1}-b_{22}x_{r+2}-\cdots-b_{2,n-r}x_n, \\ \qquad\vdots \\ x_r=-b_{r1}x_{r+1}-b_{r2}x_{r+2}-\cdots-b_{r,n-r}x_n. \end{cases} \tag{5.4}$$

则方程组(5.1)与(5.4)同解. 在(5.4)中,任给 $x_{r+1},x_{r+2},\cdots,x_n$ 的一组值,则唯一确定 x_1,$x_2,\cdots,x_r$ 的值,于是就得到(5.4)的一个解,也就是(5.1)的解. 令 $x_{r+1},x_{r+2},\cdots,x_n$ 取下列 $n-r$ 组数：

$$\begin{pmatrix} x_{r+1} \\ x_{r+2} \\ \vdots \\ x_n \end{pmatrix}=\begin{pmatrix} 1 \\ 0 \\ \vdots \\ 0 \end{pmatrix},\begin{pmatrix} 0 \\ 1 \\ \vdots \\ 0 \end{pmatrix},\cdots,\begin{pmatrix} 0 \\ 0 \\ \vdots \\ 1 \end{pmatrix},$$

由(5.4)依次可得

$$\begin{pmatrix} x_1 \\ \vdots \\ x_r \end{pmatrix} = \begin{pmatrix} -b_{11} \\ \vdots \\ -b_{r1} \end{pmatrix}, \begin{pmatrix} -b_{12} \\ \vdots \\ -b_{r2} \end{pmatrix}, \begin{pmatrix} -b_{1n-r} \\ \vdots \\ -b_{r,n-r} \end{pmatrix},$$

从而求得(5.1)的 $n-r$ 个解

$$\boldsymbol{\xi}_1 = \begin{pmatrix} -b_{11} \\ \vdots \\ -b_{r1} \\ 1 \\ 0 \\ \vdots \\ 0 \end{pmatrix}, \quad \boldsymbol{\xi}_2 = \begin{pmatrix} -b_{12} \\ \vdots \\ -b_{r2} \\ 0 \\ 1 \\ \vdots \\ 0 \end{pmatrix}, \quad \cdots, \quad \boldsymbol{\xi}_{n-r} = \begin{pmatrix} -b_{1,n-r} \\ \vdots \\ -b_{r,n-r} \\ 0 \\ 0 \\ \vdots \\ 1 \end{pmatrix}.$$

下面证明 $\boldsymbol{\xi}_1,\boldsymbol{\xi}_2,\cdots,\boldsymbol{\xi}_{n-r}$就是解空间 S 的一个基.

由于 $\boldsymbol{\xi}_1,\boldsymbol{\xi}_2,\cdots,\boldsymbol{\xi}_{n-r}$的后 $n-r$ 个分量构成的向量组线性无关,所以在每个向量前面添加 r 个分量而得到的 $n-r$ 个 n 维向量 $\boldsymbol{\xi}_1,\boldsymbol{\xi}_2,\cdots,\boldsymbol{\xi}_{n-r}$也线性无关.

设

$$\boldsymbol{\xi} = \begin{pmatrix} \lambda_1 \\ \vdots \\ \lambda_r \\ \lambda_{r+1} \\ \vdots \\ \lambda_n \end{pmatrix}$$

是方程组(5.1)的任一解,令

$$\boldsymbol{\eta} = \lambda_{r+1}\boldsymbol{\xi}_1 + \lambda_{r+2}\boldsymbol{\xi}_2 + \cdots + \lambda_n\boldsymbol{\xi}_{n-r},$$

则 $\boldsymbol{\eta}$ 是(5.1)的解,比较 $\boldsymbol{\eta}$ 和 $\boldsymbol{\xi}$ 知,它们的后 $n-r$ 个分量对应相等,由于它们都满足方程组(5.4),从而知它们的前 r 个分量必对应相等,因此 $\boldsymbol{\xi}=\boldsymbol{\eta}$,即

$$\boldsymbol{\xi} = \lambda_{r+1}\boldsymbol{\xi}_1 + \lambda_{r+2}\boldsymbol{\xi}_2 + \cdots + \lambda_n\boldsymbol{\xi}_{n-r}.$$

这就证明了 $\boldsymbol{\xi}_1,\boldsymbol{\xi}_2,\cdots,\boldsymbol{\xi}_{n-r}$是解空间的一个基,即基础解系. 因此有

$$\dim S = n-r.$$

根据以上证明,得到下面的定理.

定理 1　设 $\boldsymbol{A}$ 是 $m\times n$ 矩阵,$\mathrm{r}(\boldsymbol{A})=r$,则

(1) $\boldsymbol{Ax}=\boldsymbol{0}$ 的基础解系中的解向量个数为 $n-r$;

(2) $\boldsymbol{Ax}=\boldsymbol{0}$ 的任意 $n-r$ 个线性无关的解向量都是它的基础解系;

(3) 设 $\boldsymbol{\xi}_1,\boldsymbol{\xi}_2,\cdots,\boldsymbol{\xi}_{n-r}$是 $\boldsymbol{Ax}=\boldsymbol{0}$ 的任意一个基础解系,则 $\boldsymbol{Ax}=\boldsymbol{0}$ 的所有解为

$$\boldsymbol{\xi} = k_1\boldsymbol{\xi}_1 + k_2\boldsymbol{\xi}_2 + \cdots + k_{n-r}\boldsymbol{\xi}_{n-r}, \tag{5.5}$$

其中 $k_1,k_2,\cdots,k_{n-r}$为任意实数.

称式(5.5)为齐次线性方程组 $\boldsymbol{Ax}=\boldsymbol{0}$ 的**通解**.

推论　(1) 设 $\boldsymbol{A}$ 是 $m\times n$ 矩阵,则

$\boldsymbol{Ax}=\boldsymbol{0}$ 只有零解$\Leftrightarrow\mathrm{r}(\boldsymbol{A})=n$. 此时,$\boldsymbol{Ax}=\boldsymbol{0}$ 没有基础解系;

$\boldsymbol{Ax}=\boldsymbol{0}$ 有非零解$\Leftrightarrow\mathrm{r}(\boldsymbol{A})<n$. 此时,$\boldsymbol{Ax}=\boldsymbol{0}$ 有无穷多个基础解系.

当 $m<n$ 时，$\boldsymbol{A}\boldsymbol{x}=\boldsymbol{0}$ 必有非零解，因此必有无穷多个基础解系.

(2) 当 $\boldsymbol{A}$ 是 n 阶方阵时，$\boldsymbol{A}\boldsymbol{x}=\boldsymbol{0}$ 只有零解 $\Leftrightarrow |\boldsymbol{A}|\neq 0$. $\boldsymbol{A}\boldsymbol{x}=\boldsymbol{0}$ 有非零解 $\Leftrightarrow |\boldsymbol{A}|=0$.

证 (1) $\boldsymbol{A}\boldsymbol{x}=\boldsymbol{0}$ 只有零解当且仅当 $S=\{\boldsymbol{0}\}\Leftrightarrow \dim S=n-\mathrm{r}(\boldsymbol{A})=0\Leftrightarrow n=\mathrm{r}(\boldsymbol{A})$.

$\boldsymbol{A}\boldsymbol{x}=\boldsymbol{0}$ 有非零解当且仅当 $S\neq\{\boldsymbol{0}\}\Leftrightarrow \dim S=n-\mathrm{r}(\boldsymbol{A})>0\Leftrightarrow n>\mathrm{r}(\boldsymbol{A})$.

当 $m<n$ 时，必有 $\mathrm{r}(\boldsymbol{A})\leqslant\min\{m,n\}\leqslant m<n$，此时 $\boldsymbol{A}\boldsymbol{x}=\boldsymbol{0}$ 必有非零解.

(2) 因为 $\boldsymbol{A}$ 是 n 阶方阵，所以，$\mathrm{r}(\boldsymbol{A})=n\Leftrightarrow|\boldsymbol{A}|\neq 0$. $\mathrm{r}(\boldsymbol{A})<n\Leftrightarrow|\boldsymbol{A}|=0$.

例 1 当 $n>m$ 时，n 个 m 维向量一定线性相关.

证 设 $\boldsymbol{\alpha}_1,\boldsymbol{\alpha}_2,\cdots,\boldsymbol{\alpha}_n$ 是 n 个 m 维列向量，则 $\boldsymbol{A}=(\boldsymbol{\alpha}_1,\boldsymbol{\alpha}_2,\cdots,\boldsymbol{\alpha}_n)$ 是 $m\times n$ 矩阵. 于是由 $\mathrm{r}(\boldsymbol{A})\leqslant m<n$ 知道，$\boldsymbol{A}\boldsymbol{x}=\boldsymbol{0}$ 必有非零解. 所以 $\boldsymbol{\alpha}_1,\boldsymbol{\alpha}_2,\cdots,\boldsymbol{\alpha}_n$ 一定线性相关.

齐次线性方程组 $\boldsymbol{A}\boldsymbol{x}=\boldsymbol{0}$ 的求通解方法：先把系数矩阵 $\boldsymbol{A}$ 用初等行变换化成行最简形矩阵 $\boldsymbol{T}$，则 $\boldsymbol{A}\boldsymbol{x}=\boldsymbol{0}$ 与 $\boldsymbol{T}\boldsymbol{x}=\boldsymbol{0}$ 是同解的，只需要求出 $\boldsymbol{T}\boldsymbol{x}=\boldsymbol{0}$ 的通解，它就是 $\boldsymbol{A}\boldsymbol{x}=\boldsymbol{0}$ 的通解.

例 2 求线性方程组 $\begin{cases} x_1+2x_2+4x_3-3x_4=0, \\ 3x_1+5x_2+6x_3-4x_4=0, \\ 4x_1+5x_2-2x_3+3x_4=0 \end{cases}$ 的基础解系和通解.

解 将系数矩阵 $\boldsymbol{A}$ 用初等行变换化为行最简形：

$$\boldsymbol{A}=\begin{pmatrix} 1 & 2 & 4 & -3 \\ 3 & 5 & 6 & -4 \\ 4 & 5 & -2 & 3 \end{pmatrix}\rightarrow\begin{pmatrix} 1 & 0 & -8 & 7 \\ 0 & 1 & 6 & -5 \\ 0 & 0 & 0 & 0 \end{pmatrix}=\boldsymbol{T},$$

得到与原方程组同解的方程组 $\boldsymbol{T}\boldsymbol{x}=\boldsymbol{0}$，即

$$\begin{cases} x_1-8x_3+7x_4=0, \\ x_2+6x_3-5x_4=0, \end{cases}$$

亦即

$$\begin{cases} x_1=8x_3-7x_4, \\ x_2=-6x_3+5x_4, \end{cases} \quad (x_3,x_4\ \text{为自由未知量}). \tag{5.6}$$

令

$$\begin{pmatrix} x_3 \\ x_4 \end{pmatrix}=\begin{pmatrix} 1 \\ 0 \end{pmatrix},\begin{pmatrix} 0 \\ 1 \end{pmatrix},$$

代入式(5.6)得

$$\begin{pmatrix} x_1 \\ x_2 \end{pmatrix}=\begin{pmatrix} 8 \\ -6 \end{pmatrix},\begin{pmatrix} -7 \\ 5 \end{pmatrix},$$

从而得到一个基础解系为

$$\boldsymbol{\xi}_1=\begin{pmatrix} 8 \\ -6 \\ 1 \\ 0 \end{pmatrix},\quad \boldsymbol{\xi}_2=\begin{pmatrix} -7 \\ 5 \\ 0 \\ 1 \end{pmatrix}.$$

因此，所求的通解为

$$\boldsymbol{\xi}=k_1\boldsymbol{\xi}_1+k_2\boldsymbol{\xi}_2,\quad k_1,k_2\ \text{为任意实数}.$$

求基础解系和通解除了上述方法外，也可用下面的方法.

将式(5.6)改写为

$$\begin{cases} x_1 = 8x_3 - 7x_4, \\ x_2 = -6x_3 + 5x_4, \\ x_3 = x_3, \\ x_4 = x_4. \end{cases}$$

再将它改写成向量的形式,并令 $x_3 = k_1, x_4 = k_2$,得到方程组的通解为

$$\begin{pmatrix} x_1 \\ x_2 \\ x_3 \\ x_4 \end{pmatrix} = k_1 \begin{pmatrix} 8 \\ -6 \\ 1 \\ 0 \end{pmatrix} + k_2 \begin{pmatrix} -7 \\ 5 \\ 0 \\ 1 \end{pmatrix}, \quad k_1, k_2 \text{ 为任意实数}.$$

例 3　求线性方程组 $\begin{cases} x_1 + x_2 + x_3 + x_4 + x_5 = 0, \\ 3x_1 + 2x_2 + x_3 + x_4 - 3x_5 = 0, \\ x_2 + 2x_3 + 2x_4 + 6x_5 = 0, \\ 5x_1 + 4x_2 + 3x_3 + 3x_4 - x_5 = 0 \end{cases}$ 的通解.

解　将系数矩阵 $\boldsymbol{A}$ 通过初等行变换化成行最简形:

$$\boldsymbol{A} \to \begin{pmatrix} 1 & 1 & 1 & 1 & 1 \\ 3 & 2 & 1 & 1 & -3 \\ 0 & 1 & 2 & 2 & 6 \\ 5 & 4 & 3 & 3 & -1 \end{pmatrix} \to \begin{pmatrix} 1 & 0 & -1 & -1 & -5 \\ 0 & 1 & 2 & 2 & 6 \\ 0 & 0 & 0 & 0 & 0 \\ 0 & 0 & 0 & 0 & 0 \end{pmatrix},$$

得到同解方程组为

$$\begin{cases} x_1 = x_3 + x_4 + 5x_5, \\ x_2 = -2x_3 - 2x_4 - 6x_5, \\ x_3 = x_3, \\ x_4 = x_4, \\ x_5 = x_5. \end{cases}$$

方程组的通解为

$$\begin{pmatrix} x_1 \\ x_2 \\ x_3 \\ x_4 \\ x_5 \end{pmatrix} = k_1 \begin{pmatrix} 1 \\ -2 \\ 1 \\ 0 \\ 0 \end{pmatrix} + k_2 \begin{pmatrix} 1 \\ -2 \\ 0 \\ 1 \\ 0 \end{pmatrix} + k_3 \begin{pmatrix} 5 \\ -6 \\ 0 \\ 0 \\ 1 \end{pmatrix}, \quad k_1, k_2, k_3 \text{ 为任意实数}.$$

例 4　求 λ,使齐次线性方程组

$$\begin{cases} (\lambda+3)x_1 + x_2 + 2x_3 = 0, \\ \lambda x_1 + (\lambda-1)x_2 + x_3 = 0, \\ 3(\lambda+1)x_1 + \lambda x_2 + (\lambda+3)x_3 = 0 \end{cases}$$

有非零解,并求其通解.

解　首先计算系数行列式

$$D = \begin{vmatrix} \lambda+3 & 1 & 2 \\ \lambda & \lambda-1 & 1 \\ 3(\lambda+1) & \lambda & \lambda+3 \end{vmatrix} = \lambda^2(\lambda-1),$$

当 $D=\lambda^2(\lambda-1)$,即当 $\lambda=0,1$ 时,方程组有非零解.

将 $\lambda=0$ 代入原方程组,得

$$\begin{cases}3x_1+x_2+2x_3=0,\\ \quad -x_2+x_3=0,\\ 3x_1+x_3=0.\end{cases}$$

方程组的系数矩阵

$$\boldsymbol{A}_1=\begin{pmatrix}3&1&2\\0&-1&1\\3&0&3\end{pmatrix}\to\begin{pmatrix}1&0&1\\0&1&-1\\0&0&0\end{pmatrix},$$

得同解方程组

$$\begin{cases}x_1=-x_3,\\ x_2=x_3,\\ x_3=x_3.\end{cases}$$

通解为

$$\begin{pmatrix}x_1\\x_2\\x_3\end{pmatrix}=k\begin{pmatrix}-1\\1\\1\end{pmatrix},\quad k\text{ 为任意实数}.$$

将 $\lambda=1$ 代入原方程组,得

$$\begin{cases}4x_1+x_2+2x_3=0,\\ x_1+x_3=0,\\ 6x_1+x_2+4x_3=0.\end{cases}$$

方程组的系数矩阵

$$\boldsymbol{A}=\begin{pmatrix}4&1&2\\1&0&1\\6&1&4\end{pmatrix}\to\begin{pmatrix}1&0&1\\0&1&-2\\0&0&0\end{pmatrix},$$

同解方程组为

$$\begin{cases}x_1=-x_3,\\ x_2=2x_3,\\ x_3=x_3,\end{cases}$$

通解为

$$\begin{pmatrix}x_1\\x_2\\x_3\end{pmatrix}=k\begin{pmatrix}-1\\2\\1\end{pmatrix},\quad k\text{ 为任意实数}.$$

例 5 设 $\boldsymbol{B}$ 是一个三阶非零方阵.已知 $\boldsymbol{B}$ 的每一个列向量都是齐次线性方程组

$$\begin{cases}x_1+2x_2-2x_3=0,\\ 2x_1-x_2+\lambda x_3=0,\\ 3x_1+x_2-x_3=0\end{cases}$$

的解,求 λ 的值和行列式 $|\boldsymbol{B}|$.

解 因为 $\boldsymbol{B}$ 是非零方阵,所以 $\boldsymbol{B}$ 中至少有一个非零列向量.又因为 $\boldsymbol{B}$ 的每一个列向量都

是齐次线性方程组 $\boldsymbol{Ax}=\boldsymbol{0}$ 的解，故该齐次线性方程组必有非零解，所以它的系数行列式

$$|\boldsymbol{A}|=\begin{vmatrix}1 & 2 & -2\\ 2 & -1 & \lambda\\ 3 & 1 & -1\end{vmatrix}=5(\lambda-1)=0,$$

于是得 $\lambda=1$.

当 $\lambda=1$ 时，$\mathrm{r}(\boldsymbol{A})=2$，解空间 S 的维数 $\dim S=3-2=1$，即基础解系只含有一个解向量，因而 $\boldsymbol{B}$ 的三个列向量必线性相关，得 $|\boldsymbol{B}|=0$.

定理 1 不仅是齐次线性方程组求解的理论基础，也可用于向量组线性相关性及矩阵秩的讨论. 由定理 1 易得下面的推论.

推论　同解的齐次线性方程组的系数矩阵必有相同的秩.

证　设 $\boldsymbol{Ax}=\boldsymbol{0}$ 与 $\boldsymbol{Bx}=\boldsymbol{0}$ 同解，则它们必有相同的基础解系，其中所含的解向量个数相同，即得 $n-\mathrm{r}(\boldsymbol{A})=n-\mathrm{r}(\boldsymbol{B})\Rightarrow \mathrm{r}(\boldsymbol{A})=\mathrm{r}(\boldsymbol{B})$.

例 6　设 $\boldsymbol{A}$ 是 $m\times n$ 实矩阵，证明 $\mathrm{r}(\boldsymbol{A}^{\mathrm{T}}\boldsymbol{A})=\mathrm{r}(\boldsymbol{A})=\mathrm{r}(\boldsymbol{A}\boldsymbol{A}^{\mathrm{T}})$.

证　只要证明齐次线性方程组 $\boldsymbol{Ax}=\boldsymbol{0}$ 与 $\boldsymbol{A}^{\mathrm{T}}\boldsymbol{Ax}=\boldsymbol{0}$ 同解，从而 $\mathrm{r}(\boldsymbol{A}^{\mathrm{T}}\boldsymbol{A})=\mathrm{r}(\boldsymbol{A})$.

如果 $\boldsymbol{A\xi}=\boldsymbol{0}$，则显然有 $\boldsymbol{A}^{\mathrm{T}}\boldsymbol{A\xi}=\boldsymbol{A}^{\mathrm{T}}\boldsymbol{0}=\boldsymbol{0}$.

反之，若 $\boldsymbol{A}^{\mathrm{T}}\boldsymbol{A\xi}=\boldsymbol{0}$，则必有 $\boldsymbol{\xi}^{\mathrm{T}}\boldsymbol{A}^{\mathrm{T}}\boldsymbol{A\xi}=0$，即 $(\boldsymbol{A\xi})^{\mathrm{T}}(\boldsymbol{A\xi})=0$.

令 $\boldsymbol{A\xi}=(a_1,a_2,\cdots a_n)^{\mathrm{T}}$，$a_i$ 是实数，则有

$$(\boldsymbol{A\xi})^{\mathrm{T}}(\boldsymbol{A\xi})=a_1^2+a_2^2+\cdots+a_n^2=0.$$

由于每个 a_i 都是实数，所以必有 $a_1=a_2=\cdots=a_n=0$，即 $\boldsymbol{A\xi}=\boldsymbol{0}$. 这就证明了 $\boldsymbol{\xi}$ 必是 $\boldsymbol{Ax}=\boldsymbol{0}$ 的解. 于是有 $\mathrm{r}(\boldsymbol{A}^{\mathrm{T}}\boldsymbol{A})=\mathrm{r}(\boldsymbol{A})$.

因为两个互为转置的矩阵必同秩，所以又有 $\mathrm{r}(\boldsymbol{A}\boldsymbol{A}^{\mathrm{T}})=\mathrm{r}(\boldsymbol{A}^{\mathrm{T}})=\mathrm{r}(\boldsymbol{A})$.

§5.2　非齐次线性方程组

非齐次线性方程组的一般形式为

$$\begin{cases}a_{11}x_1+a_{12}x_2+\cdots+a_{1n}x_n=b_1,\\ a_{21}x_1+a_{22}x_2+\cdots+a_{2n}x_n=b_2,\\ \qquad\vdots\\ a_{m1}x_1+a_{m2}x_2+\cdots+a_{mn}x_n=b_m.\end{cases}\tag{5.7}$$

记

$$\boldsymbol{A}=\begin{pmatrix}a_{11} & a_{12} & \cdots & a_{1n}\\ a_{21} & a_{22} & \cdots & a_{2n}\\ \vdots & \vdots & & \vdots\\ a_{m1} & a_{m2} & \cdots & a_{mn}\end{pmatrix},\quad \boldsymbol{x}=\begin{pmatrix}x_1\\ x_2\\ \vdots\\ x_n\end{pmatrix},\quad \boldsymbol{b}=\begin{pmatrix}b_1\\ b_2\\ \vdots\\ b_m\end{pmatrix}.$$

常把上述非齐次线性方程组简写成

$$\boldsymbol{Ax}=\boldsymbol{b},\tag{5.8}$$

把 $\boldsymbol{A}$ 看作由列向量组构成的矩阵，设

$$\boldsymbol{A}=(\boldsymbol{\alpha}_1,\boldsymbol{\alpha}_2,\cdots,\boldsymbol{\alpha}_n),$$

则方程组(5.7)也可写成向量形式

$$x_1\boldsymbol{\alpha}_1+x_2\boldsymbol{\alpha}_2+\cdots+x_n\boldsymbol{\alpha}_n=\boldsymbol{b}, \tag{5.9}$$

$\boldsymbol{A}$ 称为线性方程组的系数矩阵,分块矩阵 $\boldsymbol{B}=(\boldsymbol{A} \vdots \boldsymbol{b})$ 称为 $\boldsymbol{Ax}=\boldsymbol{b}$ 的**增广矩阵**.

满足 $\boldsymbol{A\eta}=\boldsymbol{b}$ 的 n 维列向量 $\boldsymbol{\eta}$ 称为 $\boldsymbol{Ax}=\boldsymbol{b}$ 的**解向量**,可简称为它的**解**. 若方程组有解,则称它是**相容的**;否则,称它是**不相容的**.

非齐次线性方程组未必有解,所以首先要讨论它何时有解?在确定它有解以后,再讨论它何时有唯一解?何时有无穷多个解?

非齐次线性方程组有解的判别定理.

定理2 n 元非齐次线性方程组 $\boldsymbol{Ax}=\boldsymbol{b}$ 有解的充分必要条件是:它的系数矩阵 $\boldsymbol{A}$ 的秩等于它的增广矩阵 $\boldsymbol{B}$ 的秩.

证 必要性. 若 $\boldsymbol{Ax}=\boldsymbol{b}$ 有解,则式(5.9)成立,这表明 $\boldsymbol{b}$ 能由向量组 $\{\boldsymbol{\alpha}_1,\boldsymbol{\alpha}_2,\cdots,\boldsymbol{\alpha}_n\}$ 线性表出,从而向量组 $\{\boldsymbol{\alpha}_1,\boldsymbol{\alpha}_2,\cdots,\boldsymbol{\alpha}_n\}$ 和 $\{\boldsymbol{\alpha}_1,\boldsymbol{\alpha}_2,\cdots,\boldsymbol{\alpha}_n,\boldsymbol{b}\}$ 等价,$\boldsymbol{A}$ 的列秩等于 $\boldsymbol{B}$ 的秩,故 $\mathrm{r}(\boldsymbol{A})=\mathrm{r}(\boldsymbol{B})$.

充分性. 若 $\boldsymbol{A}$ 的秩与 $\boldsymbol{B}$ 的秩相等,即 $\boldsymbol{A}$ 的列向量组的极大无关组也是 $\boldsymbol{B}$ 的列向量组的极大无关组,则 $\boldsymbol{b}$ 可由 $\boldsymbol{A}$ 的列向量组的极大无关组线性表出,因而可由 $\boldsymbol{A}$ 的 n 个列向量线性表出,有如(5.9)的表示式,故 $\boldsymbol{Ax}=\boldsymbol{b}$ 有解.

在非齐次线性方程组 $\boldsymbol{Ax}=\boldsymbol{b}$ 中令 $\boldsymbol{b}=\boldsymbol{0}$ 得到的齐次线性方程组 $\boldsymbol{Ax}=\boldsymbol{0}$,称为与 $\boldsymbol{Ax}=\boldsymbol{b}$ 对应的齐次方程组,或者称为方程组 $\boldsymbol{Ax}=\boldsymbol{b}$ 的**导出组**.

非齐次线性方程组解的性质

性质3 如果 $\boldsymbol{\eta}_1,\boldsymbol{\eta}_2$ 是非齐次线性方程组 $\boldsymbol{Ax}=\boldsymbol{b}$ 的解,则 $\boldsymbol{\xi}=\boldsymbol{\eta}_1-\boldsymbol{\eta}_2$ 是 $\boldsymbol{Ax}=\boldsymbol{0}$ 的解.

证 因为 $\boldsymbol{A\eta}_1=\boldsymbol{b},\boldsymbol{A\eta}_2=\boldsymbol{b}$,所以有

$$\boldsymbol{A\xi}=\boldsymbol{A}(\boldsymbol{\eta}_1-\boldsymbol{\eta}_2)=\boldsymbol{A\eta}_1-\boldsymbol{A\eta}_2=\boldsymbol{b}-\boldsymbol{b}=\boldsymbol{0}.$$

即 $\boldsymbol{\xi}=\boldsymbol{\eta}_1-\boldsymbol{\eta}_2$ 是 $\boldsymbol{Ax}=\boldsymbol{0}$ 的解.

性质4 如果 $\boldsymbol{\eta}$ 是非齐次线性方程组 $\boldsymbol{Ax}=\boldsymbol{b}$ 的解,ξ 是 $\boldsymbol{Ax}=\boldsymbol{0}$ 的解,则 $\boldsymbol{\xi}+\boldsymbol{\eta}$ 必是 $\boldsymbol{Ax}=\boldsymbol{b}$ 的解.

证 由 $\boldsymbol{A\xi}=\boldsymbol{0},\boldsymbol{A\eta}=\boldsymbol{b}$ 得 $\boldsymbol{A}(\xi+\boldsymbol{\eta})=\boldsymbol{A}\xi+\boldsymbol{A\eta}=\boldsymbol{b}$. 即 $\xi+\boldsymbol{\eta}$ 是 $\boldsymbol{Ax}=\boldsymbol{b}$ 的解.

$\boldsymbol{Ax}=\boldsymbol{b}$ 的解的结构定理:

定理3 设非齐次线性方程组 $\boldsymbol{Ax}=\boldsymbol{b}$ 有解,则它的**一般解(通解)**为

$$\boldsymbol{x}=\xi+\boldsymbol{\eta}^*,$$

其中 $\boldsymbol{\eta}^*$ 是 $\boldsymbol{Ax}=\boldsymbol{b}$ 的一个特解,ξ 是对应的齐次方程组 $\boldsymbol{Ax}=\boldsymbol{0}$ 的一般解.

证 由性质4知,$\xi+\boldsymbol{\eta}^*$ 是 $\boldsymbol{Ax}=\boldsymbol{b}$ 的解.

设 $\boldsymbol{x}$ 是方程组 $\boldsymbol{Ax}=\boldsymbol{b}$ 的任一解,由性质3知 $\boldsymbol{x}-\boldsymbol{\eta}^*$ 是齐次方程组 $\boldsymbol{Ax}=\boldsymbol{0}$ 的解,设 $\boldsymbol{x}-\boldsymbol{\eta}^*=\xi$,于是就有 $\boldsymbol{x}=\xi+\boldsymbol{\eta}^*$.

设 $m\times n$ 矩阵 $\boldsymbol{A}$ 的秩是 r,齐次方程组 $\boldsymbol{Ax}=\boldsymbol{0}$ 的一个基础解系为 $\{\boldsymbol{\xi}_1,\boldsymbol{\xi}_2,\cdots,\boldsymbol{\xi}_{n-r}\}$,则 $\boldsymbol{Ax}=\boldsymbol{0}$ 的通解为

$$\boldsymbol{\xi}=k_1\boldsymbol{\xi}_1+k_2\boldsymbol{\xi}_2+\cdots+k_{n-r}\boldsymbol{\xi}_{n-r},$$

从而非齐次线性方程组 $\boldsymbol{Ax}=\boldsymbol{b}$ 的一般解为

$$\boldsymbol{\eta}=\boldsymbol{\eta}^*+k_1\boldsymbol{\xi}_1+k_2\boldsymbol{\xi}_2+\cdots+k_{n-r}\boldsymbol{\xi}_{n-r}, \tag{5.10}$$

式(5.10)即为非齐次线性方程组 $\boldsymbol{Ax}=\boldsymbol{b}$ 的**通解**. $\boldsymbol{\eta}^*$ 为 $\boldsymbol{Ax}=\boldsymbol{b}$ 的一个**特解**.

非齐次线性方程组 $\boldsymbol{Ax}=\boldsymbol{b}$ 解的情形归纳如下:

(1) 若 $\mathrm{r}(\boldsymbol{A})\neq\mathrm{r}(\boldsymbol{B})$,则方程组 $\boldsymbol{Ax}=\boldsymbol{b}$ 无解;

(2) 若 $r(\boldsymbol{A})=r(\boldsymbol{B})=r$,则方程组 $\boldsymbol{Ax}=\boldsymbol{b}$ 有解;

① 当 $r=n$ 时,方程组 $\boldsymbol{Ax}=\boldsymbol{b}$ 有唯一解;

② 当 $r<n$ 时,方程组 $\boldsymbol{Ax}=\boldsymbol{b}$ 有无穷多个解,其通解为式(5.10).

非齐次线性方程组 $\boldsymbol{Ax}=\boldsymbol{b}$ 的求通解方法:只用初等行变换把增广矩阵 $\boldsymbol{B}=(\boldsymbol{A}\ \vdots\ \boldsymbol{b})$ 化成行最简形矩阵$(\boldsymbol{T}\quad \boldsymbol{d})$,写出等价的方程组 $\boldsymbol{Tx}=\boldsymbol{d}$,求出其通解,此即 $\boldsymbol{Ax}=\boldsymbol{b}$ 的通解.

例 7　求线性方程组$\begin{cases} x_1+2x_2-x_3+3x_4+x_5=2, \\ -x_1-2x_2+x_3-x_4+3x_5=4, \\ 2x_1+4x_2-2x_3+6x_4+3x_5=6 \end{cases}$的通解.

解　$$\boldsymbol{B}=\begin{pmatrix} 1 & 2 & -1 & 3 & 1 & 2 \\ -1 & -2 & 1 & -1 & 3 & 4 \\ 2 & 4 & -2 & 6 & 3 & 6 \end{pmatrix} \xrightarrow[r_3-2r_1]{r_2+r_1} \begin{pmatrix} 1 & 2 & -1 & 3 & 1 & 2 \\ 0 & 0 & 0 & 2 & 4 & 6 \\ 0 & 0 & 0 & 0 & 1 & 2 \end{pmatrix}$$

$$\xrightarrow{\frac{1}{2}r_2} \begin{pmatrix} 1 & 2 & -1 & 0 & -5 & -7 \\ 0 & 0 & 0 & 1 & 2 & 3 \\ 0 & 0 & 0 & 0 & 1 & 2 \end{pmatrix} \xrightarrow[r_2-2r_3]{r_1+5r_3} \begin{pmatrix} 1 & 2 & -1 & 0 & 0 & 3 \\ 0 & 0 & 0 & 1 & 0 & -1 \\ 0 & 0 & 0 & 0 & 1 & 2 \end{pmatrix}.$$

同解方程组为$\begin{cases} x_1=3-2x_2+x_3, \\ x_4=-1, \\ x_5=2. \end{cases}$　　取 $x_2=x_3=0$ 得到一个特解

$$\boldsymbol{\eta}^*=\begin{pmatrix} 3 \\ 0 \\ 0 \\ -1 \\ 2 \end{pmatrix}.$$

导出组为$\begin{cases} x_1=-2x_2+x_3, \\ x_4=0, \\ x_5=0. \end{cases}$　　可取基础解系

$$\boldsymbol{\xi}_1=\begin{pmatrix} -2 \\ 1 \\ 0 \\ 0 \\ 0 \end{pmatrix},\quad \boldsymbol{\xi}_2=\begin{pmatrix} 1 \\ 0 \\ 1 \\ 0 \\ 0 \end{pmatrix},$$

于是求得原方程组的通解 $\boldsymbol{\eta}=\boldsymbol{\eta}^*+k_1\boldsymbol{\xi}_1+k_2\boldsymbol{\xi}_2$,其中 k_1,k_2 为任意实数.

求非齐次线性方程组的特解的方法是任意的. 最方便的方法是把自由未知量的值都取为零.

例 8　求解方程组

$$\begin{cases} x_1-2x_2+2x_3-x_4=1, \\ 2x_1-4x_2+8x_3=2, \\ -2x_1+4x_2-2x_3+3x_4=3, \\ 3x_1-6x_2-6x_4=4. \end{cases}$$

解

$$B=\left(\begin{array}{cccc:c}1&-2&2&-1&1\\2&-4&8&0&2\\-2&4&-2&3&3\\3&-6&0&-6&4\end{array}\right)\xrightarrow[r_4-3r_1]{\substack{r_2-2r_1\\r_3+2r_1}}\left(\begin{array}{cccc:c}1&-2&2&-1&1\\0&0&4&2&0\\0&0&2&1&5\\0&0&-6&-3&1\end{array}\right)$$

$$\xrightarrow[r_4+3r_2]{\substack{\frac{1}{2}r_2\\r_3-r_2}}\left(\begin{array}{cccc:c}1&-2&2&-1&1\\0&0&2&1&0\\0&0&0&0&5\\0&0&0&0&1\end{array}\right)\xrightarrow[r_4-r_3]{\frac{1}{5}r_3}\left(\begin{array}{cccc:c}1&-2&2&-1&1\\0&0&2&1&0\\0&0&0&0&1\\0&0&0&0&0\end{array}\right),$$

因此,$\mathrm{r}(\boldsymbol{A})=2$,$\mathrm{r}(\boldsymbol{B})=3$,$\mathrm{r}(\boldsymbol{A})\neq\mathrm{r}(\boldsymbol{B})$,故方程组无解.

例 9 求下面的非齐次线性方程组的通解:

$$\begin{cases}x_1+x_2+x_3+x_4+x_5=2,\\2x_1+3x_2+x_3+x_4-3x_5=0,\\x_1+2x_3+2x_4+6x_5=6,\\4x_1+5x_2+3x_3+3x_4-x_5=4.\end{cases}$$

解

$$B=\left(\begin{array}{ccccc:c}1&1&1&1&1&2\\2&3&1&1&-3&0\\1&0&2&2&6&6\\4&5&3&3&-1&4\end{array}\right)$$

$$\xrightarrow{\substack{r_2-2r_1\\r_3-r_1\\r_4-4r_1}}\left(\begin{array}{ccccc:c}1&1&1&1&1&2\\0&1&-1&-1&-5&-4\\0&-1&1&1&5&4\\0&1&-1&-1&-5&-4\end{array}\right)$$

$$\xrightarrow{\substack{r_1-r_2\\r_3+r_2\\r_4-r_2}}\left(\begin{array}{ccccc:c}1&0&2&2&6&6\\0&1&-1&-1&-5&-4\\0&0&0&0&0&0\\0&0&0&0&0&0\end{array}\right),$$

得同解方程组

$$\begin{cases}x_1=-2x_3-2x_4-6x_5+6,\\x_2=x_3+x_4+5x_5-4,\\x_3=x_3,\\x_4=x_4,\\x_5=x_5.\end{cases}$$

通解为

$$\begin{pmatrix}x_1\\x_2\\x_3\\x_4\\x_5\end{pmatrix}=k_1\begin{pmatrix}-2\\1\\1\\0\\0\end{pmatrix}+k_2\begin{pmatrix}-2\\1\\0\\1\\0\end{pmatrix}+k_3\begin{pmatrix}-6\\5\\0\\0\\1\end{pmatrix}+\begin{pmatrix}6\\-4\\0\\0\\0\end{pmatrix},$$

其中 k_1,k_2,k_3 为任意的实数.

例 10　参数 λ 为何值时,非齐次线性方程组 $\begin{cases}\lambda x_1+x_2+x_3=1,\\ x_1+\lambda x_2+x_3=\lambda,\\ x_1+x_2+\lambda x_3=\lambda^2\end{cases}$ 无解?有唯一解?有无穷多个解?并求出它的通解.

解　因为方程个数与未知量个数相同.所以可以考察系数矩阵 $\boldsymbol{A}$ 是不是可逆矩阵.

$$|\boldsymbol{A}|=\begin{vmatrix}\lambda & 1 & 1\\ 1 & \lambda & 1\\ 1 & 1 & \lambda\end{vmatrix}=(\lambda+2)\begin{vmatrix}1 & 1 & 1\\ 1 & \lambda & 1\\ 1 & 1 & \lambda\end{vmatrix}.$$

$$=(\lambda+2)\begin{vmatrix}1 & 1 & 1\\ 0 & \lambda-1 & 0\\ 0 & 0 & \lambda-1\end{vmatrix}=(\lambda+2)(\lambda-1)^2.$$

(1) 当 $\lambda=-2$ 时,只用初等行变换把增广矩阵化成行阶梯形矩阵.

$$\boldsymbol{B}=\left(\begin{array}{ccc:c}-2 & 1 & 1 & 1\\ 1 & -2 & 1 & -2\\ 1 & 1 & -2 & 4\end{array}\right)\to\left(\begin{array}{ccc:c}1 & -2 & 1 & -2\\ 0 & -3 & 3 & -3\\ 0 & 0 & 0 & 3\end{array}\right).$$

因为 $\mathrm{r}(\boldsymbol{A})=2,\mathrm{r}(\boldsymbol{B})=3,\mathrm{r}(\boldsymbol{A})\neq\mathrm{r}(\boldsymbol{B})$,所以方程组无解.

(2) 当 $\lambda=1$ 时,

$$\boldsymbol{B}=\left(\begin{array}{ccc:c}1 & 1 & 1 & 1\\ 1 & 1 & 1 & 1\\ 1 & 1 & 1 & 1\end{array}\right)\to\left(\begin{array}{ccc:c}1 & 1 & 1 & 1\\ 0 & 0 & 0 & 0\\ 0 & 0 & 0 & 0\end{array}\right),$$

$\mathrm{r}(\boldsymbol{A})=\mathrm{r}(\boldsymbol{B})=1$,方程组有无穷多个解.

同解方程组是

$$x_1+x_2+x_3=1,$$

有两个自由未知量.可取特解

$$\boldsymbol{\eta}^*=\begin{pmatrix}1\\0\\0\end{pmatrix}.$$

它的导出组 $x_1+x_2+x_3=0$ 的基础解系可以取为

$$\boldsymbol{\xi}_1=\begin{pmatrix}-1\\1\\0\end{pmatrix},\quad \boldsymbol{\xi}_2=\begin{pmatrix}-1\\0\\1\end{pmatrix},$$

所以线性方程组的通解为 $\boldsymbol{\eta}=\boldsymbol{\eta}^*+k_1\boldsymbol{\xi}_1+k_2\boldsymbol{\xi}_2$,$k_1,k_2$ 为任意实数.

(3) 当 $\lambda\neq1$ 且 $\lambda\neq-2$ 时,$\boldsymbol{A}$ 是可逆矩阵.线性方程组 $\boldsymbol{Ax}=\boldsymbol{b}$ 必有唯一解.为了求出唯一解,可以只用初等行变换把增广矩阵化成行最简形矩阵.注意到 $\lambda-1\neq0,\lambda+2\neq0$,有

$$\left(\begin{array}{ccc:c}1 & 1 & \lambda & \lambda^2\\ 1 & \lambda & 1 & \lambda\\ \lambda & 1 & 1 & 1\end{array}\right)\xrightarrow[r_3-\lambda r_1]{r_2-r_1}\left(\begin{array}{ccc:c}1 & 1 & \lambda & \lambda^2\\ 0 & \lambda-1 & 1-\lambda & \lambda-\lambda^2\\ 0 & 1-\lambda & 1-\lambda^2 & 1-\lambda^3\end{array}\right)$$

$$\xrightarrow[\frac{1}{1-\lambda}r_3]{\substack{\lambda-1\neq 0\\ \frac{1}{\lambda-1}r_2}}\left(\begin{array}{ccc|c}1&1&\lambda&\lambda^2\\0&1&-1&-\lambda\\0&1&1+\lambda&1+\lambda+\lambda^2\end{array}\right)\xrightarrow{r_3-r_2}\left(\begin{array}{ccc|c}1&0&\lambda+1&\lambda^2+\lambda\\0&1&-1&-\lambda\\0&0&2+\lambda&1+2\lambda+\lambda^2\end{array}\right)$$

$$\xrightarrow{\frac{1}{\lambda+2}r_3}\left(\begin{array}{ccc|c}1&0&\lambda+1&\lambda^2+\lambda\\0&1&-1&-\lambda\\0&0&1&a\end{array}\right)\left(这里\ a=\frac{(\lambda+1)^2}{\lambda+2}\right)$$

$$\xrightarrow[r_2+r_3]{r_1-(\lambda+1)r_3}\left(\begin{array}{ccc|c}1&0&0&(\lambda-a)(\lambda+1)\\0&1&0&a-\lambda\\0&0&1&a\end{array}\right).$$

于是求出唯一解为$\begin{cases}x_1=(\lambda+1)(\lambda-a),\\x_2=a-\lambda,\\x_3=a.\end{cases}$

习 题 五

1. 解下列齐次线性方程组：

(1) $\begin{cases}2x_1-4x_2+5x_3+3x_4=0,\\3x_1-6x_2+4x_3+2x_4=0,\\4x_1-8x_2+17x_3+11x_4=0;\end{cases}$

(2) $\begin{cases}2x_1-4x_2+17x_3-6x_4=0,\\x_1+x_2-2x_3+3x_4=0,\\3x_1+x_2+x_3+5x_4=0,\\3x_1-x_2+8x_3+x_4=0;\end{cases}$

(3) $\begin{cases}2x_1+x_2-x_3-x_4+x_5=0,\\x_1-x_2+x_3+x_4-2x_5=0,\\3x_1+3x_2-3x_3-3x_4+4x_5=0,\\4x_1+5x_2-5x_3-5x_4+7x_5=0;\end{cases}$

(4) $\begin{cases}x_1+x_2+x_3+x_4+x_5=0,\\2x_1+3x_2+x_3+x_4-3x_5=0,\\x_1+2x_3+2x_4+6x_5=0,\\4x_1+5x_2+3x_3+4x_4-x_5=0.\end{cases}$

2. 解下列非齐次线性方程组：

(1) $\begin{cases}x_1+3x_3+x_4=2,\\x_1-3x_2+x_4=-1,\\2x_1+x_2+7x_3+2x_4=5,\\4x_1+2x_2+14x_3=6;\end{cases}$

(2) $\begin{cases} x_1 - x_2 + 3x_3 - x_4 = 1, \\ 2x_1 - x_2 - x_3 + 4x_4 = 2, \\ 3x_1 - 2x_2 + 2x_3 + 3x_4 = 3, \\ x_1 - 4x_3 + 5x_4 = -1; \end{cases}$

(3) $\begin{cases} x_1 + 2x_2 + 3x_3 - x_4 = 1, \\ 3x_1 + 2x_2 + x_3 - x_4 = 1, \\ 2x_1 + 2x_2 + 2x_3 - x_4 = 1, \\ 2x_1 + 3x_2 + x_3 + x_4 = 1, \\ 5x_1 + 5x_2 + 2x_3 = 2; \end{cases}$

(4) $\begin{cases} x_1 + x_2 + x_3 + x_4 + x_5 = 7, \\ 3x_1 + 2x_2 + x_3 + x_4 - 3x_5 = -2, \\ x_2 + 2x_3 + 2x_4 + 6x_5 = 23, \\ 5x_1 + 4x_2 + 3x_3 + 3x_4 - x_5 = 12. \end{cases}$

3. 设方程组

$$\begin{cases} x_1 + x_3 = 2, \\ x_1 + 2x_2 - x_3 = 0, \\ 2x_1 + x_2 - ax_3 = b. \end{cases}$$

(1) 确定当 a,b 分别为何值时,方程组无解？有唯一解？有无穷多个解？

(2) 在有解时求出方程组的解.

4. 非齐次线性方程组

$$\begin{cases} -2x_1 + x_2 + x_3 = -2, \\ x_1 - 2x_2 + x_3 = \lambda, \\ x_1 + x_2 - 2x_3 = \lambda^2, \end{cases}$$

当 λ 取何值时有解？并求出它的解.

5. 设

$$\begin{cases} (2-\lambda)x_1 + 2x_2 - 2x_3 = 1, \\ 2x_1 + (5-\lambda)x_2 - 4x_3 = 2, \\ -2x_1 - 4x_2 + (5-\lambda)x_3 = -\lambda - 1, \end{cases}$$

问 λ 取何值时,此方程组有唯一解？无解？有无穷多个解？并在有解时求出它的全部解.

6. a,b 取何值时,方程组

$$\begin{cases} x_1 + x_2 + x_3 + x_4 = 0, \\ x_2 + 2x_3 + 2x_4 = 1, \\ -x_2 + (a-3)x_3 - 2x_4 = b, \\ 3x_1 + 2x_2 + x_3 + ax_4 = -1 \end{cases}$$

有唯一解？无解？有无穷多个解？并在有无穷多个解时求出一般解.

7. 设 $\boldsymbol{A} = \begin{pmatrix} 1 & 1 & 2 \\ 2 & 2 & 4 \\ 3 & 3 & 6 \end{pmatrix}$,求作一个秩为 2 的方阵 $\boldsymbol{B}$,使 $\boldsymbol{AB} = \boldsymbol{0}$.

8. 设 $\boldsymbol{\alpha}_1 = (1,0,2,3)^{\mathrm{T}}$, $\boldsymbol{\alpha}_2 = (1,1,3,5)^{\mathrm{T}}$, $\boldsymbol{\alpha}_3 = (1,-1,a+2,1)^{\mathrm{T}}$, $\boldsymbol{\alpha}_4 = (1,2,4,a+8)^{\mathrm{T}}$,

$\boldsymbol{\beta}=(1,1,b+3,5)^{\mathrm{T}}$.

(1) a,b 为何值时,$\boldsymbol{\beta}$ 不能由 $\boldsymbol{\alpha}_1,\boldsymbol{\alpha}_2,\boldsymbol{\alpha}_3,\boldsymbol{\alpha}_4$ 线性表出；

(2) a,b 为何值时,$\boldsymbol{\beta}$ 可以由 $\boldsymbol{\alpha}_1,\boldsymbol{\alpha}_2,\boldsymbol{\alpha}_3,\boldsymbol{\alpha}_4$ 线性表出,且表示法唯一,写出表示式.

9. $\boldsymbol{A}$ 为 n 阶矩阵,证明存在 n 阶非零矩阵 $\boldsymbol{B}$,使 $\boldsymbol{AB}=\boldsymbol{0}$ 的充分必要条件是 $|\boldsymbol{A}|=0$.

10. 求一个齐次线性方程组,使它的基础解系为

$$\boldsymbol{\xi}_1=(0,1,2,3)^{\mathrm{T}},\quad \boldsymbol{\xi}_2=(3,2,1,0)^{\mathrm{T}}.$$

11. 设非齐次线性方程组 $\boldsymbol{Ax}=\boldsymbol{b}$,系数矩阵 $\boldsymbol{A}$ 为 5×3 矩阵,$\mathrm{r}(\boldsymbol{A})=2$,且 $\boldsymbol{\eta}_1,\boldsymbol{\eta}_2$ 是该方程组的两个解,有 $\boldsymbol{\eta}_1+\boldsymbol{\eta}_2=(1,3,0)^{\mathrm{T}}$,$2\boldsymbol{\eta}_1+3\boldsymbol{\eta}_2=(2,5,1)^{\mathrm{T}}$,求该方程组的通解.

12. 判断下列命题的正误,试说明判断理由.

(1) 若齐次线性方程组 $\boldsymbol{Ax}=\boldsymbol{0}$ 有无穷多个解,则非齐次线性方程组 $\boldsymbol{Ax}=\boldsymbol{b}$ 有解；

(2) 非齐次线性方程组 $\boldsymbol{Ax}=\boldsymbol{b}$ 的解集构成一个解空间；

(3) 设 $\boldsymbol{A}$ 为 $m\times n$ 矩阵,$\mathrm{r}(\boldsymbol{A})=m$,则非齐次线性方程组 $\boldsymbol{Ax}=\boldsymbol{b}$ 有解；

(4) 设 $\boldsymbol{A}$ 为 $m\times n$ 矩阵,齐次线性方程组 $\boldsymbol{Ax}=\boldsymbol{0}$ 仅有零解的充分必要条件是 $\boldsymbol{A}$ 的 n 个列向量线性无关；

(5) $\boldsymbol{A},\boldsymbol{B}$ 为 n 阶方阵,齐次线性方程组 $\boldsymbol{ABx}=\boldsymbol{0}$ 与 $\boldsymbol{Bx}=\boldsymbol{0}$ 同解,则 $\mathrm{r}(\boldsymbol{AB})=\mathrm{r}(\boldsymbol{B})$.

13. 设 $\boldsymbol{A},\boldsymbol{B}$ 都是 n 阶方阵,且 $\boldsymbol{AB}=\boldsymbol{0}$,证明 $\mathrm{r}(\boldsymbol{A})+\mathrm{r}(\boldsymbol{B})\leqslant n$.

14. 若 n 阶方阵 $\boldsymbol{A}$ 满足 $\boldsymbol{A}^2=\boldsymbol{A}$,证明 $\mathrm{r}(\boldsymbol{A})+\mathrm{r}(\boldsymbol{A}-\boldsymbol{E})=n$.

15. 设 $\boldsymbol{A}$ 为 n 阶方阵,$\boldsymbol{A}^*$ 为 $\boldsymbol{A}$ 的伴随矩阵,证明：

$$\mathrm{r}(\boldsymbol{A}^*)=\begin{cases}n, & \mathrm{r}(\boldsymbol{A})=n,\\ 1, & \mathrm{r}(\boldsymbol{A})=n-1,\\ 0, & \mathrm{r}(\boldsymbol{A})<n-1.\end{cases}$$

16. 设 $\boldsymbol{\eta}^*$ 是非齐次线性方程组 $\boldsymbol{Ax}=\boldsymbol{b}$ 的一个解,$\boldsymbol{\xi}_1,\boldsymbol{\xi}_2,\cdots,\boldsymbol{\xi}_{n-r}$是对应的齐次线性方程组的一个基础解系. 证明：

(1) $\boldsymbol{\eta}^*,\boldsymbol{\xi}_1,\boldsymbol{\xi}_2,\cdots,\boldsymbol{\xi}_{n-r}$线性无关；

(2) $\boldsymbol{\eta}^*,\boldsymbol{\eta}^*+\boldsymbol{\xi}_1,\boldsymbol{\eta}^*+\boldsymbol{\xi}_2,\cdots,\boldsymbol{\eta}^*+\boldsymbol{\xi}_{n-r}$线性无关.

17. 设非齐次线性方程组 $\boldsymbol{Ax}=\boldsymbol{b}$ 的系数矩阵的秩为 r,$\boldsymbol{\eta}_1,\boldsymbol{\eta}_2,\cdots,\boldsymbol{\eta}_{n-r+1}$是它的 $n-r+1$ 个线性无关解(由题 16 知它确有 $n-r+1$ 个线性无关解). 试证它的任一解可表示为

$$\boldsymbol{x}=k_1\boldsymbol{\eta}_1+k_2\boldsymbol{\eta}_2+\cdots+k_{n-r+1}\boldsymbol{\eta}_{n-r+1}\quad(\text{其中 } k_1+k_2+\cdots+k_{n-r+1}=1).$$

18. 设 n 阶矩阵 $\boldsymbol{A}$ 各行元素之和均为零,且 $\mathrm{r}(\boldsymbol{A})=n-1$,求齐次线性方程组 $\boldsymbol{A}=\boldsymbol{0}$ 的全部解.

19. 设 $\boldsymbol{A}$ 为 4×3 矩阵,且线性方程组 $\boldsymbol{Ax}=\boldsymbol{b}$ 满足 $\mathrm{r}(\boldsymbol{A})=\mathrm{r}(\boldsymbol{A},\boldsymbol{b})=2$,并且已知 $\boldsymbol{\gamma}_1=(-1,1,0)^{\mathrm{T}}$,$\boldsymbol{\gamma}_2=(1,0,1)^{\mathrm{T}}$ 为该方程组的两个解,试求该方程组的全部解.

20. 设四元齐次线性方程组(Ⅰ)为

$$\begin{cases}x_1+x_2=0,\\ x_2-x_4=0.\end{cases}$$

又已知某个齐次线性方程组(Ⅱ)的全部解为 $c_1(0,1,1,0)^{\mathrm{T}}+c_2(-1,2,2,1)^{\mathrm{T}}$($c_1,c_2$ 为任意常数),

(1) 求线性方程组(Ⅰ)的基础解系；

(2) 问线性方程组(Ⅰ)与(Ⅱ)是否有非零的公共解？若有,求出所有非零公共解；若没有,说明理由.

第 6 章　特征值与特征向量

先来看 $\mathbf{R}^3$ 中的一个线性变换 f：$\boldsymbol{y}=\boldsymbol{A}\boldsymbol{x}$，其中 $\boldsymbol{A}=\begin{pmatrix}2 & 2 & -2\\ 8 & -7 & 5\\ 8 & -11 & 9\end{pmatrix}$. 这个线性变换 f 将 $\mathbf{R}^3$ 中的向量 $x=(x_1,x_2,x_3)^{\mathrm{T}}$ 变成向量 $\boldsymbol{y}=(y_1,y_2,y_3)^{\mathrm{T}}$，且 $\boldsymbol{y}=\boldsymbol{A}\boldsymbol{x}$.

现在在 $\mathbf{R}^3$ 中另取一组基 $\boldsymbol{\alpha}_1=(1,2,2)^{\mathrm{T}}$，$\boldsymbol{\alpha}_2=(0,1,1)^{\mathrm{T}}$，$\boldsymbol{\alpha}_3=(2,1,-1)^{\mathrm{T}}$（也就是保持原点不动，以 $\boldsymbol{\alpha}_1,\boldsymbol{\alpha}_2,\boldsymbol{\alpha}_3$ 为新的坐标轴向量建立新的坐标系）. 在新的基 $\boldsymbol{\alpha}_1,\boldsymbol{\alpha}_2,\boldsymbol{\alpha}_3$ 下，原来的向量都会有新的坐标. 设原来的向量 $\boldsymbol{x},\boldsymbol{y}$ 在新基 $\boldsymbol{\alpha}_1,\boldsymbol{\alpha}_2,\boldsymbol{\alpha}_3$ 下的坐标分别为 $\tilde{\boldsymbol{x}}=(\tilde{x}_1,\tilde{x}_2,\tilde{x}_3)^{\mathrm{T}}$ 和 $\tilde{\boldsymbol{y}}=(\tilde{y}_1,\tilde{y}_2,\tilde{y}_3)^{\mathrm{T}}$，即 $\boldsymbol{x}=\tilde{x}_1\boldsymbol{\alpha}_1+\tilde{x}_2\boldsymbol{\alpha}_2+\tilde{x}_3\boldsymbol{\alpha}_3$，$\boldsymbol{y}=\tilde{y}_1\boldsymbol{\alpha}_1+\tilde{y}_2\boldsymbol{\alpha}_2+\tilde{y}_3\boldsymbol{\alpha}_3$. 那么，线性变换 f 在新基 $\boldsymbol{\alpha}_1,\boldsymbol{\alpha}_2,\boldsymbol{\alpha}_3$ 下将有怎样的表示呢？

记 $\boldsymbol{P}=(\boldsymbol{\alpha}_1,\boldsymbol{\alpha}_2,\boldsymbol{\alpha}_3)=\begin{pmatrix}1 & 0 & 2\\ 2 & 1 & 1\\ 2 & 1 & -1\end{pmatrix}$，因为 $\boldsymbol{\alpha}_1,\boldsymbol{\alpha}_2,\boldsymbol{\alpha}_3$ 是一组基，所以 $\boldsymbol{P}$ 可逆. 由

$$\boldsymbol{x}=\tilde{x}_1\boldsymbol{\alpha}_1+\tilde{x}_2\boldsymbol{\alpha}_2+\tilde{x}_3\boldsymbol{\alpha}_3=\boldsymbol{P}\tilde{\boldsymbol{x}},\quad \boldsymbol{y}=\tilde{y}_1\boldsymbol{\alpha}_1+\tilde{y}_2\boldsymbol{\alpha}_2+\tilde{y}_3\boldsymbol{\alpha}_3=\boldsymbol{P}\tilde{\boldsymbol{y}},$$

且 $\boldsymbol{y}=\boldsymbol{A}\boldsymbol{x}$，可得 $\boldsymbol{P}\tilde{\boldsymbol{y}}=\boldsymbol{A}\boldsymbol{P}\tilde{\boldsymbol{x}}$，即 $\tilde{\boldsymbol{y}}=\boldsymbol{P}^{-1}\boldsymbol{A}\boldsymbol{P}\tilde{\boldsymbol{x}}=\boldsymbol{B}\tilde{\boldsymbol{x}}$，其中

$$\boldsymbol{B}=\boldsymbol{P}^{-1}\boldsymbol{A}\boldsymbol{P}=\frac{1}{2}\begin{pmatrix}2 & -2 & 2\\ -4 & 5 & -3\\ 0 & 1 & -1\end{pmatrix}\begin{pmatrix}2 & 2 & -2\\ 8 & -7 & 5\\ 8 & -11 & 9\end{pmatrix}\begin{pmatrix}1 & 0 & 2\\ 2 & 1 & 1\\ 2 & 1 & -1\end{pmatrix}=\begin{pmatrix}2 & 0 & 0\\ 0 & -2 & 0\\ 0 & 0 & 4\end{pmatrix}.$$

这就是说，在新基 $\boldsymbol{\alpha}_1,\boldsymbol{\alpha}_2,\boldsymbol{\alpha}_3$ 下，线性变换 f 将 $\mathbf{R}^3$ 中的向量 $\tilde{\boldsymbol{x}}=(\tilde{x}_1,\tilde{x}_2,\tilde{x}_3)^{\mathrm{T}}$ 变成向量 $\tilde{\boldsymbol{y}}=(\tilde{y}_1,\tilde{y}_2,\tilde{y}_3)^{\mathrm{T}}$，且 $\tilde{\boldsymbol{y}}=\boldsymbol{B}\tilde{\boldsymbol{x}}$，其中 $\boldsymbol{B}$ 是一个对角矩阵，将 f 表示成 $\tilde{\boldsymbol{y}}=\boldsymbol{B}\tilde{\boldsymbol{x}}$ 显然要比原来的表示 $\boldsymbol{y}=\boldsymbol{A}\boldsymbol{x}$ 简单.

一般来说，对于 $\mathbf{R}^n$ 中的线性变换 $\boldsymbol{y}=\boldsymbol{A}\boldsymbol{x}$，如果在 $\mathbf{R}^n$ 中另取一组基 $\boldsymbol{\alpha}_1,\boldsymbol{\alpha}_2,\cdots,\boldsymbol{\alpha}_n$，则在新基 $\boldsymbol{\alpha}_1,\boldsymbol{\alpha}_2,\cdots,\boldsymbol{\alpha}_n$ 下，这个线性变换可以表示成 $\tilde{\boldsymbol{y}}=\boldsymbol{B}\tilde{\boldsymbol{x}}$，其中 $\boldsymbol{B}=\boldsymbol{P}^{-1}\boldsymbol{A}\boldsymbol{P}$，且 $\boldsymbol{P}=(\boldsymbol{\alpha}_1,\boldsymbol{\alpha}_2,\cdots,\boldsymbol{\alpha}_n)$ 是可逆矩阵. 我们希望找到合适的 $\boldsymbol{P}=(\boldsymbol{\alpha}_1,\boldsymbol{\alpha}_2,\cdots,\boldsymbol{\alpha}_n)$，使 $\boldsymbol{B}=\boldsymbol{P}^{-1}\boldsymbol{A}\boldsymbol{P}$ 尽量简单，最好为对角矩阵. 那么能不能找到可逆矩阵 $\boldsymbol{P}$，使 $\boldsymbol{B}=\boldsymbol{P}^{-1}\boldsymbol{A}\boldsymbol{P}$ 为对角矩阵呢？这正是本章要讨论的问题. 特征值与特征向量的相关理论是解决这个问题的重要工具. 除此之外，特征值理论在矩阵的简化计算、常系数线性微分方程组的求解及与振动有关的工程技术问题中也有着广泛的应用.

§6.1　特征值与特征向量

一、特征值与特征向量的定义

设 $\boldsymbol{A}$ 为 n 阶方阵，如果有可逆矩阵 $\boldsymbol{P}=(\boldsymbol{\alpha}_1,\boldsymbol{\alpha}_2,\cdots,\boldsymbol{\alpha}_n)$，使

$$P^{-1}AP=\mathrm{diag}(\lambda_1,\lambda_2,\cdots,\lambda_n)$$

为对角矩阵,则 $AP=P\mathrm{diag}(\lambda_1,\lambda_2,\cdots,\lambda_n)$,于是

$$(A\boldsymbol{\alpha}_1,A\boldsymbol{\alpha}_2,\cdots,A\boldsymbol{\alpha}_n)=(\lambda_1\boldsymbol{\alpha}_1,\lambda_2\boldsymbol{\alpha}_2,\cdots,\lambda_n\boldsymbol{\alpha}_n),$$

即 $A\boldsymbol{\alpha}_i=\lambda_i\boldsymbol{\alpha}_i,i=1,2,\cdots,n$.

称 $\boldsymbol{\alpha}_1,\boldsymbol{\alpha}_2,\cdots,\boldsymbol{\alpha}_n$ 为方阵 A 的特征向量. 下面引入特征值和特征向量的定义.

定义 1 设 A 为 n 阶方阵. 如果存在数 λ 和非零向量 $\boldsymbol{\alpha}$,使得 $A\boldsymbol{\alpha}=\lambda\boldsymbol{\alpha}$,则称 λ 为 A 的特征值,称 $\boldsymbol{\alpha}$ 为 A 的属于特征值 λ 的特征向量(或 A 的对应于特征值 λ 的特征向量).

将 $A\boldsymbol{\alpha}=\lambda\boldsymbol{\alpha}$ 改写成 $(\lambda E-A)\boldsymbol{\alpha}=\mathbf{0}$,这说明对于特征值 λ,齐次线性方程组 $(\lambda E-A)\boldsymbol{x}=\mathbf{0}$ 是有非零解的,$\boldsymbol{\alpha}$ 就是齐次线性方程组 $(\lambda E-A)\boldsymbol{x}=\mathbf{0}$ 的一个非零解. 反之,若齐次线性方程组 $(\lambda_0 E-A)\boldsymbol{x}=\mathbf{0}$ 有非零解 $\boldsymbol{\alpha}_0$,则数 λ_0 是 A 的特征值,$\boldsymbol{\alpha}_0$ 是 A 的属于特征值 λ_0 的特征向量. 这就是说数 λ 是 A 的特征值当且仅当齐次线性方程组 $(\lambda E-A)\boldsymbol{x}=\mathbf{0}$ 有非零解. 而齐次线性方程组 $(\lambda E-A)\boldsymbol{x}=\mathbf{0}$ 有非零解的充分必要条件是 $|\lambda E-A|=0$. 因此数 λ 是 A 的特征值当且仅当 $|\lambda E-A|=0$.

定义 2 设 $A=(a_{ij})$ 为 n 阶方阵,

$$|\lambda E-A|=\begin{vmatrix}\lambda-a_{11} & -a_{12} & \cdots & -a_{1n}\\ -a_{21} & \lambda-a_{22} & \cdots & -a_{2n}\\ \vdots & \vdots & & \vdots\\ -a_{n1} & -a_{n2} & \cdots & \lambda-a_{nn}\end{vmatrix}$$

是一个关于 λ 的 n 次多项式,称为 A 的特征多项式. 方程 $|\lambda E-A|=0$ 是一个以 λ 为未知量的一元 n 次方程,称为 A 的**特征方程**.

显然,A 的特征值就是 A 的特征方程的根(因而将特征值也称为特征根). n 阶方阵 A 的特征方程在复数范围内有 n 个根(重根按重数计),所以 n 阶方阵 A 在复数范围内有 n 个特征值. 对于 A 的特征值 λ,A 的属于特征值 λ 的特征向量 $\boldsymbol{\alpha}$ 就是齐次线性方程组 $(\lambda E-A)\boldsymbol{x}=\mathbf{0}$ 的非零解.

例 1 设 $A=\begin{pmatrix}1 & 4\\ 1 & -2\end{pmatrix}$,求 A 的特征值与特征向量.

解 A 的特征方程为

$$|\lambda E-A|=\begin{vmatrix}\lambda-1 & -4\\ -1 & \lambda+2\end{vmatrix}=(\lambda+3)(\lambda-2)=0.$$

A 的特征值为:$\lambda_1=-3,\lambda_2=2$.

A 的属于 $\lambda_1=-3$ 的特征向量是齐次线性方程组 $(-3E-A)\boldsymbol{x}=\mathbf{0}$,即

$$\begin{pmatrix}-4 & -4\\ -1 & -1\end{pmatrix}\begin{pmatrix}x_1\\ x_2\end{pmatrix}=\begin{pmatrix}0\\ 0\end{pmatrix}$$

的非零解,该方程组的基础解系为 $\boldsymbol{\xi}_1=(1,-1)^{\mathrm{T}}$,所以 A 的属于 $\lambda_1=-3$ 的全体特征向量为 $k_1\boldsymbol{\xi}_1(k_1\neq 0)$.

A 的属于 $\lambda_2=2$ 的特征向量是齐次线性方程组 $(2E-A)\boldsymbol{x}=\mathbf{0}$,即 $\begin{pmatrix}1 & -4\\ -1 & 4\end{pmatrix}\begin{pmatrix}x_1\\ x_2\end{pmatrix}=\begin{pmatrix}0\\ 0\end{pmatrix}$ 的非零解,该方程组的基础解系为 $\boldsymbol{\xi}_2=(4,1)^{\mathrm{T}}$,所以 A 的属于 $\lambda_2=2$ 的全体特征向量为 $k_2\boldsymbol{\xi}_2$ $(k_2\neq 0)$.

例 2　设 $\boldsymbol{A}=\begin{pmatrix}7&4&-1\\4&7&-1\\-4&-4&4\end{pmatrix}$，求 $\boldsymbol{A}$ 的特征值与特征向量.

解　$\boldsymbol{A}$ 的特征方程为

$$|\lambda\boldsymbol{E}-\boldsymbol{A}|=\begin{vmatrix}\lambda-7&-4&1\\-4&\lambda-7&1\\4&4&\lambda-4\end{vmatrix}\xlongequal{r_3+1\cdot r_2}\begin{vmatrix}\lambda-7&-4&1\\-4&\lambda-7&1\\0&\lambda-3&\lambda-3\end{vmatrix}$$

$$=(\lambda-3)\begin{vmatrix}\lambda-7&-4&1\\-4&\lambda-7&1\\0&1&1\end{vmatrix}=(\lambda-3)^2(\lambda-12)=0.$$

$\boldsymbol{A}$ 的特征值为：$\lambda_1=\lambda_2=3,\lambda_3=12$.

$\boldsymbol{A}$ 的属于 $\lambda_1=\lambda_2=3$ 的特征向量是齐次线性方程组 $(3\boldsymbol{E}-\boldsymbol{A})\boldsymbol{x}=\boldsymbol{0}$，即

$$\begin{pmatrix}-4&-4&1\\-4&-4&1\\4&4&-1\end{pmatrix}\begin{pmatrix}x_1\\x_2\\x_3\end{pmatrix}=\begin{pmatrix}0\\0\\0\end{pmatrix}$$

的非零解，该方程组的基础解系为 $\boldsymbol{\xi}_1=(1,0,4)^{\mathrm{T}},\boldsymbol{\xi}_2=(0,1,4)^{\mathrm{T}}$，所以 $\boldsymbol{A}$ 的属于 $\lambda_1=\lambda_2=3$ 的全体特征向量为 $k_1\boldsymbol{\xi}_1+k_2\boldsymbol{\xi}_2$（$k_1,k_2$ 不全为零）.

$\boldsymbol{A}$ 的属于 $\lambda_3=12$ 的特征向量是齐次线性方程组 $(12\boldsymbol{E}-\boldsymbol{A})\boldsymbol{x}=\boldsymbol{0}$，即

$$\begin{pmatrix}5&-4&1\\-4&5&1\\4&4&8\end{pmatrix}\begin{pmatrix}x_1\\x_2\\x_3\end{pmatrix}=\begin{pmatrix}0\\0\\0\end{pmatrix}$$

的非零解，该方程组的基础解系为 $\boldsymbol{\xi}_3=(-1,-1,1)^{\mathrm{T}}$，所以 $\boldsymbol{A}$ 的属于 $\lambda_3=12$ 的全体特征向量为 $k_3\boldsymbol{\xi}_3$ $(k_3\neq0)$.

例 3　设 $\boldsymbol{A}=\begin{pmatrix}3&-1&1\\2&0&1\\1&-1&2\end{pmatrix}$，求 $\boldsymbol{A}$ 的特征值与特征向量.

解　$\boldsymbol{A}$ 的特征方程为

$$|\lambda\boldsymbol{E}-\boldsymbol{A}|=\begin{vmatrix}\lambda-3&1&-1\\-2&\lambda&-1\\-1&1&\lambda-2\end{vmatrix}\xlongequal[1\cdot c_2+c_3]{}\begin{vmatrix}\lambda-3&1&0\\-2&\lambda&\lambda-1\\-1&1&\lambda-1\end{vmatrix}$$

$$=(\lambda-1)\begin{vmatrix}\lambda-3&1&0\\-2&\lambda&1\\-1&1&1\end{vmatrix}=(\lambda-2)^2(\lambda-1)=0.$$

$\boldsymbol{A}$ 的特征值为：$\lambda_1=\lambda_2=2,\lambda_3=1$.

$\boldsymbol{A}$ 的属于 $\lambda_1=\lambda_2=2$ 的特征向量是齐次线性方程组 $(2\boldsymbol{E}-\boldsymbol{A})\boldsymbol{x}=\boldsymbol{0}$，即

$$\begin{pmatrix}-1&1&-1\\-2&2&-1\\-1&1&0\end{pmatrix}\begin{pmatrix}x_1\\x_2\\x_3\end{pmatrix}=\begin{pmatrix}0\\0\\0\end{pmatrix}$$

的非零解，该方程组的基础解系为 $\boldsymbol{\xi}_1=(1,1,0)^{\mathrm{T}}$，所以 $\boldsymbol{A}$ 的属于 $\lambda_1=\lambda_2=2$ 的全体特征向量为 $k_1\boldsymbol{\xi}_1$ $(k_1\neq0)$.

$\boldsymbol{A}$ 的属于 $\lambda_3=1$ 的特征向量是齐次线性方程组 $(\boldsymbol{E}-\boldsymbol{A})\boldsymbol{x}=\boldsymbol{0}$,即

$$\begin{pmatrix}-2 & 1 & -1\\ -2 & 1 & -1\\ -1 & 1 & -1\end{pmatrix}\begin{pmatrix}x_1\\ x_2\\ x_3\end{pmatrix}=\begin{pmatrix}0\\ 0\\ 0\end{pmatrix}$$

的非零解,该方程组的基础解系为 $\boldsymbol{\xi}_2=(0,1,1)^{\mathrm{T}}$,所以 $\boldsymbol{A}$ 的属于 $\lambda_3=1$ 的全体特征向量为 $k_3\boldsymbol{\xi}_3$ $(k_3\neq 0)$.

二、特征值与特征向量的性质

特征值与特征向量具有下面的性质.

性质 1 若 $\boldsymbol{\alpha}_1,\boldsymbol{\alpha}_2$ 都是 $\boldsymbol{A}$ 的属于特征值 λ_0 的特征向量,则对任意使 $k_1\boldsymbol{\alpha}_1+k_2\boldsymbol{\alpha}_2\neq\boldsymbol{0}$ 的数 k_1 和 k_2,$\boldsymbol{\alpha}=k_1\boldsymbol{\alpha}_1+k_2\boldsymbol{\alpha}_2$ 仍是 $\boldsymbol{A}$ 的属于特征值 λ_0 的特征向量.

证 已知 $\boldsymbol{A}\boldsymbol{\alpha}_1=\lambda_0\boldsymbol{\alpha}_1,\boldsymbol{A}\boldsymbol{\alpha}_2=\lambda_0\boldsymbol{\alpha}_2$,所以

$$\boldsymbol{A}\boldsymbol{\alpha}=\boldsymbol{A}(k_1\boldsymbol{\alpha}_1+k_2\boldsymbol{\alpha}_2)=k_1\boldsymbol{A}\boldsymbol{\alpha}_1+k_2\boldsymbol{A}\boldsymbol{\alpha}_2=\lambda_0(k_1\boldsymbol{\alpha}_1+k_2\boldsymbol{\alpha}_2)=\lambda_0\boldsymbol{\alpha}.$$

由此可见,$\boldsymbol{A}$ 的属于同一个特征值 λ_0 的若干个特征向量的任意非零线性组合也是 $\boldsymbol{A}$ 的属于特征值 λ_0 的特征向量.

性质 2 设 $\lambda_1,\lambda_2,\cdots,\lambda_n$ 为 n 阶方阵 $\boldsymbol{A}=(a_{ij})$ 的 n 个特征值,则

(1) $\lambda_1\lambda_2\cdots\lambda_n=|\boldsymbol{A}|$;

(2) $\lambda_1+\lambda_2+\cdots+\lambda_n=a_{11}+a_{22}+\cdots+a_{nn}$.

记 $a_{11}+a_{22}+\cdots+a_{nn}$ 为 $\mathrm{tr}\boldsymbol{A}$,称为 **$\boldsymbol{A}$ 的迹**.

证 (1)

$$|\lambda\boldsymbol{E}-\boldsymbol{A}|=\begin{vmatrix}\lambda-a_{11} & -a_{12} & \cdots & -a_{1n}\\ -a_{21} & \lambda-a_{22} & \cdots & -a_{2n}\\ \vdots & \vdots & & \vdots\\ -a_{n1} & -a_{n2} & \cdots & \lambda-a_{nn}\end{vmatrix}$$

是一个关于 λ 的 n 次多项式.

观察行列式 $|\lambda\boldsymbol{E}-\boldsymbol{A}|$ 中的元素,只有主对角线上的 n 个元素是 λ 的一次多项式,其余元素都是常数. 根据行列式的定义,在行列式 $|\lambda\boldsymbol{E}-\boldsymbol{A}|$ 中,除了项 $(\lambda-a_{11})(\lambda-a_{22})\cdots(\lambda-a_{nn})$ 外,其余各项最多包含 $(n-2)$ 个主对角线上的元素,因此这些项中最高只可能含有 λ^{n-2} 项,不可能含有 λ^n 及 λ^{n-1} 项. 也就是说

$$|\lambda\boldsymbol{E}-\boldsymbol{A}|=(\lambda-a_{11})(\lambda-a_{22})\cdots(\lambda-a_{nn})+\cdots,$$

其中省略的部分最高只可能含有 λ^{n-2} 项,不可能含有 λ^n 及 λ^{n-1} 项. 因此行列式 $|\lambda\boldsymbol{E}-\boldsymbol{A}|$ 中 λ^n 的系数为 1. 又已知 $\lambda_1,\lambda_2,\cdots,\lambda_n$ 为 n 阶方阵 $\boldsymbol{A}=(a_{ij})$ 的 n 个特征值,所以

$$|\lambda\boldsymbol{E}-\boldsymbol{A}|=(\lambda-\lambda_1)(\lambda-\lambda_2)\cdots(\lambda-\lambda_n).$$

取 $\lambda=0$ 即得

$$|-\boldsymbol{A}|=(-1)^n|\boldsymbol{A}|=(-1)^n\lambda_1\lambda_2\cdots\lambda_n,$$

即 $|\boldsymbol{A}|=\lambda_1\lambda_2\cdots\lambda_n$.

(2) 上面已得到

$$\begin{aligned}|\lambda\boldsymbol{E}-\boldsymbol{A}|&=(\lambda-\lambda_1)(\lambda-\lambda_2)\cdots(\lambda-\lambda_n)\\&=(\lambda-a_{11})(\lambda-a_{22})\cdots(\lambda-a_{nn})+\cdots,\end{aligned}$$

其中省略的部分最高只可能含有 λ^{n-2} 项，不可能含有 λ^n 及 λ^{n-1} 项.

比较第二个等号两边的 λ^{n-1} 项的系数，即得

$$\lambda_1+\lambda_2+\cdots+\lambda_n=a_{11}+a_{22}+\cdots+a_{nn}.$$

推论 1　设 $\boldsymbol{A}$ 为 n 阶方阵，则 $|\boldsymbol{A}|=0$ 的充分必要条件是 $\lambda=0$ 为 $\boldsymbol{A}$ 的特征值.

性质 3　n 阶方阵 $\boldsymbol{A}$ 与它的转置矩阵 $\boldsymbol{A}^{\mathrm{T}}$ 有相同的特征多项式，因而有相同的特征值.

证　$|\lambda\boldsymbol{E}-\boldsymbol{A}^{\mathrm{T}}|=|(\lambda\boldsymbol{E}-\boldsymbol{A})^{\mathrm{T}}|=|\lambda\boldsymbol{E}-\boldsymbol{A}|$.

值得注意的是，$\boldsymbol{A}$ 与 $\boldsymbol{A}^{\mathrm{T}}$ 未必有相同的特征向量. 例如，设 $\boldsymbol{A}=\begin{pmatrix}1&1\\0&1\end{pmatrix}$，则 $\boldsymbol{A}$ 与 $\boldsymbol{A}^{\mathrm{T}}$ 有特征值 $\lambda=1$，但 $\boldsymbol{A}\begin{pmatrix}1\\0\end{pmatrix}=\begin{pmatrix}1\\0\end{pmatrix}$，$\boldsymbol{A}^{\mathrm{T}}\begin{pmatrix}1\\0\end{pmatrix}=\begin{pmatrix}1\\1\end{pmatrix}\neq\begin{pmatrix}1\\0\end{pmatrix}$. 事实上 $\boldsymbol{A}^{\mathrm{T}}\begin{pmatrix}0\\1\end{pmatrix}=\begin{pmatrix}0\\1\end{pmatrix}$. 这说明 $\boldsymbol{A}$ 与 $\boldsymbol{A}^{\mathrm{T}}$ 的属于同一个特征值的特征向量可能是不相同的.

性质 4　若 λ 为 $\boldsymbol{A}$ 的特征值，则对任意多项式 $f(x)=a_mx^m+a_{m-1}x^{m-1}+\cdots+a_1x+a_0$，$f(\lambda)$ 为 $f(\boldsymbol{A})$ 的特征值，其中 $f(\boldsymbol{A})=a_m\boldsymbol{A}^m+a_{m-1}\boldsymbol{A}^{m-1}+\cdots+a_1\boldsymbol{A}+a_0\boldsymbol{E}$ 为与 $f(x)$ 对应的 $\boldsymbol{A}$ 的矩阵多项式；当 $\boldsymbol{A}$ 可逆时，$\dfrac{1}{\lambda}$ 是 $\boldsymbol{A}^{-1}$ 的特征值.

证　设 $\boldsymbol{\alpha}$ 是 $\boldsymbol{A}$ 的属于特征值 λ 的特征向量，即 $\boldsymbol{A\alpha}=\lambda\boldsymbol{\alpha}$ $(\boldsymbol{\alpha}\neq\boldsymbol{0})$. 先用数学归纳法证明：对于任何正整数 k，都有 $\boldsymbol{A}^k\boldsymbol{\alpha}=\lambda^k\boldsymbol{\alpha}$.

当 $k=1$ 时，显然有 $\boldsymbol{A\alpha}=\lambda\boldsymbol{\alpha}$. 假设 $\boldsymbol{A}^k\boldsymbol{\alpha}=\lambda^k\boldsymbol{\alpha}$ 成立，则有

$$\boldsymbol{A}^{k+1}\boldsymbol{\alpha}=\boldsymbol{A}(\boldsymbol{A}^k\boldsymbol{\alpha})=\boldsymbol{A}(\lambda^k\boldsymbol{\alpha})=\lambda^k\boldsymbol{A\alpha}=\lambda^{k+1}\boldsymbol{\alpha}.$$

因此，对于任何正整数 k，都有 $\boldsymbol{A}^k\boldsymbol{\alpha}=\lambda^k\boldsymbol{\alpha}$. 于是

$$\begin{aligned}f(\boldsymbol{A})\boldsymbol{\alpha}&=(a_m\boldsymbol{A}^m+a_{m-1}\boldsymbol{A}^{m-1}+\cdots+a_1\boldsymbol{A}+a_0\boldsymbol{E})\boldsymbol{\alpha}\\&=a_m(\boldsymbol{A}^m\boldsymbol{\alpha})+a_{m-1}(\boldsymbol{A}^{m-1}\boldsymbol{\alpha})+\cdots+a_1(\boldsymbol{A\alpha})+a_0(\boldsymbol{E\alpha})\\&=a_m(\lambda^m\boldsymbol{\alpha})+a_{m-1}(\lambda^{m-1}\boldsymbol{\alpha})+\cdots+a_1(\lambda\boldsymbol{\alpha})+a_0\boldsymbol{\alpha}\\&=(a_m\lambda^m+a_{m-1}\lambda^{m-1}+\cdots+a_1\lambda+a_0)\boldsymbol{\alpha}=f(\lambda)\boldsymbol{\alpha}.\end{aligned}$$

这说明 $f(\lambda)$ 为 $f(\boldsymbol{A})$ 的特征值.

当 $\boldsymbol{A}$ 可逆时，由推论 1 可知 $\lambda\neq0$. 因为 $\boldsymbol{A\alpha}=\lambda\boldsymbol{\alpha}$，等式两边同时左乘 $\boldsymbol{A}^{-1}$，得 $\boldsymbol{\alpha}=\lambda\boldsymbol{A}^{-1}\boldsymbol{\alpha}$，即 $\boldsymbol{A}^{-1}\boldsymbol{\alpha}=\dfrac{1}{\lambda}\boldsymbol{\alpha}$，也就是说，$\dfrac{1}{\lambda}$ 是 $\boldsymbol{A}^{-1}$ 的特征值.

从证明中发现，$\boldsymbol{A}$ 与 $f(\boldsymbol{A})$ 及 $\boldsymbol{A}^{-1}$(在可逆的前提下)有相同的特征向量 $\boldsymbol{\alpha}$.

例 4　已知三阶矩阵 $\boldsymbol{A}$ 满足 $|\boldsymbol{A}-\boldsymbol{E}|=0$，$|\boldsymbol{A}+\boldsymbol{E}|=0$，$|\boldsymbol{A}-2\boldsymbol{E}|=0$. $\boldsymbol{B}=\boldsymbol{A}^3-3\boldsymbol{A}^2+\boldsymbol{A}^*$，其中 $\boldsymbol{A}^*$ 是 $\boldsymbol{A}$ 的伴随矩阵. 求 $|\boldsymbol{B}|$.

解　由 $|\boldsymbol{E}-\boldsymbol{A}|=-|\boldsymbol{A}-\boldsymbol{E}|=0$，$|-\boldsymbol{E}-\boldsymbol{A}|=-|\boldsymbol{A}+\boldsymbol{E}|=0$，

$$|2\boldsymbol{E}-\boldsymbol{A}|=-|\boldsymbol{A}-2\boldsymbol{E}|=0,$$

可知 $\boldsymbol{A}$ 的三个特征值分别为：$\lambda_1=1,\lambda_2=-1,\lambda_3=2$.

于是 $|\boldsymbol{A}|=\lambda_1\lambda_2\lambda_3=-2\neq0$，$\boldsymbol{A}$ 可逆.

由 $\boldsymbol{AA}^*=|\boldsymbol{A}|\boldsymbol{E}$ 可得 $\boldsymbol{A}^*=|\boldsymbol{A}|\boldsymbol{A}^{-1}=-2\boldsymbol{A}^{-1}$，根据性质 4，可知 $\boldsymbol{B}=\boldsymbol{A}^3-3\boldsymbol{A}^2-2\boldsymbol{A}^{-1}$ 的三个特征值分别为

$$\mu_1=\lambda_1^3-3\lambda_1^2-\frac{2}{\lambda_1}=-4,\quad \mu_2=\lambda_2^3-3\lambda_2^2-\frac{2}{\lambda_2}=-2,$$

$$\mu_3=\lambda_3^3-3\lambda_3^2-\frac{2}{\lambda_3}=-5.$$

于是$|\boldsymbol{B}|=\mu_1\mu_2\mu_3=-40$.

例 5 设 n 阶方阵 $\boldsymbol{A}$ 满足 $\boldsymbol{A}^2=\boldsymbol{E}$(称 $\boldsymbol{A}$ 为对合矩阵).求证:$\boldsymbol{A}$ 的特征值只能为 1 或-1.

证 设 λ 为 $\boldsymbol{A}$ 的特征值,$\boldsymbol{\alpha}$ 是 $\boldsymbol{A}$ 的属于特征值 λ 的特征向量,即 $\boldsymbol{A\alpha}=\lambda\boldsymbol{\alpha}$ ($\boldsymbol{\alpha}\neq\boldsymbol{0}$). 则 $\boldsymbol{A}^2\boldsymbol{\alpha}=\lambda^2\boldsymbol{\alpha}=\boldsymbol{E\alpha}=\boldsymbol{\alpha}$. 于是$(\lambda^2-1)\boldsymbol{\alpha}=\boldsymbol{0}$,而 $\boldsymbol{\alpha}\neq\boldsymbol{0}$,所以 $\lambda^2=1,\lambda=\pm1$.

§6.2 方阵的相似化简

本节将讨论:当方阵 $\boldsymbol{A}$ 满足什么条件时,能找到可逆的矩阵 $\boldsymbol{P}$,使得 $\boldsymbol{B}=\boldsymbol{P}^{-1}\boldsymbol{AP}$ 为对角矩阵. 能表示成 $\boldsymbol{B}=\boldsymbol{P}^{-1}\boldsymbol{AP}$ 的矩阵 $\boldsymbol{B}$ 称为 $\boldsymbol{A}$ 的相似矩阵.

一、相似矩阵

定义 3 设 $\boldsymbol{A},\boldsymbol{B}$ 为 n 阶方阵. 如果存在某个 n 阶可逆矩阵 $\boldsymbol{P}$,使得 $\boldsymbol{B}=\boldsymbol{P}^{-1}\boldsymbol{AP}$,则称 $\boldsymbol{B}$ 是 $\boldsymbol{A}$ 的**相似**矩阵,或称 $\boldsymbol{A}$ 与 $\boldsymbol{B}$ 相似,记为 $\boldsymbol{A}\sim\boldsymbol{B}$.

方阵之间的"相似"关系具有以下三条性质,因此是一种等价关系.

(1) **反身性**:$\boldsymbol{A}\sim\boldsymbol{A}$. 即任意一个方阵都与自己相似.

这是因为等式 $\boldsymbol{A}=\boldsymbol{E}^{-1}\boldsymbol{AE}$ 显然成立.

(2) **对称性**:若 $\boldsymbol{A}\sim\boldsymbol{B}$,则 $\boldsymbol{B}\sim\boldsymbol{A}$.

事实上,如果有 $\boldsymbol{B}=\boldsymbol{P}^{-1}\boldsymbol{AP}$,则显然有 $\boldsymbol{A}=\boldsymbol{PBP}^{-1}=\boldsymbol{Q}^{-1}\boldsymbol{BQ}$,其中 $\boldsymbol{Q}=\boldsymbol{P}^{-1}$.

(3) **传递性**:若 $\boldsymbol{A}\sim\boldsymbol{B},\boldsymbol{B}\sim\boldsymbol{C}$,则 $\boldsymbol{A}\sim\boldsymbol{C}$.

事实上,如果有 $\boldsymbol{B}=\boldsymbol{P}^{-1}\boldsymbol{AP},\boldsymbol{C}=\boldsymbol{Q}^{-1}\boldsymbol{BQ}$,则 $\boldsymbol{C}=\boldsymbol{Q}^{-1}\boldsymbol{BQ}=\boldsymbol{Q}^{-1}\boldsymbol{P}^{-1}\boldsymbol{APQ}=\boldsymbol{R}^{-1}\boldsymbol{AR}$,其中 $\boldsymbol{R}=\boldsymbol{PQ}$.

相似矩阵还有下面的性质.

性质 5 如果 $\boldsymbol{A}\sim\boldsymbol{B}$,则 $\boldsymbol{A}$ 与 $\boldsymbol{B}$ 有相同的特征多项式,因而有相同的特征值与行列式.

证 已知存在可逆矩阵 $\boldsymbol{P}$,使得 $\boldsymbol{B}=\boldsymbol{P}^{-1}\boldsymbol{AP}$,所以

$$\begin{aligned}|\lambda\boldsymbol{E}-\boldsymbol{B}|&=|\lambda\boldsymbol{E}-\boldsymbol{P}^{-1}\boldsymbol{AP}|=|\boldsymbol{P}^{-1}(\lambda\boldsymbol{E}-\boldsymbol{A})\boldsymbol{P}|\\&=|\boldsymbol{P}^{-1}|\,|\lambda\boldsymbol{E}-\boldsymbol{A}|\,|\boldsymbol{P}|=|\lambda\boldsymbol{E}-\boldsymbol{A}|.\end{aligned}$$

性质 6 如果 $\boldsymbol{A}\sim\boldsymbol{B}$,则 $f(\boldsymbol{A})\sim f(\boldsymbol{B})$,其中

$$f(x)=a_mx^m+a_{m-1}x^{m-1}+\cdots+a_1x+a_0.$$

证 已知存在可逆矩阵 $\boldsymbol{P}$,使得 $\boldsymbol{B}=\boldsymbol{P}^{-1}\boldsymbol{AP}$,所以

$$\boldsymbol{B}^k=(\boldsymbol{P}^{-1}\boldsymbol{AP})^k=\boldsymbol{P}^{-1}\boldsymbol{A}^k\boldsymbol{P},\quad k=1,2,\cdots,m.$$

$$\begin{aligned}f(\boldsymbol{B})&=a_m\boldsymbol{B}^m+a_{m-1}\boldsymbol{B}^{m-1}+\cdots+a_1\boldsymbol{B}+a_0\boldsymbol{E}\\&=a_m\boldsymbol{P}^{-1}\boldsymbol{A}^m\boldsymbol{P}+a_{m-1}\boldsymbol{P}^{-1}\boldsymbol{A}^{m-1}\boldsymbol{P}+\cdots+a_1\boldsymbol{P}^{-1}\boldsymbol{AP}+a_0\boldsymbol{P}^{-1}\boldsymbol{EP}\\&=\boldsymbol{P}^{-1}(a_m\boldsymbol{A}^m+a_{m-1}\boldsymbol{A}^{m-1}+\cdots+a_1\boldsymbol{A}+a_0\boldsymbol{E})\boldsymbol{P}=\boldsymbol{P}^{-1}f(\boldsymbol{A})\boldsymbol{P}.\end{aligned}$$

性质 7 如果 $\boldsymbol{A}\sim\boldsymbol{B},\boldsymbol{A}$ 可逆,则 $\boldsymbol{B}$ 可逆,且 $\boldsymbol{A}^{-1}\sim\boldsymbol{B}^{-1}$.

证 已知存在可逆矩阵 $\boldsymbol{P}$,使得 $\boldsymbol{B}=\boldsymbol{P}^{-1}\boldsymbol{AP}$,且$|\boldsymbol{A}|\neq0$. 所以$|\boldsymbol{B}|=|\boldsymbol{A}|\neq0$,$\boldsymbol{B}$ 可逆,且 $\boldsymbol{B}^{-1}=(\boldsymbol{P}^{-1}\boldsymbol{AP})^{-1}=\boldsymbol{P}^{-1}\boldsymbol{A}^{-1}\boldsymbol{P}$,即 $\boldsymbol{A}^{-1}\sim\boldsymbol{B}^{-1}$.

下面讨论当方阵 $\boldsymbol{A}$ 满足什么条件时,能找到可逆的矩阵 $\boldsymbol{P}$,使得 $\boldsymbol{P}^{-1}\boldsymbol{AP}$ 为对角矩阵,此时称 $\boldsymbol{A}$ **可对角化**.

二、方阵可对角化的条件

定理 1　n 阶方阵 $\boldsymbol{A}$ 相似于对角矩阵的充分必要条件是 $\boldsymbol{A}$ 有 n 个线性无关的特征向量.

证　必要性.　如果 $\boldsymbol{A}$ 与对角矩阵 $\boldsymbol{\Lambda}=\mathrm{diag}(\lambda_1,\lambda_2,\cdots,\lambda_n)$ 相似，即存在可逆矩阵 $\boldsymbol{P}$，使 $\boldsymbol{P}^{-1}\boldsymbol{AP}=\boldsymbol{\Lambda}$. 设 $\boldsymbol{P}=(\boldsymbol{p}_1,\boldsymbol{p}_2,\cdots,\boldsymbol{p}_n)$，由 $\boldsymbol{P}^{-1}\boldsymbol{AP}=\boldsymbol{\Lambda}$ 可得 $\boldsymbol{AP}=\boldsymbol{P\Lambda}$，即

$$\boldsymbol{A}(\boldsymbol{p}_1,\boldsymbol{p}_2,\cdots,\boldsymbol{p}_n)=(\boldsymbol{p}_1,\boldsymbol{p}_2,\cdots,\boldsymbol{p}_n)\boldsymbol{\Lambda},$$

$$(\boldsymbol{Ap}_1,\boldsymbol{Ap}_2,\cdots,\boldsymbol{Ap}_n)=(\lambda_1\boldsymbol{p}_1,\lambda_2\boldsymbol{p}_2,\cdots,\lambda_n\boldsymbol{p}_n).$$

由此可得 $\boldsymbol{Ap}_k=\lambda_k\boldsymbol{p}_k,k=1,2,\cdots,n$. 这说明 $\boldsymbol{P}$ 的 n 个列向量是 $\boldsymbol{A}$ 的特征向量. 而 $\boldsymbol{P}$ 是可逆的，所以 $\boldsymbol{p}_1,\boldsymbol{p}_2,\cdots,\boldsymbol{p}_n$ 线性无关，即 $\boldsymbol{A}$ 有 n 个线性无关的特征向量.

充分性.　设 $\boldsymbol{A}$ 有 n 个线性无关的特征向量 $\boldsymbol{p}_1,\boldsymbol{p}_2,\cdots,\boldsymbol{p}_n$，且

$$\boldsymbol{Ap}_j=\lambda_j\boldsymbol{p}_j,\quad j=1,2,\cdots,n.$$

令 $\boldsymbol{P}=(p_1,p_2,\cdots,p_n)$，则 $\boldsymbol{P}$ 是 n 阶可逆矩阵，而且满足

$$\begin{aligned}\boldsymbol{AP}&=\boldsymbol{A}(\boldsymbol{p}_1,\boldsymbol{p}_2,\cdots,\boldsymbol{p}_n)=(\lambda_1\boldsymbol{p}_1,\lambda_2\boldsymbol{p}_2,\cdots,\lambda_n\boldsymbol{p}_n)\\&=(\boldsymbol{p}_1,\boldsymbol{p}_2,\cdots,\boldsymbol{p}_n)\boldsymbol{\Lambda},\end{aligned}$$

其中 $\boldsymbol{\Lambda}=\mathrm{diag}(\lambda_1,\lambda_2,\cdots,\lambda_n)$ 为对角矩阵，即 $\boldsymbol{P}^{-1}\boldsymbol{AP}=\boldsymbol{\Lambda}$ 为对角矩阵.

注:定理充分性的证明过程告诉我们:只要找出 $\boldsymbol{A}$ 的 n 个线性无关的特征向量 $\boldsymbol{p}_1,\boldsymbol{p}_2,\cdots,\boldsymbol{p}_n$，以它们为列向量构成 $\boldsymbol{P}=(\boldsymbol{p}_1,\boldsymbol{p}_2,\cdots,\boldsymbol{p}_n)$，则 $\boldsymbol{P}^{-1}\boldsymbol{AP}$ 为对角矩阵. 这个对角矩阵称为 $\boldsymbol{A}$ 的相似标准形. 其对角元素恰好为 $\boldsymbol{A}$ 的 n 个特征值.

定义 4　如果存在可逆矩阵 $\boldsymbol{P}$，使得 $\boldsymbol{P}^{-1}\boldsymbol{AP}=\boldsymbol{\Lambda}$ 为对角矩阵，则称对角矩阵 $\boldsymbol{\Lambda}$ 为 $\boldsymbol{A}$ 的**相似标准形**.

在求矩阵 $\boldsymbol{A}$ 的相似标准形 $\boldsymbol{\Lambda}$ 时，$\boldsymbol{\Lambda}$ 的对角元可以是按任意顺序排列的. 但是 $\boldsymbol{P}$ 的各列的排列次序与 $\boldsymbol{\Lambda}$ 中各个对角元(即 $\boldsymbol{A}$ 的全体特征值)的排列次序必须互相对应，$\boldsymbol{P}$ 的第 k 列所对应的特征值就是 $\boldsymbol{\Lambda}$ 的第 k 个对角元素($k=1,2,\cdots,n$).

定理 1 告诉我们，n 阶方阵 $\boldsymbol{A}$ 相似于对角矩阵的充要条件是 $\boldsymbol{A}$ 有 n 个线性无关的特征向量. 那么，对于给定的 n 阶方阵 $\boldsymbol{A}$，如何知道它是否有 n 个线性无关的特征向量呢? 先证明下面的定理.

定理 2　设 $\lambda_1,\lambda_2,\cdots,\lambda_k$ 是 n 阶方阵 $\boldsymbol{A}$ 的两两不同的特征值，$\boldsymbol{p}_i$ 是 $\boldsymbol{A}$ 的属于 λ_i 的特征向量($1\leqslant i\leqslant k$)，则 $\boldsymbol{p}_1,\boldsymbol{p}_2,\cdots,\boldsymbol{p}_k$ 线性无关.

证　用数学归纳法. $k=1$ 时定理显然成立. 假设 $k=m$ 时定理成立，当 $k=m+1$ 时，设

$$a_1\boldsymbol{p}_1+a_2\boldsymbol{p}_2+\cdots+a_{m+1}\boldsymbol{p}_{m+1}=\boldsymbol{0},\tag{6.1}$$

则

$$\boldsymbol{A}(a_1\boldsymbol{p}_1+a_2\boldsymbol{p}_2+\cdots+a_{m+1}\boldsymbol{p}_{m+1})=\boldsymbol{0},$$

$$a_1\boldsymbol{Ap}_1+a_2\boldsymbol{Ap}_2+\cdots+a_{m+1}\boldsymbol{Ap}_{m+1}=\boldsymbol{0},$$

$$a_1\lambda_1\boldsymbol{p}_1+a_2\lambda_2\boldsymbol{p}_2+\cdots+a_{m+1}\lambda_{m+1}\boldsymbol{p}_{m+1}=\boldsymbol{0}.\tag{6.2}$$

将式(6.1)等式两边乘 λ_{m+1}，再与式(6.2)相减得

$$a_1(\lambda_{m+1}-\lambda_1)\boldsymbol{p}_1+a_2(\lambda_{m+1}-\lambda_2)\boldsymbol{p}_2+\cdots+a_m(\lambda_{m+1}-\lambda_m)\boldsymbol{p}_m=\boldsymbol{0}.$$

由归纳假设可知 $\boldsymbol{p}_1,\boldsymbol{p}_2,\cdots,\boldsymbol{p}_m$ 线性无关，所以

$$a_1(\lambda_{m+1}-\lambda_1)=0,\quad a_2(\lambda_{m+1}-\lambda_2)=0,\quad \cdots,\quad a_m(\lambda_{m+1}-\lambda_m)=0.$$

因为 $\lambda_{m+1}-\lambda_i\neq0,i=1,2,\cdots,m$，所以 $a_1=a_2=\cdots=a_m=0$，代入式(6.1)得 $a_{m+1}\boldsymbol{p}_{m+1}=\boldsymbol{0}$.

因为 $\boldsymbol{p}_{m+1}\neq\boldsymbol{0}$,故 $a_{m+1}=0$. 这表明 $\boldsymbol{p}_1,\boldsymbol{p}_2,\cdots,\boldsymbol{p}_{m+1}$ 线性无关,定理得证.

结合定理 1 与定理 2,有下面的推论.

推论 2 如果 n 阶方阵 $\boldsymbol{A}$ 有 n 个两两不同的特征值,则 $\boldsymbol{A}$ 可对角化.

由定理 2 还可得到下面的推论.

推论 3 设 $\lambda_1,\lambda_2,\cdots,\lambda_m$ 是 n 阶方阵 $\boldsymbol{A}$ 的两两不同的特征值,$\boldsymbol{p}_{i1},\boldsymbol{p}_{i2},\cdots,\boldsymbol{p}_{ir_i}$ 是 $\boldsymbol{A}$ 的属于 λ_i 的线性无关的特征向量($1\leqslant i\leqslant m$),则

$$\boldsymbol{p}_{11},\boldsymbol{p}_{12},\cdots,\boldsymbol{p}_{1r_1},\boldsymbol{p}_{21},\boldsymbol{p}_{22},\cdots,\boldsymbol{p}_{2r_2},\cdots,\boldsymbol{p}_{m1},\boldsymbol{p}_{m2},\cdots,\boldsymbol{p}_{mr_m}$$

(共 $r_1+r_2+\cdots+r_m$ 个向量)仍线性无关.

证* 设

$$a_{11}\boldsymbol{p}_{11}+\cdots+a_{1r_1}\boldsymbol{p}_{1r_1}+a_{21}\boldsymbol{p}_{21}+\cdots+a_{2r_2}\boldsymbol{p}_{2r_2}+\cdots+a_{m1}\boldsymbol{p}_{m1}+\cdots+a_{mr_m}\boldsymbol{p}_{mr_m}=\boldsymbol{0},$$

令 $\boldsymbol{p}_i=a_{i1}\boldsymbol{p}_{i1}+a_{i2}\boldsymbol{p}_{i2}\cdots+a_{ir_i}\boldsymbol{p}_{ir_i},i=1,2,\cdots,m$,则

$$\boldsymbol{p}_1+\boldsymbol{p}_2+\cdots+\boldsymbol{p}_m=\boldsymbol{0}.$$

下面用反证法证明 $\boldsymbol{p}_1=\boldsymbol{p}_2=\cdots=\boldsymbol{p}_m=\boldsymbol{0}$. 否则,若 $\boldsymbol{p}_1,\boldsymbol{p}_2,\cdots,\boldsymbol{p}_m$ 中有非零向量,设 $\boldsymbol{p}_1,\boldsymbol{p}_2,\cdots,\boldsymbol{p}_m$ 中所有非零向量为 $\boldsymbol{p}_{k_1},\boldsymbol{p}_{k_2},\cdots,\boldsymbol{p}_{k_t}$($1\leqslant t\leqslant m$),则 $\boldsymbol{p}_{k_1}+\boldsymbol{p}_{k_2}+\cdots+\boldsymbol{p}_{k_t}=\boldsymbol{0}$. 由 6.1 节性质 1 可知 $\boldsymbol{p}_{k_1},\boldsymbol{p}_{k_2},\cdots,\boldsymbol{p}_{k_t}$ 是 $\boldsymbol{A}$ 的特征向量,分别对应于两两不同的特征值 $\lambda_{k_1},\lambda_{k_2},\cdots,\lambda_{k_t}$,根据定理 2,$\boldsymbol{p}_{k_1},\boldsymbol{p}_{k_2},\cdots,\boldsymbol{p}_{k_t}$ 是线性无关的,这与 $\boldsymbol{p}_{k_1}+\boldsymbol{p}_{k_2}+\cdots+\boldsymbol{p}_{k_t}=\boldsymbol{0}$ 矛盾. 因此 $\boldsymbol{p}_1=\boldsymbol{p}_2=\cdots=\boldsymbol{p}_m=\boldsymbol{0}$,即

$$\boldsymbol{p}_i=a_{i1}\boldsymbol{p}_{i1}+a_{i2}\boldsymbol{p}_{i2}\cdots+a_{ir_i}\boldsymbol{p}_{ir_i}=\boldsymbol{0},\quad i=1,2,\cdots,m.$$

已知对任意 $1\leqslant i\leqslant m$,$\boldsymbol{p}_{i1},\boldsymbol{p}_{i2},\cdots,\boldsymbol{p}_{ir_i}$ 是线性无关的,所以

$$a_{i1}=a_{i2}=\cdots=a_{ir_i}=0,\quad i=1,2,\cdots,m,$$

推论 3 得证.

推论 3 告诉我们:将属于不同特征值的线性无关的特征向量合并在一起,可以组成个数更多的线性无关的特征向量组. 那么,对应于每个特征值,最多能找出多少个线性无关的特征向量呢? 下面的定理 3 给出了这个问题的答案.

定理 3 设 λ_0 是 n 阶方阵 $\boldsymbol{A}$ 的重数为 k 的特征值,对应于 λ_0,$\boldsymbol{A}$ 最多有 m 个线性无关的特征向量,则 $m\leqslant k$.

证* 用反证法. 设 $m>k$,$\boldsymbol{p}_1,\boldsymbol{p}_2,\cdots,\boldsymbol{p}_m$ 为 $\boldsymbol{A}$ 的对应于 λ_0 的线性无关的特征向量. 因为 $\boldsymbol{p}_1,\boldsymbol{p}_2,\cdots,\boldsymbol{p}_m$ 线性无关,继续添加向量 $\boldsymbol{p}_{m+1},\boldsymbol{p}_{m+2},\cdots,\boldsymbol{p}_n$ 使 $\boldsymbol{p}_1,\boldsymbol{p}_2,\cdots,\boldsymbol{p}_n$ 成为复向量空间 $\mathbf{C}^n$ 的一组基.

设 $\boldsymbol{A}\boldsymbol{p}_i=b_{1i}\boldsymbol{p}_1+b_{2i}\boldsymbol{p}_2+\cdots+b_{ni}\boldsymbol{p}_n,i=m+1,m+2,\cdots,n$,则

$$\boldsymbol{A}(\boldsymbol{p}_1,\boldsymbol{p}_2,\cdots,\boldsymbol{p}_n)=(\boldsymbol{p}_1,\boldsymbol{p}_2,\cdots,\boldsymbol{p}_n)\begin{pmatrix}\lambda_0\boldsymbol{E}_m & \boldsymbol{B}_1\\ \boldsymbol{O} & \boldsymbol{B}_2\end{pmatrix},\tag{6.3}$$

其中

$$\boldsymbol{B}_1=\begin{pmatrix}b_{1,m+1} & b_{1,m+2} & \cdots & b_{1n}\\ b_{2,m+1} & b_{2,m+2} & \cdots & b_{2n}\\ \vdots & \vdots & \vdots & \vdots\\ b_{m,m+1} & b_{m,m+2} & \cdots & b_{mn}\end{pmatrix},\quad \boldsymbol{B}_2=\begin{pmatrix}b_{m+1,m+1} & b_{m+1,m+2} & \cdots & b_{m+1,n}\\ b_{m+2,m+1} & b_{m+2,m+2} & \cdots & b_{m+2,n}\\ \vdots & \vdots & & \vdots\\ b_{n,m+1} & b_{n,m+2} & \cdots & b_{nn}\end{pmatrix}.$$

令 $\boldsymbol{P}=(\boldsymbol{p}_1,\boldsymbol{p}_2,\cdots,\boldsymbol{p}_n)$,则 $\boldsymbol{P}$ 可逆,由式(6.3)可得 $\boldsymbol{P}^{-1}\boldsymbol{A}\boldsymbol{P}=\begin{pmatrix}\lambda_0\boldsymbol{E}_m & \boldsymbol{B}_1\\ \boldsymbol{O} & \boldsymbol{B}_2\end{pmatrix}$.

记 $\boldsymbol{B}=\begin{pmatrix}\lambda_0\boldsymbol{E}_m & \boldsymbol{B}_1\\ \boldsymbol{O} & \boldsymbol{B}_2\end{pmatrix}$,则 $\boldsymbol{A}$ 与 $\boldsymbol{B}$ 相似,所以 $\boldsymbol{A}$ 与 $\boldsymbol{B}$ 特征值相同.

$|\lambda E-B|=\begin{vmatrix}(\lambda-\lambda_0)E_m & -B_1\\ O & \lambda E_{n-m}-B_2\end{vmatrix}$，将等式右端的行列式依次按第 1 列，第 2 列，…，第 m 列展开可得 $|\lambda E-B|=(\lambda-\lambda_0)^m|\lambda E_{n-m}-B_2|$. 因为 $|\lambda E_{n-m}-B_2|$ 是关于 λ 的 $(n-m)$ 次多项式，所以 λ_0 是 B 的特征值，重数至少为 m，而 A 与 B 的特征值是相同的，因此 λ_0 也是 A 的特征值，重数至少为 m，但 $m>k$，这与已知重数为 k 矛盾.

定理 3 说明，对应于每个特征值，矩阵能有的线性无关的特征向量个数不会超过这个特征值的重数. 由定理 1 与定理 3 可得下面的结论.

定理 4　方阵 A 可对角化的充分必要条件是对应于 A 的任意特征值 λ，A 有 k 个线性无关的特征向量，其中 k 是 λ 作为特征值的重数.

例 6　设 $A=\begin{pmatrix}3&-1&-2\\2&0&-2\\2&-1&-1\end{pmatrix}$，讨论 A 是否可以对角化.

解
$$|\lambda E-A|=\begin{vmatrix}\lambda-3&1&2\\-2&\lambda&2\\-2&1&\lambda+1\end{vmatrix}\xlongequal[c_1+1c_3]{c_1+1c_2}\begin{vmatrix}\lambda&1&2\\\lambda&\lambda&2\\\lambda&1&\lambda+1\end{vmatrix}$$
$$=\lambda\begin{vmatrix}1&1&2\\1&\lambda&2\\1&1&\lambda+1\end{vmatrix}=\lambda(\lambda-1)^2.$$

$\lambda_1=\lambda_2=1$ 是二重特征值.

考虑齐次线性方程组 $(E-A)x=0$，其系数矩阵为 $E-A=\begin{pmatrix}-2&1&2\\-2&1&2\\-2&1&2\end{pmatrix}$，显然 $r(E-A)=1$，因此齐次线性方程组 $(E-A)x=0$ 的基础解系中有两个向量，也就是说，对应于二重特征值 $\lambda_1=\lambda_2=1$，A 有两个线性无关的特征向量，所以 A 可以对角化.

注：对于单特征值，必有属于它的特征向量，无须对它进行讨论.

例 7　设 $A=\begin{pmatrix}-1&1&0\\-4&3&0\\1&0&2\end{pmatrix}$，讨论 A 是否可以对角化.

解
$$|\lambda E-A|=\begin{vmatrix}\lambda+1&-1&0\\4&\lambda-3&0\\-1&0&\lambda-2\end{vmatrix}$$
$$=(\lambda-2)[(\lambda+1)(\lambda-3)+4]=(\lambda-2)(\lambda-1)^2.$$

$\lambda_1=\lambda_2=1$ 是二重特征值.

考虑齐次线性方程组 $(E-A)x=0$，其系数矩阵为 $E-A=\begin{pmatrix}2&-1&0\\4&-2&0\\-1&0&-1\end{pmatrix}$，$r(E-A)=2$，因此齐次线性方程组 $(E-A)x=0$ 的基础解系中只有一个向量，也就是说，对应于二重特征值 $\lambda_1=\lambda_2=1$，A 只有一个线性无关的特征向量，所以 A 不能对角化.

例 8 设 $\boldsymbol{A}=\begin{pmatrix}1&0&0\\-1&2&0\\1&1&-1\end{pmatrix}$,求 $\boldsymbol{A}^k$,k 为正整数.

解 $\boldsymbol{A}$ 为下三角矩阵,主对角元素就是其特征值,$\boldsymbol{A}$ 的特征值两两不同,所以 $\boldsymbol{A}$ 可以对角化.下面将 $\boldsymbol{A}$ 对角化.

先求出 $\boldsymbol{A}$ 的特征值和特征向量.$\boldsymbol{A}$ 的特征方程为

$$|\lambda\boldsymbol{E}-\boldsymbol{A}|=\begin{vmatrix}\lambda-1&0&0\\1&\lambda-2&0\\-1&-1&\lambda+1\end{vmatrix}=(\lambda-1)(\lambda-2)(\lambda+1)=0.$$

属于特征值 $\lambda_1=1$ 的特征向量是方程组 $(\boldsymbol{E}-\boldsymbol{A})\boldsymbol{x}=\boldsymbol{0}$,即 $\begin{pmatrix}0&0&0\\1&-1&0\\-1&-1&2\end{pmatrix}\begin{pmatrix}x_1\\x_2\\x_3\end{pmatrix}=\begin{pmatrix}0\\0\\0\end{pmatrix}$ 的非零解向量.取特征向量 $\boldsymbol{p}_1=(1,1,1)^{\mathrm{T}}$.

属于特征值 $\lambda_2=2$ 的特征向量是方程组 $(2\boldsymbol{E}-\boldsymbol{A})\boldsymbol{x}=\boldsymbol{0}$,即 $\begin{pmatrix}1&0&0\\1&0&0\\-1&-1&3\end{pmatrix}\begin{pmatrix}x_1\\x_2\\x_3\end{pmatrix}=\begin{pmatrix}0\\0\\0\end{pmatrix}$ 的非零解向量.取特征向量 $\boldsymbol{p}_2=(0,3,1)^{\mathrm{T}}$.

属于特征值 $\lambda_3=-1$ 的特征向量是方程组 $(-\boldsymbol{E}-\boldsymbol{A})\boldsymbol{x}=\boldsymbol{0}$,即 $\begin{pmatrix}-2&0&0\\1&-3&0\\-1&-1&0\end{pmatrix}\begin{pmatrix}x_1\\x_2\\x_3\end{pmatrix}=\begin{pmatrix}0\\0\\0\end{pmatrix}$ 的非零解向量.取特征向量 $\boldsymbol{p}_3=(0,0,1)^{\mathrm{T}}$.

令 $\boldsymbol{P}=(\boldsymbol{p}_1,\boldsymbol{p}_2,\boldsymbol{p}_3)=\begin{pmatrix}1&0&0\\1&3&0\\1&1&1\end{pmatrix}$,则 $\boldsymbol{P}^{-1}\boldsymbol{A}\boldsymbol{P}=\begin{pmatrix}1&0&0\\0&2&0\\0&0&-1\end{pmatrix}=\boldsymbol{\Lambda}$,即 $\boldsymbol{A}=\boldsymbol{P}\boldsymbol{\Lambda}\boldsymbol{P}^{-1}$.

$$\boldsymbol{A}^k=(\boldsymbol{P}\boldsymbol{\Lambda}\boldsymbol{P}^{-1})^k=\boldsymbol{P}\boldsymbol{\Lambda}^k\boldsymbol{P}^{-1}=\begin{pmatrix}1&0&0\\1&3&0\\1&1&1\end{pmatrix}\begin{pmatrix}1&0&0\\0&2^k&0\\0&0&(-1)^k\end{pmatrix}\begin{pmatrix}1&0&0\\-\frac{1}{3}&\frac{1}{3}&0\\-\frac{2}{3}&-\frac{1}{3}&1\end{pmatrix}$$

$$=\begin{pmatrix}1&0&0\\1-2^k&2^k&0\\1-\frac{2^k}{3}+\frac{2(-1)^{k+1}}{3}&\frac{2^k+(-1)^{k+1}}{3}&(-1)^k\end{pmatrix}.$$

例 9 设 $\boldsymbol{A}=\begin{pmatrix}0&-2&-1\\-2&3&2\\-1&2&0\end{pmatrix}$,求可逆矩阵 $\boldsymbol{P}$,使 $\boldsymbol{P}^{-1}\boldsymbol{A}\boldsymbol{P}$ 为对角形.

解

$$|\lambda\boldsymbol{E}-\boldsymbol{A}|=\begin{vmatrix}\lambda & 2 & 1\\ 2 & \lambda-3 & -2\\ 1 & -2 & \lambda\end{vmatrix}\xlongequal{(-2)r_3+r_2}\begin{vmatrix}\lambda & 2 & 1\\ 0 & \lambda+1 & -2(\lambda+1)\\ 1 & -2 & \lambda\end{vmatrix}$$

$$=(\lambda+1)\begin{vmatrix}\lambda & 2 & 1\\ 0 & 1 & -2\\ 1 & -2 & \lambda\end{vmatrix}=(\lambda+1)^2(\lambda-5).$$

$\boldsymbol{A}$ 的特征值为：$\lambda_1=5,\lambda_2=\lambda_3=-1$.

对应于特征值 $\lambda_1=5$ 的特征向量是方程组$(5\boldsymbol{E}-\boldsymbol{A})\boldsymbol{x}=\boldsymbol{0}$，即 $\begin{pmatrix}5 & 2 & 1\\ 2 & 2 & -2\\ 1 & -2 & 5\end{pmatrix}\begin{pmatrix}x_1\\ x_2\\ x_3\end{pmatrix}=\begin{pmatrix}0\\ 0\\ 0\end{pmatrix}$

的非零解向量. 方程组的基础解系为 $\boldsymbol{\xi}_1=(-1,2,1)^{\mathrm{T}}$，取 $\boldsymbol{p}_1=\boldsymbol{\xi}_1$.

对应于特征值 $\lambda_2=\lambda_3=-1$ 的特征向量是方程组$(-\boldsymbol{E}-\boldsymbol{A})\boldsymbol{x}=\boldsymbol{0}$，即 $\begin{pmatrix}-1 & 2 & 1\\ 2 & -4 & -2\\ 1 & -2 & -1\end{pmatrix}\begin{pmatrix}x_1\\ x_2\\ x_3\end{pmatrix}=\begin{pmatrix}0\\ 0\\ 0\end{pmatrix}$

的非零解向量. 方程组的基础解系为 $\boldsymbol{\xi}_2=(1,0,1)^{\mathrm{T}},\boldsymbol{\xi}_3=(1,1,-1)^{\mathrm{T}}$，取 $\boldsymbol{p}_2=\boldsymbol{\xi}_2,\boldsymbol{p}_3=\boldsymbol{\xi}_3$.

令 $\boldsymbol{P}=(\boldsymbol{p}_1,\boldsymbol{p}_2,\boldsymbol{p}_3)=\begin{pmatrix}-1 & 1 & 1\\ 2 & 0 & 1\\ 1 & 1 & -1\end{pmatrix}$，则 $\boldsymbol{P}^{-1}\boldsymbol{AP}=\begin{pmatrix}5 & 0 & 0\\ 0 & -1 & 0\\ 0 & 0 & -1\end{pmatrix}$.

这个例子中的矩阵 $\boldsymbol{A}$ 是实对称矩阵，这个矩阵 $\boldsymbol{A}$ 可以对角化并非偶然，实对称矩阵一定是相似于对角矩阵的，这个问题将在下一章中进行讨论.

例 10　已知三阶矩阵 $\boldsymbol{A}$ 的特征值与对应的特征向量分别为 $\lambda_1=1,\boldsymbol{p}_1=(1,2,2)^{\mathrm{T}}$；$\lambda_2=-1,\boldsymbol{p}_2=(0,1,1)^{\mathrm{T}}$；$\lambda_3=2,\boldsymbol{p}_3=(2,1,-1)^{\mathrm{T}}$. 求 $\boldsymbol{A}^{\mathrm{T}}$ 的特征值与特征向量.

解　令

$$\boldsymbol{P}=(\boldsymbol{p}_1,\boldsymbol{p}_2,\boldsymbol{p}_3)=\begin{pmatrix}1 & 0 & 2\\ 2 & 1 & 1\\ 2 & 1 & -1\end{pmatrix},\text{则 }\boldsymbol{P}^{-1}\boldsymbol{AP}=\begin{pmatrix}1 & 0 & 0\\ 0 & -1 & 0\\ 0 & 0 & 2\end{pmatrix},$$

即

$$\boldsymbol{A}=\boldsymbol{P}\begin{pmatrix}1 & 0 & 0\\ 0 & -1 & 0\\ 0 & 0 & 2\end{pmatrix}\boldsymbol{P}^{-1}.$$

两边取转置，得

$$\boldsymbol{A}^{\mathrm{T}}=(\boldsymbol{P}^{-1})^{\mathrm{T}}\begin{pmatrix}1 & 0 & 0\\ 0 & -1 & 0\\ 0 & 0 & 2\end{pmatrix}\boldsymbol{P}^{\mathrm{T}}=(\boldsymbol{P}^{\mathrm{T}})^{-1}\begin{pmatrix}1 & 0 & 0\\ 0 & -1 & 0\\ 0 & 0 & 2\end{pmatrix}\boldsymbol{P}^{\mathrm{T}},$$

即

$$\boldsymbol{P}^{\mathrm{T}}\boldsymbol{A}^{\mathrm{T}}(\boldsymbol{P}^{\mathrm{T}})^{-1}=\begin{pmatrix}1 & 0 & 0\\ 0 & -1 & 0\\ 0 & 0 & 2\end{pmatrix}.$$

记 $\boldsymbol{Q}=(\boldsymbol{P}^{\mathrm{T}})^{-1}$，则 $\boldsymbol{Q}^{-1}\boldsymbol{A}^{\mathrm{T}}\boldsymbol{Q}=\begin{pmatrix}1 & 0 & 0\\ 0 & -1 & 0\\ 0 & 0 & 2\end{pmatrix}$.

这说明 $\boldsymbol{Q}=(\boldsymbol{P}^{\mathrm{T}})^{-1}$ 的三个列向量就是 $\boldsymbol{A}^{\mathrm{T}}$ 的特征向量.

经计算得

$$\boldsymbol{Q}=(\boldsymbol{P}^{\mathrm{T}})^{-1}=(\boldsymbol{P}^{-1})^{\mathrm{T}}=\frac{1}{2}\begin{pmatrix}2&-4&0\\-2&5&1\\2&-3&-1\end{pmatrix}.$$

因此 $\boldsymbol{A}^{\mathrm{T}}$ 的特征值与对应的特征向量分别为 $\lambda_1=1,\boldsymbol{\alpha}_1=k_1(1,-1,1)^{\mathrm{T}}(k_1\neq 0)$;$\lambda_2=-1$,$\boldsymbol{\alpha}_2=k_2(-4,5,-3)^{\mathrm{T}}(k_2\neq 0)$;$\lambda_3=2,\boldsymbol{\alpha}_3=k_3(0,1,-1)^{\mathrm{T}}(k_3\neq 0)$.

注:当矩阵 $\boldsymbol{A}$ 可对角化时,可逆矩阵 $\boldsymbol{P}$ 能使 $\boldsymbol{P}^{-1}\boldsymbol{A}\boldsymbol{P}$ 为对角形的充分必要条件是 $\boldsymbol{P}$ 的列向量是 $\boldsymbol{A}$ 的特征向量. 所以该例中并不需要求出 $\boldsymbol{A}^{\mathrm{T}}$,只要根据 $\boldsymbol{Q}^{-1}\boldsymbol{A}^{\mathrm{T}}\boldsymbol{Q}=\boldsymbol{P}^{\mathrm{T}}\boldsymbol{A}^{\mathrm{T}}(\boldsymbol{P}^{\mathrm{T}})^{-1}$ 为对角形,便可知道 $\boldsymbol{Q}=(\boldsymbol{P}^{\mathrm{T}})^{-1}$ 的列向量就是 $\boldsymbol{A}^{\mathrm{T}}$ 的特征向量.

习 题 六

1. 设 $\boldsymbol{A},\boldsymbol{B}$ 为 n 阶方阵. 试证:

(1) $\mathrm{tr}(\boldsymbol{A}+\boldsymbol{B})=\mathrm{tr}(\boldsymbol{A})+\mathrm{tr}(\boldsymbol{B})$;

(2) $\mathrm{tr}(k\boldsymbol{A})=k\,\mathrm{tr}(\boldsymbol{A})$,$k$ 为任意数;

(3) $\mathrm{tr}(\boldsymbol{A}\boldsymbol{B})=\mathrm{tr}(\boldsymbol{B}\boldsymbol{A})$.

2. 求下列矩阵的特征值与特征向量:

(1) $\boldsymbol{A}=\begin{pmatrix}3&4\\5&2\end{pmatrix}$; (2) $\boldsymbol{A}=\begin{pmatrix}0&0&1\\0&1&0\\1&0&0\end{pmatrix}$;

(3) $\boldsymbol{A}=\begin{pmatrix}1&2&3\\2&1&3\\3&3&6\end{pmatrix}$; (4) $\boldsymbol{A}=\begin{pmatrix}2&-1&2\\5&-3&3\\-1&0&-2\end{pmatrix}$;

(5) $\boldsymbol{A}=\begin{pmatrix}1&-3&3\\3&-5&3\\6&-6&4\end{pmatrix}$; (6) $\boldsymbol{A}=\begin{pmatrix}1&1&1&1\\1&1&-1&-1\\1&-1&1&-1\\1&-1&-1&1\end{pmatrix}$.

3. 设 $\boldsymbol{p}_1,\boldsymbol{p}_2$ 分别是矩阵 $\boldsymbol{A}$ 的属于特征值 λ_1,λ_2 的特征向量,且 $\lambda_1\neq\lambda_2$. 试证:

(1) $\boldsymbol{p}_1,\boldsymbol{p}_2$ 线性无关;

(2) $\boldsymbol{p}_1+\boldsymbol{p}_2$ 不可能是 $\boldsymbol{A}$ 的特征向量.

4. 设 $\boldsymbol{A}$ 为 n 阶矩阵,如果任意 n 维非零向量都是 $\boldsymbol{A}$ 的特征向量,求证 $\boldsymbol{A}$ 为数量矩阵,即存在数 λ,使得 $\boldsymbol{A}=\lambda\boldsymbol{E}$.

5. 已知三阶矩阵 $\boldsymbol{A}$ 的特征值为 $\lambda_1=1,\lambda_2=0,\lambda_3=-2$. 求以下行列式的值:

$$|\boldsymbol{A}-\boldsymbol{E}|,\quad |\boldsymbol{A}+2\boldsymbol{E}|,\quad |\boldsymbol{A}^2+3\boldsymbol{A}+2\boldsymbol{E}|,\quad |\boldsymbol{A}^2+3\boldsymbol{A}+4\boldsymbol{E}|.$$

6. 设 $\boldsymbol{A}$ 是三阶方阵. 如果已知 $|\boldsymbol{A}+\boldsymbol{E}|=0$,$|2\boldsymbol{E}+\boldsymbol{A}|=0$,$|\boldsymbol{E}-\boldsymbol{A}|=0$,求行列式 $|\boldsymbol{A}^2+4\boldsymbol{A}+\boldsymbol{E}|$ 的值.

7. 设 n 阶矩阵 $\boldsymbol{A}$ 满足 $\boldsymbol{A}^2=\boldsymbol{A}$,求 $\boldsymbol{A}$ 的所有可能的特征值.

8. 已知 n 阶可逆矩阵 $\boldsymbol{A}$ 的全体特征值为 $\lambda_1,\lambda_2,\cdots,\lambda_n$,求 $\boldsymbol{A}^{-1}$ 的全体特征值.

9. 如果 n 阶矩阵 $\boldsymbol{A}$ 中的所有元素都是 1，求 $\boldsymbol{A}$ 的所有特征值，并求 $\boldsymbol{A}$ 的属于特征值 $\lambda=n$ 的特征向量.

10. 设 n 阶矩阵 $\boldsymbol{A}$ 满足 $\boldsymbol{A}^2+4\boldsymbol{A}+4\boldsymbol{E}=\boldsymbol{O}$（$\boldsymbol{O}$ 为零矩阵），求 $\boldsymbol{A}$ 的所有特征值.

11. 求 k 的值，使得 $\boldsymbol{\alpha}=\begin{pmatrix}1\\k\\1\end{pmatrix}$ 是 $\boldsymbol{A}=\begin{pmatrix}2&1&1\\1&2&1\\1&1&2\end{pmatrix}$ 的逆矩阵的特征向量.

12. 求出 a 和 b 的值，使得 $\boldsymbol{p}=\begin{pmatrix}1\\-2\\3\end{pmatrix}$ 是 $\boldsymbol{A}=\begin{pmatrix}3&2&-1\\a&-2&2\\3&b&-1\end{pmatrix}$ 的特征向量，并求出对应的特征值.

13. 已知 12 是 $\boldsymbol{A}=\begin{pmatrix}7&4&-1\\4&7&-1\\-4&a&4\end{pmatrix}$ 的一个特征值，求 a 及 $\boldsymbol{A}$ 的另外两个特征值.

14. 设 n 阶方阵 $\boldsymbol{A}=(a_{ij})$ 的每一行元素之和同为 a，证明 a 必是 $\boldsymbol{A}$ 的特征值，并求 $\boldsymbol{A}$ 的属于这个特征值 a 的一个特征向量 $\boldsymbol{p}$.

15. 下列方阵能不能相似于对角矩阵？若能，求可逆矩阵 $\boldsymbol{P}$，使 $\boldsymbol{P}^{-1}\boldsymbol{A}\boldsymbol{P}$ 为对角形.

（1）$\boldsymbol{A}=\begin{pmatrix}5&4&2\\4&5&2\\2&2&2\end{pmatrix}$；　（2）$\boldsymbol{A}=\begin{pmatrix}-1&4&-2\\-3&4&0\\-3&1&3\end{pmatrix}$；

（3）$\boldsymbol{A}=\begin{pmatrix}0&0&0\\0&0&0\\3&0&1\end{pmatrix}$；　（4）$\boldsymbol{A}=\begin{pmatrix}a&1&0\\0&a&1\\0&0&a\end{pmatrix}$；

（5）$\boldsymbol{A}=\begin{pmatrix}4&6&0\\-3&-5&0\\-3&-6&1\end{pmatrix}$.

16. 设 $\boldsymbol{A}=\begin{pmatrix}1&-1&0\\-1&0&0\\0&0&1\end{pmatrix}$ 与 $\boldsymbol{B}=\begin{pmatrix}1&a&0\\-1&0&-1\\0&a&1\end{pmatrix}$ 相似，求 a.

17. 求 x,y，使 $\boldsymbol{A}=\begin{pmatrix}2&0&0\\0&0&1\\0&1&x\end{pmatrix}$ 与 $\boldsymbol{B}=\begin{pmatrix}2&0&0\\0&y&0\\0&0&-1\end{pmatrix}$ 相似，并求可逆矩阵 $\boldsymbol{P}$，使 $\boldsymbol{P}^{-1}\boldsymbol{A}\boldsymbol{P}=\boldsymbol{B}$.

18. 已知 $\boldsymbol{A}=\begin{pmatrix}1&-2&-4\\-2&x&-2\\-4&-2&1\end{pmatrix}$ 与 $\boldsymbol{\Lambda}=\begin{pmatrix}5&&\\&y&\\&&-4\end{pmatrix}$ 相似. 求参数 x,y 的值，并求可逆矩阵 $\boldsymbol{P}$，使得 $\boldsymbol{P}^{-1}\boldsymbol{A}\boldsymbol{P}=\boldsymbol{\Lambda}$.

19. 求三阶方阵 $\boldsymbol{A}$，使得 $\boldsymbol{A}$ 的特征值 $\lambda_1,\lambda_2,\lambda_3$ 和对应的特征向量 $\boldsymbol{p}_1,\boldsymbol{p}_2,\boldsymbol{p}_3$ 如下所示：

（1）$\lambda_1=1,\lambda_2=1,\lambda_3=2$；$\boldsymbol{p}_1=\begin{pmatrix}1\\2\\1\end{pmatrix}$，$\boldsymbol{p}_2=\begin{pmatrix}1\\1\\0\end{pmatrix}$，$\boldsymbol{p}_3=\begin{pmatrix}2\\0\\-1\end{pmatrix}$.

(2) $\lambda_1=1,\lambda_2=-1,\lambda_3=0$;$\boldsymbol{p}_1=\begin{pmatrix}1\\2\\1\end{pmatrix},\boldsymbol{p}_2=\begin{pmatrix}0\\-2\\1\end{pmatrix},\boldsymbol{p}_3=\begin{pmatrix}1\\1\\2\end{pmatrix}$.

20. 求参数 x 的值,使 $\boldsymbol{A}=\begin{pmatrix}-2&0&0\\2&x&2\\3&1&1\end{pmatrix}$ 的特征值为 $-2,-1,2$,并求可逆矩阵 $\boldsymbol{P}$,使 $\boldsymbol{P}^{-1}\boldsymbol{A}\boldsymbol{P}$ 为对角矩阵.

21. 求证:若 $\boldsymbol{A}$ 与 $\boldsymbol{B}$ 相似,则对任意正整数 k,$\boldsymbol{A}^k$ 与 $\boldsymbol{B}^k$ 也相似.

22. 设 $\boldsymbol{A},\boldsymbol{B}$ 都是 n 阶方阵,$|\boldsymbol{A}|\neq 0$. 求证:$\boldsymbol{AB}$ 与 $\boldsymbol{BA}$ 相似.

23. 设 $\boldsymbol{A},\boldsymbol{B}$ 是 n 阶方阵,$\boldsymbol{C},\boldsymbol{D}$ 是 m 阶方阵. 求证:若 $\boldsymbol{A}$ 与 $\boldsymbol{B}$ 相似,$\boldsymbol{C}$ 与 $\boldsymbol{D}$ 相似,则 $\begin{pmatrix}\boldsymbol{A}&\boldsymbol{O}_1\\\boldsymbol{O}_2&\boldsymbol{C}\end{pmatrix}$ 与 $\begin{pmatrix}\boldsymbol{B}&\boldsymbol{O}_1\\\boldsymbol{O}_2&\boldsymbol{D}\end{pmatrix}$ 也相似,其中 $\boldsymbol{O}_1,\boldsymbol{O}_2$ 为零矩阵.

24. 已知 $\boldsymbol{A}=\begin{pmatrix}1&2\\2&1\end{pmatrix}$,求 $\boldsymbol{A}^k$,其中 k 是正整数.

25. 设 $\boldsymbol{\alpha}$ 是 n 阶矩阵 $\boldsymbol{A}$ 的属于特征值 λ 的特征向量,验证 $\boldsymbol{\beta}=\boldsymbol{P}^{-1}\boldsymbol{\alpha}$ 一定是 $\boldsymbol{B}=\boldsymbol{P}^{-1}\boldsymbol{A}\boldsymbol{P}$ 的属于特征值 λ 的特征向量.

第7章　二次型

我们知道，平面直角坐标系中的曲线$\frac{x^2}{a^2}+\frac{y^2}{b^2}=1$是一个圆或椭圆，曲线$\frac{x^2}{a^2}-\frac{y^2}{b^2}=1$是实轴为$x$轴的双曲线. 那么曲线$x^2+4xy+y^2=3$是一条怎样的曲线呢？在原来的坐标系下讨论这条曲线有些不便，为此，保持原点不动，新建一个以$\tilde{x}$轴、$\tilde{y}$轴为坐标轴的直角坐标系进行讨论.

设在原坐标系中坐标为$(x,y)^{\mathrm{T}}$的向量在新坐标系下的坐标为$(\tilde{x},\tilde{y})^{\mathrm{T}}$，且

$$\begin{pmatrix}x\\y\end{pmatrix}=\begin{pmatrix}\frac{1}{\sqrt{2}} & -\frac{1}{\sqrt{2}}\\ \frac{1}{\sqrt{2}} & \frac{1}{\sqrt{2}}\end{pmatrix}\begin{pmatrix}\tilde{x}\\ \tilde{y}\end{pmatrix},\quad 即\begin{cases}x=\frac{1}{\sqrt{2}}(\tilde{x}-\tilde{y}),\\ y=\frac{1}{\sqrt{2}}(\tilde{x}+\tilde{y}).\end{cases}$$

不难发现，在新坐标系下坐标为$(\tilde{x},\tilde{y})^{\mathrm{T}}=(1,0)^{\mathrm{T}}$的向量，在原坐标系下的坐标为$(x,y)^{\mathrm{T}}=\left(\frac{1}{\sqrt{2}},\frac{1}{\sqrt{2}}\right)^{\mathrm{T}}$；在新坐标系下坐标为$(\tilde{x},\tilde{y})^{\mathrm{T}}=(0,1)^{\mathrm{T}}$的向量，在原坐标系下的坐标为$(x,y)^{\mathrm{T}}=\left(-\frac{1}{\sqrt{2}},\frac{1}{\sqrt{2}}\right)^{\mathrm{T}}$. 也就是说，原平面直角坐标系中的向量$\boldsymbol{\alpha}=\left(\frac{1}{\sqrt{2}},\frac{1}{\sqrt{2}}\right)^{\mathrm{T}}$与$\boldsymbol{\beta}=\left(-\frac{1}{\sqrt{2}},\frac{1}{\sqrt{2}}\right)^{\mathrm{T}}$分别为新坐标系中$\tilde{x}$轴、$\tilde{y}$轴的正向单位向量.

在新坐标系下再来看原来的那条曲线$x^2+4xy+y^2=3$. 将

$$x=\frac{1}{\sqrt{2}}(\tilde{x}-\tilde{y}),\quad y=\frac{1}{\sqrt{2}}(\tilde{x}+\tilde{y})$$

代入方程$x^2+4xy+y^2=3$，得$\tilde{x}^2-\frac{\tilde{y}^2}{3}=1$. 这就是曲线在新坐标系下的方程，它是实轴为$\tilde{x}$轴的双曲线(图7.1).

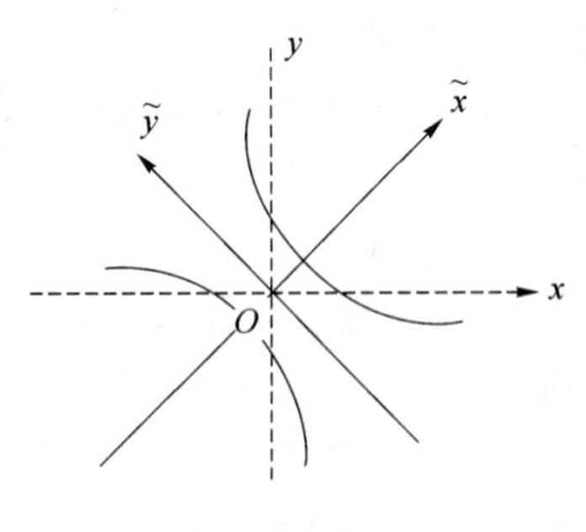

图7.1

一般来说，对于平面直角坐标系中的二次齐次曲线$ax^2+2bxy+cy^2=d$，可通过直角坐标系的变换，将曲线方程化为$\lambda\tilde{x}^2+\mu\tilde{y}^2=1$，以便了解曲线的形状. 事实上，对于$n$个变量的二

次齐次式,都可以通过坐标变换,将其转化为只含平方项的形式. 如何进行这样的转化呢? 这正是本章要讨论的核心问题. 下面先从 $\mathbf{R}^n$ 中的"直角坐标系"说起.

§7.1 标准正交基

一、向量的内积

先将 $\mathbf{R}^3$ 中有关内积、长度、夹角等概念推广到 $\mathbf{R}^n$ 中.

定义 1 设 $\mathbf{R}^n$ 中向量 $\boldsymbol{\alpha}=(a_1,a_2,\cdots,a_n)^{\mathrm{T}}$,$\boldsymbol{\beta}=(b_1,b_2,\cdots,b_n)^{\mathrm{T}}$,令

$$(\boldsymbol{\alpha},\boldsymbol{\beta})=\boldsymbol{\alpha}^{\mathrm{T}}\boldsymbol{\beta}=\sum_{i=1}^{n}a_ib_i,$$

称 $(\boldsymbol{\alpha},\boldsymbol{\beta})$ 为 $\boldsymbol{\alpha}$ 与 $\boldsymbol{\beta}$ 的内积.

注:严格意义上 $\boldsymbol{\alpha}^{\mathrm{T}}\boldsymbol{\beta}$ 是 1 行 1 列的矩阵,此处仅代表其元素.

例 1 求向量 $\boldsymbol{\alpha}=(-1,-3,-2,7)^{\mathrm{T}}$,$\boldsymbol{\beta}=(4,-2,1,0)^{\mathrm{T}}$ 的内积.

解 $(\boldsymbol{\alpha},\boldsymbol{\beta})=(-1)\times4+(-3)\times(-2)+(-2)\times1+7\times0=0$.

不难验证**向量的内积运算具有以下基本性质**:

(1) 对称性:对于任意的 $\boldsymbol{\alpha},\boldsymbol{\beta}\in\mathbf{R}^n$,$(\boldsymbol{\alpha},\boldsymbol{\beta})=(\boldsymbol{\beta},\boldsymbol{\alpha})$.

(2) 线性性:对于任意的 $\boldsymbol{\alpha},\boldsymbol{\beta},\boldsymbol{\gamma}\in\mathbf{R}^n$,$(\boldsymbol{\alpha}+\boldsymbol{\beta},\boldsymbol{\gamma})=(\boldsymbol{\alpha},\boldsymbol{\gamma})+(\boldsymbol{\beta},\boldsymbol{\gamma})$;且对于任意的 $\boldsymbol{\alpha},\boldsymbol{\beta}\in\mathbf{R}^n$ 及任意 $k\in\mathbf{R}$,$(k\boldsymbol{\alpha},\boldsymbol{\beta})=k(\boldsymbol{\alpha},\boldsymbol{\beta})$.

(3) 正定性:对于任意的 $\boldsymbol{\alpha}\in\mathbf{R}^n$,$(\boldsymbol{\alpha},\boldsymbol{\alpha})\geqslant0$,而且 $(\boldsymbol{\alpha},\boldsymbol{\alpha})=0\Leftrightarrow\boldsymbol{\alpha}=\mathbf{0}$.

下面的柯西-施瓦茨(Cauchy-Schwarz)不等式是内积的一条重要性质.

定理 1(柯西-施瓦茨不等式) 对任意 $\boldsymbol{\alpha},\boldsymbol{\beta}\in\mathbf{R}^n$,有

$$(\boldsymbol{\alpha},\boldsymbol{\beta})^2\leqslant(\boldsymbol{\alpha},\boldsymbol{\alpha})(\boldsymbol{\beta},\boldsymbol{\beta}),$$

等号当且仅当 $\boldsymbol{\alpha}$ 与 $\boldsymbol{\beta}$ 线性相关时成立.

证 若 $\boldsymbol{\beta}=\mathbf{0}$,显然等号成立.

设 $\boldsymbol{\beta}\neq\mathbf{0}$,则 $(\boldsymbol{\beta},\boldsymbol{\beta})>0$. 令 $\boldsymbol{\gamma}=\boldsymbol{\alpha}+t\boldsymbol{\beta}$,则对任意实数 t,有

$$(\boldsymbol{\gamma},\boldsymbol{\gamma})=(\boldsymbol{\alpha}+t\boldsymbol{\beta},\boldsymbol{\alpha}+t\boldsymbol{\beta})=(\boldsymbol{\alpha},\boldsymbol{\alpha})+2(\boldsymbol{\alpha},\boldsymbol{\beta})t+(\boldsymbol{\beta},\boldsymbol{\beta})t^2\geqslant0,$$

(等号成立当且仅当 $\boldsymbol{\gamma}=\boldsymbol{\alpha}+t\boldsymbol{\beta}=\mathbf{0}$).

于是可知这个 t 的二次三项式的判别式

$$\Delta=4(\boldsymbol{\alpha},\boldsymbol{\beta})^2-4(\boldsymbol{\beta},\boldsymbol{\beta})(\boldsymbol{\alpha},\boldsymbol{\alpha})\leqslant0,$$

即 $(\boldsymbol{\alpha},\boldsymbol{\beta})^2\leqslant(\boldsymbol{\alpha},\boldsymbol{\alpha})(\boldsymbol{\beta},\boldsymbol{\beta})$,不等式得证.

接下来证明等式成立当且仅当 $\boldsymbol{\alpha}$ 与 $\boldsymbol{\beta}$ 线性相关.

当 $\boldsymbol{\alpha},\boldsymbol{\beta}$ 线性相关时,如果 $\boldsymbol{\beta}=0$,显然 $(\boldsymbol{\alpha},\boldsymbol{\beta})^2=(\boldsymbol{\alpha},\boldsymbol{\alpha})(\boldsymbol{\beta},\boldsymbol{\beta})$;如果 $\boldsymbol{\beta}\neq0$,则存在实数 k,使 $\boldsymbol{\alpha}=k\boldsymbol{\beta}$,此时 $(\boldsymbol{\alpha},\boldsymbol{\beta})^2=(k\boldsymbol{\beta},\boldsymbol{\beta})^2=k^2(\boldsymbol{\beta},\boldsymbol{\beta})^2=(\boldsymbol{\alpha},\boldsymbol{\alpha})(\boldsymbol{\beta},\boldsymbol{\beta})$,等式成立.

反之,当等式成立,即 $(\boldsymbol{\alpha},\boldsymbol{\beta})^2=(\boldsymbol{\alpha},\boldsymbol{\alpha})(\boldsymbol{\beta},\boldsymbol{\beta})$ 时,如果 $\boldsymbol{\beta}=0$,则 $\boldsymbol{\alpha}$ 与 $\boldsymbol{\beta}$ 线性相关;如果 $\boldsymbol{\beta}\neq0$,因为二次方程 $t^2(\boldsymbol{\beta},\boldsymbol{\beta})+2t(\boldsymbol{\alpha},\boldsymbol{\beta})+(\boldsymbol{\alpha},\boldsymbol{\alpha})=0$ 的判别式

$$\Delta=4(\boldsymbol{\alpha},\boldsymbol{\beta})^2-4(\boldsymbol{\beta},\boldsymbol{\beta})(\boldsymbol{\alpha},\boldsymbol{\alpha})=0,$$

所以该方程有唯一实根 $t=t_0$,即

$$t_0^2(\boldsymbol{\beta},\boldsymbol{\beta})+2t_0(\boldsymbol{\alpha},\boldsymbol{\beta})+(\boldsymbol{\alpha},\boldsymbol{\alpha})=0,$$

$$(t_0\boldsymbol{\beta}+\boldsymbol{\alpha},\ t_0\boldsymbol{\beta}+\boldsymbol{\alpha})=0,$$
$$t_0\boldsymbol{\beta}+\boldsymbol{\alpha}=0,$$

$\boldsymbol{\alpha}$ 与 $\boldsymbol{\beta}$ 线性相关.

有了内积以后,可定义向量的长度.

定义 2　设 $\boldsymbol{\alpha}\in\mathbf{R}^n$,令 $\|\boldsymbol{\alpha}\|=\sqrt{(\boldsymbol{\alpha},\boldsymbol{\alpha})}$,称 $\|\boldsymbol{\alpha}\|$ 为 $\boldsymbol{\alpha}$ 的长度. 当 $\|\boldsymbol{\alpha}\|=1$ 时,称 $\boldsymbol{\alpha}$ 为**单位向量**.

很明显,$\boldsymbol{\alpha}=(a_1,a_2,\cdots,a_n)^{\mathrm{T}}$ 为单位向量当且仅当 $\sum\limits_{i=1}^{n}a_i^2=1$.

向量的长度有以下三条基本性质

(1) **非负性:**对任意 $\boldsymbol{\alpha}\in\mathbf{R}^n$,$\|\boldsymbol{\alpha}\|\geqslant 0$ 且 $\|\boldsymbol{\alpha}\|=0\Leftrightarrow\boldsymbol{\alpha}=\mathbf{0}$.

(2) **齐次性:**对任意 $\boldsymbol{\alpha}\in\mathbf{R}^n$ 及任意 $k\in\mathbf{R}$,

$$\|k\boldsymbol{\alpha}\|=\sqrt{(k\boldsymbol{\alpha},k\boldsymbol{\alpha})}=\sqrt{k^2(\boldsymbol{\alpha},\boldsymbol{\alpha})}=|k|\times\|\boldsymbol{\alpha}\|.$$

这里,$|k|$ 是数 k 的绝对值.

由(2)可知:当 $\boldsymbol{\alpha}\neq\mathbf{0}$ 时,$\left\|\dfrac{1}{\|\boldsymbol{\alpha}\|}\boldsymbol{\alpha}\right\|=\dfrac{1}{\|\boldsymbol{\alpha}\|}\times\|\boldsymbol{\alpha}\|=1$. 也就是说,$\dfrac{\boldsymbol{\alpha}}{\|\boldsymbol{\alpha}\|}$是单位向量,称为向量 $\boldsymbol{\alpha}$ 的单位化.

(3) **三角不等式:**对任意 $\boldsymbol{\alpha},\boldsymbol{\beta}\in\mathbf{R}^n$,$\|\boldsymbol{\alpha}+\boldsymbol{\beta}\|\leqslant\|\boldsymbol{\alpha}\|+\|\boldsymbol{\beta}\|$.

证

$$\|\boldsymbol{\alpha}+\boldsymbol{\beta}\|^2=(\boldsymbol{\alpha}+\boldsymbol{\beta},\boldsymbol{\alpha}+\boldsymbol{\beta})=(\boldsymbol{\alpha},\boldsymbol{\alpha})+(\boldsymbol{\beta},\boldsymbol{\beta})+2(\boldsymbol{\alpha},\boldsymbol{\beta})\leqslant\|\boldsymbol{\alpha}\|^2+\|\boldsymbol{\beta}\|^2+2|(\boldsymbol{\alpha},\boldsymbol{\beta})|.$$

由柯西-施瓦茨不等式 $(\boldsymbol{\alpha},\boldsymbol{\beta})^2\leqslant(\boldsymbol{\alpha},\boldsymbol{\alpha})(\boldsymbol{\beta},\boldsymbol{\beta})$,即 $|(\boldsymbol{\alpha},\boldsymbol{\beta})|\leqslant\|\boldsymbol{\alpha}\|\times\|\boldsymbol{\beta}\|$,可得

$$\|\boldsymbol{\alpha}+\boldsymbol{\beta}\|^2\leqslant\|\boldsymbol{\alpha}\|^2+\|\boldsymbol{\beta}\|^2+2\|\boldsymbol{\alpha}\|\times\|\boldsymbol{\beta}\|=(\|\boldsymbol{\alpha}\|+\|\boldsymbol{\beta}\|)^2,$$

两边开方,即得需证的三角不等式.

三角不等式的几何含义是,平面三角形的两边的长度之和大于第三边的长度.

我们知道在 $\mathbf{R}^3$ 中非零向量 $\boldsymbol{a}$ 与 $\boldsymbol{b}$ 的内积为 $\boldsymbol{a}\cdot\boldsymbol{b}=|\boldsymbol{a}||\boldsymbol{b}|\cos\theta$,其中 θ 是向量 $\boldsymbol{a}$ 与 $\boldsymbol{b}$ 的夹角,这说明 $\cos\theta=\dfrac{\boldsymbol{a}\cdot\boldsymbol{b}}{|\boldsymbol{a}||\boldsymbol{b}|}$. 由柯西-施瓦茨不等式可知对任意 $\mathbf{R}^n$ 中的非零向量 $\boldsymbol{\alpha},\boldsymbol{\beta}$,$\left|\dfrac{(\boldsymbol{\alpha},\boldsymbol{\beta})}{\|\boldsymbol{\alpha}\|\ \|\boldsymbol{\beta}\|}\right|\leqslant 1$. 因此可将 $\mathbf{R}^3$ 中的夹角概念推广到 $\mathbf{R}^n$.

定义 3　设 $\boldsymbol{\alpha},\boldsymbol{\beta}$ 为 $\mathbf{R}^n$ 中的非零向量,称 $\theta=\arccos\dfrac{(\boldsymbol{\alpha},\boldsymbol{\beta})}{\|\boldsymbol{\alpha}\|\ \|\boldsymbol{\beta}\|}$为 $\boldsymbol{\alpha}$ 与 $\boldsymbol{\beta}$ 的夹角.

特别地,当 $\theta=\dfrac{\pi}{2}$即$(\boldsymbol{\alpha},\boldsymbol{\beta})=0$ 时,称 $\boldsymbol{\alpha}$ 与 $\boldsymbol{\beta}$ **正交**,记为 $\boldsymbol{\alpha}\perp\boldsymbol{\beta}$.

零向量与其他向量的夹角是不确定的,我们认为零向量与任意向量都正交.

例 2　求出非零向量 $\boldsymbol{\gamma}$,使得 $\boldsymbol{\gamma}$ 与 $\boldsymbol{\alpha}=(1,1,1)$ 和 $\boldsymbol{\beta}=(1,-2,1)$ 都正交.

解　设 $\boldsymbol{\gamma}=(x_1,x_2,x_3)$,则有 $\begin{cases}x_1+x_2+x_3=0,\\x_1-2x_2+x_3=0.\end{cases}$

其一般解为 $x_2=0,x_3=-x_1$. 于是 $\boldsymbol{\gamma}=(a,0,-a)$,$a$ 为任意非零实数.

例 3　设 $\mathbf{R}^n$ 中向量 $\boldsymbol{\alpha}$ 与 $\boldsymbol{\beta}$ 正交,求证:$\|\boldsymbol{\alpha}+\boldsymbol{\beta}\|^2=\|\boldsymbol{\alpha}\|^2+\|\boldsymbol{\beta}\|^2$.

证　因为$(\boldsymbol{\alpha},\boldsymbol{\beta})=0$,所以

$$\|\boldsymbol{\alpha}+\boldsymbol{\beta}\|^2=(\boldsymbol{\alpha}+\boldsymbol{\beta},\boldsymbol{\alpha}+\boldsymbol{\beta})=(\boldsymbol{\alpha},\boldsymbol{\alpha})+(\boldsymbol{\beta},\boldsymbol{\beta})+2(\boldsymbol{\alpha},\boldsymbol{\beta})=\|\boldsymbol{\alpha}\|^2+\|\boldsymbol{\beta}\|^2.$$

二、标准正交基

定义 4 如果 $\mathbf{R}^n$ 中的非零向量 $\boldsymbol{\alpha}_1,\boldsymbol{\alpha}_2,\cdots,\boldsymbol{\alpha}_m$ 两两正交,则称向量组 $\boldsymbol{\alpha}_1,\boldsymbol{\alpha}_2,\cdots,\boldsymbol{\alpha}_m$ 为正交向量组. 由单位向量构成的正交向量组称为标准正交向量组或规范正交向量组.

正交向量组有下面的性质.

定理 2 设 $\boldsymbol{\alpha}_1,\boldsymbol{\alpha}_2,\cdots,\boldsymbol{\alpha}_m$ 为正交向量组,则 $\boldsymbol{\alpha}_1,\boldsymbol{\alpha}_2,\cdots,\boldsymbol{\alpha}_m$ 线性无关.

证 设 $k_1\boldsymbol{\alpha}_1+k_2\boldsymbol{\alpha}_2+\cdots+k_m\boldsymbol{\alpha}_m=\mathbf{0}$,则

$$(k_1\boldsymbol{\alpha}_1+k_2\boldsymbol{\alpha}_2+\cdots+k_m\boldsymbol{\alpha}_m,\boldsymbol{\alpha}_1)=(\mathbf{0},\boldsymbol{\alpha}_1)=0.$$

于是得 $k_1(\boldsymbol{\alpha}_1,\boldsymbol{\alpha}_1)=0$. 由 $\boldsymbol{\alpha}_1\neq\mathbf{0}$ 可知$(\boldsymbol{\alpha}_1,\boldsymbol{\alpha}_1)\neq 0$,因此 $k_1=0$.

类似可证 $k_2=k_3=\cdots=k_m=0$,所以 $\boldsymbol{\alpha}_1,\boldsymbol{\alpha}_2,\cdots,\boldsymbol{\alpha}_m$ 线性无关.

$\mathbf{R}^n$ 中任意 n 个线性无关的向量都可作为 $\mathbf{R}^n$ 的一组基,因此根据定理 2,$\mathbf{R}^n$ 中 n 个向量构成的正交向量组一定是 $\mathbf{R}^n$ 的一组基.

定义 5 如果 $\mathbf{R}^n$ 中的 n 个向量 $\boldsymbol{\alpha}_1,\boldsymbol{\alpha}_2,\cdots,\boldsymbol{\alpha}_n$ 构成一个正交向量组,则称 $\boldsymbol{\alpha}_1,\boldsymbol{\alpha}_2,\cdots,\boldsymbol{\alpha}_n$ 为 $\mathbf{R}^n$ 的一组正交基. 由单位向量构成的正交基称为标准正交基或规范正交基.

显然,$\mathbf{R}^n$ 中的自然基 $\boldsymbol{\varepsilon}_1=(1,0,\cdots,0)^{\mathrm{T}},\boldsymbol{\varepsilon}_2=(0,1,\cdots,0)^{\mathrm{T}},\cdots,\boldsymbol{\varepsilon}_n=(0,0,\cdots,1)^{\mathrm{T}}$ 就是一组标准正交基. 那么,怎样去寻找 $\mathbf{R}^n$ 中的其他标准正交基呢? 先来介绍利用线性无关的向量组去构造与之等价的正交向量组的方法.

三、施密特(Schimidt)正交化方法

施密特正交化方法要解决的问题是:已知 $\mathbf{R}^n$ 中线性无关的向量组 $\boldsymbol{\alpha}_1,\boldsymbol{\alpha}_2,\cdots,\boldsymbol{\alpha}_m$,如何求正交向量组 $\boldsymbol{\beta}_1,\boldsymbol{\beta}_2,\cdots,\boldsymbol{\beta}_m$,使得 $\boldsymbol{\beta}_1,\boldsymbol{\beta}_2,\cdots,\boldsymbol{\beta}_m$ 与 $\boldsymbol{\alpha}_1,\boldsymbol{\alpha}_2,\cdots,\boldsymbol{\alpha}_m$ 等价.

先在 $\mathbf{R}^3$ 中借助几何直观来进行分析,看看如何解决上面的问题.

限于在 $\mathbf{R}^3$ 中,m 只能取 2 或 3,下面分情形讨论.

情形 1 ($m=2$ 时):设 $\boldsymbol{\alpha}_1,\boldsymbol{\alpha}_2$ 是 $\mathbf{R}^3$ 中的线性无关的 2 个向量,即 $\boldsymbol{\alpha}_1$ 与 $\boldsymbol{\alpha}_2$ 不平行.

如图 7.2 所示,设 $\boldsymbol{\alpha}_1=\overrightarrow{OA},\boldsymbol{\alpha}_2=\overrightarrow{OB}$,从点 B 向直线 OA 引垂线,设垂足为 C. 因为$\overrightarrow{OC}$与$\overrightarrow{OA}$共线,所以存在常数 k,使$\overrightarrow{OC}=k\overrightarrow{OA}$. 显然,如果取 $\boldsymbol{\beta}_1=\boldsymbol{\alpha}_1=\overrightarrow{OA},\boldsymbol{\beta}_2=\overrightarrow{CB}=\overrightarrow{OB}-\overrightarrow{OC}=\boldsymbol{\alpha}_2-k\boldsymbol{\beta}_1$,则 $\boldsymbol{\beta}_2$ 与 $\boldsymbol{\beta}_1$ 正交,且可验证 $\boldsymbol{\beta}_1,\boldsymbol{\beta}_2$ 与 $\boldsymbol{\alpha}_1,\boldsymbol{\alpha}_2$ 等价.

接下来确定 k 的值. 因为$(\boldsymbol{\beta}_1,\boldsymbol{\beta}_2)=0$,即$(\boldsymbol{\beta}_1,\boldsymbol{\alpha}_2-k\boldsymbol{\beta}_1)=0$,所以 $k=\dfrac{(\boldsymbol{\alpha}_2,\boldsymbol{\beta}_1)}{(\boldsymbol{\beta}_1,\boldsymbol{\beta}_1)}$.

总之,当 $m=2$ 时,令 $\boldsymbol{\beta}_1=\boldsymbol{\alpha}_1,\boldsymbol{\beta}_2=\boldsymbol{\alpha}_2-\dfrac{(\boldsymbol{\alpha}_2,\boldsymbol{\beta}_1)}{(\boldsymbol{\beta}_1,\boldsymbol{\beta}_1)}\boldsymbol{\beta}_1$,则 $\boldsymbol{\beta}_2$ 与 $\boldsymbol{\beta}_1$ 正交,且 $\boldsymbol{\beta}_1,\boldsymbol{\beta}_2$ 与 $\boldsymbol{\alpha}_1,\boldsymbol{\alpha}_2$ 等价.

情形 2 ($m=3$ 时):设 $\boldsymbol{\alpha}_1,\boldsymbol{\alpha}_2,\boldsymbol{\alpha}_3$ 是 $\mathbf{R}^3$ 中的线性无关的三个向量,即 $\boldsymbol{\alpha}_1,\boldsymbol{\alpha}_2,\boldsymbol{\alpha}_3$ 不共面.

由上面的讨论可知,若令 $\boldsymbol{\beta}_1=\boldsymbol{\alpha}_1,\boldsymbol{\beta}_2=\boldsymbol{\alpha}_2-\dfrac{(\boldsymbol{\alpha}_2,\boldsymbol{\beta}_1)}{(\boldsymbol{\beta}_1,\boldsymbol{\beta}_1)}\boldsymbol{\beta}_1$,则 $\boldsymbol{\beta}_2$ 与 $\boldsymbol{\beta}_1$ 正交,且 $\boldsymbol{\beta}_1,\boldsymbol{\beta}_2$ 与 $\boldsymbol{\alpha}_1,\boldsymbol{\alpha}_2$ 等价. 还需找出 $\boldsymbol{\beta}_3$,使 $\boldsymbol{\beta}_3$ 与 $\boldsymbol{\beta}_1,\boldsymbol{\beta}_2$ 都正交.

如图 7.3 所示,设 $\boldsymbol{\alpha}_1=\overrightarrow{OA},\boldsymbol{\alpha}_2=\overrightarrow{OB},\boldsymbol{\alpha}_3=\overrightarrow{OC}$,以 OA、OB、OC 为棱构成了一个平行六面体. 从原点 O 向六面体的上底面引垂线,设垂足为 D. 可取 $\boldsymbol{\beta}_3=\overrightarrow{OD}=\overrightarrow{OC}+\overrightarrow{CD}$. 向量$\overrightarrow{CD}$平行于六面体的下底面,所以$\overrightarrow{CD}$可由 $\boldsymbol{\alpha}_1,\boldsymbol{\alpha}_2$ 线性表示,因此可由 $\boldsymbol{\beta}_1,\boldsymbol{\beta}_2$ 线性表示. 也就是说,存在常数 k_1,k_2,使$\overrightarrow{CD}=k_1\boldsymbol{\beta}_1+k_2\boldsymbol{\beta}_2$,于是

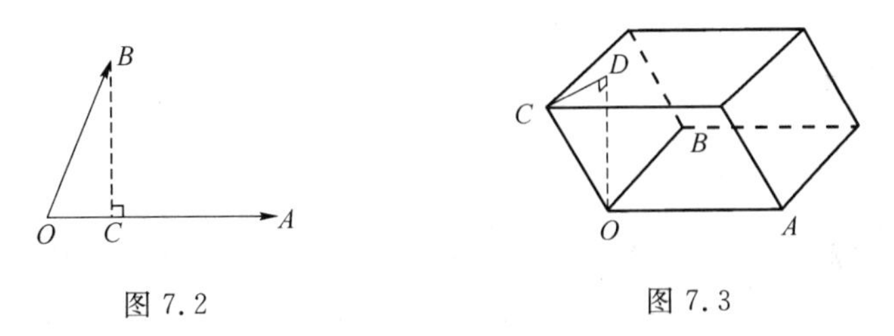

图7.2　　　　图7.3

$$\boldsymbol{\beta}_3=\overrightarrow{OC}+\overrightarrow{CD}=\boldsymbol{\alpha}_3+k_1\boldsymbol{\beta}_1+k_2\boldsymbol{\beta}_2.$$

接下来确定 k_1,k_2 的值. 因为 $(\boldsymbol{\beta}_1,\boldsymbol{\beta}_2)=0$，由 $(\boldsymbol{\beta}_1,\boldsymbol{\beta}_3)=0$，即 $(\boldsymbol{\beta}_1,\boldsymbol{\alpha}_3+k_1\boldsymbol{\beta}_1+k_2\boldsymbol{\beta}_2)=0$，可得 $k_1=-\dfrac{(\boldsymbol{\alpha}_3,\boldsymbol{\beta}_1)}{(\boldsymbol{\beta}_1,\boldsymbol{\beta}_1)}$.

类似地，由 $(\boldsymbol{\beta}_2,\boldsymbol{\beta}_3)=0$，即 $(\boldsymbol{\beta}_2,\boldsymbol{\alpha}_3+k_1\boldsymbol{\beta}_1+k_2\boldsymbol{\beta}_2)=0$，可得 $k_2=-\dfrac{(\boldsymbol{\alpha}_3,\boldsymbol{\beta}_2)}{(\boldsymbol{\beta}_2,\boldsymbol{\beta}_2)}$. 总之，当 $m=3$ 时，令 $\boldsymbol{\beta}_1=\boldsymbol{\alpha}_1$，$\boldsymbol{\beta}_2=\boldsymbol{\alpha}_2-\dfrac{(\boldsymbol{\alpha}_2,\boldsymbol{\beta}_1)}{(\boldsymbol{\beta}_1,\boldsymbol{\beta}_1)}\boldsymbol{\beta}_1$，$\boldsymbol{\beta}_3=\boldsymbol{\alpha}_3-\dfrac{(\boldsymbol{\alpha}_3,\boldsymbol{\beta}_1)}{(\boldsymbol{\beta}_1,\boldsymbol{\beta}_1)}\boldsymbol{\beta}_1-\dfrac{(\boldsymbol{\alpha}_3,\boldsymbol{\beta}_2)}{(\boldsymbol{\beta}_2,\boldsymbol{\beta}_2)}\boldsymbol{\beta}_2$，则 $\boldsymbol{\beta}_1,\boldsymbol{\beta}_2,\boldsymbol{\beta}_3$ 两两正交，且可验证 $\boldsymbol{\beta}_1,\boldsymbol{\beta}_2,\boldsymbol{\beta}_3$ 与 $\boldsymbol{\alpha}_1,\boldsymbol{\alpha}_2,\boldsymbol{\alpha}_3$ 等价.

至此，在 $\mathbf{R}^3$ 中解决了最初面临的问题. 将上面的方法推广到 $\mathbf{R}^n$ 中，得到下面的定理.

定理3　设 $\boldsymbol{\alpha}_1,\boldsymbol{\alpha}_2,\cdots,\boldsymbol{\alpha}_m$ 是 $\mathbf{R}^n$ 中线性无关的向量组. 令

$$\begin{aligned}
&\boldsymbol{\beta}_1=\boldsymbol{\alpha}_1,\\
&\boldsymbol{\beta}_2=\boldsymbol{\alpha}_2-\frac{(\boldsymbol{\alpha}_2,\boldsymbol{\beta}_1)}{(\boldsymbol{\beta}_1,\boldsymbol{\beta}_1)}\boldsymbol{\beta}_1,\\
&\boldsymbol{\beta}_3=\boldsymbol{\alpha}_3-\frac{(\boldsymbol{\alpha}_3,\boldsymbol{\beta}_1)}{(\boldsymbol{\beta}_1,\boldsymbol{\beta}_1)}\boldsymbol{\beta}_1-\frac{(\boldsymbol{\alpha}_3,\boldsymbol{\beta}_2)}{(\boldsymbol{\beta}_2,\boldsymbol{\beta}_2)}\boldsymbol{\beta}_2,\\
&\vdots\\
&\boldsymbol{\beta}_m=\boldsymbol{\alpha}_m-\frac{(\boldsymbol{\alpha}_m,\boldsymbol{\beta}_1)}{(\boldsymbol{\beta}_1,\boldsymbol{\beta}_1)}\boldsymbol{\beta}_1-\frac{(\boldsymbol{\alpha}_m,\boldsymbol{\beta}_2)}{(\boldsymbol{\beta}_2,\boldsymbol{\beta}_2)}\boldsymbol{\beta}_2-\cdots-\frac{(\boldsymbol{\alpha}_m,\boldsymbol{\beta}_{m-1})}{(\boldsymbol{\beta}_{m-1},\boldsymbol{\beta}_{m-1})}\boldsymbol{\beta}_{m-1}.
\end{aligned}$$

则 $\boldsymbol{\beta}_1,\boldsymbol{\beta}_2,\cdots,\boldsymbol{\beta}_m$ 两两正交且与 $\boldsymbol{\alpha}_1,\boldsymbol{\alpha}_2,\cdots,\boldsymbol{\alpha}_m$ 等价.

定理的证明请读者自己完成.

这个定理给出了从已知的线性无关的向量组，去构造与之等价的正交向量组的方法，称为施密特(Schimidt)正交化方法.

设 $\boldsymbol{\alpha}_1,\boldsymbol{\alpha}_2,\cdots,\boldsymbol{\alpha}_m$ 为 $\boldsymbol{R}^n$ 中的线性无关的向量组，利用施密特正交化方法，可以得到与之等价的正交向量组 $\boldsymbol{\beta}_1,\boldsymbol{\beta}_2,\cdots,\boldsymbol{\beta}_m$，再令 $\boldsymbol{e}_i=\dfrac{\boldsymbol{\beta}_i}{\|\boldsymbol{\beta}_i\|}$（即将 $\boldsymbol{\beta}_i$ 单位化），$i=1,2,\cdots,m$，则可得到与 $\boldsymbol{\alpha}_1,\boldsymbol{\alpha}_2,\cdots,\boldsymbol{\alpha}_m$ 等价的标准正交向量组 $\boldsymbol{e}_1,\boldsymbol{e}_2,\cdots,\boldsymbol{e}_m$. 这个过程称为向量组 $\boldsymbol{\alpha}_1,\boldsymbol{\alpha}_2,\cdots,\boldsymbol{\alpha}_m$ 的标准正交化(或规范正交化)过程. 当 $\boldsymbol{\alpha}_1,\boldsymbol{\alpha}_2,\cdots,\boldsymbol{\alpha}_n$ 为 $\mathbf{R}^n$ 的一组基时，对 $\boldsymbol{\alpha}_1,\boldsymbol{\alpha}_2,\cdots,\boldsymbol{\alpha}_n$ 进行标准正交化，便可得到 $\mathbf{R}^n$ 的一组标准正交基 $\boldsymbol{e}_1,\boldsymbol{e}_2,\cdots,\boldsymbol{e}_n$.

例4　将 $\boldsymbol{\alpha}_1=\begin{pmatrix}1\\2\\-1\end{pmatrix},\boldsymbol{\alpha}_2=\begin{pmatrix}-1\\3\\1\end{pmatrix},\boldsymbol{\alpha}_3=\begin{pmatrix}4\\-1\\0\end{pmatrix}$ 标准正交化.

解　令 $\boldsymbol{\beta}_1=\boldsymbol{\alpha}_1=\begin{pmatrix}1\\2\\-1\end{pmatrix}$.

$$\boldsymbol{\beta}_2=\boldsymbol{\alpha}_2-\frac{(\boldsymbol{\alpha}_2,\boldsymbol{\beta}_1)}{(\boldsymbol{\beta}_1,\boldsymbol{\beta}_1)}\boldsymbol{\beta}_1=\begin{pmatrix}-1\\3\\1\end{pmatrix}-\frac{4}{6}\begin{pmatrix}1\\2\\-1\end{pmatrix}=\frac{5}{3}\begin{pmatrix}-1\\1\\1\end{pmatrix}.$$

$$\boldsymbol{\beta}_3=\boldsymbol{\alpha}_3-\frac{(\boldsymbol{\alpha}_3,\boldsymbol{\beta}_1)}{(\boldsymbol{\beta}_1,\boldsymbol{\beta}_1)}\boldsymbol{\beta}_1-\frac{(\boldsymbol{\alpha}_3,\boldsymbol{\beta}_2)}{(\boldsymbol{\beta}_2,\boldsymbol{\beta}_2)}\boldsymbol{\beta}_2=\begin{pmatrix}4\\-1\\0\end{pmatrix}-\frac{2}{6}\begin{pmatrix}1\\2\\-1\end{pmatrix}+\frac{5}{3}\begin{pmatrix}-1\\1\\1\end{pmatrix}=2\begin{pmatrix}1\\0\\1\end{pmatrix}.$$

再将 $\boldsymbol{\beta}_1,\boldsymbol{\beta}_2,\boldsymbol{\beta}_3$ 单位化求得

$$\boldsymbol{e}_1=\frac{1}{\sqrt{6}}\begin{pmatrix}1\\2\\-1\end{pmatrix},\quad \boldsymbol{e}_2=\frac{1}{\sqrt{3}}\begin{pmatrix}-1\\1\\1\end{pmatrix},\quad \boldsymbol{e}_3=\frac{1}{\sqrt{2}}\begin{pmatrix}1\\0\\1\end{pmatrix}.$$

$\boldsymbol{e}_1,\boldsymbol{e}_2,\boldsymbol{e}_3$ 即为与 $\boldsymbol{\alpha}_1,\boldsymbol{\alpha}_2,\boldsymbol{\alpha}_3$ 等价的标准正交向量组.

例 5 设 $\boldsymbol{\alpha}=(1,1,1)^{\mathrm{T}}$,求非零向量 $\boldsymbol{\alpha}_2,\boldsymbol{\alpha}_3$,使 $\boldsymbol{\alpha}_1,\boldsymbol{\alpha}_2,\boldsymbol{\alpha}_3$ 两两正交.

解 $\boldsymbol{\alpha}_2,\boldsymbol{\alpha}_3$ 应为方程 $x_1+x_2+x_3=0$ 的相互正交的非零解向量.该方程的基础解系为 $\boldsymbol{\xi}_1=(-1,1,0)^{\mathrm{T}}$, $\boldsymbol{\xi}_2=(-1,0,1)^{\mathrm{T}}$.将 $\boldsymbol{\xi}_1,\boldsymbol{\xi}_2$ 正交化,令

$$\boldsymbol{\beta}_1=\boldsymbol{\xi}_1=(-1,1,0)^{\mathrm{T}},$$

$$\boldsymbol{\beta}_2=\boldsymbol{\xi}_2-\frac{(\boldsymbol{\xi}_2,\boldsymbol{\beta}_1)}{(\boldsymbol{\beta}_1,\boldsymbol{\beta}_1)}\boldsymbol{\beta}_1=\begin{pmatrix}-1\\0\\1\end{pmatrix}-\frac{1}{2}\begin{pmatrix}-1\\1\\0\end{pmatrix}=\frac{1}{2}\begin{pmatrix}-1\\-1\\2\end{pmatrix}.$$

取 $\boldsymbol{\alpha}_2=\boldsymbol{\beta}_1=(-1,1,0)^{\mathrm{T}},\boldsymbol{\alpha}_3=2\boldsymbol{\beta}_2=(-1,-1,2)^{\mathrm{T}}$,则 $\boldsymbol{\alpha}_2,\boldsymbol{\alpha}_3$ 为所求.

找到了标准正交基后,$\mathbf{R}^n$ 中就建立了"直角坐标系".本节的最后,我们来介绍将"直角坐标系"变成"直角坐标系"的坐标变换——正交变换.

四、正交矩阵与正交变换

定义 6 如果实方阵 $\boldsymbol{A}$ 满足 $\boldsymbol{A}^{\mathrm{T}}\boldsymbol{A}=\boldsymbol{E}$,则称 $\boldsymbol{A}$ 为**正交矩阵**.例如,$\begin{pmatrix}\cos\theta & \sin\theta\\-\sin\theta & \cos\theta\end{pmatrix}$ 就是正交矩阵.

正交矩阵有下面的性质.

性质 1 如果 $\boldsymbol{A}$ 是正交矩阵,则 $|\boldsymbol{A}|=1$ 或 $|\boldsymbol{A}|=-1$.

事实上,在 $\boldsymbol{A}^{\mathrm{T}}\boldsymbol{A}=\boldsymbol{E}$ 等式两边取行列式,由 $|\boldsymbol{A}^{\mathrm{T}}|=|\boldsymbol{A}|$ 可得 $|\boldsymbol{A}|^2=1$,所以必有 $|\boldsymbol{A}|=\pm 1$.

性质 2 $\boldsymbol{A}$ 是正交矩阵$\Leftrightarrow \boldsymbol{A}^{\mathrm{T}}=\boldsymbol{A}^{-1}$.

事实上,由 $\boldsymbol{A}^{\mathrm{T}}\boldsymbol{A}=\boldsymbol{E}$ 可得 $\boldsymbol{A}^{-1}=\boldsymbol{A}^{\mathrm{T}}$.反之,由 $\boldsymbol{A}^{-1}=\boldsymbol{A}^{\mathrm{T}}$ 可得 $\boldsymbol{A}^{\mathrm{T}}\boldsymbol{A}=\boldsymbol{E}$.

性质 3 $\boldsymbol{A}$ 是正交矩阵$\Leftrightarrow \boldsymbol{A}^{\mathrm{T}}$ 是正交矩阵.

事实上,$\boldsymbol{A}^{\mathrm{T}}\boldsymbol{A}=\boldsymbol{E}\Leftrightarrow \boldsymbol{A}^{\mathrm{T}}=\boldsymbol{A}^{-1}\Leftrightarrow \boldsymbol{A}\boldsymbol{A}^{\mathrm{T}}=\boldsymbol{E}$.这说明正交矩阵的转置矩阵和逆矩阵也是正交矩阵.

性质 4 如果 $\boldsymbol{A},\boldsymbol{B}$ 都是 n 阶正交矩阵,则 $\boldsymbol{AB}$ 也是正交矩阵.

事实上,由 $\boldsymbol{A}^{\mathrm{T}}\boldsymbol{A}=\boldsymbol{E},\boldsymbol{B}^{\mathrm{T}}\boldsymbol{B}=\boldsymbol{E}$,可得

$$(\boldsymbol{AB})^{\mathrm{T}}(\boldsymbol{AB})=\boldsymbol{B}^{\mathrm{T}}(\boldsymbol{A}^{\mathrm{T}}\boldsymbol{A})\boldsymbol{B}=\boldsymbol{B}^{\mathrm{T}}\boldsymbol{B}=\boldsymbol{E}.$$

这个结论可推广到有限个正交矩阵相乘的情形,即有限个正交矩阵的乘积一定是正交矩阵.

性质 5　$\boldsymbol{A}$ 是 n 阶正交矩阵$\Leftrightarrow\boldsymbol{A}$ 的列向量组是 $\mathbf{R}^n$ 的一组标准正交基.

以 $n=3$ 为例示范说明如下,它可直接推广到 n 阶正交矩阵的情形.

设三阶矩阵 $\boldsymbol{A}$ 的三个列向量为 $\boldsymbol{\alpha}_1,\boldsymbol{\alpha}_2,\boldsymbol{\alpha}_3$,则由分块矩阵运算法则得

$$\boldsymbol{A}^{\mathrm{T}}\boldsymbol{A}=\begin{pmatrix}\boldsymbol{\alpha}_1^{\mathrm{T}}\\\boldsymbol{\alpha}_2^{\mathrm{T}}\\\boldsymbol{\alpha}_3^{\mathrm{T}}\end{pmatrix}(\boldsymbol{\alpha}_1,\boldsymbol{\alpha}_2,\boldsymbol{\alpha}_3)=\begin{pmatrix}\boldsymbol{\alpha}_1^{\mathrm{T}}\boldsymbol{\alpha}_1 & \boldsymbol{\alpha}_1^{\mathrm{T}}\boldsymbol{\alpha}_2 & \boldsymbol{\alpha}_1^{\mathrm{T}}\boldsymbol{\alpha}_3\\\boldsymbol{\alpha}_2^{\mathrm{T}}\boldsymbol{\alpha}_1 & \boldsymbol{\alpha}_2^{\mathrm{T}}\boldsymbol{\alpha}_2 & \boldsymbol{\alpha}_2^{\mathrm{T}}\boldsymbol{\alpha}_3\\\boldsymbol{\alpha}_3^{\mathrm{T}}\boldsymbol{\alpha}_1 & \boldsymbol{\alpha}_3^{\mathrm{T}}\boldsymbol{\alpha}_2 & \boldsymbol{\alpha}_3^{\mathrm{T}}\boldsymbol{\alpha}_3\end{pmatrix},$$

所以

$$\boldsymbol{A}^{\mathrm{T}}\boldsymbol{A}=\boldsymbol{E}\Leftrightarrow\boldsymbol{\alpha}_i^{\mathrm{T}}\boldsymbol{\alpha}_j=\begin{cases}1, & i=j,\\0, & i\neq j,\end{cases}\quad i,j=1,2,3.$$

这就证明了 $\boldsymbol{A}$ 是正交矩阵当且仅当 $\boldsymbol{\alpha}_1,\boldsymbol{\alpha}_2,\boldsymbol{\alpha}_3$ 是 $\mathbf{R}^3$ 的标准正交基.

实际上,$\boldsymbol{A}$ 的行向量组就是 $\boldsymbol{A}^{\mathrm{T}}$ 的列向量组,而 $\boldsymbol{A}$ 是正交矩阵等价于 $\boldsymbol{A}^{\mathrm{T}}$ 是正交矩阵(性质 3),从而等价于 $\boldsymbol{A}^{\mathrm{T}}$ 的列向量组(即 $\boldsymbol{A}$ 的行向量组)是 $\mathbf{R}^n$ 的标准正交基. 因此要判断 n 阶实方阵 $\boldsymbol{A}$ 是否为正交矩阵,只需验证 $\boldsymbol{A}$ 的列向量组或行向量组是不是 $\mathbf{R}^n$ 的标准正交基. 当 $\boldsymbol{A}$ 的列(行)向量组是 $\mathbf{R}^n$ 的标准正交基时,$\boldsymbol{A}$ 的行(列)向量组必然也是 $\mathbf{R}^n$ 的标准正交基.

例如,根据性质 5 可以验证 $\boldsymbol{A}=\dfrac{1}{3}\begin{pmatrix}2 & -1 & 2\\-1 & 2 & 2\\2 & 2 & -1\end{pmatrix}$ 是正交矩阵.

例 6　设 $\boldsymbol{\alpha}_1=\dfrac{1}{3}(1,2,2)^{\mathrm{T}}$,求正交矩阵 $\boldsymbol{O}$,使 $\boldsymbol{\alpha}_1$ 是 $\boldsymbol{O}$ 的第 1 列.

解　设 $\boldsymbol{O}=(\boldsymbol{\alpha}_1,\boldsymbol{\alpha}_2,\boldsymbol{\alpha}_3)$,则 $\boldsymbol{\alpha}_2,\boldsymbol{\alpha}_3$ 应为方程 $x_1+2x_2+2x_3=0$ 的相互正交的单位解向量.

该方程的基础解系为 $\boldsymbol{\xi}_1=(-2,1,0)^{\mathrm{T}},\boldsymbol{\xi}_2=(-2,0,1)^{\mathrm{T}}$.

将 $\boldsymbol{\xi}_1,\boldsymbol{\xi}_2$ 标准正交化,便可得 $\boldsymbol{\alpha}_2,\boldsymbol{\alpha}_3$. 令

$$\boldsymbol{\beta}_1=\boldsymbol{\xi}_1=(-2,1,0)^{\mathrm{T}},$$

$$\boldsymbol{\beta}_2=\boldsymbol{\xi}_2-\frac{(\boldsymbol{\xi}_2,\boldsymbol{\beta}_1)}{(\boldsymbol{\beta}_1,\boldsymbol{\beta}_1)}\boldsymbol{\beta}_1=\begin{pmatrix}-2\\0\\1\end{pmatrix}-\frac{4}{5}\begin{pmatrix}-2\\1\\0\end{pmatrix}=-\frac{1}{5}\begin{pmatrix}2\\4\\-5\end{pmatrix}.$$

取 $\boldsymbol{\alpha}_2=\dfrac{\boldsymbol{\beta}_1}{\|\boldsymbol{\beta}_1\|}=\dfrac{1}{\sqrt{5}}(-2,1,0)^{\mathrm{T}},\boldsymbol{\alpha}_3=\dfrac{\boldsymbol{\beta}_2}{\|\boldsymbol{\beta}_2\|}=\dfrac{1}{\sqrt{45}}(2,4,-5)^{\mathrm{T}}$.

令 $\boldsymbol{O}=(\boldsymbol{\alpha}_1,\boldsymbol{\alpha}_2,\boldsymbol{\alpha}_3)$,则 $\boldsymbol{O}$ 为所求.

例 7　设 $\boldsymbol{x}$ 为 n 维单位列向量,证明 $\boldsymbol{H}=\boldsymbol{E}-2\boldsymbol{x}\boldsymbol{x}^{\mathrm{T}}$ 既是对称矩阵又是正交矩阵,而且有

$$\boldsymbol{H}\boldsymbol{x}=-\boldsymbol{x}.$$

证　$\boldsymbol{H}^{\mathrm{T}}=(\boldsymbol{E}-2\boldsymbol{x}\boldsymbol{x}^{\mathrm{T}})^{\mathrm{T}}=\boldsymbol{E}-2\boldsymbol{x}\boldsymbol{x}^{\mathrm{T}}=\boldsymbol{H}$. 这说明 $\boldsymbol{H}$ 是对称矩阵.

因为 $\boldsymbol{x}$ 为 n 维单位列向量,必有 $\boldsymbol{x}^{\mathrm{T}}\boldsymbol{x}=(\boldsymbol{x},\boldsymbol{x})=\|\boldsymbol{x}\|^2=1$. 于是

$$\begin{aligned}\boldsymbol{H}^{\mathrm{T}}\boldsymbol{H}&=(\boldsymbol{E}-2\boldsymbol{x}\boldsymbol{x}^{\mathrm{T}})(\boldsymbol{E}-2\boldsymbol{x}\boldsymbol{x}^{\mathrm{T}})\\&=\boldsymbol{E}-4\boldsymbol{x}\boldsymbol{x}^{\mathrm{T}}+4\boldsymbol{x}(\boldsymbol{x}^{\mathrm{T}}\boldsymbol{x})\boldsymbol{x}^{\mathrm{T}}=\boldsymbol{E}-4\boldsymbol{x}\boldsymbol{x}^{\mathrm{T}}+4\boldsymbol{x}\boldsymbol{x}^{\mathrm{T}}=\boldsymbol{E}.\end{aligned}$$

这说明 $\boldsymbol{H}$ 是正交矩阵. 仍利用 $\boldsymbol{x}^{\mathrm{T}}\boldsymbol{x}=1$ 可直接验证

$$\boldsymbol{H}\boldsymbol{x}=(\boldsymbol{E}-2\boldsymbol{x}\boldsymbol{x}^{\mathrm{T}})\boldsymbol{x}=\boldsymbol{x}-2\boldsymbol{x}(\boldsymbol{x}^{\mathrm{T}}\boldsymbol{x})=\boldsymbol{x}-2\boldsymbol{x}=-\boldsymbol{x}.$$

注: 如果把 $\boldsymbol{H}$ 看作一面镜子. 站在镜子前面的人与他在镜中所成的像,正好是与镜面的距离相等但方向相反. 这就是 $\boldsymbol{H}\boldsymbol{x}=-\boldsymbol{x}$ 的含义. 所以称 $\boldsymbol{H}$ 为**镜像矩阵**.

定义 7　设 $\boldsymbol{A}$ 是 n 阶正交矩阵,$\boldsymbol{x},\boldsymbol{y}$ 是两个 n 维列向量,则称线性变换 $\boldsymbol{y}=\boldsymbol{A}\boldsymbol{x}$ 为**正交变换**.

设 $\boldsymbol{y}=\boldsymbol{A}\boldsymbol{x}$ 为正交变换,则

$$(\boldsymbol{y},\boldsymbol{y})=(\boldsymbol{A}\boldsymbol{x},\boldsymbol{A}\boldsymbol{x})=(\boldsymbol{A}\boldsymbol{x})^{\mathrm{T}}(\boldsymbol{A}\boldsymbol{x})=\boldsymbol{x}^{\mathrm{T}}(\boldsymbol{A}^{\mathrm{T}}\boldsymbol{A})\boldsymbol{x}=\boldsymbol{x}^{\mathrm{T}}\boldsymbol{x}=(\boldsymbol{x},\boldsymbol{x}),$$

即

$$\|\boldsymbol{y}\|=\|\boldsymbol{x}\|$$

且

$$(\boldsymbol{A}\boldsymbol{\alpha},\boldsymbol{A}\boldsymbol{\beta})=(\boldsymbol{A}\boldsymbol{\alpha})^{\mathrm{T}}(\boldsymbol{A}\boldsymbol{\beta})=\boldsymbol{\alpha}^{\mathrm{T}}(\boldsymbol{A}^{\mathrm{T}}\boldsymbol{A})\boldsymbol{\beta}=\boldsymbol{\alpha}^{\mathrm{T}}\boldsymbol{\beta}=(\boldsymbol{\alpha},\boldsymbol{\beta}).$$

这说明正交变换保持 $\mathbf{R}^n$ 中向量的长度不变,同时保持向量之间的夹角不变. 正因为如此,当用正交变换来进行坐标变换时,能将标准正交基变成标准正交基,相当于是将“直角坐标系”变成“直角坐标系”.

设 $\boldsymbol{A}$ 为 n 阶正交矩阵,用正交变换 $\boldsymbol{x}=\boldsymbol{A}\boldsymbol{y}$ 做 $\mathbf{R}^n$ 中的坐标变换. 也就是说,在 $\mathbf{R}^n$ 中另取一组新基,设原来坐标为 $\boldsymbol{x}=(x_1,x_2,\cdots,x_n)^{\mathrm{T}}$ 的向量在新基下的坐标变为 $\boldsymbol{y}=(y_1,y_2,\cdots,y_n)^{\mathrm{T}}$,且 $\boldsymbol{x}=\boldsymbol{A}\boldsymbol{y}$. 设 $\boldsymbol{A}=(\boldsymbol{e}_1,\boldsymbol{e}_2,\cdots,\boldsymbol{e}_n)$,因为 $\boldsymbol{A}$ 为正交矩阵,所以 $\boldsymbol{e}_1,\boldsymbol{e}_2,\cdots,\boldsymbol{e}_n$ 是 $\mathbf{R}^n$ 的一组标准正交基. 不难发现,在新基下坐标为 $\boldsymbol{y}=\boldsymbol{\varepsilon}_1=(1,0,\cdots,0)^{\mathrm{T}}$ 的向量,原来的坐标为 $\boldsymbol{x}=\boldsymbol{A}\boldsymbol{y}=\boldsymbol{e}_1$;在新基下坐标依次为 $\boldsymbol{\varepsilon}_1,\boldsymbol{\varepsilon}_2,\cdots,\boldsymbol{\varepsilon}_n$ 的向量,原来的坐标依次为 $\boldsymbol{e}_1,\boldsymbol{e}_2,\cdots,\boldsymbol{e}_n$. 这说明新取的基就是 $\boldsymbol{e}_1,\boldsymbol{e}_2,\cdots,\boldsymbol{e}_n$. 因此这个坐标变换是将原来的“直角坐标系”变成了以这组标准正交基 $\boldsymbol{e}_1,\boldsymbol{e}_2,\cdots,\boldsymbol{e}_n$ 为新基的“直角坐标系”.

§7.2 实对称矩阵的对角化

作为下一节的知识基础,本节讨论实对称矩阵的对角化问题.

一、实对称矩阵的性质

先给出共轭向量的定义.

定义 8 设 $\boldsymbol{x}=(x_1,x_2,\cdots,x_n)^{\mathrm{T}}$ 为复向量,称 $\bar{\boldsymbol{x}}=(\bar{x}_1,\bar{x}_2,\cdots,\bar{x}_n)^{\mathrm{T}}$ 为 $\boldsymbol{x}$ 的共轭向量,其中 $\bar{x}_i$ 表示 x_i 的共轭复数($i=1,2,\cdots,n$).

下面的三个定理给出了实对称矩阵的性质.

定理 4 设 $\boldsymbol{A}$ 为实对称矩阵,则 $\boldsymbol{A}$ 的特征值都是实数.

证 设 λ 为 $\boldsymbol{A}$ 的特征值,对应于 λ 的特征向量为 $\boldsymbol{\alpha}$.

在 $\boldsymbol{A}\boldsymbol{\alpha}=\lambda\boldsymbol{\alpha}$ 两边取共轭,得 $\bar{\boldsymbol{A}}\bar{\boldsymbol{\alpha}}=\bar{\lambda}\bar{\boldsymbol{\alpha}}$,因为 $\boldsymbol{A}$ 是实矩阵,所以 $\boldsymbol{A}\bar{\boldsymbol{\alpha}}=\bar{\lambda}\bar{\boldsymbol{\alpha}}$.

在 $\boldsymbol{A}\bar{\boldsymbol{\alpha}}=\bar{\lambda}\bar{\boldsymbol{\alpha}}$ 两边取转置,得 $\bar{\boldsymbol{\alpha}}^{\mathrm{T}}\boldsymbol{A}^{\mathrm{T}}=\bar{\lambda}\bar{\boldsymbol{\alpha}}^{\mathrm{T}}$,又因为 $\boldsymbol{A}$ 是对称的,所以 $\bar{\boldsymbol{\alpha}}^{\mathrm{T}}\boldsymbol{A}=\bar{\lambda}\bar{\boldsymbol{\alpha}}^{\mathrm{T}}$.

在等式 $\boldsymbol{A}\boldsymbol{\alpha}=\lambda\boldsymbol{\alpha}$ 两端左乘 $\bar{\boldsymbol{\alpha}}^{\mathrm{T}}$,得 $\bar{\boldsymbol{\alpha}}^{\mathrm{T}}\boldsymbol{A}\boldsymbol{\alpha}=\lambda\bar{\boldsymbol{\alpha}}^{\mathrm{T}}\boldsymbol{\alpha}$,在等式 $\bar{\boldsymbol{\alpha}}^{\mathrm{T}}\boldsymbol{A}=\bar{\lambda}\bar{\boldsymbol{\alpha}}^{\mathrm{T}}$ 两端右乘 $\boldsymbol{\alpha}$,得 $\bar{\boldsymbol{\alpha}}^{\mathrm{T}}\boldsymbol{A}\boldsymbol{\alpha}=\bar{\lambda}\bar{\boldsymbol{\alpha}}^{\mathrm{T}}\boldsymbol{\alpha}$,因此有 $\bar{\boldsymbol{\alpha}}^{\mathrm{T}}\boldsymbol{A}\boldsymbol{\alpha}=\lambda\bar{\boldsymbol{\alpha}}^{\mathrm{T}}\boldsymbol{\alpha}=\bar{\lambda}\bar{\boldsymbol{\alpha}}^{\mathrm{T}}\boldsymbol{\alpha}$,即 $(\lambda-\bar{\lambda})\bar{\boldsymbol{\alpha}}^{\mathrm{T}}\boldsymbol{\alpha}=0$. 因为 $\boldsymbol{\alpha}$ 是特征向量,故 $\boldsymbol{\alpha}\neq\mathbf{0}$,即 $\bar{\boldsymbol{\alpha}}^{\mathrm{T}}\boldsymbol{\alpha}>0$,所以 $\bar{\lambda}=\lambda$.

注:对于实对称矩阵 $\boldsymbol{A}$,因为其特征值是实数,所以对应的特征向量可取为实向量.

定理 5 设 $\boldsymbol{A}$ 为实对称矩阵,则 $\boldsymbol{A}$ 的对应于不同特征值的特征向量是正交的.

证 设 λ_1,λ_2 是 $\boldsymbol{A}$ 的特征值且 $\lambda_1\neq\lambda_2$,$\boldsymbol{\alpha}_1,\boldsymbol{\alpha}_2$ 分别为 $\boldsymbol{A}$ 的对应于 λ_1,λ_2 的特征向量.

在 $\boldsymbol{A}\boldsymbol{\alpha}_1=\lambda_1\boldsymbol{\alpha}_1$ 两边取转置,得 $\boldsymbol{\alpha}_1^{\mathrm{T}}\boldsymbol{A}^{\mathrm{T}}=\lambda_1\boldsymbol{\alpha}_1^{\mathrm{T}}$,因为 $\boldsymbol{A}$ 是对称矩阵,所以 $\boldsymbol{\alpha}_1^{\mathrm{T}}\boldsymbol{A}=\lambda_1\boldsymbol{\alpha}_1^{\mathrm{T}}$. 继续在

该式两端右乘 $\boldsymbol{\alpha}_2$,得 $\boldsymbol{\alpha}_1^{\mathrm{T}}\boldsymbol{A}\boldsymbol{\alpha}_2=\lambda_1\boldsymbol{\alpha}_1^{\mathrm{T}}\boldsymbol{\alpha}_2$.

在 $\boldsymbol{A}\boldsymbol{\alpha}_2=\lambda_2\boldsymbol{\alpha}_2$ 两端左乘 $\boldsymbol{\alpha}_1^{\mathrm{T}}$,得 $\boldsymbol{\alpha}_1^{\mathrm{T}}\boldsymbol{A}\boldsymbol{\alpha}_2=\lambda_2\boldsymbol{\alpha}_1^{\mathrm{T}}\boldsymbol{\alpha}_2$,因此有 $\boldsymbol{\alpha}_1^{\mathrm{T}}\boldsymbol{A}\boldsymbol{\alpha}_2=\lambda_1\boldsymbol{\alpha}_1^{\mathrm{T}}\boldsymbol{\alpha}_2=\lambda_2\boldsymbol{\alpha}_1^{\mathrm{T}}\boldsymbol{\alpha}_2$,即 $(\lambda_1-\lambda_2)\boldsymbol{\alpha}_1^{\mathrm{T}}\boldsymbol{\alpha}_2=0$. 因为 $\lambda_1\neq\lambda_2$,所以 $\boldsymbol{\alpha}_1^{\mathrm{T}}\boldsymbol{\alpha}_2=0$,即 $\boldsymbol{\alpha}_1$ 与 $\boldsymbol{\alpha}_2$ 正交.

定理6 设 $\boldsymbol{A}$ 为 n 阶实对称矩阵,则存在 n 阶正交矩阵 $\boldsymbol{O}$,使得

$$\boldsymbol{O}^{-1}\boldsymbol{A}\boldsymbol{O}=\boldsymbol{O}^{\mathrm{T}}\boldsymbol{A}\boldsymbol{O}=\mathrm{diag}(\lambda_1,\lambda_2,\cdots,\lambda_n),$$

其中 $\lambda_1,\lambda_2,\cdots,\lambda_n$ 是 $\boldsymbol{A}$ 的 n 个特征值.

注:若存在正交矩阵 $\boldsymbol{P}$,使得 $\boldsymbol{P}^{-1}\boldsymbol{A}\boldsymbol{P}=\boldsymbol{B}$,则称**矩阵 $\boldsymbol{A}$ 正交相似于矩阵 $\boldsymbol{B}$**.

定理6说明,n 阶实对称方阵 $\boldsymbol{A}$ 正交相似于对角矩阵.

证* 用数学归纳法.

$n=1$ 时定理显然成立.

假设 $n=k-1(k\geqslant 2)$ 时定理成立.

当 $n=k$ 时:设 λ_1 是 $\boldsymbol{A}$ 的特征值,$\boldsymbol{\alpha}_1$ 为 $\boldsymbol{A}$ 的对应于 λ_1 的单位特征向量. 将 $\boldsymbol{\alpha}_1$ 扩充为 $\mathbf{R}^k$ 的一组标准正交基 $\boldsymbol{\alpha}_1,\boldsymbol{\alpha}_2,\cdots,\boldsymbol{\alpha}_k$.

设 $\boldsymbol{A}\boldsymbol{\alpha}_i=b_{1i}\boldsymbol{\alpha}_1+b_{2i}\boldsymbol{\alpha}_2+\cdots+b_{ki}\boldsymbol{\alpha}_k(i=2,\cdots,k)$,即

$$\boldsymbol{A}(\boldsymbol{\alpha}_1,\boldsymbol{\alpha}_2,\cdots,\boldsymbol{\alpha}_k)=(\boldsymbol{A}\boldsymbol{\alpha}_1,\boldsymbol{A}\boldsymbol{\alpha}_2,\cdots,\boldsymbol{A}\boldsymbol{\alpha}_k)=(\boldsymbol{\alpha}_1,\boldsymbol{\alpha}_2,\cdots,\boldsymbol{\alpha}_k)\begin{pmatrix}\lambda_1 & b_{12} & b_{13} & \cdots & b_{1k}\\ 0 & b_{22} & b_{23} & \cdots & b_{2k}\\ 0 & b_{32} & b_{33} & \cdots & b_{3k}\\ \vdots & \vdots & \vdots & & \vdots\\ 0 & b_{k2} & b_{k3} & \cdots & b_{kk}\end{pmatrix}\quad(7.1)$$

令 $\boldsymbol{O}_1=(\boldsymbol{\alpha}_1,\boldsymbol{\alpha}_2,\cdots,\boldsymbol{\alpha}_k)$,因为 $\boldsymbol{\alpha}_1,\boldsymbol{\alpha}_2,\cdots,\boldsymbol{\alpha}_k$ 是 $\mathbf{R}^k$ 的标准正交基,所以 $\boldsymbol{O}_1$ 为 k 阶正交矩阵. 将式(7.1)右端的矩阵用分块矩阵表示,式(7.1)可表示为 $\boldsymbol{A}\boldsymbol{O}_1=\boldsymbol{O}_1\begin{pmatrix}\lambda_1 & \boldsymbol{\beta}\\ 0 & \boldsymbol{B}\end{pmatrix}$,即

$$\boldsymbol{O}_1^{-1}\boldsymbol{A}\boldsymbol{O}_1=\boldsymbol{O}_1^{\mathrm{T}}\boldsymbol{A}\boldsymbol{O}_1=\begin{pmatrix}\lambda_1 & \boldsymbol{\beta}\\ 0 & \boldsymbol{B}\end{pmatrix},$$

两边取转置,得 $\boldsymbol{O}_1^{\mathrm{T}}\boldsymbol{A}^{\mathrm{T}}\boldsymbol{O}_1=\begin{pmatrix}\lambda_1 & 0\\ \boldsymbol{\beta}^{\mathrm{T}} & \boldsymbol{B}^{\mathrm{T}}\end{pmatrix}$.

因为 $\boldsymbol{A}$ 是对称矩阵,所以 $\boldsymbol{O}_1^{\mathrm{T}}\boldsymbol{A}\boldsymbol{O}_1=\boldsymbol{O}_1^{\mathrm{T}}\boldsymbol{A}^{\mathrm{T}}\boldsymbol{O}_1$,即 $\begin{pmatrix}\lambda_1 & \boldsymbol{\beta}\\ 0 & \boldsymbol{B}\end{pmatrix}=\begin{pmatrix}\lambda_1 & 0\\ \boldsymbol{\beta}^{\mathrm{T}} & \boldsymbol{B}^{\mathrm{T}}\end{pmatrix}$,即 $\boldsymbol{\beta}=\boldsymbol{0}$,$\boldsymbol{B}$ 为 $(k-1)$ 阶实对称矩阵,于是有

$$\boldsymbol{O}_1^{-1}\boldsymbol{A}\boldsymbol{O}_1=\boldsymbol{O}_1^{\mathrm{T}}\boldsymbol{A}\boldsymbol{O}_1=\begin{pmatrix}\lambda_1 & 0\\ 0 & \boldsymbol{B}\end{pmatrix}.$$

由归纳假设,存在 $(k-1)$ 阶正交矩阵 $\boldsymbol{T}$,使 $\boldsymbol{T}^{-1}\boldsymbol{B}\boldsymbol{T}=\mathrm{diag}(\lambda_2,\lambda_3,\cdots,\lambda_k)$.

令 $\boldsymbol{O}_2=\begin{pmatrix}1 & 0\\ 0 & \boldsymbol{T}\end{pmatrix}$,则 $\boldsymbol{O}_2$ 为 k 阶正交矩阵. 再令 $\boldsymbol{O}=\boldsymbol{O}_1\boldsymbol{O}_2$,则 $\boldsymbol{O}$ 也为 k 阶正交矩阵,且

$$\begin{aligned}\boldsymbol{O}^{-1}\boldsymbol{A}\boldsymbol{O}&=(\boldsymbol{O}_1\boldsymbol{O}_2)^{-1}\boldsymbol{A}(\boldsymbol{O}_1\boldsymbol{O}_2)=\boldsymbol{O}_2^{-1}(\boldsymbol{O}_1^{-1}\boldsymbol{A}\boldsymbol{O}_1)\boldsymbol{O}_2\\&=\begin{pmatrix}1 & 0\\ 0 & \boldsymbol{T}^{-1}\end{pmatrix}\begin{pmatrix}\lambda_1 & 0\\ 0 & \boldsymbol{B}\end{pmatrix}\begin{pmatrix}1 & 0\\ 0 & \boldsymbol{T}\end{pmatrix}=\begin{pmatrix}\lambda_1 & 0\\ 0 & \boldsymbol{T}^{-1}\boldsymbol{B}\boldsymbol{T}\end{pmatrix}\\&=\mathrm{diag}(\lambda_1,\lambda_2,\cdots,\lambda_k).\end{aligned}$$

因为相似矩阵的特征值相同,所以 $\lambda_1,\lambda_2,\cdots,\lambda_k$ 是 $\boldsymbol{A}$ 的 k 个特征值.

定理 6 说明了实对称矩阵一定正交相似于对角矩阵. 由矩阵可对角化的充分必要条件(第 6 章定理 4)可知,若 λ 为实对称矩阵 $\boldsymbol{A}$ 的 k 重特征值,则 $\boldsymbol{A}$ 对应于 λ 有 k 个线性无关的特征向量,即齐次线性方程组 $(\lambda\boldsymbol{E}-\boldsymbol{A})\boldsymbol{x}=\boldsymbol{0}$ 的基础解系含有 k 个向量. 下面介绍定理 6 中的正交矩阵 $\boldsymbol{O}$ 的求法.

二、实对称矩阵的对角化方法

设 $\boldsymbol{A}$ 为 n 阶实对称矩阵,可按以下步骤求出 n 阶正交矩阵 $\boldsymbol{O}$,使得 $\boldsymbol{O}^{-1}\boldsymbol{A}\boldsymbol{O}$ 为对角矩阵 $\boldsymbol{\Lambda}$.

(1) 求特征方程 $|\lambda\boldsymbol{E}-\boldsymbol{A}|=0$ 的全部根,即 $\boldsymbol{A}$ 的全部特征值. 设 $\boldsymbol{A}$ 的全体两两不同的特征值为 $\lambda_1,\lambda_2,\cdots,\lambda_m$,$\lambda_i$ 的重数为 $r_i(i=1,2,\cdots,m)(r_1+r_2+\cdots+r_m=n)$.

(2) 对每个 $\lambda_i(i=1,2,\cdots,m)$,求解齐次线性方程组 $(\lambda_i\boldsymbol{E}-\boldsymbol{A})\boldsymbol{x}=\boldsymbol{0}$.

设基础解系为 $\boldsymbol{\xi}_{i1},\boldsymbol{\xi}_{i2},\cdots,\boldsymbol{\xi}_{ir_i}$(因为 λ_i 的重数为 r_i,所以基础解系中含有 r_i 个向量).

将基础解系 $\boldsymbol{\xi}_{i1},\boldsymbol{\xi}_{i2},\cdots,\boldsymbol{\xi}_{ir_i}$ 标准正交化,得到 $\boldsymbol{A}$ 的对应于 λ_i 的 r_i 个两两正交的单位特征向量 $\boldsymbol{p}_{i1},\boldsymbol{p}_{i2},\cdots,\boldsymbol{p}_{ir_i}$.

(3) 将上面求出的全体两两正交的单位特征向量作为列向量构成正交矩阵 $\boldsymbol{O}$,则 $\boldsymbol{O}^{-1}\boldsymbol{A}\boldsymbol{O}$ 为对角矩阵 $\boldsymbol{\Lambda}$.

注:在不计对角元素顺序的意义下对角矩阵 $\boldsymbol{\Lambda}$ 是唯一的,但正交矩阵 $\boldsymbol{O}$ 是不唯一的. 请注意 $\boldsymbol{O}$ 的第 i 列所对应的特征值一定是对角矩阵 $\boldsymbol{\Lambda}$ 的第 i 个对角元素,$i=1,2,\cdots,n$.

例 8 设 $\boldsymbol{A}=\begin{pmatrix}0&-2&-1\\-2&3&2\\-1&2&0\end{pmatrix}$,求正交矩阵 $\boldsymbol{O}$,使得 $\boldsymbol{O}^{-1}\boldsymbol{A}\boldsymbol{O}$ 为对角矩阵 $\boldsymbol{\Lambda}$.

解
$$|\lambda\boldsymbol{E}-\boldsymbol{A}|=\begin{vmatrix}\lambda&2&1\\2&\lambda-3&-2\\1&-2&\lambda\end{vmatrix}\xlongequal{2r_1+r_2}\begin{vmatrix}\lambda&2&1\\2(\lambda+1)&\lambda+1&0\\1&-2&\lambda\end{vmatrix}$$
$$=(\lambda+1)\begin{vmatrix}\lambda&2&1\\2&1&0\\1&-2&\lambda\end{vmatrix}$$
$$=(\lambda+1)^2(\lambda-5).$$

$\boldsymbol{A}$ 的相异特征值为 $\lambda_1=-1$(2 重),$\lambda_2=5$.

对应于 $\lambda_1=-1$,求解齐次线性方程组 $(-\boldsymbol{E}-\boldsymbol{A})\boldsymbol{x}=\boldsymbol{0}$,即 $\begin{pmatrix}-1&2&1\\2&-4&-2\\1&-2&-1\end{pmatrix}\begin{pmatrix}x_1\\x_2\\x_3\end{pmatrix}=\begin{pmatrix}0\\0\\0\end{pmatrix}$,得基础解系为 $\boldsymbol{\xi}_1=(1,0,1)^{\mathrm{T}},\boldsymbol{\xi}_2=(2,1,0)^{\mathrm{T}}$.

再将 $\boldsymbol{\xi}_1,\boldsymbol{\xi}_2$ 标准正交化.

令

$$\boldsymbol{\beta}_1=\boldsymbol{\xi}_1=(1,0,1)^{\mathrm{T}},$$
$$\boldsymbol{\beta}_2=\boldsymbol{\xi}_2-\frac{(\boldsymbol{\xi}_2,\boldsymbol{\beta}_1)}{(\boldsymbol{\beta}_1,\boldsymbol{\beta}_1)}\boldsymbol{\beta}_1=\begin{pmatrix}2\\1\\0\end{pmatrix}-\frac{2}{2}\begin{pmatrix}1\\0\\1\end{pmatrix}=\begin{pmatrix}1\\1\\-1\end{pmatrix}.$$

取 $\boldsymbol{p}_1=\dfrac{\boldsymbol{\beta}_1}{\|\boldsymbol{\beta}_1\|}=\dfrac{1}{\sqrt{2}}(1,0,1)^{\mathrm{T}}$，$\boldsymbol{p}_2=\dfrac{\boldsymbol{\beta}_2}{\|\boldsymbol{\beta}_2\|}=\dfrac{1}{\sqrt{3}}(1,1,-1)^{\mathrm{T}}$.

对应于 $\lambda_2=5$，求解齐次线性方程组 $(5\boldsymbol{E}-\boldsymbol{A})\boldsymbol{x}=\boldsymbol{0}$，即 $\begin{pmatrix}5&2&1\\2&2&-2\\1&-2&5\end{pmatrix}\begin{pmatrix}x_1\\x_2\\x_3\end{pmatrix}=\begin{pmatrix}0\\0\\0\end{pmatrix}$，得基础解系为 $\boldsymbol{\xi}_3=(-1,2,1)^{\mathrm{T}}$，取 $\boldsymbol{p}_3=\dfrac{\boldsymbol{\xi}_3}{\|\boldsymbol{\xi}_3\|}=\dfrac{1}{\sqrt{6}}(-1,2,1)^{\mathrm{T}}$. 令

$$\boldsymbol{O}=(\boldsymbol{p}_1,\boldsymbol{p}_2,\boldsymbol{p}_3)=\begin{pmatrix}\frac{1}{\sqrt{2}}&\frac{1}{\sqrt{3}}&-\frac{1}{\sqrt{6}}\\0&\frac{1}{\sqrt{3}}&\frac{2}{\sqrt{6}}\\\frac{1}{\sqrt{2}}&-\frac{1}{\sqrt{3}}&\frac{1}{\sqrt{6}}\end{pmatrix},$$

则

$$\boldsymbol{O}^{-1}\boldsymbol{A}\boldsymbol{O}=\begin{pmatrix}-1&0&0\\0&-1&0\\0&0&5\end{pmatrix}=\boldsymbol{\Lambda}.$$

例 9　设 $\boldsymbol{A}=\begin{pmatrix}1&0&2\\0&1&2\\2&2&-1\end{pmatrix}$，求正交矩阵 $\boldsymbol{O}$，使得 $\boldsymbol{O}^{-1}\boldsymbol{A}\boldsymbol{O}$ 为对角矩阵 $\boldsymbol{\Lambda}$.

解

$$|\lambda\boldsymbol{E}-\boldsymbol{A}|=\begin{vmatrix}\lambda-1&0&-2\\0&\lambda-1&-2\\-2&-2&\lambda+1\end{vmatrix}\xlongequal[r_3+1r_2]{r_3+1r_1}\begin{vmatrix}\lambda-1&0&-2\\0&\lambda-1&-2\\\lambda-3&\lambda-3&\lambda-3\end{vmatrix}$$

$$=(\lambda-3)\begin{vmatrix}\lambda-1&0&-2\\0&\lambda-1&-2\\1&1&1\end{vmatrix}$$

$$=(\lambda-3)(\lambda+3)(\lambda-1).$$

$\boldsymbol{A}$ 的相异特征值为 $\lambda_1=3$，$\lambda_2=-3$，$\lambda_3=1$.

对应于 $\lambda_1=3$，求解齐次线性方程组 $(3\boldsymbol{E}-\boldsymbol{A})\boldsymbol{x}=\boldsymbol{0}$，即 $\begin{pmatrix}2&0&-2\\0&2&-2\\-2&-2&4\end{pmatrix}\begin{pmatrix}x_1\\x_2\\x_3\end{pmatrix}=\begin{pmatrix}0\\0\\0\end{pmatrix}$，得基础解系为 $\boldsymbol{\xi}_1=(1,1,1)^{\mathrm{T}}$，取 $\boldsymbol{p}_1=\dfrac{\boldsymbol{\xi}_1}{\|\boldsymbol{\xi}_1\|}=\dfrac{1}{\sqrt{3}}(1,1,1)^{\mathrm{T}}$.

对应于 $\lambda_2=-3$，求解齐次线性方程组 $(-3\boldsymbol{E}-\boldsymbol{A})\boldsymbol{x}=\boldsymbol{0}$，即 $\begin{pmatrix}-4&0&-2\\0&-4&-2\\-2&-2&-2\end{pmatrix}\begin{pmatrix}x_1\\x_2\\x_3\end{pmatrix}=\begin{pmatrix}0\\0\\0\end{pmatrix}$，得基础解系为 $\boldsymbol{\xi}_2=(-1,-1,2)^{\mathrm{T}}$，取 $\boldsymbol{p}_2=\dfrac{\boldsymbol{\xi}_2}{\|\boldsymbol{\xi}_2\|}=\dfrac{1}{\sqrt{6}}(-1,-1,2)^{\mathrm{T}}$.

对应于 $\lambda_3=1$，求解齐次线性方程组 $(\boldsymbol{E}-\boldsymbol{A})\boldsymbol{x}=\boldsymbol{0}$，即 $\begin{pmatrix}0&0&-2\\0&0&-2\\-2&-2&2\end{pmatrix}\begin{pmatrix}x_1\\x_2\\x_3\end{pmatrix}=\begin{pmatrix}0\\0\\0\end{pmatrix}$，得基础

解系为 $\boldsymbol{\xi}_3=(1,-1,0)^{\mathrm{T}}$,取 $\boldsymbol{p}_3=\dfrac{\boldsymbol{\xi}_3}{\|\boldsymbol{\xi}_3\|}=\dfrac{1}{\sqrt{2}}(1,-1,0)^{\mathrm{T}}$.

令 $\boldsymbol{O}=(\boldsymbol{p}_1,\boldsymbol{p}_2,\boldsymbol{p}_3)=\begin{pmatrix}\frac{1}{\sqrt{3}} & -\frac{1}{\sqrt{6}} & \frac{1}{\sqrt{2}}\\ \frac{1}{\sqrt{3}} & -\frac{1}{\sqrt{6}} & -\frac{1}{\sqrt{2}}\\ \frac{1}{\sqrt{3}} & \frac{2}{\sqrt{6}} & 0\end{pmatrix}$,则

$$\boldsymbol{O}^{-1}\boldsymbol{A}\boldsymbol{O}=\begin{pmatrix}3 & 0 & 0\\ 0 & -3 & 0\\ 0 & 0 & 1\end{pmatrix}=\boldsymbol{\Lambda}.$$

注:因为 $\boldsymbol{A}$ 的三个特征值两两不同,所以对应的特征向量是两两正交的,只需将它们单位化即可.

例 10 设三阶实对称矩阵 $\boldsymbol{A}$ 的特征值为 $\lambda_1=-1,\lambda_2=\lambda_3=1$. 已知 $\boldsymbol{A}$ 的属于 $\lambda_1=-1$ 的特征向量为 $\boldsymbol{p}_1=(0,1,1)^{\mathrm{T}}$,求出 $\boldsymbol{A}$ 的属于特征值 $\lambda_2=\lambda_3=1$ 的特征向量. 并求出对称矩阵 $\boldsymbol{A}$.

解 因为属于对称矩阵的不同特征值的特征向量必互相正交,所以,属于 $\lambda_2=\lambda_3=1$ 的特征向量 $\boldsymbol{x}=(x_1,x_2,x_3)^{\mathrm{T}}$ 必定与 $\boldsymbol{p}_1$ 正交,即它们一定满足 $x_2+x_3=0$,x_1 可以取任何值.

我们知道,属于 $\lambda_2=\lambda_3=1$ 的特征向量就是方程组 $(\boldsymbol{E}-\boldsymbol{A})\boldsymbol{x}=\boldsymbol{0}$ 的非零解向量. 上面的分析说明方程组 $(\boldsymbol{E}-\boldsymbol{A})\boldsymbol{x}=\boldsymbol{0}$ 的解空间包含于方程 $x_2+x_3=0$ 的解空间. 易见,这两个解空间的维数都是 2,所以这两个解空间是相等的,也就是说,方程 $x_2+x_3=0$ 的非零解向量也是 $\boldsymbol{A}$ 的属于 $\lambda_2=\lambda_3=1$ 的特征向量.

所以可取方程 $x_2+x_3=0$ 的线性无关的解 $\boldsymbol{p}_2=(1,0,0)^{\mathrm{T}}$,$\boldsymbol{p}_3=(0,1,-1)^{\mathrm{T}}$ 作为 $\boldsymbol{A}$ 的属于 $\lambda_2=\lambda_3=1$ 的特征向量.

令 $\boldsymbol{P}=\begin{pmatrix}0 & 1 & 0\\ 1 & 0 & 1\\ 1 & 0 & -1\end{pmatrix}$,则 $\boldsymbol{P}^{-1}\boldsymbol{A}\boldsymbol{P}=\begin{pmatrix}-1 & 0 & 0\\ 0 & 1 & 0\\ 0 & 0 & 1\end{pmatrix}$. 求出 $\boldsymbol{P}^{-1}=\dfrac{1}{2}\begin{pmatrix}0 & 1 & 1\\ 2 & 0 & 0\\ 0 & 1 & -1\end{pmatrix}$. 于是

$$\boldsymbol{A}=\boldsymbol{P}\begin{pmatrix}-1 & & \\ & 1 & \\ & & 1\end{pmatrix}\boldsymbol{P}^{-1}=\frac{1}{2}\begin{pmatrix}0 & 1 & 0\\ -1 & 0 & 1\\ -1 & 0 & -1\end{pmatrix}\begin{pmatrix}0 & 1 & 1\\ 2 & 0 & 0\\ 0 & 1 & -1\end{pmatrix}=\begin{pmatrix}1 & 0 & 0\\ 0 & 0 & -1\\ 0 & -1 & 0\end{pmatrix}.$$

§7.3 实二次型及其标准形

本节讨论如何经过坐标变换,将二次齐次式转化为只含平方项的形式,这也是本章要讨论的核心问题.

一、实二次型及其矩阵

定义 9 含有 n 个未知量 $x_1,x_2,\cdots,x_n$ 的实系数二次齐次多项式

$$\begin{aligned}f(x_1,x_2,\cdots,x_n)=&a_{11}x_1^2+2a_{12}x_1x_2+2a_{13}x_1x_3+\cdots+2a_{1n}x_1x_n+\\ &a_{22}x_2^2+2a_{23}x_2x_3+\cdots+2a_{2n}x_2x_n+\end{aligned}$$

$$a_{33}x_3^2+2a_{34}x_3x_4+\cdots+2a_{3n}x_3x_n+\cdots+$$
$$a_{n-1,n-1}x_{n-1}^2+2a_{n-1,n}x_{n-1}x_n+a_{nn}x_n^2 \quad (7.2)$$

称为(n 元)实二次型,简记为 f.

本课程只讨论实二次型,如果没有特别说明,以下提到的二次型均指实二次型.

令 $a_{ji}=a_{ij}(1\leqslant i<j\leqslant n)$,则

$$2a_{ij}x_ix_j=a_{ij}x_ix_j+a_{ji}x_jx_i \quad (1\leqslant i<j\leqslant n).$$

于是式(7.2)可以写成矩阵形式.

$$\begin{aligned}f(x_1,x_2,\cdots,x_n)&=a_{11}x_1^2+a_{12}x_1x_2+\cdots+a_{1n}x_1x_n+\\&\quad a_{21}x_2x_1+a_{22}x_2^2+\cdots+a_{2n}x_2x_n+\cdots+\\&\quad a_{n1}x_nx_1+a_{n2}x_nx_2+\cdots+a_{nn}x_n^2\\&=x_1(a_{11}x_1+a_{12}x_2+\cdots+a_{1n}x_n)+\\&\quad x_2(a_{21}x_1+a_{22}x_2+\cdots+a_{2n}x_n)+\cdots+\\&\quad x_n(a_{n1}x_1+a_{n2}x_2+\cdots+a_{nn}x_n)\\&=(x_1,x_2,\cdots,x_n)\begin{pmatrix}a_{11}&a_{12}&\cdots&a_{1n}\\a_{21}&a_{22}&\cdots&a_{2n}\\\vdots&\vdots&&\vdots\\a_{n1}&a_{n2}&\cdots&a_{nn}\end{pmatrix}\begin{pmatrix}x_1\\x_2\\\vdots\\x_n\end{pmatrix}.\end{aligned}$$

即 $f(x_1,x_2,\cdots,x_n)=\boldsymbol{x}^{\mathrm{T}}\boldsymbol{A}\boldsymbol{x}$,其中

$$\boldsymbol{x}=\begin{pmatrix}x_1\\x_2\\\vdots\\x_n\end{pmatrix},\quad \boldsymbol{A}=\begin{pmatrix}a_{11}&a_{12}&\cdots&a_{1n}\\a_{21}&a_{22}&\cdots&a_{2n}\\\vdots&\vdots&&\vdots\\a_{n1}&a_{n2}&\cdots&a_{nn}\end{pmatrix}$$

为 n 阶实对称矩阵.

n 元二次型 $f(x_1,x_2,\cdots,x_n)=\boldsymbol{x}^{\mathrm{T}}\boldsymbol{A}\boldsymbol{x}$ 与 n 阶实对称矩阵 $\boldsymbol{A}=(a_{ij})_{n\times n}$ 是一一对应的. 称 $\boldsymbol{A}$ 是**二次型 f 的矩阵**,f 是**以 $\boldsymbol{A}$ 为矩阵的二次型**,$\boldsymbol{A}$ 的秩 $\mathrm{r}(\boldsymbol{A})$ 称为**二次型 f 的秩**.

例 11　写出二次型

$$f(x_1,x_2,x_3)=x_1^2-2x_2^2-2x_3^2-4x_1x_2+4x_1x_3+8x_2x_3$$

对应的对称矩阵 $\boldsymbol{A}$.

解　根据所给的二次型的各个系数可知对应的对称矩阵

$$\boldsymbol{A}=\begin{pmatrix}1&-2&2\\-2&-2&4\\2&4&-2\end{pmatrix}.$$

例 12　写出由对称矩阵 $\boldsymbol{A}=\begin{pmatrix}1&-1&-3&1\\-1&0&-2&2\\-3&-2&3&-\frac{3}{2}\\1&2&-\frac{3}{2}&4\end{pmatrix}$ 确定的二次型 $f=\boldsymbol{x}^{\mathrm{T}}\boldsymbol{A}\boldsymbol{x}$.

解　对应的二次型为

$$\begin{aligned}f(x_1,x_2,x_3,x_4)&=x_1^2+3x_3^2+4x_4^2-2x_1x_2-6x_1x_3+2x_1x_4-\\&\quad 4x_2x_3+4x_2x_4-3x_3x_4.\end{aligned}$$

二、二次型的标准形

定义 10 只含平方项的二次型

$$f(x_1,x_2,\cdots,x_n)=d_1x_1^2+d_2x_2^2+\cdots+d_nx_n^2$$

称为**二次型的标准形**. 其对应的矩阵为对角矩阵 $\boldsymbol{\Lambda}=\mathrm{diag}(d_1,d_2,\cdots,d_n)$.

我们要讨论的问题是,对于一个一般的 n 元二次型 $f(x_1,x_2,\cdots,x_n)=\boldsymbol{x}^{\mathrm{T}}\boldsymbol{A}\boldsymbol{x}$,是否可以通过适当的坐标变换 $\boldsymbol{x}=\boldsymbol{C}\boldsymbol{y}$,使 $f=\boldsymbol{x}^{\mathrm{T}}\boldsymbol{A}\boldsymbol{x}=(\boldsymbol{C}\boldsymbol{y})^{\mathrm{T}}\boldsymbol{A}(\boldsymbol{C}\boldsymbol{y})=\boldsymbol{y}^{\mathrm{T}}(\boldsymbol{C}^{\mathrm{T}}\boldsymbol{A}\boldsymbol{C})\boldsymbol{y}$ 为标准形.

做坐标变换 $\boldsymbol{x}=\boldsymbol{C}\boldsymbol{y}$,就是在 $\mathbf{R}^n$ 中另取一组新基,使原来坐标为 $\boldsymbol{x}=(x_1,x_2,\cdots,x_n)^{\mathrm{T}}$ 的向量在新基下的坐标变为 $\boldsymbol{y}=(y_1,y_2,\cdots,y_n)^{\mathrm{T}}$,且 $\boldsymbol{x}=\boldsymbol{C}\boldsymbol{y}$. 设 $\boldsymbol{C}=(\boldsymbol{\alpha}_1,\boldsymbol{\alpha}_2,\cdots,\boldsymbol{\alpha}_n)$,不难发现,在新基下坐标为 $\boldsymbol{y}=\boldsymbol{\varepsilon}_1=(1,0,\cdots,0)^{\mathrm{T}}$ 的向量,原来的坐标为 $\boldsymbol{x}=\boldsymbol{C}\boldsymbol{y}=\boldsymbol{\alpha}_1$;在新基下坐标依次为 $\boldsymbol{\varepsilon}_2,\boldsymbol{\varepsilon}_3,\cdots,\boldsymbol{\varepsilon}_n$ 的向量,原来的坐标依次为 $\boldsymbol{\alpha}_2,\boldsymbol{\alpha}_3,\cdots,\boldsymbol{\alpha}_n$. 这说明新取的基就是 $\boldsymbol{C}$ 的列向量组 $\boldsymbol{\alpha}_1,\boldsymbol{\alpha}_2,\cdots,\boldsymbol{\alpha}_n$. 因此 $\boldsymbol{C}$ 是可逆的. 称 $\boldsymbol{x}=\boldsymbol{C}\boldsymbol{y}$ 为可逆线性变换(也称为非异线性变换或非退化的线性变换).

对于上面给定的二次型 $f(x_1,x_2,\cdots,x_n)=\boldsymbol{x}^{\mathrm{T}}\boldsymbol{A}\boldsymbol{x}$,只要找到可逆矩阵 $\boldsymbol{C}$,使得 $\boldsymbol{C}^{\mathrm{T}}\boldsymbol{A}\boldsymbol{C}=\boldsymbol{\Lambda}$ 为对角矩阵,则可将 f 化为标准形:

$$\begin{aligned} f&=\boldsymbol{x}^{\mathrm{T}}\boldsymbol{A}\boldsymbol{x}=(\boldsymbol{C}\boldsymbol{y})^{\mathrm{T}}\boldsymbol{A}(\boldsymbol{C}\boldsymbol{y})=\boldsymbol{y}^{\mathrm{T}}(\boldsymbol{C}^{\mathrm{T}}\boldsymbol{A}\boldsymbol{C})\boldsymbol{y}=\boldsymbol{y}^{\mathrm{T}}\boldsymbol{\Lambda}\boldsymbol{y}\\ &=d_1y_1^2+d_2y_2^2+\cdots+d_ny_n^2, \end{aligned}$$

其中 $d_1,d_2,\cdots,d_n$ 是对角矩阵 $\boldsymbol{\Lambda}$ 的 n 个对角元.

在变量 $y_1,y_2,\cdots,y_n$ 下,二次型 $f(x_1,x_2,\cdots,x_n)=\boldsymbol{x}^{\mathrm{T}}\boldsymbol{A}\boldsymbol{x}$ 的矩阵为 $\boldsymbol{B}=\boldsymbol{C}^{\mathrm{T}}\boldsymbol{A}\boldsymbol{C}$,称 $\boldsymbol{B}$ 为 $\boldsymbol{A}$ 的合同矩阵.

三、合同矩阵

定义 11 如果对于 n 阶方阵 $\boldsymbol{A}$ 和 $\boldsymbol{B}$,存在 n 阶可逆矩阵 $\boldsymbol{P}$,使得 $\boldsymbol{B}=\boldsymbol{P}^{\mathrm{T}}\boldsymbol{A}\boldsymbol{P}$,则称 $\boldsymbol{A}$ 与 $\boldsymbol{B}$ 合同. 记为 $\boldsymbol{A}\simeq\boldsymbol{B}$.

由于左乘或右乘可逆矩阵都不会改变矩阵的秩,所以若 $\boldsymbol{A}\simeq\boldsymbol{B}$,则 $\mathrm{r}(\boldsymbol{A})=\mathrm{r}(\boldsymbol{B})$.

方阵之间的合同关系也是一种等价关系,即具有以下三条性质.

(1) **反身性**. 由 $\boldsymbol{A}=\boldsymbol{E}_n^{\mathrm{T}}\boldsymbol{A}\boldsymbol{E}_n$ 可知 $\boldsymbol{A}$ 与 $\boldsymbol{A}$ 合同.

(2) **对称性**. 若 $\boldsymbol{B}=\boldsymbol{P}^{\mathrm{T}}\boldsymbol{A}\boldsymbol{P}$,则 $\boldsymbol{A}=(\boldsymbol{P}^{\mathrm{T}})^{-1}\boldsymbol{B}\boldsymbol{P}^{-1}=(\boldsymbol{P}^{-1})^{\mathrm{T}}\boldsymbol{B}\boldsymbol{P}^{-1}$. 这说明当 $\boldsymbol{A}$ 与 $\boldsymbol{B}$ 合同时,$\boldsymbol{B}$ 也与 $\boldsymbol{A}$ 合同.

(3) **传递性**. 若 $\boldsymbol{B}=\boldsymbol{P}^{\mathrm{T}}\boldsymbol{A}\boldsymbol{P}$,$\boldsymbol{C}=\boldsymbol{Q}^{\mathrm{T}}\boldsymbol{B}\boldsymbol{Q}$,则 $\boldsymbol{C}=\boldsymbol{Q}^{\mathrm{T}}\boldsymbol{P}^{\mathrm{T}}\boldsymbol{A}\boldsymbol{P}\boldsymbol{Q}=(\boldsymbol{P}\boldsymbol{Q})^{\mathrm{T}}\boldsymbol{A}(\boldsymbol{P}\boldsymbol{Q})$. 这说明当 $\boldsymbol{A}$ 与 $\boldsymbol{B}$ 合同,$\boldsymbol{B}$ 与 $\boldsymbol{C}$ 合同时,$\boldsymbol{A}$ 也与 $\boldsymbol{C}$ 合同.

只要找到可逆矩阵 $\boldsymbol{C}$,使 $\boldsymbol{B}=\boldsymbol{C}^{\mathrm{T}}\boldsymbol{A}\boldsymbol{C}=\boldsymbol{\Lambda}$ 为对角矩阵,再做线性变换 $\boldsymbol{x}=\boldsymbol{C}\boldsymbol{y}$(实际上是做坐标变换 $\boldsymbol{x}=\boldsymbol{C}\boldsymbol{y}$,即建立新的坐标系,使旧坐标系下坐标为 x 的向量在新坐标系下坐标为 y,且 $\boldsymbol{x}=\boldsymbol{C}\boldsymbol{y}$),就可将二次型 $f(x_1,x_2,\cdots,x_n)=\boldsymbol{x}^{\mathrm{T}}\boldsymbol{A}\boldsymbol{x}$ 化为标准形. 接下来,我们介绍化二次型为标准形的方法.

四、将二次型化为标准形

1. 用正交变换化二次型为标准形

根据 7.2 节中定理 6 可知,对于任意一个 n 阶实对称矩阵 $\boldsymbol{A}$,一定存在 n 阶正交矩阵 $\boldsymbol{O}$,

使得

$$O^{-1}AO=O^{T}AO=\Lambda=\operatorname{diag}(\lambda_1,\lambda_2,\cdots,\lambda_n),$$

因此有下面的定理 7.

定理 7　对于任意一个 n 元实二次型 $f=x^{T}Ax$,一定存在正交变换 $x=Oy$,使得

$$f(x_1,x_2,\cdots,x_n)=x^{T}Ax=y^{T}\Lambda y=\lambda_1 y_1^2+\lambda_2 y_2^2+\cdots+\lambda_n y_n^2,$$

其中 $\lambda_1,\lambda_2,\cdots\lambda_n$ 是矩阵 A 的 n 个特征值.

例 13　用正交变换化二次型 $f=x_1^2+4x_2^2+x_3^2-4x_1x_2-8x_1x_3-4x_2x_3$ 为标准形.

解　$f=x^{T}Ax$,其中 $x=\begin{pmatrix}x_1\\x_2\\x_3\end{pmatrix}$,　$A=\begin{pmatrix}1&-2&-4\\-2&4&-2\\-4&-2&1\end{pmatrix}$.

下面先求出正交矩阵 O,使 $O^{-1}AO=O^{T}AO=\Lambda$ 为对角矩阵.

$$|\lambda E-A|=\begin{vmatrix}\lambda-1&2&4\\2&\lambda-4&2\\4&2&\lambda-1\end{vmatrix}\xlongequal{(-1)r_1+r_3}\begin{vmatrix}\lambda-1&2&4\\2&\lambda-4&2\\5-\lambda&0&\lambda-5\end{vmatrix}$$

$$=(\lambda-5)\begin{vmatrix}\lambda-1&2&4\\2&\lambda-4&2\\-1&0&1\end{vmatrix}=(\lambda-5)^2(\lambda+4).$$

A 的相异特征值为 $\lambda_1=5$(2 重),$\lambda_2=-4$.

对应于 $\lambda_1=5$,求解齐次线性方程组 $(5E-A)x=0$,即 $\begin{pmatrix}4&2&4\\2&1&2\\4&2&4\end{pmatrix}\begin{pmatrix}x_1\\x_2\\x_3\end{pmatrix}=\begin{pmatrix}0\\0\\0\end{pmatrix}$,得基础解系为 $\xi_1=(1,0,-1)^{T}$,$\xi_2=(1,-2,0)^{T}$.

再将 ξ_1,ξ_2 标准正交化.

令 $\beta_1=\xi_1=(1,0,-1)^{T}$,$\beta_2=\xi_2-\dfrac{(\xi_2,\beta_1)}{(\beta_1,\beta_1)}\beta_1=\dfrac{1}{2}(1,-4,1)^{T}$.

取 $p_1=\dfrac{\beta_1}{\|\beta_1\|}=\dfrac{1}{\sqrt{2}}(1,0,-1)^{T}$,$p_2=\dfrac{\beta_2}{\|\beta_2\|}=\dfrac{1}{\sqrt{18}}(1,-4,1)^{T}$.

对应于 $\lambda_2=-4$,求解齐次线性方程组 $(-4E-A)x=0$,即

$$\begin{pmatrix}-5&2&4\\2&-8&2\\4&2&-5\end{pmatrix}\begin{pmatrix}x_1\\x_2\\x_3\end{pmatrix}=\begin{pmatrix}0\\0\\0\end{pmatrix},$$

得基础解系为 $\xi_3=(2,1,2)^{T}$,取 $p_3=\dfrac{\xi_3}{\|\xi_3\|}=\dfrac{1}{3}(2,1,2)^{T}$.

令 $O=(p_1,p_2,p_3)=\begin{pmatrix}\frac{1}{\sqrt{2}}&\frac{1}{\sqrt{18}}&\frac{2}{3}\\0&-\frac{4}{\sqrt{18}}&\frac{1}{3}\\-\frac{1}{\sqrt{2}}&\frac{1}{\sqrt{18}}&\frac{2}{3}\end{pmatrix}$,则

$$O^{-1}AO=O^{T}AO=\Lambda=\begin{pmatrix}5&0&0\\0&5&0\\0&0&-4\end{pmatrix}.$$

做正交变换 $x=Oy$,其中 $y=(y_1,y_2,y_3)^T$,则可将 f 化为标准形

$$f=x^TAx=y^T\Lambda y=5y_1^2+5y_2^2-4y_3^2.$$

例 14 设二次型 $f=2x_1^2+3x_2^2+3x_3^2+2ax_2x_3(a>0)$,通过正交变换可化为标准形

$$f=y_1^2+2y_2^2+5y_3^2.$$

求参数 a 及所用的正交变换.

解 $f=x^TAx$,其中 $x=\begin{pmatrix}x_1\\x_2\\x_3\end{pmatrix}$,$A=\begin{pmatrix}2&0&0\\0&3&a\\0&a&3\end{pmatrix}$.

若通过正交变换将 f 化为标准形,则标准形中的系数是 A 的全体特征值.

由已知可得 A 的全体特征值为 $\lambda_1=1,\lambda_2=2,\lambda_3=5$,于是 $|A|=2(9-a^2)=\lambda_1\lambda_2\lambda_3=10$,又 $a>0$,解得 $a=2$.

下面先求出正交矩阵 O,使 $O^{-1}AO=O^TAO=\mathrm{diag}(1,2,5)$.

对应于 $\lambda_1=1$,求解齐次线性方程组 $(E-A)x=0$,即 $\begin{pmatrix}-1&0&0\\0&-2&-2\\0&-2&-2\end{pmatrix}\begin{pmatrix}x_1\\x_2\\x_3\end{pmatrix}=\begin{pmatrix}0\\0\\0\end{pmatrix}$,得基础解系为 $\xi_1=(0,1,-1)^T$,取 $p_1=\frac{\xi_1}{\|\xi_1\|}=\frac{1}{\sqrt{2}}(0,1,-1)^T$.

对应于 $\lambda_2=2$,求解齐次线性方程组 $(2E-A)x=0$,即 $\begin{pmatrix}0&0&0\\0&-1&-2\\0&-2&-1\end{pmatrix}\begin{pmatrix}x_1\\x_2\\x_3\end{pmatrix}=\begin{pmatrix}0\\0\\0\end{pmatrix}$,得基础解系为 $\xi_2=(1,0,0)^T$,取 $p_2=\frac{\xi_2}{\|\xi_2\|}=(1,0,0)^T$.

对应于 $\lambda_3=5$,求解齐次线性方程组 $(5E-A)x=0$,即 $\begin{pmatrix}3&0&0\\0&2&-2\\0&-2&2\end{pmatrix}\begin{pmatrix}x_1\\x_2\\x_3\end{pmatrix}=\begin{pmatrix}0\\0\\0\end{pmatrix}$,得基础解系为 $\xi_3=(0,1,1)^T$,取 $p_3=\frac{\xi_3}{\|\xi_3\|}=\frac{1}{\sqrt{2}}(0,1,1)^T$.

令 $O=(p_1,p_2,p_3)=\begin{pmatrix}0&1&0\\\frac{1}{\sqrt{2}}&0&\frac{1}{\sqrt{2}}\\-\frac{1}{\sqrt{2}}&0&\frac{1}{\sqrt{2}}\end{pmatrix}$,则

$$O^{-1}AO=O^{T}AO=\Lambda=\begin{pmatrix}1&0&0\\0&2&0\\0&0&5\end{pmatrix}.$$

做正交变换 $x=Oy$,其中 $y=(y_1,y_2,y_3)^T$,则可将 f 化为标准形:

$$f=x^TAx=y^T\Lambda y=y_1^2+2y_2^2+5y_3^2.$$

2.* 用配方法化二次型为标准形

除了通过正交变换外，还可用一般的可逆线性变换将二次型化为标准形. 下面介绍的配方法就是其中的一种.

给定二次型 $f=\boldsymbol{x}^{\mathrm{T}}\boldsymbol{A}\boldsymbol{x}$，其中 $\boldsymbol{x}=(x_1,x_2,\cdots,x_n)^{\mathrm{T}}$，$\boldsymbol{A}=(a_{ij})$ 为实对称矩阵. 可按如下步骤将 f 经过配方后化为只含平方项的形式.

(1) 若 f 中不出现平方项，即 $a_{11}=a_{22}=\cdots=a_{nn}=0$.

此时必有某个 $a_{ij}\neq 0(i<j)$，即 f 中会出现交叉乘积项 x_ix_j. 令 $x_i=y_i+y_j$，$x_j=y_i-y_j$，其余 $x_k=y_k(k\neq i,k\neq j)$，则在变量 $y_1,y_2,\cdots,y_n$ 下，f 中会出现平方项.

(2) 若 f 中含有平方项.

依次看 f 中是否出现 $x_1^2,x_2^2,\cdots,x_n^2$. 假设第一个出现的平方项为 x_k^2，即

$$a_{11}=a_{22}=\cdots=a_{k-1,k-1}=0,\quad a_{kk}\neq 0.$$

将 f 中所有含 x_k 的项归并到一起进行配方后可得

$$f=a_{kk}\left(x_k+\sum_{j\neq k}\frac{a_{kj}x_j}{a_{kk}}\right)^2+g,$$

其中 g 是不含 x_k 的$(n-1)$元二次型，对 g 继续实施步骤(1)、(2).

如此操作有限次之后，f 化为只含平方项的形式.

例 15　用配方法将二次型 $f=x_1x_2+x_2x_3-x_1x_3$ 化为标准形，并求所做的可逆线性变换.

解　f 中无平方项，有交叉乘积项 x_1x_2. 令$\begin{cases}x_1=y_1+y_2,\\x_2=y_1-y_2,\\x_3=y_3,\end{cases}$则

$$\begin{aligned}f&=y_1^2-y_2^2+y_3(y_1-y_2)-y_3(y_1+y_2)\\&=y_1^2-y_2^2-2y_2y_3.\end{aligned}$$

进一步配方，得 $f=y_1^2-(y_2+y_3)^2+y_3^2$.

令$\begin{cases}z_1=y_1,\\z_2=y_2+y_3,\\z_3=y_3,\end{cases}$即$\begin{cases}y_1=z_1,\\y_2=z_2-z_3,\\y_3=z_3,\end{cases}$则 $f=z_1^2-z_2^2+z_3^2$ 为标准形.

所做的线性变换为上面两次线性变换

$$\begin{pmatrix}x_1\\x_2\\x_3\end{pmatrix}=\begin{pmatrix}1&1&0\\1&-1&0\\0&0&1\end{pmatrix}\begin{pmatrix}y_1\\y_2\\y_3\end{pmatrix}\quad 与\quad\begin{pmatrix}y_1\\y_2\\y_3\end{pmatrix}=\begin{pmatrix}1&0&0\\0&1&-1\\0&0&1\end{pmatrix}\begin{pmatrix}z_1\\z_2\\z_3\end{pmatrix}$$

的复合，即

$$\begin{pmatrix}x_1\\x_2\\x_3\end{pmatrix}=\begin{pmatrix}1&1&0\\1&-1&0\\0&0&1\end{pmatrix}\begin{pmatrix}1&0&0\\0&1&-1\\0&0&1\end{pmatrix}\begin{pmatrix}z_1\\z_2\\z_3\end{pmatrix}=\begin{pmatrix}1&1&-1\\1&-1&1\\0&0&1\end{pmatrix}\begin{pmatrix}z_1\\z_2\\z_3\end{pmatrix}.$$

例 16　用配方法将二次型 $f=x_1^2+2x_2^2+4x_3^3-2x_1x_2-2x_1x_3$ 化为标准形，并求所做的可逆线性变换.

解　f 中有平方项 x_1^2. 将所有含 x_1 的项归并到一起进行配方，得

$$f=(x_1^2-2x_1x_2-2x_1x_3)+2x_2^2+4x_3^2$$

$$=(x_1-x_2-x_3)^2+x_2^2+3x_3^2-2x_2x_3.$$

进一步配方,得 $f=(x_1-x_2-x_3)^2+(x_2-x_3)^2+2x_3^2$.

令 $\begin{cases} y_1=x_1-x_2-x_3, \\ y_2=x_2-x_3, \\ y_3=x_3, \end{cases}$ 即 $\begin{cases} x_1=y_1+y_2+2y_3, \\ x_2=y_2+y_3, \\ x_3=y_3, \end{cases}$ 则 f 的标准形为 $f=y_1^2+y_2^2+2y_3^2$.

所做的可逆线性变换为 $\begin{pmatrix} x_1 \\ x_2 \\ x_3 \end{pmatrix}=\begin{pmatrix} 1 & 1 & 2 \\ 0 & 1 & 1 \\ 0 & 0 & 1 \end{pmatrix}\begin{pmatrix} y_1 \\ y_2 \\ y_3 \end{pmatrix}$.

需要注意的是,当用配方法化二次型 $f=\boldsymbol{x}^{\mathrm{T}}\boldsymbol{A}\boldsymbol{x}$ 为标准形时,标准形中的系数就不一定是 $\boldsymbol{A}$ 的特征值了.

§7.4 实二次型的规范形

如果没有特别说明,本节提到的二次型仍指实二次型.

化二次型为标准形时,由于所用的可逆线性变换不同,得到的标准形也可能不同. 例如 7.3 节中例 14 提到的二次型 $f=2x_1^2+3x_2^2+3x_3^2+4x_2x_3$,在正交变换下可化为标准形 $f=y_1^2+2y_2^2+5y_3^2$. 若用配方法,则 $f=2x_1^2+3(x_2+\frac{2}{3}x_3)^2+\frac{5}{3}x_3^2$. 令 $y_1=x_1, y_2=x_2+\frac{2}{3}x_3, y_3=x_3$,则 f 化为标准形 $f=2y_1^2+3y_2^2+\frac{5}{3}y_3^2$.

这就是说,二次型的标准形是不唯一的. 那么二次型有没有唯一确定的形式呢?

设二次型 $f=\boldsymbol{x}^{\mathrm{T}}\boldsymbol{A}\boldsymbol{x}$ 的标准形为

$$f=d_1y_1^2+\cdots+d_ky_k^2+d_{k+1}y_{k+1}^2+\cdots+d_ry_r^2+d_{r+1}y_{r+1}^2+\cdots+d_ny_n^2.$$

经过适当排列变量的次序,不妨设其中的系数 $d_1,\cdots,d_k$ 都是正数,$d_{k+1},\cdots,d_r$ 都是负数,$d_{r+1}=\cdots=d_n=0$. 继续做可逆线性变换

$$z_i=\sqrt{d_i}y_i,\quad i=1,\cdots,k,$$
$$z_j=\sqrt{-d_j}y_j,\quad j=k+1,\cdots,r,$$
$$z_l=y_l,\quad l=r+1,\cdots,n.$$

可将上述标准形化为

$$f=z_1^2+\cdots+z_k^2-z_{k+1}^2-\cdots-z_r^2,$$

这种形式称为二次型的规范形.

定义 12 只含平方项,且平方项系数为 1,−1 或 0 的二次型称为二次型的**规范形**.

如果二次型 $f=\boldsymbol{x}^{\mathrm{T}}\boldsymbol{A}\boldsymbol{x}$ 的规范形为 $f=z_1^2+\cdots+z_k^2-z_{k+1}^2-\cdots-z_r^2$,则 f 在变量 $z_1,z_2,\cdots,z_n$ 下的矩阵为 $\widetilde{\boldsymbol{\Lambda}}=\mathrm{diag}(1,\cdots 1,-1,\cdots -1,0,\cdots 0)$,其中 1 的个数为 k,−1 的个数为 $r-k$,0 的个数为 $n-r$. 显然 $\mathrm{r}(\widetilde{\boldsymbol{\Lambda}})=r$,因为 $\boldsymbol{A}$ 与 $\widetilde{\boldsymbol{\Lambda}}$ 合同,所以 $\mathrm{r}(\boldsymbol{A})=\mathrm{r}(\widetilde{\boldsymbol{\Lambda}})=r$. 这说明规范形中非零系数(即 1 或 −1)的个数就是 $\mathrm{r}(\boldsymbol{A})$,是由 A 唯一确定的.

下面的惯性定理将表明规范形中系数 1 的个数也是由 $\boldsymbol{A}$ 唯一确定的.

定理 8(惯性定理) 设 n 元实二次型 $f=\boldsymbol{x}^{\mathrm{T}}\boldsymbol{A}\boldsymbol{x}$ 的秩为 r(即 $\mathrm{r}(\boldsymbol{A})=r$),若有两个可逆线性

变换 $\boldsymbol{x}=\boldsymbol{C}\boldsymbol{y}$ 与 $\boldsymbol{x}=\boldsymbol{P}\boldsymbol{z}$ 分别将 f 化为规范形

$$f=y_1^2+\cdots+y_p^2-y_{p+1}^2-\cdots-y_r^2 \quad 与 \quad f=z_1^2+\cdots+z_q^2-z_{q+1}^2-\cdots-z_r^2.$$

则 $p=q$.

证* 用反证法. 假设 $p\neq q$,不妨设 $p>q$.

因为 $\boldsymbol{x}=\boldsymbol{C}\boldsymbol{y}=\boldsymbol{Q}\boldsymbol{z}$,所以 $\boldsymbol{z}=\boldsymbol{Q}^{-1}\boldsymbol{C}\boldsymbol{y}$,记 $\boldsymbol{Q}^{-1}\boldsymbol{C}=(b_{ij})$.

由 $p>q$ 可知下面的方程组有非零解(因为变量个数为 n,方程个数为 $q+n-p<n$).

$$\begin{cases} b_{11}y_1+b_{12}y_2+\cdots+b_{1n}y_n=0, \\ \qquad\qquad\vdots \\ b_{q1}y_1+b_{q2}y_2+\cdots+b_{qn}y_n=0, \\ y_{p+1}=0, \\ \qquad\qquad\vdots \\ y_n=0. \end{cases}$$

设上述方程组的非零解为 $\boldsymbol{y}^*=(y_1^*,\cdots,y_p^*,0,\cdots,0)^{\mathrm{T}}$(注意方程组的后$(n-p)$个方程,要求 $y_{p+1}=\cdots=y_n=0$).

令 $\boldsymbol{z}^*=\boldsymbol{Q}^{-1}\boldsymbol{C}\boldsymbol{y}^*$,即

$$\boldsymbol{z}^*=\begin{pmatrix} b_{11} & b_{12} & \cdots & b_{1n} \\ \vdots & \vdots & \vdots & \vdots \\ b_{q1} & b_{q2} & \cdots & b_{qn} \\ b_{q+1,1} & b_{q+1,2} & \cdots & b_{q+1,n} \\ \vdots & \vdots & \vdots & \vdots \\ b_{n1} & b_{n2} & \cdots & b_{nn} \end{pmatrix}\begin{pmatrix} y_1^* \\ \vdots \\ y_p^* \\ 0 \\ \vdots \\ 0 \end{pmatrix}.$$

因为 $y^*=(y_1^*,\cdots,y_p^*,0,\cdots,0)^{\mathrm{T}}$ 是上述方程组的非零解,所以 $\boldsymbol{z}^*$ 的前 q 个分量为零,设 $\boldsymbol{z}^*=(0,\cdots,0,z_{q+1}^*,\cdots,z_n^*)^{\mathrm{T}}$. 再令 $\boldsymbol{x}^*=\boldsymbol{C}\boldsymbol{y}^*=\boldsymbol{Q}\boldsymbol{z}^*$,由 f 在 $\boldsymbol{x}=\boldsymbol{C}\boldsymbol{y}$ 与 $\boldsymbol{x}=\boldsymbol{Q}\boldsymbol{z}$ 下的标准形可得

$$(\boldsymbol{x}^*)^{\mathrm{T}}\boldsymbol{A}\boldsymbol{x}^*=k_1(y_1^*)^2+k_2(y_2^*)^2+\cdots+k_p(y_p^*)^2>0,$$

同时又有

$$(\boldsymbol{x}^*)^{\mathrm{T}}\boldsymbol{A}\boldsymbol{x}^*=-d_{q+1}(z_{q+1}^*)^2-d_{q+2}(z_{q+2}^*)^2-\cdots-d_r(z_r^*)^2<0,\text{矛盾}.$$

定理得证.

定义 13 设 n 元实二次型 $f=\boldsymbol{x}^{\mathrm{T}}\boldsymbol{A}\boldsymbol{x}$ 的秩为 r(即 $\mathrm{r}(\boldsymbol{A})=r$),$f=\boldsymbol{x}^{\mathrm{T}}\boldsymbol{A}\boldsymbol{x}$ 的规范形为

$$f=z_1^2+\cdots+z_p^2-z_{p+1}^2-\cdots-z_r^2,$$

称 p 为二次型 f(或矩阵 $\boldsymbol{A}$)的**正惯性指数**,称 $r-p$ 为 f(或矩阵 $\boldsymbol{A}$)的**负惯性指数**,$p-(r-p)=2p-r$ 称为 f(或矩阵 $\boldsymbol{A}$)的**符号差**.

给定二次型 $f=\boldsymbol{x}^{\mathrm{T}}\boldsymbol{A}\boldsymbol{x}$ 以后,f 的秩 r 与正惯性指数 p 都是唯一确定的,因此 f 的规范形也就唯一确定了(不计系数 $1,-1,0$ 的排列次序). 换成矩阵的语言来说,对于任意一个 n 阶实对称矩阵 $\boldsymbol{A}$,设 $\boldsymbol{A}$ 的秩为 r,正惯性指数为 p,则存在 n 阶可逆矩阵 $\boldsymbol{P}$ 使得

$$\boldsymbol{P}^{\mathrm{T}}\boldsymbol{A}\boldsymbol{P}=\widetilde{\boldsymbol{\Lambda}}=\mathrm{diag}(1,\cdots,1,-1,\cdots,-1,0,\cdots,0),$$

其中 $1,-1,0$ 的个数分别为 $p,r-p,n-r$,在不计 $1,-1,0$ 排列次序的意义下,$\widetilde{\boldsymbol{\Lambda}}$ 是由 $\boldsymbol{A}$ 唯一确定的,称 $\widetilde{\boldsymbol{\Lambda}}$ 为 $\boldsymbol{A}$ 的合同规范形. 于是有下面的定理 9.

定理 9 对称矩阵 $\boldsymbol{A}$ 与 $\boldsymbol{B}$ 合同当且仅当它们有相同的秩和相同的正惯性指数.

证 必要性. 设 $\boldsymbol{A}$ 的秩为 r,正惯性指数为 p,则 $\boldsymbol{A}$ 与

$$\widetilde{\boldsymbol{\Lambda}}=\operatorname{diag}(1,\cdots,1,-1,\cdots,-1,0,\cdots,0)$$

合同,其中 1,−1,0 的个数分别为 $p,r-p,n-r$. 已知 $\boldsymbol{A}$ 与 $\boldsymbol{B}$ 合同,因为矩阵的合同关系是等价关系,所以 $\boldsymbol{B}$ 也与 $\widetilde{\boldsymbol{\Lambda}}$ 合同,故 $\boldsymbol{B}$ 的秩为 r,正惯性指数为 p.

充分性. 设 n 阶对称矩阵 $\boldsymbol{A}$ 与 $\boldsymbol{B}$ 有相同的秩 r 和相同的正惯性指数 p. 则 $\boldsymbol{A}$ 与 $\boldsymbol{B}$ 都与 $\widetilde{\boldsymbol{\Lambda}}=\operatorname{diag}(1,\cdots,1,-1,\cdots,-1,0,\cdots,0)$ 合同,其中 1,−1,0 的个数分别为 $p,r-p,n-r$. 因此 $\boldsymbol{A}$ 与 $\boldsymbol{B}$ 一定合同.

例 17 在以下四个矩阵中,哪些是合同矩阵?哪些不是合同矩阵?

$$\boldsymbol{A}=\begin{pmatrix}-1&&\\&3&\\&&-2\end{pmatrix},\quad \boldsymbol{B}=\begin{pmatrix}-1&&\\&1&\\&&1\end{pmatrix},$$

$$\boldsymbol{C}=\begin{pmatrix}1&&\\&-2&\\&&-3\end{pmatrix},\quad \boldsymbol{D}=\begin{pmatrix}3&&\\&2&\\&&-5\end{pmatrix}.$$

解 这四个方阵的秩都同为 3. 因为 $\boldsymbol{A}$ 与 $\boldsymbol{C}$ 的正惯性指数同为 1,所以 $\boldsymbol{A}$ 与 $\boldsymbol{C}$ 合同. $\boldsymbol{B}$ 与 $\boldsymbol{D}$ 的正惯性指数同为 2,所以 $\boldsymbol{B}$ 与 $\boldsymbol{D}$ 合同. 但 $\boldsymbol{A}$ 与 $\boldsymbol{B}$ 不是合同矩阵.

例 18 设二次型 $f(x_1,x_2,x_3)$ 的矩阵为 $\boldsymbol{A}=\begin{bmatrix}1&-1&3\\-1&2&-2\\3&-2&4\end{bmatrix}$.

(1) 求 f 的规范形;

(2) 求 $\boldsymbol{A}$ 的合同规范形.

解 (1) $f(x_1,x_2,x_3)=x_1^2+2x_2^2+4x_3^2-2x_1x_2+6x_1x_3-4x_2x_3$,用配方法将 f 化为 $f=(x_1-x_2+3x_3)^2+(x_2+x_3)^2-6x_3^2$. f 的秩为 3,正惯性指数为 2,所以 f 的规范形为 $f=z_1^2+z_2^2-z_3^2$.

(2) $\boldsymbol{A}$ 的合同规范形为 $\widetilde{\boldsymbol{\Lambda}}=\operatorname{diag}(1,1,-1)$.

如果按合同规范形对实对称矩阵进行分类,即将合同规范形相同的实对称矩阵看成是同一类的,而合同规范形不同的实对称矩阵看成是不同类的,则有多少种合同规范形,就有多少类实对称矩阵. 因为合同规范形完全由其秩与正惯性指数确定,秩为 r 的合同规范形,它的正惯性指数可以为 $0,1,2,\cdots,r$,所以秩为 r 的合同规范形有 $r+1$ 个($0\leqslant r\leqslant n$),于是合同规范形共有 $1+2+\cdots+(n+1)=\dfrac{(n+1)(n+2)}{2}$ 个,也就是说,实对称矩阵共有 $\dfrac{(n+1)(n+2)}{2}$ 类.

§7.5 正定二次型与正定矩阵

一、正定二次型与正定矩阵

定义 14 设实二次型 $f(x_1,x_2,\cdots,x_n)=\boldsymbol{x}^{\mathrm{T}}\boldsymbol{A}\boldsymbol{x}$. 如果对任意 $\boldsymbol{x}\neq\boldsymbol{0}$,都有 $\boldsymbol{x}^{\mathrm{T}}\boldsymbol{A}\boldsymbol{x}>0$,则称 f 为**正定二次型**. 称 $\boldsymbol{A}$ 为**正定矩阵**.

例 19 设 n 阶矩阵 $\boldsymbol{A}=(a_{ij})$ 为正定矩阵,求证:$a_{ii}>0(i=1,2,\cdots,n)$.

证　因为 $f=\boldsymbol{x}^{\mathrm{T}}\boldsymbol{A}\boldsymbol{x}$ 是正定二次型，所以对任意 $1\leqslant i\leqslant n$，取 $\boldsymbol{x}=\boldsymbol{\varepsilon}_i$ 为第 i 个分量为 1，其余分量为 0 的向量，则 $\boldsymbol{x}^{\mathrm{T}}\boldsymbol{A}\boldsymbol{x}=a_{ii}>0$.

下面给出判别二次型是否正定的充分必要条件.

定理 10　实二次型 $f(x_1,x_2,\cdots,x_n)=\boldsymbol{x}^{\mathrm{T}}\boldsymbol{A}\boldsymbol{x}$ 是正定二次型的充分必要条件为 f 的标准形中 n 个系数全为正数(即 f 的正惯性指数为 n).

证　设在可逆线性变换 $\boldsymbol{x}=\boldsymbol{C}\boldsymbol{y}$ 下，f 化为标准形：

$$f=\boldsymbol{x}^{\mathrm{T}}\boldsymbol{A}\boldsymbol{x}=\boldsymbol{y}^{\mathrm{T}}(\boldsymbol{C}^{\mathrm{T}}\boldsymbol{A}\boldsymbol{C})\boldsymbol{y}=k_1y_1^2+k_2y_2^2+\cdots+k_ny_n^2.$$

充分性.　如果 $k_i>0(i=1,2,\cdots,n)$，那么，对于任意的 $\boldsymbol{x}\neq 0$，有 $\boldsymbol{y}=\boldsymbol{C}^{-1}\boldsymbol{x}\neq 0$，于是

$$\boldsymbol{x}^{\mathrm{T}}\boldsymbol{A}\boldsymbol{x}=k_1y_1^2+k_2y_2^2+\cdots+k_ny_n^2>0,$$

这说明 f 是正定的.

必要性.　对于任意取定的 $1\leqslant i\leqslant n$，取 $\boldsymbol{y}=(y_1,y_2,\cdots,y_n)^{\mathrm{T}}=\boldsymbol{\varepsilon}_i$，即 $y_i=1$，其他 $y_k(k\neq i)$ 都取零值，令 $\boldsymbol{x}=\boldsymbol{C}\boldsymbol{y}$，则 $\boldsymbol{x}\neq\boldsymbol{0}$，因为 f 正定，所以 $\boldsymbol{x}^{\mathrm{T}}\boldsymbol{A}\boldsymbol{x}=k_i>0$.

在正交变换下，二次型 $f(x_1,x_2,\cdots,x_n)=\boldsymbol{x}^{\mathrm{T}}\boldsymbol{A}\boldsymbol{x}$ 的标准形中 n 个系数是 $\boldsymbol{A}$ 的全体特征值，所以有

推论 1　n 阶实对称矩阵 $\boldsymbol{A}$ 正定的充分必要条件是 $\boldsymbol{A}$ 的 n 个特征值全为正数.

再由规范形的定义可得推论 2.

推论 2　n 阶实对称矩阵 $\boldsymbol{A}$ 正定的充分必要条件是 $\boldsymbol{A}$ 的合同规范形为 n 阶单位矩阵 $\boldsymbol{E}$.

例 20　判别二次型 $f(x_1,x_2,x_3)=x_1^2+2x_2^2+x_3^2+2x_1x_2+4x_2x_3$ 是否正定.

解　用配方法将 f 化为 $f=(x_1+x_2)^2+(x_2+2x_3)^2-3x_3^2$.

f 的标准形中有 2 个系数为正，还有 1 个系数为负(即正惯性指数为 2)，所以 f 不是正定二次型.

接下来再给出一个判别正定矩阵的充分必要条件.

定义 15　设 $\boldsymbol{A}=(a_{ij})$ 是 n 阶方阵. 任取 $1\leqslant i_1<i_2<\cdots<i_k\leqslant n$，由 $\boldsymbol{A}$ 的第 $i_1,i_2,\cdots,i_k$ 行与第 $i_1,i_2,\cdots,i_k$ 列交叉处的元素所构成的 k 阶行列式

$$\begin{vmatrix} a_{i_1i_1} & a_{i_1i_2} & \cdots & a_{i_1i_k} \\ a_{i_2i_1} & a_{i_2i_2} & \cdots & a_{i_2i_k} \\ \vdots & \vdots & & \vdots \\ a_{i_ki_1} & a_{i_ki_2} & \cdots & a_{i_ki_k} \end{vmatrix}$$

称为 $\boldsymbol{A}$ 的一个 k 阶主子式. 特别地，当 $i_1=1,i_2=2,\cdots,i_k=k$ 时，这个 k 阶主子式称为 $\boldsymbol{A}$ 的 k 阶顺序主子式.

例如，设 $\boldsymbol{A}=\begin{pmatrix} 1 & -1 & 2 & 3 \\ 2 & 1 & -1 & 5 \\ -1 & 3 & 0 & 0 \\ 3 & 4 & 1 & 2 \end{pmatrix}$，$\boldsymbol{A}$ 的三阶主子式有 4 个，如由第 2、3、4 行构成的三阶主子式为 $\begin{vmatrix} 1 & -1 & 5 \\ 3 & 0 & 0 \\ 4 & 1 & 2 \end{vmatrix}=21$. $\boldsymbol{A}$ 的三阶顺序主子式只有 1 个，为 $\begin{vmatrix} 1 & -1 & 2 \\ 2 & 1 & -1 \\ -1 & 3 & 0 \end{vmatrix}=16$. $\boldsymbol{A}$ 的二阶主子式有 6 个，但二阶顺序主子式只有 1 个，为 $\begin{vmatrix} 1 & -1 \\ 2 & 1 \end{vmatrix}=3$.

定理 11(赫尔维茨定理) n 阶实对称矩阵 $\boldsymbol{A}=(a_{ij})$ 是正定矩阵 $\Leftrightarrow \boldsymbol{A}$ 的 n 个顺序主子式都为正数,即 $a_{11}>0,\begin{vmatrix} a_{11} & a_{12} \\ a_{21} & a_{22} \end{vmatrix}>0,\cdots,|\boldsymbol{A}|>0$.

证* 必要性. 已知 $\boldsymbol{A}$ 正定,即二次型 $f=\boldsymbol{x}^{\mathrm{T}}\boldsymbol{A}\boldsymbol{x}$ 正定.

对任意 $1\leqslant k\leqslant n$,记 $\boldsymbol{A}_k=\begin{pmatrix} a_{11} & a_{12} & \cdots & a_{1k} \\ a_{21} & a_{22} & \cdots & a_{2k} \\ \vdots & \vdots & & \vdots \\ a_{k1} & a_{k2} & \cdots & a_{kk} \end{pmatrix}$,将 $\boldsymbol{A}$ 分块表示为 $\boldsymbol{A}=\begin{pmatrix} \boldsymbol{A}_k & \boldsymbol{B} \\ \boldsymbol{B}^{\mathrm{T}} & \boldsymbol{C} \end{pmatrix}$,下面证 $|\boldsymbol{A}_k|>0$.

对任意 k 维非零向量 $\boldsymbol{v}_k=(x_1,x_2,\cdots,x_k)^{\mathrm{T}}\neq 0$,取 n 维向量 $\boldsymbol{x}^*=(x_1,\cdots,x_k,0,\cdots,0)^{\mathrm{T}}$,则 $x^*\neq 0$. 因为 $f=\boldsymbol{x}^{\mathrm{T}}\boldsymbol{A}\boldsymbol{x}$ 正定,所以

$$(\boldsymbol{x}^*)^{\mathrm{T}}\boldsymbol{A}\boldsymbol{x}^*=(\boldsymbol{v}_k^{\mathrm{T}},0)\begin{pmatrix} \boldsymbol{A}_k & \boldsymbol{B} \\ \boldsymbol{B}^{\mathrm{T}} & \boldsymbol{C} \end{pmatrix}\begin{pmatrix} \boldsymbol{v}_k \\ 0 \end{pmatrix}=\boldsymbol{v}_k^{\mathrm{T}}\boldsymbol{A}_k\boldsymbol{v}_k>0,$$

这说明 k 元二次型 $\boldsymbol{v}_k^{\mathrm{T}}\boldsymbol{A}_k\boldsymbol{v}_k$ 也是正定的,所以 $\boldsymbol{A}_k$ 的特征值全大于零,于是 $|\boldsymbol{A}_k|>0$.

充分性. 用数学归纳法.

当 $n=1$ 时,$\boldsymbol{A}=(a_{11})$ 为一阶矩阵,已知 $a_{11}>0$.

因为 $\left(\dfrac{1}{\sqrt{a_{11}}}\right)\boldsymbol{A}\left(\dfrac{1}{\sqrt{a_{11}}}\right)=(1)$,即 $\boldsymbol{A}$ 与一阶单位矩阵合同,所以 $\boldsymbol{A}$ 是正定的.

假设当 $n=k-1(k\geqslant 2)$ 时,定理中的充分性成立.

当 $n=k$ 时,$\boldsymbol{A}=(a_{ij})$ 为 k 阶矩阵,将 $\boldsymbol{A}$ 分块表示为 $\boldsymbol{A}=\begin{pmatrix} \boldsymbol{A}_{k-1} & \boldsymbol{\alpha} \\ \boldsymbol{\alpha}^{\mathrm{T}} & a_{kk} \end{pmatrix}$.

因为 $\boldsymbol{A}$ 的 k 个顺序主子式全大于零,由归纳假设可知 $\boldsymbol{A}_{k-1}$ 是正定的,所以 $\boldsymbol{A}_{k-1}$ 与 $(k-1)$ 阶单位矩阵 $\boldsymbol{E}_{k-1}$ 合同,即存在 $(k-1)$ 阶可逆矩阵 $\boldsymbol{C}_{k-1}$,使得

$$\boldsymbol{C}_{k-1}^{\mathrm{T}}\boldsymbol{A}_{k-1}\boldsymbol{C}_{k-1}=\boldsymbol{E}_{k-1}.$$

已知 $|\boldsymbol{A}_{k-1}|>0$,所以 $\boldsymbol{A}_{k-1}$ 可逆.

令 $\boldsymbol{P}=\begin{pmatrix} \boldsymbol{E}_{k-1} & -\boldsymbol{A}_{k-1}^{-1}\alpha \\ \boldsymbol{0} & 1 \end{pmatrix}$(其中 $\boldsymbol{0}$ 表示零矩阵),则

$$\begin{aligned}\boldsymbol{P}^{\mathrm{T}}\boldsymbol{A}\boldsymbol{P}&=\begin{pmatrix} \boldsymbol{E}_{k-1} & \boldsymbol{0} \\ -\boldsymbol{\alpha}^{\mathrm{T}}\boldsymbol{A}_{k-1}^{-1} & 1 \end{pmatrix}\begin{pmatrix} \boldsymbol{A}_{k-1} & \boldsymbol{\alpha} \\ \boldsymbol{\alpha}^{\mathrm{T}} & a_{kk} \end{pmatrix}\begin{pmatrix} \boldsymbol{E}_{k-1} & -\boldsymbol{A}_{k-1}^{-1}\boldsymbol{\alpha} \\ \boldsymbol{0} & 1 \end{pmatrix}\\&=\begin{pmatrix} \boldsymbol{A}_{k-1} & \boldsymbol{0} \\ \boldsymbol{0} & a_{kk}-\boldsymbol{\alpha}^{\mathrm{T}}\boldsymbol{A}_{k-1}^{-1}\boldsymbol{\alpha} \end{pmatrix}.\end{aligned}$$

注意 因为 $\boldsymbol{A}_{k-1}$ 是对称矩阵,所以 $(\boldsymbol{A}_{k-1}^{-1})^{\mathrm{T}}=(\boldsymbol{A}_{k-1}^{\mathrm{T}})^{-1}=\boldsymbol{A}_{k-1}^{-1}$.

已知 $|\boldsymbol{A}|>0,|\boldsymbol{A}_{k-1}|>0$,所以 $a_{kk}-\boldsymbol{\alpha}^{\mathrm{T}}\boldsymbol{A}_{k-1}^{-1}\boldsymbol{\alpha}>0$.

记 $a=a_{kk}-\boldsymbol{\alpha}^{\mathrm{T}}\boldsymbol{A}_{k-1}^{-1}\boldsymbol{\alpha}$,再令 $\boldsymbol{C}=\begin{pmatrix} \boldsymbol{C}_{k-1} & \boldsymbol{0} \\ \boldsymbol{0} & \dfrac{1}{\sqrt{a}} \end{pmatrix}$,则

$$\boldsymbol{C}^{\mathrm{T}}\boldsymbol{P}^{\mathrm{T}}\boldsymbol{A}\boldsymbol{P}\boldsymbol{C}=\begin{pmatrix} \boldsymbol{C}_{k-1}^{\mathrm{T}} & \boldsymbol{0} \\ \boldsymbol{0} & \dfrac{1}{\sqrt{a}} \end{pmatrix}\begin{pmatrix} \boldsymbol{A}_{k-1} & \boldsymbol{0} \\ \boldsymbol{0} & a \end{pmatrix}\begin{pmatrix} \boldsymbol{C}_{k-1} & \boldsymbol{0} \\ \boldsymbol{0} & \dfrac{1}{\sqrt{a}} \end{pmatrix}$$

$$=\begin{pmatrix} \boldsymbol{C}_{k-1}^{\mathrm{T}}\boldsymbol{A}_{k-1}\boldsymbol{C}_{k-1} & \boldsymbol{0} \\ \boldsymbol{0} & 1 \end{pmatrix}=\boldsymbol{E}_k.$$

这说明 $\boldsymbol{A}$ 与 k 阶单位矩阵 $\boldsymbol{E}_k$ 合同，所以 $\boldsymbol{A}$ 是正定的. 定理得证.

例 21　判别二次型 $f(x_1,x_2,x_3)=3x_1^2+4x_2^2+5x_3^2+4x_1x_2-4x_2x_3$ 是否正定.

解　$f=\boldsymbol{x}^{\mathrm{T}}\boldsymbol{A}\boldsymbol{x}$，其中 $\boldsymbol{x}=\begin{pmatrix} x_1 \\ x_2 \\ x_3 \end{pmatrix}$，$\boldsymbol{A}=\begin{pmatrix} 3 & 2 & 0 \\ 2 & 4 & -2 \\ 0 & -2 & 5 \end{pmatrix}$. 因为 $\boldsymbol{A}$ 的三个顺序主子式

$$D_1=3>0,\quad D_2=\begin{vmatrix} 3 & 2 \\ 2 & 4 \end{vmatrix}=8>0,\quad D_3=|\boldsymbol{A}|=28>0.$$

所以 $\boldsymbol{A}$ 为正定矩阵，f 为正定二次型.

例 22　求 k 为何值时，以下三元二次型为正定二次型：

(1) $f(x_1,x_2,x_3)=(k+1)x_1^2+(k-1)x_2^2+(k-2)x_3^2$；

(2) $f(x,y,z)=5x^2+4xy+y^2-2xz+kz^2-2yz$.

解　(1) f 为标准形，f 是正定二次型当且仅当它的所有系数都是正数，即 $k>2$.

(2) f 对应的对称矩阵 $\boldsymbol{A}=\begin{pmatrix} 5 & 2 & -1 \\ 2 & 1 & -1 \\ -1 & -1 & k \end{pmatrix}$. 因为

$$D_1=5>0,\quad D_2=\begin{vmatrix} 5 & 2 \\ 2 & 1 \end{vmatrix}=1>0,\quad D_3=\begin{vmatrix} 5 & 2 & -1 \\ 2 & 1 & -1 \\ -1 & -1 & k \end{vmatrix}=k-2.$$

所以它是正定二次型当且仅当 $k>2$.

二*、其他有定二次型

对于非正定的二次型，还可分为半正定、负定、半负定及不定等几种类型. 下面分别给出定义与判别条件.

定义 16　设 $f(x_1,x_2,\cdots,x_n)=\boldsymbol{x}^{\mathrm{T}}\boldsymbol{A}\boldsymbol{x}$ 是实二次型.

(1) 如果对任意 $x\neq 0$，都有 $f(x_1,x_2,\cdots,x_n)=\boldsymbol{x}^{\mathrm{T}}\boldsymbol{A}\boldsymbol{x}\geqslant 0$，则称 f 为**半正定二次型**，称 $\boldsymbol{A}$ 为**半正定矩阵**.

(2) 如果对任意 $x\neq 0$，都有 $f(x_1,x_2,\cdots,x_n)=\boldsymbol{x}^{\mathrm{T}}\boldsymbol{A}\boldsymbol{x}<0$，则称 f 为**负定二次型**，称 $\boldsymbol{A}$ 为**负定矩阵**.

(3) 如果对任意 $x\neq 0$，都有 $f(x_1,x_2,\cdots,x_n)=\boldsymbol{x}^{\mathrm{T}}\boldsymbol{A}\boldsymbol{x}\leqslant 0$，则称 f 为**半负定二次型**，称 $\boldsymbol{A}$ 为**半负定矩阵**.

既非正定、半正定，又非负定、半负定的二次型(矩阵)称为不定二次型(矩阵).

类似于定理 10，有下面的定理 12.

定理 12　实二次型 $f(x_1,x_2,\cdots,x_n)=\boldsymbol{x}^{\mathrm{T}}\boldsymbol{A}\boldsymbol{x}$ 是半正定二次型的充分必要条件是它的标准形中 n 个系数全为非负数.

定理 12 的证明与定理 10 的证明完全类似，在此不再赘述.

关于矩阵半正定的判别，没有类似于定理 11 的关于顺序主子式的性质. 这一点不难理解，

例如 $\boldsymbol{A}=\begin{pmatrix}1&0&0\\0&0&0\\0&0&-1\end{pmatrix}$,$\boldsymbol{A}$ 的三个顺序主子式都非负,但二次型 $f(x_1,x_2,x_3)=\boldsymbol{x}^{\mathrm{T}}\boldsymbol{A}\boldsymbol{x}=x_1^2-x_3^2$ 却不是半正定的. 但我们有下面的定理.

定理 13 实对称矩阵 $\boldsymbol{A}$ 半正定的充分必要条件是 $\boldsymbol{A}$ 的所有主子式均非负.

定理必要性的证明与本章定理 11 中必要性的证明类似. 但定理充分性的证明超出了本课程的要求,在此略去.

由定义可知,实对称矩阵 $\boldsymbol{A}$ 负定(半负定)当且仅当 $-\boldsymbol{A}$ 正定(半正定). 因此关于矩阵负定与半负定的判别就不必另做单独讨论了.

习 题 七

1. 计算 (α,β):

(1) $\boldsymbol{\alpha}=(-1,0,3,-5)$,$\boldsymbol{\beta}=(4,-2,0,1)$;

(2) $\boldsymbol{\alpha}=(\sqrt{3},-1,0,-4)$,$\boldsymbol{\beta}=(-\sqrt{3},1,5,-2)$.

2. 设 $\boldsymbol{\alpha}=(-1,1,2)$,$\boldsymbol{\beta}=(4,-2,-1)$,求 $\left((\boldsymbol{\alpha},\boldsymbol{\alpha})\boldsymbol{\beta}-\frac{1}{2}(\boldsymbol{\alpha},\boldsymbol{\beta})\boldsymbol{\alpha},6\boldsymbol{\alpha}\right)$.

3. 求参数 k,使得 $\boldsymbol{\alpha}=\left(\frac{1}{3}k,\frac{1}{2}k,k\right)$ 是单位向量.

4. 设 $\boldsymbol{\alpha}$ 和 $\boldsymbol{\beta}$ 是两个 n 维向量,求证:

$$\|\boldsymbol{\alpha}+\boldsymbol{\beta}\|^2+\|\boldsymbol{\alpha}-\boldsymbol{\beta}\|^2=2\|\boldsymbol{\alpha}\|^2+2\|\boldsymbol{\beta}\|^2.$$

5. (1) 在 $\mathbf{R}^3$ 中求出所有与 $\boldsymbol{\alpha}=(1,-1,0)$ 正交的向量.

(2) 在 $\mathbf{R}^3$ 中求出所有与 $\boldsymbol{\alpha}=(1,-1,1)$,$\boldsymbol{\beta}=(-1,1,1)$ 都正交的向量.

6. 在 $\mathbf{R}^4$ 中求一个单位向量 $\boldsymbol{\beta}$,使它与以下三个向量都正交:

$$\boldsymbol{\alpha}_1=(1,1,-1,1),\quad \boldsymbol{\alpha}_2=(1,-1,-1,1),\quad \boldsymbol{\alpha}_3=(2,1,1,3).$$

7. 已知在 $\mathbf{R}^3$ 中有某个非零向量同时垂直于以下三个向量,求 λ 的值.

$$\boldsymbol{\alpha}_1=(1,0,2),\quad \boldsymbol{\alpha}_2=(-1,1,-3),\quad \boldsymbol{\alpha}_3=(2,-1,\lambda).$$

8. 将下列向量组正交规范化:

(1) $\boldsymbol{\alpha}_1=(1,1)^{\mathrm{T}}$,$\boldsymbol{\alpha}_2=(2,0)^{\mathrm{T}}$;

(2) $\boldsymbol{\alpha}_1=(1,1,1)^{\mathrm{T}}$,$\boldsymbol{\alpha}_2=(1,2,3)^{\mathrm{T}}$,$\boldsymbol{\alpha}_3=(1,4,9)^{\mathrm{T}}$;

(3) $\boldsymbol{\alpha}_1=(0,1,1,1)^{\mathrm{T}}$,$\boldsymbol{\alpha}_2=(1,0,1,1)^{\mathrm{T}}$,$\boldsymbol{\alpha}_3=(1,1,0,1)^{\mathrm{T}}$.

9. 求下列正交矩阵 $\boldsymbol{O}$:

(1) $\boldsymbol{O}$ 的第 1 列为 $\boldsymbol{\beta}_1=\left(\frac{1}{3},\frac{2}{3},-\frac{2}{3}\right)^{\mathrm{T}}$;

(2) $\boldsymbol{O}$ 的第 1、2 行分别为 $\boldsymbol{\alpha}_1=\left(\frac{1}{2},\frac{1}{2},\frac{1}{2},\frac{1}{2}\right)$,$\boldsymbol{\alpha}_2=\left(\frac{1}{2},-\frac{1}{2},\frac{1}{2},-\frac{1}{2}\right)$.

10. 判定以下方阵是否为正交矩阵:

(1) $\begin{pmatrix}1&-1\\1&1\end{pmatrix}$; (2) $\frac{1}{\sqrt{2}}\begin{pmatrix}1&0&1\\-1&0&1\\0&\sqrt{2}&0\end{pmatrix}$;

(3) $\frac{1}{9}\begin{pmatrix} 1 & -8 & -4 \\ -8 & 1 & -4 \\ -4 & -4 & 7 \end{pmatrix}$； (4) $\begin{pmatrix} \frac{\sqrt{2}}{2} & \frac{\sqrt{2}}{6} & \frac{2}{3} \\ 0 & -\frac{2\sqrt{2}}{3} & \frac{1}{3} \\ -\frac{\sqrt{2}}{2} & \frac{\sqrt{2}}{6} & \frac{2}{3} \end{pmatrix}$.

11. 设 $\boldsymbol{A}$ 和 $\boldsymbol{B}$ 以及 $\boldsymbol{A}+\boldsymbol{B}$ 都是 n 阶正交矩阵，证明$(\boldsymbol{A}+\boldsymbol{B})^{-1}=\boldsymbol{A}^{-1}+\boldsymbol{B}^{-1}$.

12. 试证：若 n 维实向量 $\boldsymbol{p}$ 与任意 n 维实向量都正交，则 $\boldsymbol{p}$ 必为零向量.

13. 求正交矩阵 $\boldsymbol{O}$，使得 $\boldsymbol{O}^{\mathrm{T}}\boldsymbol{A}\boldsymbol{O}$ 为对角矩阵.

(1) $\boldsymbol{A}=\begin{pmatrix} 2 & 0 & 0 \\ 0 & 3 & 2 \\ 0 & 2 & 3 \end{pmatrix}$； (2) $\boldsymbol{A}=\begin{pmatrix} 2 & -2 & 0 \\ -2 & 1 & -2 \\ 0 & -2 & 0 \end{pmatrix}$；

(3) $\boldsymbol{A}=\begin{pmatrix} 1 & 2 & 4 \\ 2 & -2 & 2 \\ 4 & 2 & 1 \end{pmatrix}$； (4) $\boldsymbol{A}=\begin{pmatrix} 1 & -1 & 0 & 0 \\ -1 & 1 & 0 & 0 \\ 0 & 0 & 4 & 2 \\ 0 & 0 & 2 & 1 \end{pmatrix}$.

14. 设 n 阶实对称矩阵 $\boldsymbol{A}$ 满足 $\boldsymbol{A}^3=\boldsymbol{E}$，求证 $\boldsymbol{A}$ 是单位矩阵.

15. 设三阶实对称矩阵 $\boldsymbol{A}$ 的特征值为 $\lambda_1=1,\lambda_2=2,\lambda_3=3$. 已知 $\boldsymbol{A}$ 的属于 λ_1 和 λ_2 的特征向量分别为 $\boldsymbol{p}_1=(-1,-1,1)^{\mathrm{T}}$，$\boldsymbol{p}_2=(1,-2,-1)^{\mathrm{T}}$，求 $\boldsymbol{A}$ 的属于 λ_3 的特征向量.

16. 设 $\boldsymbol{A}$ 是三阶实对称矩阵，其特征值为 $\lambda_1=\lambda_2=6,\lambda_3=2$. 已知属于 $\lambda_1=\lambda_2=6$ 的特征向量为 $\boldsymbol{p}_1=(1,-1,1)^{\mathrm{T}}$，$\boldsymbol{p}_2=(1,1,1)^{\mathrm{T}}$.

(1) 求 $\boldsymbol{A}$ 的属于 $\lambda_3=2$ 的特征向量 $\boldsymbol{p}_3$；

(2) 求正交矩阵 $\boldsymbol{O}$，使得 $\boldsymbol{O}^{\mathrm{T}}\boldsymbol{A}\boldsymbol{O}$ 为对角形；

(3) 求 $\boldsymbol{A}$.

17. 设 $\boldsymbol{A}$ 是三阶实对称矩阵，其特征值为 $\lambda_1=\lambda_2=1,\lambda_3=-2$. 已知 $\boldsymbol{A}$ 的属于 $\lambda_3=-2$ 的特征向量为 $\boldsymbol{p}_3=(1,1,-1)^{\mathrm{T}}$.

(1) 求 $\boldsymbol{A}$ 的属于 $\lambda_1=\lambda_2=1$ 的相互正交的特征向量 $\boldsymbol{p}_1$ 与 $\boldsymbol{p}_2$；

(2) 求正交矩阵 $\boldsymbol{O}$，使得 $\boldsymbol{O}^{\mathrm{T}}\boldsymbol{A}\boldsymbol{O}$ 为对角形；

(3) 求 $\boldsymbol{A}$.

18. 设 $\boldsymbol{A}=\begin{pmatrix} 1 & 2 & 2 \\ 2 & 1 & 2 \\ 2 & 2 & 1 \end{pmatrix}$，求 $\boldsymbol{A}^k$(k 为正整数).

19. 试证：若 $\boldsymbol{A}$ 是秩为 r 的 n 阶实对称矩阵，且 $\boldsymbol{A}^2=\boldsymbol{A}$，则存在正交矩阵 $\boldsymbol{T}$，使得

$$\boldsymbol{T}^{-1}\boldsymbol{A}\boldsymbol{T}=\begin{pmatrix} \boldsymbol{E}_r & \boldsymbol{O}_1 \\ \boldsymbol{O}_2 & \boldsymbol{O}_3 \end{pmatrix},$$

其中 $\boldsymbol{O}_1,\boldsymbol{O}_2,\boldsymbol{O}_3$ 为零矩阵.

20. 试证：若 $\boldsymbol{A}$ 是 n 阶实对称矩阵，且 $\boldsymbol{A}^2=\boldsymbol{E}$，则存在正交矩阵 $\boldsymbol{T}$，使得

$$\boldsymbol{T}^{-1}\boldsymbol{A}\boldsymbol{T}=\begin{pmatrix} \boldsymbol{E}_p & \boldsymbol{O}_1 \\ \boldsymbol{O}_2 & -\boldsymbol{E}_{n-p} \end{pmatrix},$$

其中 $\boldsymbol{O}_1,\boldsymbol{O}_2$ 为零矩阵，p 为 $\boldsymbol{A}$ 的正惯性指数.

21. 设 $\boldsymbol{A}$ 是 n 阶实对称矩阵,且存在正整数 k,使得 $\boldsymbol{A}^k=\boldsymbol{O}$,其中 $\boldsymbol{O}$ 为零矩阵(称 $\boldsymbol{A}$ 为幂零矩阵).求证:$\boldsymbol{A}=\boldsymbol{O}$.

22. 写出下列二次型的矩阵表示式:

(1) $f(x,y)=x^2-4xy+3y^2$;

(2) $f(x,y,z)=xy+xz-yz$;

(3) $f(x_1,x_2,x_3)=x_1^2+2x_1x_2+x_2^2-x_3^2-4x_1x_3$;

(4) $f(x_1,x_2,x_3,x_4)=3x_1^2-2x_1x_2+4x_1x_4-5x_2^2-6x_2x_3+x_3^2-8x_3x_4-7x_4^2$;

(5) $f(x_1,x_2,\cdots,x_n)=\sum\limits_{i=1}^{n-1}\sum\limits_{j=i+1}^{n}2x_ix_j$.

23. 写出下列对称矩阵 $\boldsymbol{A}$ 对应的二次型 f:

(1) $\boldsymbol{A}=\begin{pmatrix}a & b\\ b & d\end{pmatrix}$; (2) $\boldsymbol{A}=\begin{pmatrix}1 & 1 & 0\\ 1 & -1 & 2\\ 0 & 2 & 0\end{pmatrix}$;

(3) $\boldsymbol{A}=\begin{pmatrix}-1 & 1 & -3\\ 1 & -2 & 0\\ -3 & 0 & 4\end{pmatrix}$; (4) $\boldsymbol{A}=\begin{pmatrix}-1 & \frac{1}{2} & 1 & -2\\ \frac{1}{2} & 3 & 3 & -1\\ 1 & 3 & 0 & \frac{3}{2}\\ -2 & -1 & \frac{3}{2} & -2\end{pmatrix}$.

24. 用正交变换将下列二次型化为标准形,并求出所做的正交变换.

(1) $f(x_1,x_2,x_3)=2x_1^2+3x_2^2+3x_3^2+4x_2x_3$;

(2) $f(x_1,x_2,x_3)=x_1^2-2x_2^2+x_3^2+4x_1x_2+8x_1x_3+4x_2x_3$.

25. 已知实二次型 $f=a(x_1^2+x_2^2+x_3^2)+4(x_1x_2+x_1x_3+x_2x_3)$,经过某个正交变换后,$f$ 可化成标准形 $f=6y_1^2$,求 a 的值.

26. 设二次型 $f(x_1,x_2,x_3)=\boldsymbol{x}^{\mathrm{T}}\boldsymbol{A}\boldsymbol{x}=ax_1^2+2x_2^2-2x_3^2+2bx_1x_3\,(b>0)$.已知 f 的矩阵 $\boldsymbol{A}$ 的特征值之和为1,特征值之积为 -12.

(1) 求 a 和 b 的值;

(2) 求正交变换 $\boldsymbol{x}=\boldsymbol{O}\boldsymbol{y}$,将 f 化为标准形;

(3) 写出 f 的规范形.

27. 已知 $\boldsymbol{\beta}=\left(\frac{1}{\sqrt{2}},-\frac{1}{\sqrt{2}},0\right)^{\mathrm{T}}$ 是对称矩阵 $\boldsymbol{A}=\begin{pmatrix}4 & 2 & a\\ 2 & 4 & 2\\ a & 2 & 4\end{pmatrix}$ 的单位特征向量.

(1) 求 a,并求 $\boldsymbol{\beta}$ 对应的特征值 λ;

(2) 求以 $\boldsymbol{\beta}$ 为第1列的正交矩阵 $\boldsymbol{P}$,使得在正交变换 $\boldsymbol{x}=\boldsymbol{P}\boldsymbol{y}$ 下,二次型 $f=\boldsymbol{x}^{\mathrm{T}}\boldsymbol{A}\boldsymbol{x}$ 化为标准形,并写出标准形,其中 $\boldsymbol{x}=(x_1,x_2,x_3)^{\mathrm{T}}$,$\boldsymbol{y}=(y_1,y_2,y_3)^{\mathrm{T}}$.

28. 用配方法将下列二次型化为标准形,并求出所做的可逆线性变换.

(1) $f(x_1,x_2,x_3)=x_1^2+2x_2^2+2x_1x_2-2x_1x_3$;

(2) $f(x_1,x_2,x_3)=x_1x_2+x_1x_3+x_2x_3$;

(3) $f(x_1,x_2,x_3)=x_1^2+3x_2^2+x_3^2+4x_1x_2+2x_1x_3+2x_2x_3$.

29. 写出下列二次型的规范形：

(1) $f(x_1,x_2,x_3)=x_1^2-x_2^2-x_3^2-2x_1x_2+2x_1x_3+2x_2x_3$；

(2) $f(x_1,x_2,x_3)=x_1x_2-2x_1x_3+2x_2x_3$；

(3) $f(x_1,x_2,x_3)=x_1^2+2x_2^2+2x_3^2-2x_1x_2+2x_1x_3-4x_2x_3$.

30. 判定下列二次型是否为正定二次型：

(1) $f(x_1,x_2,x_3)=2x_1^2+2x_1x_2-2x_1x_3-6x_2^2-4x_2x_3-x_3^2$；

(2) $f(x_1,x_2,x_3)=2x_1^2+2x_1x_2+4x_1x_3+2x_2^2+2x_2x_3+3x_3^2$；

(3) $f(x_1,x_2,x_3)=2x_1^2+2x_1x_2-4x_1x_3+2x_2^2-2x_2x_3+5x_3^2$；

(4) $f(x_1,x_2,x_3)=x_1^2-2x_1x_2-4x_1x_3+2x_2^2-4x_2x_3+7x_3^2$；

(5) $f(x_1,x_2,x_3,x_4)=x_1^2+x_2^2+4x_3^2+8x_4^2+6x_1x_3+4x_1x_4-2x_2x_3+2x_2x_4+2x_3x_4$；

(6) $f(x_1,x_2,x_3,x_4)=x_1^2-2x_1x_2+4x_1x_3+2x_1x_4+3x_2^2-6x_2x_3+9x_3^2-12x_3x_4+19x_4^2$.

31. 确定参数 λ 的取值范围，使得下列二次型为正定二次型：

(1) $f(x_1,x_2,x_3)=x_1^2+2\lambda x_1x_2-2x_1x_3+x_2^2+4x_2x_3+5x_3^2$；

(2) $f(x_1,x_2,x_3)=5x_1^2+4x_1x_2-2x_1x_3+x_2^2+4x_2x_3+\lambda x_3^2$；

(3) $f(x_1,x_2,x_3,x_4)=\lambda(x_1^2+x_2^2+x_3^2)+2(x_1x_2-x_2x_3+x_1x_3)+x_4^2$.

32. 求参数 a 的取值范围，使得下列对称矩阵为正定矩阵：

(1) $\boldsymbol{A}=\begin{pmatrix}1&1&0\\1&a&0\\0&0&a^2\end{pmatrix}$； (2) $\boldsymbol{A}=\begin{pmatrix}5&2&-1\\2&1&-1\\-1&-1&a\end{pmatrix}$.

33. 设 $\boldsymbol{A}=\begin{pmatrix}1&0&1\\0&2&0\\1&0&1\end{pmatrix}$，问 a 为何值时，$\boldsymbol{B}=(a\boldsymbol{E}+\boldsymbol{A})^2$ 为正定矩阵？

34. 设三阶实对称矩阵 $\boldsymbol{A}$ 满足 $\boldsymbol{A}^2+2\boldsymbol{A}=\boldsymbol{O}$，其中 $\boldsymbol{O}$ 为零矩阵，且 $\mathrm{r}(\boldsymbol{A})=2$.

(1) 求出 $\boldsymbol{A}$ 的全体特征值；

(2) 当 k 为何值时，$k\boldsymbol{E}+\boldsymbol{A}$ 必为正定矩阵？

35. 下述推理是否正确：因为下面的三元二次型可以化成三项平方和，所以它一定是正定二次型.

$$\begin{aligned}f(x_1,x_2,x_3)&=x_1^2+x_2^2+x_3^2-x_1x_2-x_2x_3-x_1x_3\\&=\frac{1}{2}(x_1-x_2)^2+\frac{1}{2}(x_2-x_3)^2+\frac{1}{2}(x_1-x_3)^2.\end{aligned}$$

36. 求证：n 阶矩阵 $\boldsymbol{A}$ 既是正交矩阵又是正定矩阵当且仅当 $\boldsymbol{A}$ 为单位矩阵.

37. 设 $\boldsymbol{A}$ 是 n 阶正定矩阵，求证 $\boldsymbol{A}^k$ 必是正定矩阵，其中 k 为任意正整数.

38. 设 $\boldsymbol{A},\boldsymbol{B}$ 都是 n 阶正定矩阵，求证 $\boldsymbol{A}+\boldsymbol{B}$ 也是正定矩阵.

39. 设 $\boldsymbol{A}$ 是 n 阶实对称矩阵. 如果对任意 n 维实向量 $\boldsymbol{x}$，都有 $\boldsymbol{x}^{\mathrm{T}}\boldsymbol{A}\boldsymbol{x}=\boldsymbol{0}$，求证 $\boldsymbol{A}$ 为零矩阵.

40. 设 $\boldsymbol{P}$ 为 n 阶可逆矩阵，$\boldsymbol{A}=\boldsymbol{P}^{\mathrm{T}}\boldsymbol{P}$. 求证：$f=\boldsymbol{x}^{\mathrm{T}}\boldsymbol{A}\boldsymbol{x}$ 为正定二次型.

41. 设 $\boldsymbol{A}$ 是 n 阶正定矩阵. 求证：存在 n 阶可逆矩阵 $\boldsymbol{P}$，使得 $\boldsymbol{A}=\boldsymbol{P}^{\mathrm{T}}\boldsymbol{P}$.

42. 设 $\boldsymbol{A}$ 是 n 阶实对称矩阵. 如果存在 n 维实向量 $\boldsymbol{\alpha},\boldsymbol{\beta}$，使得 $\boldsymbol{\alpha}^{\mathrm{T}}\boldsymbol{A}\boldsymbol{\alpha}>0$，$\boldsymbol{\beta}^{\mathrm{T}}\boldsymbol{A}\boldsymbol{\beta}<0$，求证：存在 n 维实向量 $\boldsymbol{x}$，使得 $\boldsymbol{x}^{\mathrm{T}}\boldsymbol{A}\boldsymbol{x}=0$.

第 8 章　空间曲面与曲线

建立了空间直角坐标系以后，我们可以用代数的方法来研究空间的几何图形. 本章将利用二次型在正交变换下的标准形，对空间的二次曲面进行分类，同时简单介绍几类常见的空间曲面与曲线.

§8.1　空间曲面及其方程

一、空间曲面的方程

在平面解析几何中，用一个二元方程 $f(x,y)=0$ 来表示平面上的一条曲线，这个方程体现了曲线上任意点(x,y)的横、纵坐标之间的对应关系. 在空间建立了直角坐标系以后，空间的每一个点都有了坐标，对空间的一张曲面 S，S 上任意点(x,y,z)的坐标之间也有对应关系，当 x 与 y 给定后，z 随之也确定了. 这种对应关系可以用一个三元方程 $F(x,y,z)=0$ 来表示. 因此用一个三元方程 $F(x,y,z)=0$ 来表示空间的一张曲面.

设曲面 S 与三元方程 $F(x,y,z)=0$ 有下述关系：

(1) 曲面 S 上每一点的坐标(x,y,z)都满足方程 $F(x,y,z)=0$；

(2) 满足方程 $F(x,y,z)=0$ 的点(x,y,z)都在曲面 S 上，

则称方程 $F(x,y,z)=0$ 为曲面 S 的方程，曲面 S 称为方程 $F(x,y,z)=0$ 的图形. 即点(x,y,z)在曲面 S 上$\Leftrightarrow(x,y,z)$满足方程 $F(x,y,z)=0$.

关于空间曲面的研究，有两个基本问题. 第一是已知某个曲面，去建立这个曲面的方程；第二是已知某个方程，去研究这个方程的图形.

例 1　建立球心在点 $M_0(x_0,y_0,z_0)$，半径为 R 的球面的方程.

解　易见空间点 $P(x,y,z)$在球面 S 上

$$\Leftrightarrow\sqrt{(x-x_0)^2+(y-y_0)^2+(z-z_0)^2}=R.$$

所以 S 的方程为

$$(x-x_0)^2+(y-y_0)^2+(z-z_0)^2=R^2. \tag{8.1}$$

式(8.1)称为球面的标准方程，将式(8.1)展开，得到

$$x^2+y^2+z^2-2x_0x-2y_0y-2z_0z+x_0^2+y_0^2+z_0^2-R^2=0.$$

这是一个 x,y,z 的二次方程，其特点是 x^2,y^2,z^2 的系数都相等，且不出现交叉乘积项 xy,yz,zx. 反之，任给一个具有上述特点的二次方程

$$x^2+y^2+z^2+2ax+2by+2cz+d=0,$$

经过配方，方程可化为

$$(x+a)^2+(y+b)^2+(z+c)^2=a^2+b^2+c^2-d.$$

当 $a^2+b^2+c^2-d>0$ 时，这个方程的图形是以 $(-a,-b,-c)$ 为球心，半径为 $R=\sqrt{a^2+b^2+c^2-d}$ 的球面；当 $a^2+b^2+c^2-d=0$ 时，这个方程的图形为一个点 $(-a,-b,-c)$；当 $a^2+b^2+c^2-d<0$ 时，方程不代表任何图形.

二、旋转曲面

平面曲线 C 绕该平面内的直线 L 旋转一周所形成的曲面称为旋转面. C 与 L 分别称为旋转面的母线和旋转轴.

设在 yOz 坐标面上有一已知曲线 C，它的方程为 $f(y,z)=0, y\geqslant 0$. 将这条曲线绕 z 轴旋转一周，得到旋转曲面 S，下面建立 S 的方程.

如图 8.1 所示，任取 S 上的点 $P(x,y,z)$，设 P 是由曲线 C 上的点 $P_0(0,y_0,z_0)$ 绕 z 轴旋转得到的，则 $z=z_0$ 且 P 与 P_0 到 z 轴的距离相等，即 $y_0^2=x^2+y^2$. 因为点 $P_0(0,y_0,z_0)$ 在 C 上，所以 $f(y_0,z_0)=0$，且 $y_0\geqslant 0$，代入 $y_0=\sqrt{x^2+y^2}, z_0=z$，得 $f(\sqrt{x^2+y^2},z)=0$，即点 $P(x,y,z)$ 满足方程 $f(\sqrt{x^2+y^2},z)=0$.

反之，若空间的点 $P(x,y,z)$ 满足方程 $f(\sqrt{x^2+y^2},z)=0$，设点 P 绕 z 轴旋转到 yOz 坐标面的右半平面（即 $y\geqslant 0$）上时，对应的点为 $P_0(0,y_0,z_0)(y_0\geqslant 0)$，则 $y_0=\sqrt{x^2+y^2}$ 且 $z_0=z$，这说明 $P_0(0,y_0,z_0)$ 满足 $f(y_0,z_0)=0$，即 P_0 在曲线 C 上，因此点 P 在旋转曲面 S 上.

总之，旋转曲面 S 的方程为 $f(\sqrt{x^2+y^2},z)=0$. 不难发现，若曲线 C 的方程为 $f(y,z)=0$，$y\leqslant 0$，则旋转曲面的方程为 $f(-\sqrt{x^2+y^2},z)=0$.

例 2　直线 L 绕另一条与 L 相交的直线旋转一周，所得旋转面称为圆锥面. 两直线的交点称为圆锥面的顶点. 两直线的夹角 $\alpha\left(0<\alpha<\frac{\pi}{2}\right)$ 称为圆锥面的半顶角. 试建立顶点在坐标原点 O，旋转轴为 z 轴，半顶角为 α 的圆锥面的方程.

解　如图 8.2 所示，在 yOz 平面上，直线 L 的方程为 $z=y\cot\alpha$. 当 $y\geqslant 0$ 时，射线 $z=y\cot\alpha$ 绕 z 轴旋转，所得旋转面的方程为

$$z=\sqrt{x^2+y^2}\cot\alpha;$$

当 $y\leqslant 0$ 时，射线 $z=y\cot\alpha$ 绕 z 轴旋转，所得旋转面的方程为

$$z=-\sqrt{x^2+y^2}\cot\alpha.$$

因此，所求圆锥面的方程为

$$z^2=(x^2+y^2)\cot^2\alpha.$$

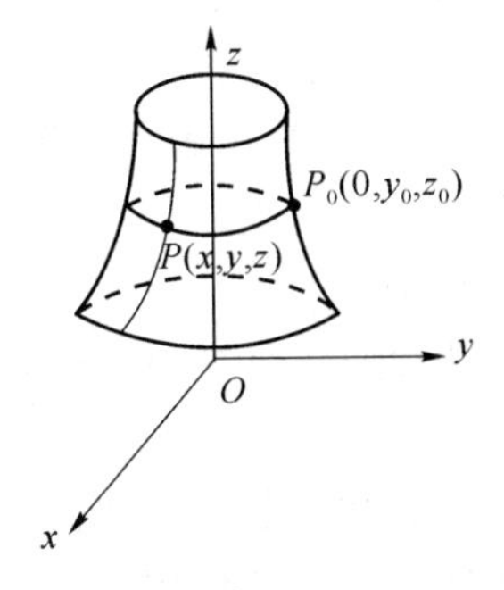

图 8.1

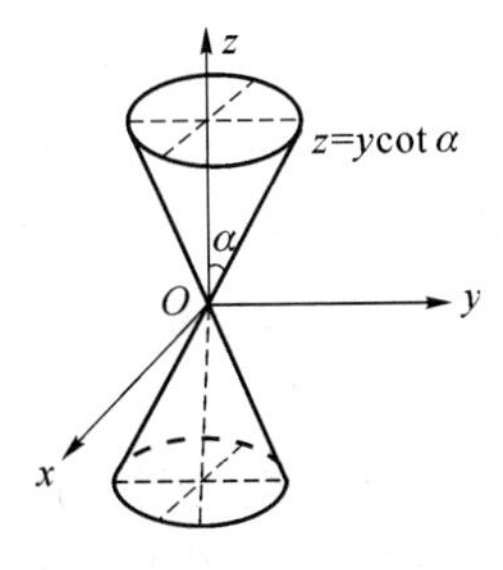

图 8.2

例 3 将 xOz 坐标面上的双曲线 $\frac{x^2}{a^2}-\frac{z^2}{c^2}=1$ 分别绕 z 轴和 x 轴旋转一周,求所形成的旋转曲面的方程.

解 对于绕 z 轴旋转的情形,如图 8.3 所示,不妨只考虑 xOz 坐标面上的单支双曲线 $\frac{x^2}{a^2}-\frac{z^2}{c^2}=1(x\geqslant 0)$ 绕 z 轴旋转一周,所形成的旋转曲面(称为**单叶双曲面**)方程为

$$\frac{\left(\sqrt{x^2+y^2}\right)^2}{a^2}-\frac{z^2}{c^2}=1,$$

即

$$\frac{x^2+y^2}{a^2}-\frac{z^2}{c^2}=1.$$

对绕 x 轴旋转的情形,如图 8.4 所示,不妨只考虑 xOz 坐标面上双曲线 $\frac{x^2}{a^2}-\frac{z^2}{c^2}=1$ 中 $z\geqslant 0$ 的部分绕 x 轴旋转一周,所形成的旋转面方程为

$$\frac{x^2}{a^2}-\frac{\left(\sqrt{y^2+z^2}\right)^2}{c^2}=1,$$

即

$$\frac{x^2}{a^2}-\frac{y^2+z^2}{c^2}=1.$$

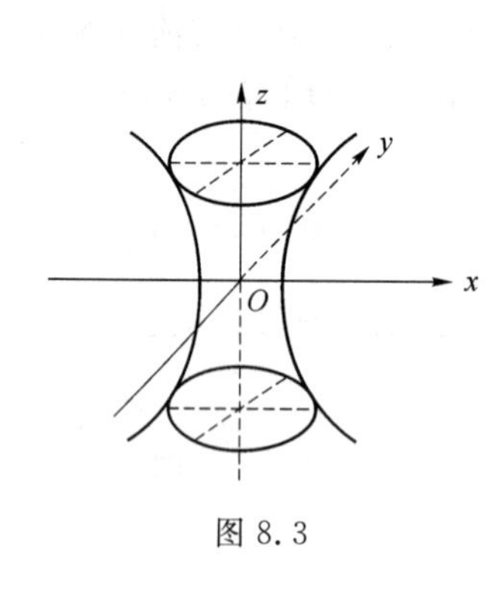

图 8.3

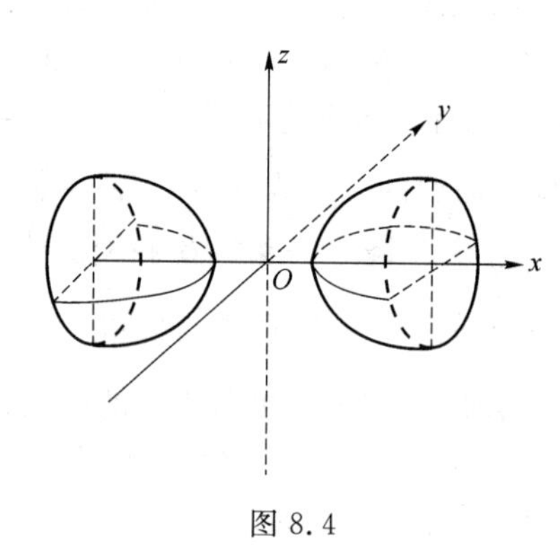

图 8.4

三、柱面

设 C 为空间的一条曲线,动直线 L 沿着 C 平行移动形成的曲面称为柱面. 曲线 C 称为柱面的准线,动直线 L 称为柱面的母线.

设柱面 S 的母线平行于 z 轴,准线是 xOy 平面上的曲线 C:$F(x,y)=0$. 我们来建立 S 的方程.

如图 8.5 所示,任取柱面 S 上的点 $P(x,y,z)$,因为柱面的母线平行于 z 轴,所以 $P(x,y,z)$ 在 xOy 平面上的投影点 $P'(x,y,0)$ 在准线 C 上. 即 $F(x,y)=0$.

反之,若空间中的点 $P(x,y,z)$ 满足方程 $F(x,y)=0$,则 $P(x,y,z)$ 在 xOy 平面上的投影点 $P'(x,y,0)$ 在准线 C 上,于是点 $P(x,y,z)$ 在柱面上. 因此,柱面 S 的方程为 $F(x,y)=0$,这是一个不含变量 z 的方程.

那么对于任意一个不含变量 z 的方程 $F(x,y)=0$,方程代表怎样的曲面呢?

因为方程中不出现 z,这意味着对曲面上的点的竖坐标没有任何限制. 任取 xOy 平面上

的曲线 $C:F(x,y)=0$ 上的点 $P'(x,y,0)$，点 P' 平行于 z 轴上下移动得到的点都在曲面上，因此曲面是由动直线 L 沿着 xOy 平面上的曲线 C，平行于 z 轴移动形成的，也就是说，曲面是以 xOy 平面上的 $C:F(x,y)=0$ 为准线，母线平行于 z 轴的柱面.

完全类似，一个不含变量 x（或 y）的方程，其图形是母线平行于 x 轴（或 y 轴）的柱面.

例如，方程 $x^2-2z=0$ 代表以 xOz 平面上的抛物线 $x^2-2z=0$ 为准线，母线平行于 y 轴的抛物柱面. 如图 8.6 所示.

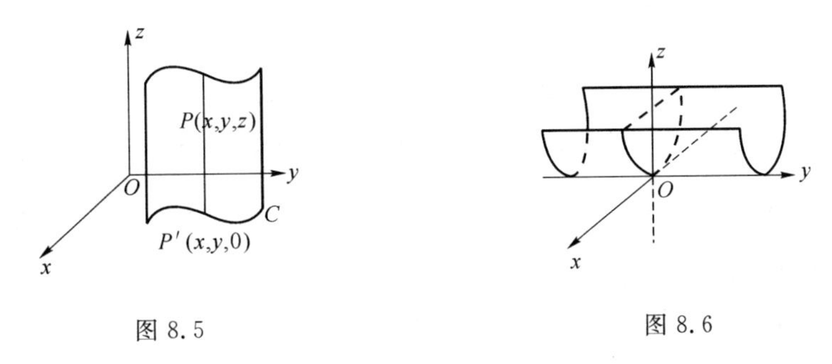

图 8.5　　图 8.6

§8.2　二次曲面及其分类

三元二次方程 $F(x,y,z)=0$ 代表的曲面称为二次曲面. 其中

$F(x,y,z)=a_{11}x^2+a_{22}y^2+a_{33}z^2+2a_{12}xy+2a_{13}xz+2a_{23}yz+2ax+2by+2cz+d$（二次项系数不全为零）.

为了研究二次曲面的形状，需要适当选择空间直角坐标系，将二次曲面的方程进行化简.

例 4* 化简方程 $x^2+2y^2+2z^2-4yz-2x+2\sqrt{2}y-6\sqrt{2}z+5=0$.

解 先用正交变换将二次型 $f(x,y,z)=x^2+2y^2+2z^2-4yz$ 化为标准形.

$$f(x,y,z)=(x,y,z)\begin{pmatrix}1&0&0\\0&2&-2\\0&-2&2\end{pmatrix}\begin{pmatrix}x\\y\\z\end{pmatrix},$$

令 $\boldsymbol{x}=\begin{pmatrix}x\\y\\z\end{pmatrix},\boldsymbol{A}=\begin{pmatrix}1&0&0\\0&2&-2\\0&-2&2\end{pmatrix}$，则 $f(x,y,z)=\boldsymbol{x}^{\mathrm{T}}\boldsymbol{A}\boldsymbol{x}$.

求 $\boldsymbol{A}$ 的特征值及相应的特征向量，得到

$$\lambda_1=1,\boldsymbol{p}_1=(1,0,0)^{\mathrm{T}};\quad \lambda_2=4,\boldsymbol{p}_2=(0,1,-1)^{\mathrm{T}};\quad \lambda_3=0,\boldsymbol{p}_3=(0,1,1)^{\mathrm{T}}.$$

因为 $\boldsymbol{A}$ 的特征值两两不相等，所以 $\boldsymbol{p}_1,\boldsymbol{p}_2,\boldsymbol{p}_3$ 两两正交.

取 $\boldsymbol{O}=\left(\dfrac{\boldsymbol{p}_1}{\|\boldsymbol{p}_1\|},\dfrac{\boldsymbol{p}_2}{\|\boldsymbol{p}_2\|},\dfrac{\boldsymbol{p}_3}{\|\boldsymbol{p}_3\|}\right)=\begin{pmatrix}1&0&0\\0&\frac{1}{\sqrt{2}}&\frac{1}{\sqrt{2}}\\0&-\frac{1}{\sqrt{2}}&\frac{1}{\sqrt{2}}\end{pmatrix}$，则 $\boldsymbol{O}^{\mathrm{T}}\boldsymbol{A}\boldsymbol{O}=\begin{pmatrix}1&0&0\\0&4&0\\0&0&0\end{pmatrix}$. 做正交变换

$\boldsymbol{x}=\boldsymbol{O}\boldsymbol{y}$，其中 $\boldsymbol{y}=(x_1,y_1,z_1)^{\mathrm{T}}$，即

$$\begin{cases}x=x_1,\\ y=\dfrac{1}{\sqrt{2}}(y_1+z_1),\\ z=\dfrac{1}{\sqrt{2}}(z_1-y_1),\end{cases}$$

则

$$f=x_1^2+4y_1^2,$$

原方程化为

$$x_1^2+4y_1^2-2x_1+8y_1-4z_1+5=0.$$

注:上面的正交变换,相当于是将原来的直角坐标系变成以 x_1,y_1,z_1 为坐标变量的新坐标系. 原来的向量$(1,0,0)^{\mathrm{T}}$,$\left(0,\dfrac{1}{\sqrt{2}},-\dfrac{1}{\sqrt{2}}\right)^{\mathrm{T}}$,$\left(0,\dfrac{1}{\sqrt{2}},\dfrac{1}{\sqrt{2}}\right)^{\mathrm{T}}$ 分别变成了新坐标系下的 x_1 轴,y_1 轴,z_1 轴的正向单位向量.

继续配方,得$(x_1-1)^2+4(y_1+1)^2-4z_1=0$.

令

$$\begin{cases}x_2=x_1-1,\\ y_2=y_1+1,\\ z_2=z_1,\end{cases}$$

得化简后的方程为$\dfrac{x_2^2}{4}+y_2^2=z_2$.

注:上述从 x_1,y_1,z_1 到 x_2,y_2,z_2 的变换并不是线性变换,而是一个坐标系的平移,即将 x_1,y_1,z_1 坐标系中的点$(1,-1,0)$作为新的 x_2,y_2,z_2 坐标系的原点,而 x_2,y_2,z_2 轴的方向分别与原来 x_1,y_1,z_1 轴的方向相同.

例 5* 化简方程 $x^2+2x+2y+z+\sqrt{5}+1=0$.

解 方程中的二次项部分已是标准形. 将方程配方,得

$$(x+1)^2+2y+z+\sqrt{5}=0.$$

做正交变换$\begin{cases}x_1=x,\\ y_1=\dfrac{1}{\sqrt{5}}(2y+z),\\ z_1=\dfrac{1}{\sqrt{5}}(y-2z),\end{cases}$ 则方程化为$(x_1+1)^2+\sqrt{5}y_1+\sqrt{5}=0$,即

$$(x_1+1)^2+\sqrt{5}(y_1+1)=0,$$

再做平移变换$\begin{cases}x_2=x_1+1,\\ y_2=y_1+1,\\ z_2=z_1,\end{cases}$ 方程化简为

$$x_2^2+\sqrt{5}y_2=0.$$

我们不做证明地指出,除无图形的或图形为一个点的三元二次方程外,其余的任意一个三元二次方程,总可以经过若干次的直角坐标变换,化简为下面的九种标准方程之一. 这就是说,任何一个二次曲面,总可以在适当的直角坐标系下,化为其中的某一种标准方程所代表的曲面. 以下分别讨论这九种标准方程所代表的二次曲面的形状.

(1) $\frac{x^2}{a^2}+\frac{y^2}{b^2}+\frac{z^2}{c^2}=1(a>0,b>0,c>0)$

方程$\frac{x^2}{a^2}+\frac{y^2}{b^2}+\frac{z^2}{c^2}=1(a>0,b>0,c>0)$的图形称为椭球面，$a,b,c$ 称为椭球面的三个半轴，显然当 $a=b=c$ 时，方程(1)的图形为球心在原点，半径为 a 的球面.

从方程(1)可以发现，椭球面关于原点，关于 x 轴、y 轴和 z 轴，关于三个坐标面都是对称的.

下面用“截痕法”来了解椭球面的形状. 所谓“截痕法”，就是用一组平行于坐标面的平面去截割曲面，得到曲面与平面的交线(称为截痕)，通过这些截痕去推知曲面的形状.

用平面 $z=k$ 去截椭球面，截痕在平面 $z=k$ 上，方程为$\frac{x^2}{a^2}+\frac{y^2}{b^2}=1-\frac{k^2}{c^2}$.

当$|k|>c$ 时，平面 $z=k$ 与椭球面不相交；当$|k|=c$ 时，平面 $z=k$ 与椭球面相交于点 $(0,0,k)$；当$|k|<c$ 时，截痕为平面 $z=k$ 上的椭圆

$$\frac{x^2}{a^2\left(1-\frac{k^2}{c^2}\right)}+\frac{y^2}{b^2\left(1-\frac{k^2}{c^2}\right)}=1.$$

当 $k=0$ 时，椭圆的半轴最大，随着$|k|$逐渐增大($|k|<c$)，椭圆的半轴逐渐减小. 类似可得其他两组与坐标面平行的截痕也是椭圆. 综合起来得到椭球面的形状，如图 8.7 所示.

(2) $\frac{x^2}{a^2}+\frac{y^2}{b^2}-\frac{z^2}{c^2}=1$

方程$\frac{x^2}{a^2}+\frac{y^2}{b^2}-\frac{z^2}{c^2}=1$ 的图形称为单叶双曲面. 从方程(2)可以发现，单叶双曲面关于原点，关于 x 轴、y 轴和 z 轴，关于三个坐标面都是对称的.

用平面 $z=k$ 去截单叶双曲面，截痕在平面 $z=k$ 上，方程为$\frac{x^2}{a^2}+\frac{y^2}{b^2}=1+\frac{k^2}{c^2}$.

当 $k=0$ 时，椭圆的半轴最短，是 xOy 平面上的椭圆$\frac{x^2}{a^2}+\frac{y^2}{b^2}=1$，称为单叶双曲面的**腰圆**，随着$|k|$的增大，椭圆的半轴变大.

单叶双曲面的平行于 yOz 平面的截痕为平面 $x=k$ 上的双曲线$\frac{y^2}{b^2}-\frac{z^2}{c^2}=1-\frac{k^2}{a^2}(|k|\neq a)$；平行于 xOz 平面的截痕为平面 $y=k$ 上的双曲线$\frac{x^2}{a^2}-\frac{z^2}{c^2}=1-\frac{k^2}{b^2}(|k|\neq b)$.

综合起来得到单叶双曲面的形状，如图 8.8 所示.

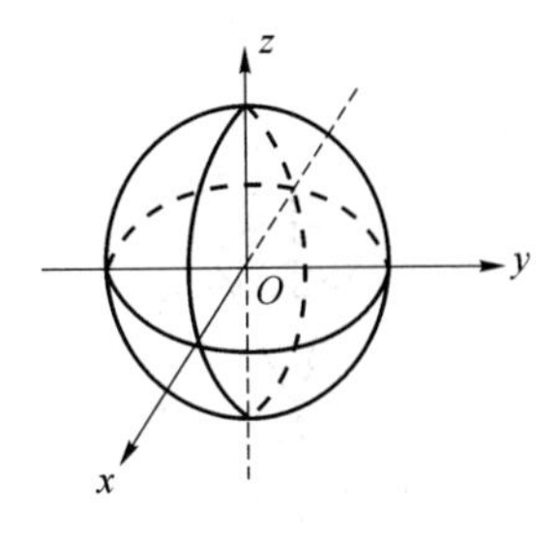

图 8.7

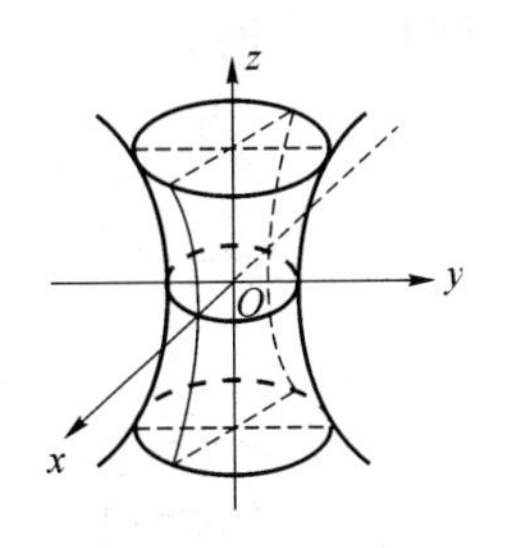

图 8.8

(3) $\frac{x^2}{a^2}+\frac{y^2}{b^2}-\frac{z^2}{c^2}=-1$

方程$\frac{x^2}{a^2}+\frac{y^2}{b^2}-\frac{z^2}{c^2}=-1$的图形称为双叶双曲面.从方程(3)可以发现,双叶双曲面关于原点,关于 x 轴、y 轴和 z 轴,关于三个坐标面都是对称的.

用平面 $z=k$ 去截双叶双曲面,截痕在平面 $z=k$ 上,方程为$\frac{x^2}{a^2}+\frac{y^2}{b^2}=\frac{k^2}{c^2}-1$.

当$|k|<c$时,平面 $z=k$ 与双叶双曲面不相交;当$|k|=c$时,平面 $z=k$ 与双叶双曲面交于点$(0,0,k)$;当$|k|>c$时,截痕为椭圆$\frac{x^2}{a^2\left(\frac{k^2}{c^2}-1\right)}+\frac{y^2}{b^2\left(\frac{k^2}{c^2}-1\right)}=1$,随着$|k|$的增大,椭圆的半轴变大.

双叶双曲面的平行于 yOz 平面的截痕为平面 $x=k$ 上的双曲线$\frac{z^2}{c^2}-\frac{y^2}{b^2}=1+\frac{k^2}{a^2}$;平行于 xOz 平面的截痕为平面 $y=k$ 上的双曲线$\frac{z^2}{c^2}-\frac{x^2}{a^2}=1+\frac{k^2}{b^2}$.综合起来得到双叶双曲面的形状,如图 8.9 所示.

(4) $\frac{x^2}{a^2}+\frac{y^2}{b^2}=z^2$

方程$\frac{x^2}{a^2}+\frac{y^2}{b^2}=z^2$的图形称为椭圆锥面.

从方程(4)可以发现,椭圆锥面关于原点,关于 x 轴、y 轴和 z 轴,关于三个坐标面都是对称的.

用平面 $z=k$ 去截椭圆锥面,截痕在平面 $z=k$ 上,方程为$\frac{x^2}{a^2}+\frac{y^2}{b^2}=k^2$.

当 $k=0$ 时,椭圆锥面与 xOy 平面交于原点.

当 $k\neq 0$ 时,截痕为椭圆$\frac{x^2}{a^2k^2}+\frac{y^2}{b^2k^2}=1$,随着$|k|$的增大,椭圆的半轴变大.

椭圆锥面的平行于 yOz 平面的截痕为平面 $x=k$ 上的曲线 $z^2-\frac{y^2}{b^2}=\frac{k^2}{a^2}$,当 $k=0$ 时,椭圆锥面与 yOz 平面交于两条直线 $z=\pm\frac{y}{b}$.

椭圆锥面的平行于 xOz 平面的截痕为平面 $y=k$ 上的双曲线 $z^2-\frac{x^2}{a^2}=\frac{k^2}{b^2}(k\neq 0)$,当 $k=0$ 时,椭圆锥面与 xOz 平面交于两条直线 $z=\pm\frac{x}{a}$.

综合起来得到椭圆锥面的形状,如图 8.10 所示.

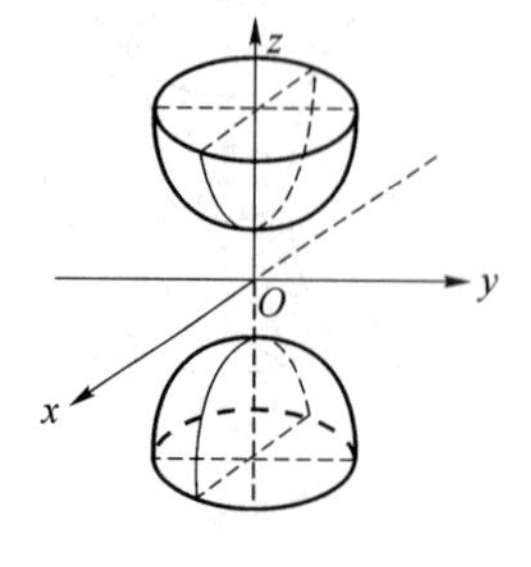

图 8.9

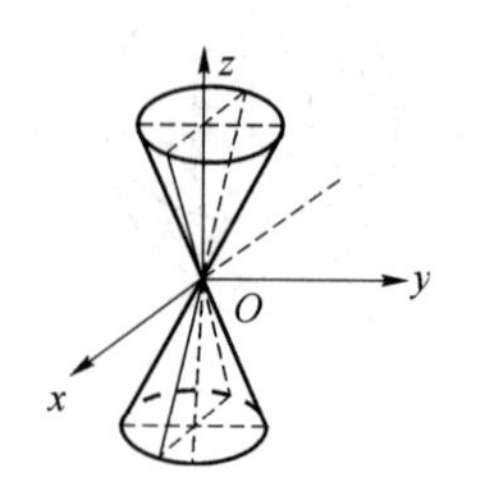

图 8.10

(5) $\frac{x^2}{a^2}+\frac{y^2}{b^2}=z$

方程$\frac{x^2}{a^2}+\frac{y^2}{b^2}=z$的图形称为椭圆抛物面. 从方程(5)可以发现,椭圆抛物面关于 z 轴,关于 yOz 平面,关于 xOz 平面都是对称的.

用平面 $z=k$ 去截椭圆抛物面,截痕在平面 $z=k$ 上,方程为$\frac{x^2}{a^2}+\frac{y^2}{b^2}=k$.

当 $k=0$ 时,椭圆抛物面与 xOy 平面交于原点; 当 $k>0$ 时,截痕为椭圆$\frac{x^2}{a^2k}+\frac{y^2}{b^2k}=1$,随着 k 的增大,椭圆的半轴增大; 当 $k<0$ 时,椭圆抛物面与 $z=k$ 不相交.

椭圆抛物面的平行于 yOz 平面的截痕为平面 $x=k$ 上的抛物线 $z=\frac{y^2}{b^2}+\frac{k^2}{a^2}$; 平行于 xOz 平面的截痕也是平面 $y=k$ 上的抛物线 $z=\frac{x^2}{a^2}+\frac{k^2}{b^2}$.

综合起来得到椭圆抛物面的形状,如图 8.11 所示.

(6) $\frac{x^2}{a^2}-\frac{y^2}{b^2}=z$

方程$\frac{x^2}{a^2}-\frac{y^2}{b^2}=z$的图形称为双曲抛物面,也称为马鞍面. 从方程(6)可以发现,双曲抛物面关于 z 轴,关于 yOz 平面,关于 xOz 平面都是对称的.

用平面 $z=k$ 去截双曲抛物面,截痕为平面 $z=k$ 上的双曲线$\frac{x^2}{a^2}-\frac{y^2}{b^2}=k(k\neq0)$. 当 $k>0$ 时,双曲线的实轴平行于 x 轴; 当 $k<0$ 时,双曲线的实轴平行于 y 轴.

双曲抛物面与 xOy 平面交于两条直线$\frac{x}{a}\pm\frac{y}{b}=0$.

用平面 $x=k$ 与 $y=k$ 去截割双曲抛物面,截痕都是抛物线. 双曲抛物面与 yOz 平面的交线为抛物线 $z=-\frac{y^2}{b^2}$,与 xOz 平面的交线为抛物线 $z=\frac{x^2}{a^2}$.

综合起来可知,双曲抛物面的形状如图 8.12 所示.

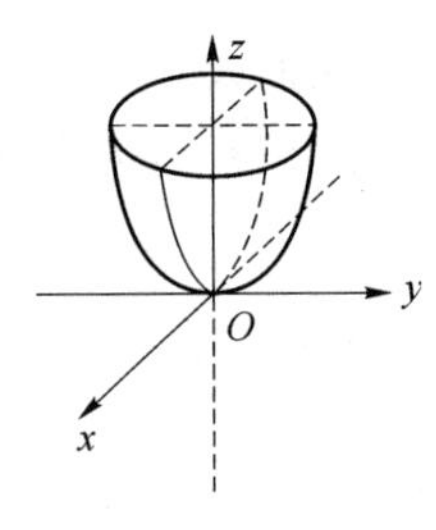

图 8.11

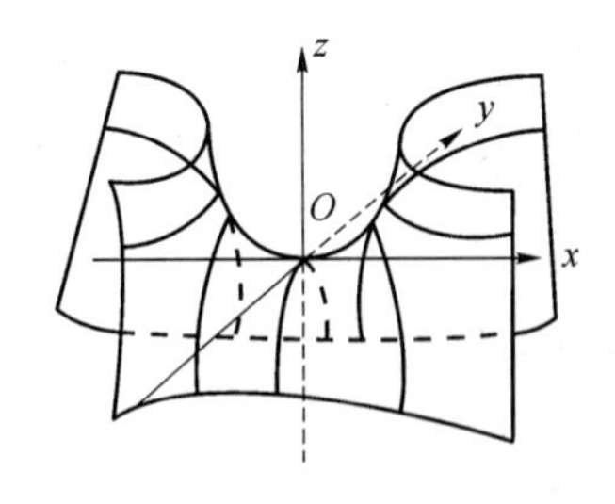

图 8.12

(7) $\frac{x^2}{a^2}+\frac{y^2}{b^2}=1$

(8) $\frac{x^2}{a^2}-\frac{y^2}{b^2}=1$

(9) $x^2=ay$

方程(7)、(8)、(9)的图形依次称为椭圆柱面,双曲柱面,抛物柱面. 柱面的形状在 8.1 节中已做讨论,这里不再赘述.

§8.3 空间曲线及其方程

一、空间曲线的方程

设曲面 S_1:$F_1(x,y,z)=0$ 与曲面 S_2:$F_2(x,y,z)=0$ 的交线为 C,则 C 上的点 $P(x,y,z)$ 满足方程组

$$\begin{cases}F_1(x,y,z)=0,\\F_2(x,y,z)=0.\end{cases}\tag{8.2}$$

反之,若点 $P(x,y,z)$ 满足方程组(8.2),则点 P 既在 S_1 上,也在 S_2 上,因此在曲线 C 上. 因此方程组(8.2)就是曲线 C 的方程,称为曲线 C 的一般方程.

例如方程组 $\begin{cases}(x-1)^2+y^2+(z+1)^2=4,\\2y+z=0\end{cases}$ 表示的是球面 $(x-1)^2+y^2+(z+1)^2=4$ 与平面 $2y+z=0$ 的交线,是一个圆.

例 6 方程组 $\begin{cases}x^2+y^2=z-1,\\y=2\end{cases}$ 表示怎样的曲线?

解 将 $y=2$ 代入方程 $x^2+y^2=z-1$,得 $z=x^2+5$,这是一个以 xOz 平面上的抛物线 $z=x^2+5$ 为准线,母线平行于 y 轴的柱面. 这个柱面与平面 $y=2$ 的交线就是方程组所表示的曲线,它是平面 $y=2$ 上的抛物线 $\begin{cases}z=x^2+5,\\y=2,\end{cases}$ 如图 8.13 所示.

除了一般方程外,还可以用参数方程来表示空间曲线. 设空间曲线 C 上的动点坐标 x,y,z 可以表示为参数 t 的函数

$$\begin{cases}x=x(t),\\y=y(t),\quad t\in I.\\z=z(t),\end{cases}\tag{8.3}$$

如果任给 $t_0\in I$,点 $(x(t_0),y(t_0),z(t_0))$ 在曲线 C 上,反之,任给曲线 C 上的点 $P_0(x_0,y_0,z_0)$,都有某个 $t_0\in I$,使 $(x_0,y_0,z_0)=(x(t_0),y(t_0),z(t_0))$,则称方程组(8.3)为空间曲线 C 的参数方程.

例 7 写出曲线 C:$\begin{cases}(x-2)^2+(y+1)^2+(z-1)^2=4,\\z=0\end{cases}$ 的参数方程.

解 曲线 C 的一般方程也可以表示为 C:$\begin{cases}(x-2)^2+(y+1)^2=3,\\z=0,\end{cases}$ 因此 C 的参数方程为

$$\begin{cases}x=2+\sqrt{3}\cos\theta,\\y=-1+\sqrt{3}\sin\theta,\quad \theta\in[0,2\pi].\\z=0,\end{cases}$$

例 8 设空间动点 M 在圆柱面 $x^2+y^2=a^2(a>0)$ 上以角速度 ω 绕 z 轴旋转,同时以线速度 v 平行于 z 轴的正向上升(ω,v 均为常数). 点 M 的轨迹称为螺旋线. 试建立其参数方程.

解 如图 8.14 所示,取时间 t 为参数. 设 $t=0$ 时,点 M 位于 $A(a,0,0)$处. 经过时间 t,动

点 $M(x,y,z)$ 在 xOy 平面上的投影点为 $M'(x,y,0)$，则

$$\begin{cases}x=|OM'|\cos\angle M'OA=a\cos\omega t,\\ y=|OM'|\sin\angle M'OA=a\sin\omega t.\end{cases}$$

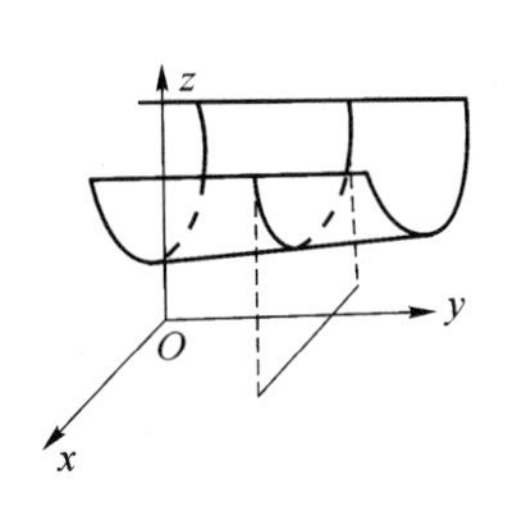

图 8.13

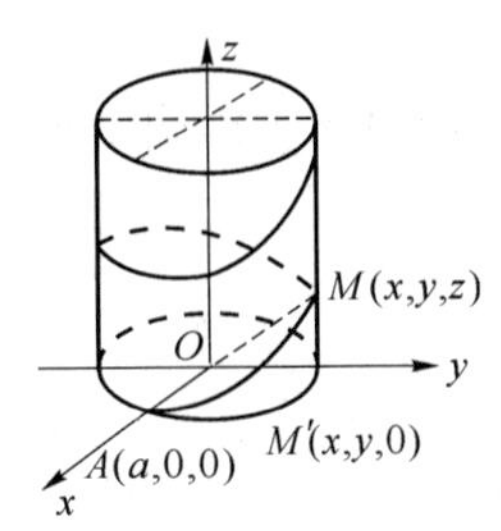

图 8.14

由于点 M 以线速度 v 平行于 z 轴的正向上升，故 $z=vt$.

此螺旋线的参数方程为

$$\begin{cases}x=a\cos\omega t,\\ y=a\sin\omega t,\\ z=vt.\end{cases}$$

螺旋线是日常生活中常见的曲线，当动点 M 每旋转 2π 的角度后，上升的高度为 $h=v\cdot\frac{2\pi}{\omega}$，称为螺距.

二、空间曲线在坐标面上的投影

设 C 为空间曲线，以 C 为准线，母线平行于 z 轴(即垂直于 xOy 平面)的柱面称为曲线 C 关于 xOy 平面的投影柱面. 投影柱面与 xOy 平面的交线称为曲线 C 在 xOy 面上的投影曲线(简称为投影).

那么，如何求出空间曲线 C 在 xOy 面上的投影呢?

设空间曲线 C 的一般方程为 $C:\begin{cases}F_1(x,y,z)=0,\\ F_2(x,y,z)=0.\end{cases}$ 从方程中消去 z，得到一个不含变量 z 的方程 $F(x,y)=0$. 由 8.1 节可知这个方程的图形是母线平行于 z 轴的柱面. 将这个柱面记为 S，很明显，曲线 C 上的点都满足柱面 S 的方程 $F(x,y)=0$，即曲线 C 在柱面 S 上. 因此柱面 S 包含了 C 关于 xOy 面的投影柱面，曲线 $\begin{cases}F(x,y)=0,\\ z=0\end{cases}$ 包含了 C 在 xOy 面上的投影.

同理，若从 C 的方程中消去变量 x 或变量 y，再分别与 $x=0$ 或 $y=0$ 联立，便可得到包含曲线 C 在 yOz 面或 xOz 面上的投影的曲线方程 $\begin{cases}H(y,z)=0,\\ x=0\end{cases}$ 或 $\begin{cases}R(x,z)=0,\\ y=0.\end{cases}$

例 9　分别求曲线 $C:\begin{cases}x^2+y^2+z^2=9,\\ x+z=1\end{cases}$ 在 xOy 面与 xOz 面上的投影.

解　从 C 的方程中消去 z，得 $2x^2+y^2-2x=8$，即

$$\frac{\left(x-\frac{1}{2}\right)^2}{\frac{17}{4}}+\frac{y^2}{\frac{17}{2}}=1.$$

C 在 xOy 面上的投影为椭圆

$$\begin{cases}\dfrac{\left(x-\frac{1}{2}\right)^2}{\frac{17}{4}}+\dfrac{y^2}{\frac{17}{2}}=1,\\ z=0.\end{cases}$$

从 C 的方程中消去 y，得 $x+z=1$，C 在 xOz 面上的投影曲线方程为

$$\begin{cases}x+z=1,\\ y=0.\end{cases}$$

这是一条直线，C 是一个圆，很明显 C 在 xOz 面上的投影只是这条直线的一段，方程为

$$\begin{cases}x+z=1,\\ y=0,\end{cases}\quad \left|x-\frac{1}{2}\right|\leqslant\frac{\sqrt{17}}{2}.$$

注：空间点 $P(x,y,z)$ 在 xOz 面与 xOy 面上的投影点分别为 $(x,0,z)$ 与 $(x,y,0)$，因此空间曲面在 xOz 面与 xOy 面上的投影有相同的 x 的范围，可依据 C 在 xOy 面上的投影得出 $\left|x-\frac{1}{2}\right|\leqslant\frac{\sqrt{17}}{2}$.

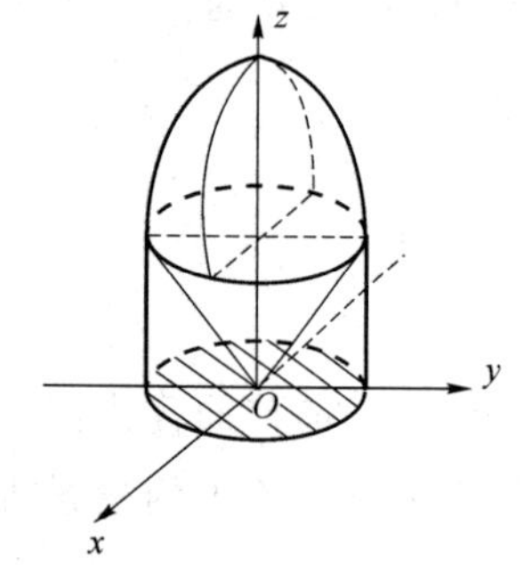

图 8.15

例 10　某空间立体由旋转抛物面 $z=6-x^2-y^2$ 与圆锥面 $z=\sqrt{x^2+y^2}$ 围成(图8.15)．求它在 xOy 面上的投影.

解　旋转抛物面 $z=6-x^2-y^2$ 与圆锥面的交线为

$$C:\begin{cases}z=6-x^2-y^2,\\ z=\sqrt{x^2+y^2}.\end{cases}$$

从方程组中消去 z，得 $x^2+y^2=4$．因此 C 在 xOy 面上的投影为 $\begin{cases}x^2+y^2=4,\\ z=0,\end{cases}$ 所求立体的投影为 $\begin{cases}x^2+y^2\leqslant 4,\\ z=0.\end{cases}$

习 题 八

1. 已知 $O(0,0,0)$，$A(-1,1,4)$，$B(0,-3,3)$，$C(-4,1,1)$，求过 O,A,B,C 四点的球面方程.

2. 已知某动点到点 $A(2,3,4)$ 与点 $B(1,1,1)$ 的距离之比为 $2:1$，求动点的轨迹方程，它表示怎样的曲面?

3. 写出下列旋转面的方程:

(1) xOy 平面上的抛物线 $y=4x^2$ 绕 y 轴旋转一周所形成的旋转面；

(2) xOz 平面上的椭圆 $\frac{x^2}{4}+\frac{z^2}{9}=1$ 绕 x 轴旋转一周所形成的旋转面；

(3) yOz 平面上的双曲线 $\frac{y^2}{4}-z^2=1$ 绕 y 轴旋转一周所形成的旋转面；

(4) yOz 平面上的直线 $y+z=0$ 绕 z 轴旋转一周所形成的旋转面.

4. 说明下列方程所表示的旋转面是怎样形成的：

(1) $\frac{x^2}{9}-\frac{y^2}{4}-\frac{z^2}{4}=1$；　　(2) $x^2+y^2-\frac{z^2}{4}=1$；

(3) $x^2+\frac{y^2}{4}+z^2=1$；　　(4) $y=x^2+z^2$；

(5) $x=\sqrt{y^2+z^2}$.

5. 画出下列方程所表示的曲面：

(1) $\frac{x^2}{4}+y^2=1$；　　(2) $y^2-z^2=1$；

(3) $x=z^2+1$；　　(4) $y=\sqrt{1-x^2}$.

6. 将下列二次曲面的方程化简为标准方程，并说明方程表示怎样的曲面：

(1) $2x^2+3y^2+3z^2+4yz=1$；

(2) $z=xy$；

(3) $x^2-2y^2+z^2+4xy+8xz+4yz=3$.

7. 画出下列方程所表示的曲面：

(1) $\frac{x^2}{4}+y^2-z^2=1$；　　(2) $x^2-4y^2-z^2=4$；

(3) $x=2y^2+z^2$.

8. 将下列曲线的方程化为参数方程：

(1) $\begin{cases}(x-1)^2+(y+1)^2+(z-2)^2=9,\\ z=1;\end{cases}$

(2) $\begin{cases}x^2+y^2+z^2=4,\\ z=y.\end{cases}$

9. 求下列曲线在坐标面上的投影：

(1) $\begin{cases}x^2+y^2+z^2=9,\\ y-z=1,\end{cases}$ 在 xOy 平面；

(2) $\begin{cases}x=y^2+z^2,\\ x=4,\end{cases}$ 在 yOz 平面；

(3) $\begin{cases}x^2+y^2+z^2=2,\\ y=\sqrt{x^2+z^2},\end{cases}$ 在 xOz 平面.

10. 写出下列柱面的方程：

(1) 以$\begin{cases}x^2+y^2+z^2=4,\\x+y+z=0\end{cases}$为准线,母线平行于 z 轴；

(2) 以$\begin{cases}2x^2+y^2+z^2=16,\\y=\sqrt{x^2+z^2}\end{cases}$为准线,母线平行于 y 轴；

(3) 以$\begin{cases}x^2+y^2+z^2=16,\\y=-\sqrt{x^2+z^2}\end{cases}$为准线,母线平行于 x 轴.

11. 求螺旋线$\begin{cases}x=a\cos\theta,\\y=a\sin\theta,\\z=b\theta\end{cases}$在三个坐标面上的投影曲线的直角坐标方程.

12. 求上半球面 $z=\sqrt{4-x^2-y^2}$ 与圆锥面 $z=\sqrt{x^2+y^2}$ 所围的立体在三个坐标面上的投影.

第 9 章　线性空间与线性变换

线性代数的研究对象就是线性空间及其线性变换. 通过在线性空间中取基，可以将线性空间与线性变换的问题转化为向量与矩阵的相关问题. 这些问题已在前面的章节中进行了讨论. 本章将介绍线性空间与线性变换的基本概念与性质.

§9.1　线性空间的概念与基本性质

一、线性空间的概念

线性空间是向量空间 $\mathbf{R}^n$ 的推广. 许多的集合与 $\mathbf{R}^n$ 有着共同的性质. 虽然这些集合的元素不是 n 维向量，但这些集合的元素之间也可以进行类似于 $\mathbf{R}^n$ 中向量加法与数乘的两种运算，并且这两种运算同样满足 $\mathbf{R}^n$ 中向量加法与数乘所满足的规律. 撇开元素的具体意义，将这些集合与 $\mathbf{R}^n$ 的“共性”抽象出来，就形成了线性空间的概念.

定义 1　设 V 是非空集合，$\mathbf{R}$ 为全体实数. 如果对于任意的 $\boldsymbol{\alpha},\boldsymbol{\beta}\in V$，总有唯一的 $\boldsymbol{\gamma}\in V$ 与之对应，称 $\boldsymbol{\gamma}$ 为 $\boldsymbol{\alpha}$ 与 $\boldsymbol{\beta}$ 的和，记作 $\boldsymbol{\gamma}=\boldsymbol{\alpha}+\boldsymbol{\beta}$（这种运算称为加法）；且对于任意的 $\boldsymbol{\alpha}\in V$ 及任意的 $\lambda\in\mathbf{R}$，有唯一的 $\boldsymbol{\delta}\in V$ 与之对应，称 $\boldsymbol{\delta}$ 为 λ 与 $\boldsymbol{\alpha}$ 的数量乘积，记作 $\boldsymbol{\delta}=\lambda\boldsymbol{\alpha}$（这种运算称为数量乘积，简称数乘）.

同时上述加法与数乘运算满足如下 8 条运算规律：

(1) 对任意 $\boldsymbol{\alpha},\boldsymbol{\beta}\in V$，$\boldsymbol{\alpha}+\boldsymbol{\beta}=\boldsymbol{\beta}+\boldsymbol{\alpha}$；

(2) 对任意 $\boldsymbol{\alpha},\boldsymbol{\beta},\boldsymbol{\gamma}\in V$，$(\boldsymbol{\alpha}+\boldsymbol{\beta})+\boldsymbol{\gamma}=\boldsymbol{\alpha}+(\boldsymbol{\beta}+\boldsymbol{\gamma})$；

(3) 存在元素 $\mathbf{0}\in V$，使得对任意 $\boldsymbol{\alpha}\in V$，$\boldsymbol{\alpha}+\mathbf{0}=\boldsymbol{\alpha}$（称 $\mathbf{0}$ 为 V 的零元素）；

(4) 对任意 $\boldsymbol{\alpha}\in V$，存在元素 $\boldsymbol{\beta}\in V$，使得 $\boldsymbol{\alpha}+\boldsymbol{\beta}=\mathbf{0}$（称 $\boldsymbol{\beta}$ 为 $\boldsymbol{\alpha}$ 的负元素）；

(5) 对任意 $\boldsymbol{\alpha}\in V$，$1\boldsymbol{\alpha}=\boldsymbol{\alpha}$；

(6) 对任意 $\boldsymbol{\alpha}\in V$ 及任意 $\lambda,\mu\in\mathbf{R}$，$\lambda(\mu\boldsymbol{\alpha})=(\lambda\mu)\boldsymbol{\alpha}$；

(7) 对任意 $\boldsymbol{\alpha}\in V$ 及任意 $\lambda,\mu\in\mathbf{R}$，$(\lambda+\mu)\boldsymbol{\alpha}=\lambda\boldsymbol{\alpha}+\mu\boldsymbol{\alpha}$；

(8) 对任意 $\boldsymbol{\alpha},\boldsymbol{\beta}\in V$ 及任意 $\lambda\in\mathbf{R}$，$\lambda(\boldsymbol{\alpha}+\boldsymbol{\beta})=\lambda\boldsymbol{\alpha}+\lambda\boldsymbol{\beta}$，

则称 V 为实线性空间（或实向量空间），V 中的元素也称为（实）向量.

当定义 1 中的全体实数集 $\mathbf{R}$ 换成全体复数集 $\mathbf{C}$ 时，相应地将 V 称为复线性空间.

本课程只讨论实线性空间. 如果没有特别说明，本章提到的线性空间均指实线性空间.

注*:设 $\boldsymbol{F}$ 为某个非空数集,如果 $\boldsymbol{F}$ 对于数的加、减、乘、除四则运算封闭(即对任意 $\boldsymbol{F}$ 中的数 a,b,有 $a+b,a-b,ab$ 仍属于 $\boldsymbol{F}$,而且当 $a\neq0$ 时,$\frac{b}{a}$ 也在 $\boldsymbol{F}$ 中),则称 $\boldsymbol{F}$ 为一个数域. 当定义 1 中的全体实数集 $\mathbf{R}$ 换成数域 $\boldsymbol{F}$ 时,相应地将 V 称为数域 $\boldsymbol{F}$ 上的线性空间.

例 1 对于向量的加法与数乘运算,$\mathbf{R}^n$ 是一个线性空间.

例 2 设 $V=\mathbf{R}^{m\times n}$ 为全体 $m\times n$ 实矩阵. 对于矩阵的加法与数乘运算,V 是一个线性空间.

例 3 设 n 为正整数,$\mathbf{R}[x]_n$ 为全体次数小于 n 的实系数多项式的集合,即

$$\mathbf{R}[x]_n=\{a_0+a_1x+\cdots+a_{n-1}x^{n-1}\mid a_i\in\mathbf{R},i=0,1,\cdots,n-1\}.$$

对于多项式的加法及数与多项式的乘法,$\mathbf{R}[x]_n$是一个线性空间.

例 4 设 $\mathbf{R}^+$ 为全体正实数. 在 $\mathbf{R}^+$ 中定义加法$\oplus$与数乘 · 运算为:对任意 $a,b\in\mathbf{R}^+$,$a\oplus b=ab$;对任意 $a\in\mathbf{R}^+$ 及任意 $\lambda\in\mathbf{R}$,$\lambda\cdot a=a^\lambda$. 验证 $\mathbf{R}^+$ 对于加法运算$\oplus$与数乘运算 · 构成线性空间.

证 对任意 $a,b\in\mathbf{R}^+$,$a\oplus b=ab\in\mathbf{R}^+$;对任意 $a\in\mathbf{R}^+$ 及任意 $\lambda\in\mathbf{R}$,$\lambda\cdot a=a^\lambda\in\mathbf{R}^+$.

因此加法$\oplus$与数乘 · 是 $\mathbf{R}^+$ 中的运算(也称 $\mathbf{R}^+$ 对于加法$\oplus$与数乘 · 运算封闭).

下面逐条验证加法$\oplus$与数乘 · 运算满足定义 1 中的 8 条规律.

(1) 对任意 $a,b\in\mathbf{R}^+$,$a\oplus b=ab=ba=b\oplus a$;

(2) 对任意 $a,b,c\in\mathbf{R}^+$,$(a\oplus b)\oplus c=(ab)c=a(bc)=a\oplus(b\oplus c)$;

(3) $\mathbf{R}^+$ 中存在零元素 1,使得对任意 $a\in\mathbf{R}^+$,$a\oplus1=a$;

(4) 对任意 $a\in\mathbf{R}^+$,存在元素$\frac{1}{a}\in\mathbf{R}^+$,使得 $a\oplus\frac{1}{a}=1$,即 a 的负元素为$\frac{1}{a}$;

(5) 对任意 $a\in\mathbf{R}^+$,$1\cdot a=a^1=a$;

(6) 对任意 $a\in\mathbf{R}^+$ 及任意 $\lambda,\mu\in\mathbf{R}$,有 $\lambda\cdot(\mu\cdot a)=\lambda\cdot a^\mu=(a^\mu)^\lambda=a^{\lambda\mu}=(\lambda\mu)\cdot a$;

(7) 对任意 $a\in\mathbf{R}^+$ 及任意 $\lambda,\mu\in\mathbf{R}$,有$(\lambda+\mu)\cdot a=a^{\lambda+\mu}=a^\lambda a^\mu=(\lambda\cdot a)\oplus(\mu\cdot a)$;

(8) 对任意 $a,b\in\mathbf{R}^+$ 及任意 $\lambda\in\mathbf{R}$,$\lambda\cdot(a\oplus b)=\lambda\cdot(ab)=(ab)^\lambda=a^\lambda b^\lambda=(\lambda\cdot a)\oplus(\lambda\cdot b)$.

总之,$\mathbf{R}^+$ 对于所定义的加法运算$\oplus$与数乘运算 · 构成线性空间.

例 5 设 n 为正整数,V 为全体 n 次实系数多项式,即

$$V=\{a_0+a_1x+\cdots+a_nx^n\mid a_i\in\mathbf{R},i=0,1,\cdots,n,a_n\neq0\}.$$

对于多项式的加法及数与多项式的乘法,V 不是线性空间.

这是因为对于 $0\in\mathbf{R}$ 与 $x^n\in V$,$0x^n=0\notin V$. 这说明数与多项式的乘法不是 V 中的运算(也称 V 对此运算不封闭). 不难验证 V 对多项式的加法运算也不封闭.

例 6 设 V 为全体 n 阶实矩阵. 定义加法$\oplus$为:对任意 $\boldsymbol{A},\boldsymbol{B}\in V$,$\boldsymbol{A}\oplus\boldsymbol{B}=\boldsymbol{AB}$.

虽然 V 对于如此定义的加法及矩阵的数乘运算都封闭,但因为这个加法不满足规律(1),所以对于这样定义的加法及矩阵的数乘运算,V 不是线性空间.

二、线性空间的基本性质

线性空间具有以下基本性质.

性质 1 设 V 为线性空间,则 V 中的零元素是唯一的.

证　设 $\mathbf{0}_1,\mathbf{0}_2$ 是 V 的零元素,则 $\mathbf{0}_1+\mathbf{0}_2=\mathbf{0}_1=\mathbf{0}_2$.

性质 2　设 V 为线性空间,则对任意 $\boldsymbol{\alpha}\in V$,$\boldsymbol{\alpha}$ 的负元素是唯一的(记作 $-\boldsymbol{\alpha}$).

证　设 $\boldsymbol{\beta},\boldsymbol{\gamma}$ 是 $\boldsymbol{\alpha}$ 的负元素,即 $\boldsymbol{\alpha}+\boldsymbol{\beta}=\mathbf{0}$,$\boldsymbol{\alpha}+\boldsymbol{\gamma}=\mathbf{0}$. 于是

$$\boldsymbol{\beta}=\boldsymbol{\beta}+\mathbf{0}=\boldsymbol{\beta}+(\boldsymbol{\alpha}+\boldsymbol{\gamma})=(\boldsymbol{\beta}+\boldsymbol{\alpha})+\boldsymbol{\gamma}=\mathbf{0}+\boldsymbol{\gamma}=\boldsymbol{\gamma}.$$

性质 3　$0\boldsymbol{\alpha}=\mathbf{0}$;$(-1)\boldsymbol{\alpha}=-\boldsymbol{\alpha}$;$\lambda\mathbf{0}=\mathbf{0}$.

证　因为 $\boldsymbol{\alpha}=1\boldsymbol{\alpha}=(1+0)\boldsymbol{\alpha}=\boldsymbol{\alpha}+0\boldsymbol{\alpha}$,所以 $0\boldsymbol{\alpha}=\mathbf{0}$;

因为 $\mathbf{0}=0\boldsymbol{\alpha}=(1-1)\boldsymbol{\alpha}=\boldsymbol{\alpha}+(-1)\boldsymbol{\alpha}$,所以 $(-1)\boldsymbol{\alpha}=-\boldsymbol{\alpha}$;

因为 $\lambda\mathbf{0}=\lambda(\mathbf{0}+\mathbf{0})=\lambda\mathbf{0}+\lambda\mathbf{0}$,所以 $\lambda\mathbf{0}=\mathbf{0}$.

性质 4　如果 $\lambda\boldsymbol{\alpha}=\mathbf{0}$,则 $\lambda=0$ 或 $\boldsymbol{\alpha}=\mathbf{0}$.

证　若 $\lambda\neq0$,由 $\lambda\boldsymbol{\alpha}=\mathbf{0}$ 可得 $\boldsymbol{\alpha}=\dfrac{1}{\lambda}(\lambda\boldsymbol{\alpha})=\dfrac{1}{\lambda}\mathbf{0}=\mathbf{0}$.

最后,给出子空间的定义.

三、子空间

定义 2　设 V 是线性空间,W 是 V 的非空子集. 如果 W 对于 V 中的加法与数乘这两种运算也构成线性空间,则称 W 为 V 的子空间.

例如,对线性空间 V 而言,V 是自身的子空间,由零元素构成的子集 $\{\mathbf{0}\}$ 也是 V 的子空间,称为零空间. 这两个子空间称为 V 的平凡子空间.

线性空间的非空子集在什么条件下能构成子空间呢? 有下面的定理.

定理 1　设 W 是线性空间 V 的非空子集. 则 W 是 V 的子空间的充分必要条件是 W 对于 V 中的加法及数乘运算封闭. 即对任意的 $\boldsymbol{\alpha},\boldsymbol{\beta}\in W$ 及 $\lambda\in\mathbf{R}$,有 $\boldsymbol{\alpha}+\boldsymbol{\beta}\in W$ 且 $\lambda\boldsymbol{\alpha}\in W$.

证　必要性. 因为 W 是 V 的子空间,由线性空间的定义即得.

充分性. 此时 V 中的加法及数乘运算也是 W 中的运算. 因为 V 是线性空间,所以这两种运算显然满足定义 1 中的(1)(2)(5)(6)(7)(8). 任取 $\boldsymbol{\alpha}\in W$,$-\boldsymbol{\alpha}=(-1)\boldsymbol{\alpha}\in W$,故(4)是成立的. 又对任意 $\boldsymbol{\alpha}\in W$,因为 $-\boldsymbol{\alpha}\in W$,所以 $\boldsymbol{\alpha}+(-\boldsymbol{\alpha})=\mathbf{0}\in W$,即(3)也满足. 总之,$W$ 对于 V 中的加法与数乘运算也构成线性空间,因此 W 是 V 的子空间.

例 7　设 V 是全体 n 阶实矩阵. W_1 是全体主对角线上元素为零的 n 阶实矩阵,W_2 是全体主对角线上元素为 1 的 n 阶实矩阵. 对于矩阵的加法与数乘运算,V 构成一个线性空间. W_1,W_2 是 V 的非空子集,W_1 对于矩阵的加法与数乘运算是封闭的,所以 W_1 是 V 的子空间. W_2 对于矩阵的加法与数乘运算都不封闭,所以 W_2 不是 V 的子空间.

例 8　设 V 是线性空间,$\boldsymbol{\alpha}_1,\boldsymbol{\alpha}_2,\cdots,\boldsymbol{\alpha}_m\in V$. 设 $L(\boldsymbol{\alpha}_1,\boldsymbol{\alpha}_2,\cdots,\boldsymbol{\alpha}_m)$ 为由 $\boldsymbol{\alpha}_1,\boldsymbol{\alpha}_2,\cdots,\boldsymbol{\alpha}_m$ 的全体线性组合构成的集合,即

$$L(\boldsymbol{\alpha}_1,\boldsymbol{\alpha}_2,\cdots,\boldsymbol{\alpha}_m)=\{\lambda_1\boldsymbol{\alpha}_1+\lambda_2\boldsymbol{\alpha}_2+\cdots+\lambda_m\boldsymbol{\alpha}_m\mid\lambda_i\in\mathbf{R},i=1,2,\cdots,m\}.$$

容易验证 $L(\boldsymbol{\alpha}_1,\boldsymbol{\alpha}_2,\cdots,\boldsymbol{\alpha}_m)$ 是 V 的非空子集且 $L(\boldsymbol{\alpha}_1,\boldsymbol{\alpha}_2,\cdots,\boldsymbol{\alpha}_m)$ 对 V 中的加法与数乘运算都是封闭的,所以 $L(\boldsymbol{\alpha}_1,\boldsymbol{\alpha}_2,\cdots,\boldsymbol{\alpha}_m)$ 是 V 的子空间,称为由 $\boldsymbol{\alpha}_1,\boldsymbol{\alpha}_2,\cdots,\boldsymbol{\alpha}_m$ 生成的子空间.

例如,若 $V=\mathbf{R}^3$,$\boldsymbol{\varepsilon}_1=(1,0,0)^{\mathrm{T}}$,$\boldsymbol{\varepsilon}_2=(0,1,0)^{\mathrm{T}}$,则 $L(\boldsymbol{\varepsilon}_1,\boldsymbol{\varepsilon}_2)$ 就是 xOy 平面.

§9.2 线性空间的基与坐标

第 4 章介绍了有关 n 维向量的一些重要概念,如线性组合、线性相关与线性无关及向量组的秩等. 这些概念与相关的性质只涉及 n 维向量的加法与数乘这两种运算,因此对于一般线性空间中的元素(可以不是 n 维向量)也同样适用. 以后将在一般线性空间中直接引用这些概念与性质. 为确切起见,我们重述一下线性相关与线性无关的概念. 对实线性空间 V 中的元素 $\boldsymbol{\alpha}_1,\boldsymbol{\alpha}_2,\cdots,\boldsymbol{\alpha}_m$,如果存在 m 个不全为零的实数 $\lambda_1,\lambda_2,\cdots,\lambda_m$,使得 $\lambda_1\boldsymbol{\alpha}_1+\lambda_2\boldsymbol{\alpha}_2+\cdots+\lambda_m\boldsymbol{\alpha}_m=\mathbf{0}$,则称 $\boldsymbol{\alpha}_1,\boldsymbol{\alpha}_2,\cdots,\boldsymbol{\alpha}_m$ 线性相关,否则称 $\boldsymbol{\alpha}_1,\boldsymbol{\alpha}_2,\cdots,\boldsymbol{\alpha}_m$ 线性无关. 下面来定义线性空间的基以及线性空间中的元素(也称为向量)在基下的坐标.

定义 3 设 V 为线性空间. 如果 V 中存在元素 $\boldsymbol{\alpha}_1,\boldsymbol{\alpha}_2,\cdots,\boldsymbol{\alpha}_n$ 满足:

(1) $\boldsymbol{\alpha}_1,\boldsymbol{\alpha}_2,\cdots,\boldsymbol{\alpha}_n$ 线性无关;

(2) V 中任意元素 $\boldsymbol{\alpha}$ 都可由 $\boldsymbol{\alpha}_1,\boldsymbol{\alpha}_2,\cdots,\boldsymbol{\alpha}_n$ 线性表示,即存在实数 $x_1,x_2,\cdots,x_n$,使得 $\boldsymbol{\alpha}=x_1\boldsymbol{\alpha}_1+x_2\boldsymbol{\alpha}_2+\cdots+x_n\boldsymbol{\alpha}_n$,则称 $\boldsymbol{\alpha}_1,\boldsymbol{\alpha}_2,\cdots,\boldsymbol{\alpha}_n$ 为线性空间 V 的一组基. n 称为线性空间 V 的维数,记为 $\dim V=n$. 维数为 n 的线性空间称为 n 维线性空间.

例 9 设 V 为全体二阶实矩阵. 对于矩阵的加法与数乘运算,V 构成一个线性空间. 记 $\boldsymbol{E}_{ij}$ 为第 i 行第 j 列元素为 1,其余元素为零的二阶矩阵. 下面验证 $\boldsymbol{E}_{11},\boldsymbol{E}_{12},\boldsymbol{E}_{21},\boldsymbol{E}_{22}$ 是 V 的一组基.

(1) 设有实数 $\lambda_1,\lambda_2,\lambda_3,\lambda_4$ 使得 $\lambda_1\boldsymbol{E}_{11}+\lambda_2\boldsymbol{E}_{12}+\lambda_3\boldsymbol{E}_{21}+\lambda_4\boldsymbol{E}_{22}=\mathbf{0}$,即 $\begin{pmatrix}\lambda_1 & \lambda_2\\ \lambda_3 & \lambda_4\end{pmatrix}=\begin{pmatrix}0 & 0\\ 0 & 0\end{pmatrix}$,则 $\lambda_1=\lambda_2=\lambda_3=\lambda_4=0$.

这说明 $\boldsymbol{E}_{11},\boldsymbol{E}_{12},\boldsymbol{E}_{21},\boldsymbol{E}_{22}$ 线性无关.

(2) 任取 $\boldsymbol{A}=(a_{ij})\in V$,显然有 $\boldsymbol{A}=a_{11}\boldsymbol{E}_{11}+a_{12}\boldsymbol{E}_{12}+a_{21}\boldsymbol{E}_{21}+a_{22}\boldsymbol{E}_{22}$,即 $\boldsymbol{A}$ 可以由 $\boldsymbol{E}_{11},\boldsymbol{E}_{12},\boldsymbol{E}_{21},\boldsymbol{E}_{22}$ 线性表示. 由(1)(2)可知 $\boldsymbol{E}_{11},\boldsymbol{E}_{12},\boldsymbol{E}_{21},\boldsymbol{E}_{22}$ 为 V 的一组基,$\dim V=4$.

若 $\boldsymbol{\alpha}_1,\boldsymbol{\alpha}_2,\cdots,\boldsymbol{\alpha}_n$ 为 n 维线性空间 V 的一组基,则 $\forall\boldsymbol{\alpha}\in V$,有唯一的一组有序实数$(x_1,x_2,\cdots,x_n)$,使 $\boldsymbol{\alpha}=x_1\boldsymbol{\alpha}_1+x_2\boldsymbol{\alpha}_2+\cdots+x_n\boldsymbol{\alpha}_n$. 反之,任给一组有序实数$(x_1,x_2,\cdots,x_n)$,有唯一的元素 $\boldsymbol{\alpha}\in V$,使

$$\boldsymbol{\alpha}=x_1\boldsymbol{\alpha}_1+x_2\boldsymbol{\alpha}_2+\cdots+x_n\boldsymbol{\alpha}_n.$$

这样,V 中的元素 $\boldsymbol{\alpha}=x_1\boldsymbol{\alpha}_1+x_2\boldsymbol{\alpha}_2+\cdots+x_n\boldsymbol{\alpha}_n$ 与有序实数组$(x_1,x_2,\cdots,x_n)$之间存在一一对应的关系,可以用有序实数组$(x_1,x_2,\cdots,x_n)$来表示 $\boldsymbol{\alpha}$. 于是有以下定义.

定义 4 设 $\boldsymbol{\alpha}_1,\boldsymbol{\alpha}_2,\cdots,\boldsymbol{\alpha}_n$ 是 n 维线性空间 V 的一组基. 对于 V 中的任意元素 $\boldsymbol{\alpha}$,存在唯一的有序实数组$(x_1,x_2,\cdots,x_n)$,使 $\boldsymbol{\alpha}=x_1\boldsymbol{\alpha}_1+x_2\boldsymbol{\alpha}_2+\cdots+x_n\boldsymbol{\alpha}_n$. 将此式形式地表示为

$$\boldsymbol{\alpha}=(\boldsymbol{\alpha}_1,\boldsymbol{\alpha}_2,\cdots,\boldsymbol{\alpha}_n)\boldsymbol{x},\quad 其中\ \boldsymbol{x}=(x_1,x_2,\cdots,x_n)^{\mathrm{T}},$$

称向量 $\boldsymbol{x}$ 为元素 $\boldsymbol{\alpha}$ 在基 $\boldsymbol{\alpha}_1,\boldsymbol{\alpha}_2,\cdots,\boldsymbol{\alpha}_n$ 下的坐标.

如例 9 中元素 $\boldsymbol{A}=\begin{pmatrix}1 & -1\\ 2 & 3\end{pmatrix}$ 在基 $\boldsymbol{E}_{11},\boldsymbol{E}_{12},\boldsymbol{E}_{21},\boldsymbol{E}_{22}$ 下的坐标为$(1,-1,2,3)^{\mathrm{T}}$. 值得注意的

是基是有序的，当基的排序变化时，元素的坐标也会变化，如例 9 中元素 $\boldsymbol{A}=\begin{pmatrix}1 & -1\\ 2 & 3\end{pmatrix}$ 在基 $\boldsymbol{E}_{11},\boldsymbol{E}_{21},\boldsymbol{E}_{12},\boldsymbol{E}_{22}$ 下的坐标为 $(1,2,-1,3)^{\mathrm{T}}$.

在 n 维线性空间 V 中取一组基 $\boldsymbol{\alpha}_1,\boldsymbol{\alpha}_2,\cdots,\boldsymbol{\alpha}_n$ 以后，相当于在 V 中以 $\boldsymbol{\alpha}_1,\boldsymbol{\alpha}_2,\cdots,\boldsymbol{\alpha}_n$ 为“坐标轴”建立了“坐标系”. V 中的任意元素 $\boldsymbol{\alpha}=x_1\boldsymbol{\alpha}_1+x_2\boldsymbol{\alpha}_2+\cdots+x_n\boldsymbol{\alpha}_n$ 与其坐标（即 $\mathbf{R}^n$ 中的向量）$\boldsymbol{x}=(x_1,x_2,\cdots,x_n)^{\mathrm{T}}$ 之间有了一一对应的关系. 将这个一一对应的关系表示为

$$\boldsymbol{\alpha}\leftrightarrow\boldsymbol{x}=(x_1,x_2,\cdots,x_n)^{\mathrm{T}}.$$

设 $\boldsymbol{\alpha}\leftrightarrow\boldsymbol{x}=(x_1,x_2,\cdots,x_n)^{\mathrm{T}},\boldsymbol{\beta}\leftrightarrow\boldsymbol{y}=(y_1,y_2,\cdots,y_n)^{\mathrm{T}}$，即

$$\boldsymbol{\alpha}=x_1\boldsymbol{\alpha}_1+x_2\boldsymbol{\alpha}_2+\cdots+x_n\boldsymbol{\alpha}_n,\quad \boldsymbol{\beta}=y_1\boldsymbol{\alpha}_1+y_2\boldsymbol{\alpha}_2+\cdots+y_n\boldsymbol{\alpha}_n.$$

则

$$\begin{aligned}\boldsymbol{\alpha}+\boldsymbol{\beta}&=(x_1\boldsymbol{\alpha}_1+x_2\boldsymbol{\alpha}_2+\cdots+x_n\boldsymbol{\alpha}_n)+(y_1\boldsymbol{\alpha}_1+y_2\boldsymbol{\alpha}_2+\cdots+y_n\boldsymbol{\alpha}_n)\\&=(x_1+y_1)\boldsymbol{\alpha}_1+(x_2+y_2)\boldsymbol{\alpha}_2+\cdots+(x_n+y_n)\boldsymbol{\alpha}_n;\end{aligned}$$

且对任意实数 λ，

$$\lambda\boldsymbol{\alpha}=\lambda(x_1\boldsymbol{\alpha}_1+x_2\boldsymbol{\alpha}_2+\cdots+x_n\boldsymbol{\alpha}_n)=\lambda x_1\boldsymbol{\alpha}_1+\lambda x_2\boldsymbol{\alpha}_2+\cdots+\lambda x_n\boldsymbol{\alpha}_n.$$

即 $\boldsymbol{\alpha}+\boldsymbol{\beta}\leftrightarrow\boldsymbol{x}+\boldsymbol{y}=(x_1+y_1,x_2+y_2,\cdots,x_n+y_n)^{\mathrm{T}}$；$\lambda\boldsymbol{\alpha}\leftrightarrow\lambda\boldsymbol{x}=(\lambda x_1,\lambda x_2,\cdots,\lambda x_n)^{\mathrm{T}}$.

这说明这个一一对应不仅将 V 中的元素 $\boldsymbol{\alpha}=x_1\boldsymbol{\alpha}_1+x_2\boldsymbol{\alpha}_2+\cdots+x_n\boldsymbol{\alpha}_n$ 对应成 $\mathbf{R}^n$ 中的向量 $\boldsymbol{x}=(x_1,x_2,\cdots,x_n)^{\mathrm{T}}$，而且将 V 中抽象的加法 $\boldsymbol{\alpha}+\boldsymbol{\beta}$ 与数乘 $\lambda\boldsymbol{\alpha}$ 对应成 $\mathbf{R}^n$ 中具体的向量加法 $\boldsymbol{x}+\boldsymbol{y}$ 与数乘 $\lambda\boldsymbol{x}$. 如果将 V 中的 $\boldsymbol{\alpha}$ 看成 $\mathbf{R}^n$ 中的 $\boldsymbol{x}$，则从结构上看，V 与 $\mathbf{R}^n$ 是完全相同的，也就是说，所有 n 维线性空间的结构与 $\mathbf{R}^n$ 都是相同的. $\mathbf{R}^n$ 可以作为任意一个 n 维线性空间的“模型”. 凡是 $\mathbf{R}^n$ 中只涉及向量加法与数乘运算的性质，对一般 n 维线性空间都是适用的.

§9.3　基变换与坐标变换

在 n 维线性空间中，同一元素在不同基下的坐标是不同的. 那么，同一元素在不同基下的坐标之间有怎样的关系呢?

设 $\boldsymbol{\alpha}_1,\boldsymbol{\alpha}_2,\cdots,\boldsymbol{\alpha}_n$ 与 $\boldsymbol{\beta}_1,\boldsymbol{\beta}_2,\cdots,\boldsymbol{\beta}_n$ 是 n 维线性空间 V 的两组基. 很明显，$\boldsymbol{\beta}_1,\boldsymbol{\beta}_2,\cdots,\boldsymbol{\beta}_n$ 可由 $\boldsymbol{\alpha}_1,\boldsymbol{\alpha}_2,\cdots,\boldsymbol{\alpha}_n$ 线性表示. 设

$$\begin{cases}\boldsymbol{\beta}_1=p_{11}\boldsymbol{\alpha}_1+p_{21}\boldsymbol{\alpha}_2+\cdots+p_{n1}\boldsymbol{\alpha}_n,\\ \boldsymbol{\beta}_2=p_{12}\boldsymbol{\alpha}_1+p_{22}\boldsymbol{\alpha}_2+\cdots+p_{n2}\boldsymbol{\alpha}_n,\\ \qquad\vdots\\ \boldsymbol{\beta}_n=p_{1n}\boldsymbol{\alpha}_1+p_{2n}\boldsymbol{\alpha}_2+\cdots+p_{nn}\boldsymbol{\alpha}_n,\end{cases}\tag{9.1}$$

为方便起见，将式(9.1)形式地表示为

$$(\boldsymbol{\beta}_1,\boldsymbol{\beta}_2,\cdots,\boldsymbol{\beta}_n)=(\boldsymbol{\alpha}_1,\boldsymbol{\alpha}_2,\cdots,\boldsymbol{\alpha}_n)\begin{pmatrix}p_{11} & p_{12} & \cdots & p_{1n}\\ p_{21} & p_{22} & \cdots & p_{2n}\\ \vdots & \vdots & & \vdots\\ p_{n1} & p_{n2} & \cdots & p_{nn}\end{pmatrix}.\tag{9.2}$$

式(9.1)或式(9.2)称为基变换公式. 矩阵 $\boldsymbol{P}=(p_{ij})$ 称为从基 $\boldsymbol{\alpha}_1,\boldsymbol{\alpha}_2,\cdots,\boldsymbol{\alpha}_n$ 到基 $\boldsymbol{\beta}_1,\boldsymbol{\beta}_2,\cdots,\boldsymbol{\beta}_n$ 的过渡矩阵. $\boldsymbol{P}$ 由基 $\boldsymbol{\alpha}_1,\boldsymbol{\alpha}_2,\cdots,\boldsymbol{\alpha}_n$ 与基 $\boldsymbol{\beta}_1,\boldsymbol{\beta}_2,\cdots,\boldsymbol{\beta}_n$ 唯一确定,下面证明 $\boldsymbol{P}$ 是可逆的.

定理 2 设 $\boldsymbol{\alpha}_1,\boldsymbol{\alpha}_2,\cdots,\boldsymbol{\alpha}_n$ 与 $\boldsymbol{\beta}_1,\boldsymbol{\beta}_2,\cdots,\boldsymbol{\beta}_n$ 是 n 维线性空间 V 的两组基,$\boldsymbol{P}$ 是从基 $\boldsymbol{\alpha}_1,\boldsymbol{\alpha}_2,\cdots,\boldsymbol{\alpha}_n$ 到基 $\boldsymbol{\beta}_1,\boldsymbol{\beta}_2,\cdots,\boldsymbol{\beta}_n$ 的过渡矩阵,则 $\boldsymbol{P}$ 是可逆的.

证 用反证法. 已知 $(\boldsymbol{\beta}_1,\boldsymbol{\beta}_2,\cdots,\boldsymbol{\beta}_n)=(\boldsymbol{\alpha}_1,\boldsymbol{\alpha}_2,\cdots,\boldsymbol{\alpha}_n)\boldsymbol{P}$. 设 $\boldsymbol{P}=(p_{ij})$.

若 $\boldsymbol{P}$ 不可逆,则 $|\boldsymbol{P}|=0$,于是齐次线性方程组 $\boldsymbol{P}\boldsymbol{x}=\boldsymbol{0}$ 有非零解 $\boldsymbol{x}^*=(x_1^*,x_2^*,\cdots,x_n^*)^{\mathrm{T}}$.

因此

$$\begin{aligned}x_1^*\boldsymbol{\beta}_1+x_2^*\boldsymbol{\beta}_2+\cdots+x_n^*\boldsymbol{\beta}_n&=(\boldsymbol{\beta}_1,\boldsymbol{\beta}_2,\cdots,\boldsymbol{\beta}_n)\boldsymbol{x}^*\\&=[(\boldsymbol{\alpha}_1,\boldsymbol{\alpha}_2,\cdots,\boldsymbol{\alpha}_n)\boldsymbol{P}]\boldsymbol{x}^*\\&=(\boldsymbol{\alpha}_1,\boldsymbol{\alpha}_2,\cdots,\boldsymbol{\alpha}_n)(\boldsymbol{P}\boldsymbol{x}^*)=\boldsymbol{0}\quad(\boldsymbol{0}\text{ 表示零元素}).\end{aligned}$$

这表明 $\boldsymbol{\beta}_1,\boldsymbol{\beta}_2,\cdots,\boldsymbol{\beta}_n$ 线性相关,与 $\boldsymbol{\beta}_1,\boldsymbol{\beta}_2,\cdots,\boldsymbol{\beta}_n$ 是基矛盾. 所以 $\boldsymbol{P}$ 是可逆的.

注:此处将 $(\boldsymbol{\alpha}_1,\boldsymbol{\alpha}_2,\cdots,\boldsymbol{\alpha}_n)$ 与 $(\boldsymbol{\beta}_1,\boldsymbol{\beta}_2,\cdots,\boldsymbol{\beta}_n)$ 形式地看成 $1\times n$ 的矩阵,目的是形式地利用矩阵乘法的结合律来简便运算,下面定理 3 的证明中也采取了相同的处理方法.

下面的定理给出了 n 维线性空间中同一元素在不同基下的坐标之间的关系.

定理 3 设 n 维线性空间 V 中元素 $\boldsymbol{\alpha}$ 在基 $\boldsymbol{\alpha}_1,\boldsymbol{\alpha}_2,\cdots,\boldsymbol{\alpha}_n$ 与基 $\boldsymbol{\beta}_1,\boldsymbol{\beta}_2,\cdots,\boldsymbol{\beta}_n$ 下的坐标分别为 $\boldsymbol{x}=(x_1,x_2,\cdots,x_n)^{\mathrm{T}}$ 与 $\boldsymbol{y}=(y_1,y_2,\cdots,y_n)^{\mathrm{T}}$. 如果从基 $\boldsymbol{\alpha}_1,\boldsymbol{\alpha}_2,\cdots,\boldsymbol{\alpha}_n$ 到基 $\boldsymbol{\beta}_1,\boldsymbol{\beta}_2,\cdots,\boldsymbol{\beta}_n$ 的过渡矩阵为 $\boldsymbol{P}$,则 $\boldsymbol{x}=\boldsymbol{P}\boldsymbol{y}$ 或 $\boldsymbol{y}=\boldsymbol{P}^{-1}\boldsymbol{x}$(称 $\boldsymbol{x}=\boldsymbol{P}\boldsymbol{y}$ 或 $\boldsymbol{y}=\boldsymbol{P}^{-1}\boldsymbol{x}$ 为坐标变换公式).

证 已知 $\boldsymbol{\alpha}=(\boldsymbol{\beta}_1,\boldsymbol{\beta}_2,\cdots,\boldsymbol{\beta}_n)\boldsymbol{y}=(\boldsymbol{\alpha}_1,\boldsymbol{\alpha}_2,\cdots,\boldsymbol{\alpha}_n)\boldsymbol{x}$,且

$$(\boldsymbol{\beta}_1,\boldsymbol{\beta}_2,\cdots,\boldsymbol{\beta}_n)=(\boldsymbol{\alpha}_1,\boldsymbol{\alpha}_2,\cdots,\boldsymbol{\alpha}_n)\boldsymbol{P}.$$

于是

$$\begin{aligned}\boldsymbol{\alpha}&=(\boldsymbol{\beta}_1,\boldsymbol{\beta}_2,\cdots,\boldsymbol{\beta}_n)\boldsymbol{y}=[(\boldsymbol{\alpha}_1,\boldsymbol{\alpha}_2,\cdots,\boldsymbol{\alpha}_n)\boldsymbol{P}]\boldsymbol{y}\\&=(\boldsymbol{\alpha}_1,\boldsymbol{\alpha}_2,\cdots,\boldsymbol{\alpha}_n)(\boldsymbol{P}\boldsymbol{y})=(\boldsymbol{\alpha}_1,\boldsymbol{\alpha}_2,\cdots,\boldsymbol{\alpha}_n)\boldsymbol{x}.\end{aligned}$$

因为 $\boldsymbol{\alpha}$ 在基 $\boldsymbol{\alpha}_1,\boldsymbol{\alpha}_2,\cdots,\boldsymbol{\alpha}_n$ 下的坐标是唯一的,所以 $\boldsymbol{x}=\boldsymbol{P}\boldsymbol{y}$.

例 10 设 V 为全体二阶实对称矩阵. 对于矩阵的加法与数乘运算,V 是一个三维线性空间. 在 V 中取两组基:$\boldsymbol{\alpha}_1=\begin{pmatrix}1&0\\0&0\end{pmatrix}$,$\boldsymbol{\alpha}_2=\begin{pmatrix}0&0\\0&1\end{pmatrix}$,$\boldsymbol{\alpha}_3=\begin{pmatrix}0&1\\1&0\end{pmatrix}$ 与 $\boldsymbol{\beta}_1=\begin{pmatrix}1&0\\0&1\end{pmatrix}$,$\boldsymbol{\beta}_2=\begin{pmatrix}1&0\\0&-1\end{pmatrix}$,$\boldsymbol{\beta}_3=\begin{pmatrix}1&1\\1&1\end{pmatrix}$. 求从基 $\boldsymbol{\alpha}_1,\boldsymbol{\alpha}_2,\boldsymbol{\alpha}_3$ 到基 $\boldsymbol{\beta}_1,\boldsymbol{\beta}_2,\boldsymbol{\beta}_3$ 的过渡矩阵 $\boldsymbol{P}$.

解 $\boldsymbol{\beta}_1=\begin{pmatrix}1&0\\0&1\end{pmatrix}=\boldsymbol{\alpha}_1+\boldsymbol{\alpha}_2$, $\boldsymbol{\beta}_2=\begin{pmatrix}1&0\\0&-1\end{pmatrix}=\boldsymbol{\alpha}_1-\boldsymbol{\alpha}_2$, $\boldsymbol{\beta}_3=\begin{pmatrix}1&1\\1&1\end{pmatrix}=\boldsymbol{\alpha}_1+\boldsymbol{\alpha}_2+\boldsymbol{\alpha}_3$.

$$(\boldsymbol{\beta}_1,\boldsymbol{\beta}_2,\boldsymbol{\beta}_3)=(\boldsymbol{\alpha}_1,\boldsymbol{\alpha}_2,\boldsymbol{\alpha}_3)\begin{pmatrix}1&1&1\\1&-1&1\\0&0&1\end{pmatrix}.$$

所求过渡矩阵为 $\boldsymbol{P}=\begin{pmatrix}1&1&1\\1&-1&1\\0&0&1\end{pmatrix}$.

例 11　在 $\mathbf{R}^3$ 中取两组基：$\boldsymbol{\alpha}_1=(0,1,1)^{\mathrm{T}},\boldsymbol{\alpha}_2=(1,0,1)^{\mathrm{T}},\boldsymbol{\alpha}_3=(1,1,0)^{\mathrm{T}}$ 与 $\boldsymbol{\beta}_1=(-1,1,1)^{\mathrm{T}}$，$\boldsymbol{\beta}_2=(1,-1,1)^{\mathrm{T}},\boldsymbol{\beta}_3=(1,1,-1)^{\mathrm{T}}$. 求从基 $\boldsymbol{\alpha}_1,\boldsymbol{\alpha}_2,\boldsymbol{\alpha}_3$ 到基 $\boldsymbol{\beta}_1,\boldsymbol{\beta}_2,\boldsymbol{\beta}_3$ 的过渡矩阵 $\boldsymbol{P}$，并分别求 $\boldsymbol{\varepsilon}_1=(1,0,0)^{\mathrm{T}}$ 在基 $\boldsymbol{\alpha}_1,\boldsymbol{\alpha}_2,\boldsymbol{\alpha}_3$ 与基 $\boldsymbol{\beta}_1,\boldsymbol{\beta}_2,\boldsymbol{\beta}_3$ 下的坐标.

解　设 $(\boldsymbol{\beta}_1,\boldsymbol{\beta}_2,\boldsymbol{\beta}_3)=(\boldsymbol{\alpha}_1,\boldsymbol{\alpha}_2,\boldsymbol{\alpha}_3)\boldsymbol{P}$，即

$$\begin{pmatrix}-1&1&1\\1&-1&1\\1&1&-1\end{pmatrix}=\begin{pmatrix}0&1&1\\1&0&1\\1&1&0\end{pmatrix}\boldsymbol{P}.$$

则

$$\boldsymbol{P}=\begin{pmatrix}0&1&1\\1&0&1\\1&1&0\end{pmatrix}^{-1}\begin{pmatrix}-1&1&1\\1&-1&1\\1&1&-1\end{pmatrix}$$

$$=\frac{1}{2}\begin{pmatrix}-1&1&1\\1&-1&1\\1&1&-1\end{pmatrix}\begin{pmatrix}-1&1&1\\1&-1&1\\1&1&-1\end{pmatrix}=\frac{1}{2}\begin{pmatrix}3&-1&-1\\-1&3&-1\\-1&-1&3\end{pmatrix}.$$

设 $\boldsymbol{\varepsilon}_1=(\boldsymbol{\beta}_1,\boldsymbol{\beta}_2,\boldsymbol{\beta}_3)\boldsymbol{y}=(\boldsymbol{\alpha}_1,\boldsymbol{\alpha}_2,\boldsymbol{\alpha}_3)\boldsymbol{x}$. 则

$$\boldsymbol{x}=(\boldsymbol{\alpha}_1,\boldsymbol{\alpha}_2,\boldsymbol{\alpha}_3)^{-1}\boldsymbol{\varepsilon}_1=\begin{pmatrix}0&1&1\\1&0&1\\1&1&0\end{pmatrix}^{-1}\begin{pmatrix}1\\0\\0\end{pmatrix}$$

$$=\frac{1}{2}\begin{pmatrix}-1&1&1\\1&-1&1\\1&1&-1\end{pmatrix}\begin{pmatrix}1\\0\\0\end{pmatrix}=\frac{1}{2}\begin{pmatrix}-1\\1\\1\end{pmatrix};$$

$$\boldsymbol{y}=(\boldsymbol{\beta}_1,\boldsymbol{\beta}_2,\boldsymbol{\beta}_3)^{-1}\boldsymbol{\varepsilon}_1=\begin{pmatrix}-1&1&1\\1&-1&1\\1&1&-1\end{pmatrix}^{-1}\begin{pmatrix}1\\0\\0\end{pmatrix}$$

$$=\frac{1}{2}\begin{pmatrix}0&1&1\\1&0&1\\1&1&0\end{pmatrix}\begin{pmatrix}1\\0\\0\end{pmatrix}=\frac{1}{2}\begin{pmatrix}0\\1\\1\end{pmatrix}.$$

$\boldsymbol{\varepsilon}_1$ 在基 $\boldsymbol{\alpha}_1,\boldsymbol{\alpha}_2,\boldsymbol{\alpha}_3$ 下的坐标为 $\boldsymbol{x}=\frac{1}{2}(-1,1,1)^{\mathrm{T}}$；在基 $\boldsymbol{\beta}_1,\boldsymbol{\beta}_2,\boldsymbol{\beta}_3$ 下的坐标为 $\boldsymbol{y}=\frac{1}{2}(0,1,1)^{\mathrm{T}}$.

§9.4　线性变换的概念与基本性质

一、线性变换的定义

定义 5　设 V 为线性空间. 如果存在一个从 V 到 V 自身的对应法则 σ，使得对任意 $\boldsymbol{\alpha}\in V$，

有唯一的 V 中的元素(记为 $\sigma(\boldsymbol{\alpha})$)与之对应,而且 σ 满足:

(1) 对任意 $\boldsymbol{\alpha},\boldsymbol{\beta}\in V$,有 $\sigma(\boldsymbol{\alpha}+\boldsymbol{\beta})=\sigma(\boldsymbol{\alpha})+\sigma(\boldsymbol{\beta})$;

(2) 对任意 $\boldsymbol{\alpha}\in V$ 及任意 $\lambda\in\mathbf{R}$,有 $\sigma(\lambda\boldsymbol{\alpha})=\lambda\sigma(\boldsymbol{\alpha})$,

则称 σ 为线性空间 V 的一个线性变换. $\sigma(\boldsymbol{\alpha})$称为 $\boldsymbol{\alpha}$ 的像,$\boldsymbol{\alpha}$ 称为 $\sigma(\boldsymbol{\alpha})$的原像.

例 12 设 V 为全体 n 阶实矩阵. 对于矩阵的加法与数乘运算,V 是一个线性空间. 定义 σ 为对任意 $\mathbf{A}\in V$,$\sigma(\mathbf{A})=\mathbf{A}^{\mathrm{T}}$,验证 σ 为 V 的一个线性变换.

证 对任意 $\mathbf{A}\in V$,有唯一的 $\sigma(\mathbf{A})=\mathbf{A}^{\mathrm{T}}$ 与之对应. 且对任意 $\mathbf{A},\boldsymbol{B}\in V$,有

$$\sigma(\mathbf{A}+\boldsymbol{B})=(\mathbf{A}+\boldsymbol{B})^{\mathrm{T}}=\mathbf{A}^{\mathrm{T}}+\boldsymbol{B}^{\mathrm{T}}=\sigma(\mathbf{A})+\sigma(\boldsymbol{B});$$

对任意 $\mathbf{A}\in V$ 及任意 $\lambda\in\mathbf{R}$,有

$$\sigma(\lambda\mathbf{A})=(\lambda\mathbf{A})^{\mathrm{T}}=\lambda\mathbf{A}^{\mathrm{T}}=\lambda\sigma(\mathbf{A}).$$

所以 σ 是 V 的一个线性变换.

例 13 设 n 为正整数,$\mathbf{R}[x]_n$ 为全体次数小于 n 的实系数多项式,即

$$\mathbf{R}[x]_n=\{a_0+a_1x+\cdots+a_{n-1}x^{n-1}\mid a_i\in\mathbf{R},i=0,1,\cdots,n-1\}.$$

对于多项式的加法及数与多项式的乘法,$\mathbf{R}[x]_n$ 是一个线性空间. 定义 σ 为对任意 $f(x)\in\mathbf{R}[x]_n$,$\sigma[f(x)]=f'(x)$,验证 σ 为 $\mathbf{R}[x]_n$ 的一个线性变换.

证 任取 $f(x)=a_0+a_1x+\cdots+a_{n-1}x^{n-1}\in\mathbf{R}[x]_n$,有唯一的

$$\sigma[f(x)]=f'(x)=a_1+2a_2x+\cdots+(n-1)a_{n-1}x^{n-2}\in\mathbf{R}[x]_n$$

与之对应. 且对任意 $f(x),g(x)\in\mathbf{R}[x]_n$,有

$$\begin{aligned}\sigma[f(x)+g(x)]&=[f(x)+g(x)]'=f'(x)+g'(x)\\&=\sigma[f(x)]+\sigma[g(x)];\end{aligned}$$

对任意 $f(x)\in\mathbf{R}[x]_n$ 及任意 $\lambda\in\mathbf{R}$,有

$$\sigma[\lambda f(x)]=[\lambda f(x)]'=\lambda f'(x)=\lambda\sigma[f(x)].$$

所以 σ 是 $\mathbf{R}[x]_n$ 的一个线性变换.

例 14 设 $\mathbf{A}$ 为 n 阶实矩阵. 在线性空间 $\mathbf{R}^n$(关于向量的加法与数乘运算)中定义 σ 为对任意 $\boldsymbol{\alpha}\in\mathbf{R}^n$,$\sigma(\boldsymbol{\alpha})=\mathbf{A}\boldsymbol{\alpha}$,验证 σ 为 $\mathbf{R}^n$ 的一个线性变换.

证 对任意 $\boldsymbol{\alpha}\in\mathbf{R}^n$,有唯一的 $\sigma(\boldsymbol{\alpha})=\mathbf{A}\boldsymbol{\alpha}$ 与之对应. 且对任意 $\boldsymbol{\alpha},\boldsymbol{\beta}\in\mathbf{R}^n$,有

$$\sigma(\boldsymbol{\alpha}+\boldsymbol{\beta})=\mathbf{A}(\boldsymbol{\alpha}+\boldsymbol{\beta})=\mathbf{A}\boldsymbol{\alpha}+\mathbf{A}\boldsymbol{\beta}=\sigma(\boldsymbol{\alpha})+\sigma(\boldsymbol{\beta}),$$

对任意 $\boldsymbol{\alpha}\in\mathbf{R}^n$ 及任意 $\lambda\in\mathbf{R}$,有

$$\sigma(\lambda\boldsymbol{\alpha})=\mathbf{A}(\lambda\boldsymbol{\alpha})=\lambda\mathbf{A}\boldsymbol{\alpha}=\lambda\sigma(\boldsymbol{\alpha}).$$

所以 σ 是 $\mathbf{R}^n$ 的一个线性变换.

二、线性变换的基本性质

设 σ 是线性空间 V 的一个线性变换,则 σ 具有下面的性质.

性质 5 $\sigma(\mathbf{0})=\mathbf{0}$.

证 因为 $\sigma(\mathbf{0})=\sigma(\mathbf{0}+\mathbf{0})=\sigma(\mathbf{0})+\sigma(\mathbf{0})$,所以 $\sigma(\mathbf{0})=\mathbf{0}$.

性质 6 对任意 $\boldsymbol{\alpha},\boldsymbol{\beta}\in V$ 及任意 $\lambda,\mu\in\mathbf{R}$,有

$$\sigma(\lambda\boldsymbol{\alpha}+\mu\boldsymbol{\beta})=\lambda\sigma(\boldsymbol{\alpha})+\mu\sigma(\boldsymbol{\beta}).$$

证　$\sigma(\lambda\boldsymbol{\alpha}+\mu\boldsymbol{\beta})=\sigma(\lambda\boldsymbol{\alpha})+\sigma(\mu\boldsymbol{\beta})=\lambda\sigma(\boldsymbol{\alpha})+\mu\sigma(\boldsymbol{\beta})$.

性质 7　σ 的像集 $\sigma(V)=\{\sigma(\boldsymbol{\alpha})\mid\boldsymbol{\alpha}\in V\}$ 是 V 的子空间，称为 σ 的像空间.

证　根据 9.1 节中的定理 1，只需证 $\sigma(V)$ 对 V 中的加法与数乘运算封闭.

事实上，对任意 $\tilde{\boldsymbol{\alpha}},\tilde{\boldsymbol{\beta}}\in\sigma(V)$，存在 $\boldsymbol{\alpha},\boldsymbol{\beta}\in V$，使 $\tilde{\boldsymbol{\alpha}}=\sigma(\boldsymbol{\alpha})$，$\tilde{\boldsymbol{\beta}}=\sigma(\boldsymbol{\beta})$. 于是 $\tilde{\boldsymbol{\alpha}}+\tilde{\boldsymbol{\beta}}=\sigma(\boldsymbol{\alpha})+\sigma(\boldsymbol{\beta})=\sigma(\boldsymbol{\alpha}+\boldsymbol{\beta})$，$\tilde{\boldsymbol{\alpha}}+\tilde{\boldsymbol{\beta}}\in\sigma(V)$.

对任意实数 λ，$\lambda\tilde{\boldsymbol{\alpha}}=\lambda\sigma(\boldsymbol{\alpha})=\sigma(\lambda\boldsymbol{\alpha})$，$\lambda\tilde{\boldsymbol{\alpha}}\in\sigma(V)$. 所以 $\sigma(V)$ 是 V 的子空间.

性质 8　$\ker\sigma$ 是 V 的子空间. 其中 $\ker\sigma=\{\boldsymbol{\alpha}\mid\sigma(\boldsymbol{\alpha})=\mathbf{0}\}$ 是零元素的全体原像集，称为 σ 的核.

证　只需证 $\ker\sigma$ 对 V 中的加法与数乘运算封闭.

事实上，对任意 $\boldsymbol{\alpha},\boldsymbol{\beta}\in\ker\sigma$ 及任意 $\lambda\in\mathbf{R}$，因为 $\sigma(\boldsymbol{\alpha})=\mathbf{0}$，$\sigma(\boldsymbol{\beta})=\mathbf{0}$. 所以

$$\sigma(\boldsymbol{\alpha}+\boldsymbol{\beta})=\sigma(\boldsymbol{\alpha})+\sigma(\boldsymbol{\beta})=\mathbf{0},\quad \boldsymbol{\alpha}+\boldsymbol{\beta}\in\ker\sigma;$$

$$\sigma(\lambda\boldsymbol{\alpha})=\lambda\sigma(\boldsymbol{\alpha})=\mathbf{0},\quad \lambda\boldsymbol{\alpha}\in\ker\sigma,$$

故 $\ker\sigma$ 是 V 的子空间.

§9.5　线性变换的矩阵表示

本节来建立线性变换与矩阵之间的一一对应关系.

设 σ 是 n 维线性空间 V 的一个线性变换. 在 V 中取定一组基 $\boldsymbol{\alpha}_1,\boldsymbol{\alpha}_2,\cdots,\boldsymbol{\alpha}_n$，则 $\sigma(\boldsymbol{\alpha}_1)$，$\sigma(\boldsymbol{\alpha}_2)$，$\cdots$，$\sigma(\boldsymbol{\alpha}_n)$ 可由 $\boldsymbol{\alpha}_1,\boldsymbol{\alpha}_2,\cdots,\boldsymbol{\alpha}_n$ 线性表示. 设

$$\begin{cases}\sigma(\boldsymbol{\alpha}_1)=a_{11}\boldsymbol{\alpha}_1+a_{21}\boldsymbol{\alpha}_2+\cdots+a_{n1}\boldsymbol{\alpha}_n,\\ \sigma(\boldsymbol{\alpha}_2)=a_{12}\boldsymbol{\alpha}_1+a_{22}\boldsymbol{\alpha}_2+\cdots+a_{n2}\boldsymbol{\alpha}_n,\\ \qquad\qquad\vdots\\ \sigma(\boldsymbol{\alpha}_n)=a_{1n}\boldsymbol{\alpha}_1+a_{2n}\boldsymbol{\alpha}_2+\cdots+a_{nn}\boldsymbol{\alpha}_n,\end{cases}\tag{9.3}$$

为方便起见，将式(9.3)形式地表示为

$$(\sigma(\boldsymbol{\alpha}_1),\sigma(\boldsymbol{\alpha}_2),\cdots,\sigma(\boldsymbol{\alpha}_n))=(\boldsymbol{\alpha}_1,\boldsymbol{\alpha}_2,\cdots,\boldsymbol{\alpha}_n)\begin{pmatrix}a_{11}&a_{12}&\cdots&a_{1n}\\a_{21}&a_{22}&\cdots&a_{2n}\\\vdots&\vdots&&\vdots\\a_{n1}&a_{n2}&\cdots&a_{nn}\end{pmatrix},\tag{9.4}$$

即 $(\sigma(\boldsymbol{\alpha}_1),\sigma(\boldsymbol{\alpha}_2),\cdots,\sigma(\boldsymbol{\alpha}_n))=(\boldsymbol{\alpha}_1,\boldsymbol{\alpha}_2,\cdots,\boldsymbol{\alpha}_n)\boldsymbol{A}$，其中 $\boldsymbol{A}=(a_{ij})$.

上面的方阵 $\boldsymbol{A}=(a_{ij})$ 是由线性变换 σ 唯一确定的. 当 σ 给定后，$\sigma(\boldsymbol{\alpha}_1),\sigma(\boldsymbol{\alpha}_2),\cdots,\sigma(\boldsymbol{\alpha}_n)$ 就确定了，$\boldsymbol{A}$ 的第 i 列就是 $\sigma(\boldsymbol{\alpha}_i)$ 在基 $\boldsymbol{\alpha}_1,\boldsymbol{\alpha}_2,\cdots,\boldsymbol{\alpha}_n$ 下的坐标($i=1,2,\cdots,n$). 反过来，若给定矩阵 $\boldsymbol{A}$，则由式(9.4)可唯一确定 $\sigma(\boldsymbol{\alpha}_1),\sigma(\boldsymbol{\alpha}_2),\cdots,\sigma(\boldsymbol{\alpha}_n)$，从而线性变换 σ 也唯一确定了. 因此式(9.4)给出了线性变换 σ 与矩阵 $\boldsymbol{A}$ 之间的一个一一对应的关系. 有如下的定义.

定义 6　设 σ 是 n 维线性空间 V 的一个线性变换，$\boldsymbol{\alpha}_1,\boldsymbol{\alpha}_2,\cdots,\boldsymbol{\alpha}_n$ 是 V 的一组基. 如果

$(\sigma(\boldsymbol{\alpha}_1),\sigma(\boldsymbol{\alpha}_2),\cdots,\sigma(\boldsymbol{\alpha}_n))=(\boldsymbol{\alpha}_1,\boldsymbol{\alpha}_2,\cdots,\boldsymbol{\alpha}_n)\boldsymbol{A}$,则称 $\boldsymbol{A}$ 为线性变换 σ 在基 $\boldsymbol{\alpha}_1,\boldsymbol{\alpha}_2,\cdots,\boldsymbol{\alpha}_n$ 下的矩阵.

例 15 设 V 为全体二阶实矩阵. 对于矩阵的加法与数乘运算,V 是一个四维线性空间. 记 $\boldsymbol{E}_{ij}$ 为第 i 行第 j 列元素为 1,其余元素为零的二阶矩阵,则 $\boldsymbol{E}_{11},\boldsymbol{E}_{12},\boldsymbol{E}_{21},\boldsymbol{E}_{22}$ 是 V 的一组基. 定义 σ 为对任意 $\boldsymbol{A}\in V,\sigma(\boldsymbol{A})=\boldsymbol{A}^{\mathrm{T}}$. 求 σ 在基 $\boldsymbol{E}_{11},\boldsymbol{E}_{12},\boldsymbol{E}_{21},\boldsymbol{E}_{22}$ 下的矩阵 $\boldsymbol{A}$(由 9.4 节例 12 可知 σ 是 V 的一个线性变换).

解

$$\sigma(\boldsymbol{E}_{11})=\boldsymbol{E}_{11}^{\mathrm{T}}=\boldsymbol{E}_{11},\qquad \sigma(\boldsymbol{E}_{12})=\boldsymbol{E}_{12}^{\mathrm{T}}=\boldsymbol{E}_{21},$$
$$\sigma(\boldsymbol{E}_{21})=\boldsymbol{E}_{21}^{\mathrm{T}}=\boldsymbol{E}_{12},\qquad \sigma(\boldsymbol{E}_{22})=\boldsymbol{E}_{22}^{\mathrm{T}}=\boldsymbol{E}_{22}.$$
$$(\sigma(\boldsymbol{E}_{11}),\sigma(\boldsymbol{E}_{12}),\sigma(\boldsymbol{E}_{21}),\sigma(\boldsymbol{E}_{22}))$$
$$=(\boldsymbol{E}_{11},\boldsymbol{E}_{12},\boldsymbol{E}_{21},\boldsymbol{E}_{22})\begin{pmatrix}1&0&0&0\\0&0&1&0\\0&1&0&0\\0&0&0&1\end{pmatrix}.$$

因此 σ 在基 $\boldsymbol{E}_{11},\boldsymbol{E}_{12},\boldsymbol{E}_{21},\boldsymbol{E}_{22}$ 下的矩阵为 $\boldsymbol{A}=\begin{pmatrix}1&0&0&0\\0&0&1&0\\0&1&0&0\\0&0&0&1\end{pmatrix}$.

例 16 设 $\mathbf{R}[x]_4$ 为全体次数小于 4 的实系数多项式,即

$$\mathbf{R}[x]_4=\{a_0+a_1x+a_2x^2+a_3x^3\mid a_i\in\mathbf{R},i=0,1,2,3\}.$$

对于多项式的加法及数与多项式的乘法,$\mathbf{R}[x]_4$ 是一个四维线性空间. $f_1=1,f_2=x,f_3=x^2$, $f_4=x^3$ 是 $\mathbf{R}[x]_4$ 的一组基. 定义 σ 为对任意 $f(x)\in\mathbf{R}[x]_4,\sigma[f(x)]=f'(x)$. 求 σ 在基 f_1, f_2,f_3,f_4 下的矩阵 $\boldsymbol{A}$(由 9.4 节例 13 可知 σ 是 $\mathbf{R}[x]_4$ 的一个线性变换).

解

$$\sigma(f_1)=f_1'=0,\qquad \sigma(f_2)=f_2'=1=f_1,$$
$$\sigma(f_3)=f_3'=2x=2f_2,\qquad \sigma(f_4)=f_4'=3x^2=3f_3.$$
$$(\sigma(f_1),\sigma(f_2),\sigma(f_3),\sigma(f_4))=(f_1,f_2,f_3,f_4)\begin{pmatrix}0&1&0&0\\0&0&2&0\\0&0&0&3\\0&0&0&0\end{pmatrix}.$$

σ 在基 f_1,f_2,f_3,f_4 下的矩阵为 $\boldsymbol{A}=\begin{pmatrix}0&1&0&0\\0&0&2&0\\0&0&0&3\\0&0&0&0\end{pmatrix}$.

从 9.2 节中了解到,在 n 维线性空间 V 中取一组基 $\boldsymbol{\alpha}_1,\boldsymbol{\alpha}_2,\cdots,\boldsymbol{\alpha}_n$ 以后,相当于在 V 中以 $\boldsymbol{\alpha}_1,\boldsymbol{\alpha}_2,\cdots,\boldsymbol{\alpha}_n$ 为"坐标轴"建立了"坐标系". V 中的任意元素 $\boldsymbol{\alpha}=x_1\boldsymbol{\alpha}_1+x_2\boldsymbol{\alpha}_2+\cdots+x_n\boldsymbol{\alpha}_n$ 与 $\mathbf{R}^n$

中的向量 $\boldsymbol{x}=(x_1,x_2,\cdots,x_n)^{\mathrm{T}}$ 之间有一一对应的关系. 这个一一对应的关系使抽象的线性空间 V 转化成具体的“模型”$\mathbf{R}^n$. 下面的定理将告诉我们,V 的线性变换也会转化成 $\mathbf{R}^n$ 的线性变换.

定理 4　设 $\boldsymbol{\alpha}_1,\boldsymbol{\alpha}_2,\cdots,\boldsymbol{\alpha}_n$ 是 n 维线性空间 V 的一组基,V 的线性变换 σ 在基 $\boldsymbol{\alpha}_1,\boldsymbol{\alpha}_2,\cdots,\boldsymbol{\alpha}_n$ 下的矩阵为 $\boldsymbol{A}$. 对任意 $\alpha\in V$,设 $\boldsymbol{\alpha}$ 与 $\sigma(\boldsymbol{\alpha})$在基 $\boldsymbol{\alpha}_1,\boldsymbol{\alpha}_2,\cdots,\boldsymbol{\alpha}_n$ 下的坐标分别为 $\boldsymbol{x}=(x_1,x_2,\cdots,x_n)^{\mathrm{T}}$ 与 $\boldsymbol{y}=(y_1,y_2,\cdots,y_n)^{\mathrm{T}}$,则 $\boldsymbol{y}=\boldsymbol{A}\boldsymbol{x}$.

证　已知 $(\sigma(\boldsymbol{\alpha}_1),\sigma(\boldsymbol{\alpha}_2),\cdots,\sigma(\boldsymbol{\alpha}_n))=(\boldsymbol{\alpha}_1,\boldsymbol{\alpha}_2,\cdots,\boldsymbol{\alpha}_n)\boldsymbol{A}$,且

$$\boldsymbol{\alpha}=x_1\boldsymbol{\alpha}_1+x_2\boldsymbol{\alpha}_2+\cdots+x_n\boldsymbol{\alpha}_n=(\boldsymbol{\alpha}_1,\boldsymbol{\alpha}_2,\cdots,\boldsymbol{\alpha}_n)\boldsymbol{x};$$

$$\sigma(\boldsymbol{\alpha})=y_1\boldsymbol{\alpha}_1+y_2\boldsymbol{\alpha}_2+\cdots+y_n\boldsymbol{\alpha}_n=(\boldsymbol{\alpha}_1,\boldsymbol{\alpha}_2,\cdots,\boldsymbol{\alpha}_n)\boldsymbol{y}.$$

因为 σ 是 V 的线性变换,所以

$$\begin{aligned}\sigma(\boldsymbol{\alpha})&=\sigma(x_1\boldsymbol{\alpha}_1+x_2\boldsymbol{\alpha}_2+\cdots+x_n\boldsymbol{\alpha}_n)\\&=x_1\sigma(\boldsymbol{\alpha}_1)+x_2\sigma(\boldsymbol{\alpha}_2)+\cdots+x_n\sigma(\boldsymbol{\alpha}_n)\\&=(\sigma(\boldsymbol{\alpha}_1),\sigma(\boldsymbol{\alpha}_2),\cdots,\sigma(\boldsymbol{\alpha}_n))\boldsymbol{x}=[(\boldsymbol{\alpha}_1,\boldsymbol{\alpha}_2,\cdots,\boldsymbol{\alpha}_n)\boldsymbol{A}]\boldsymbol{x}\\&=(\boldsymbol{\alpha}_1,\boldsymbol{\alpha}_2,\cdots,\boldsymbol{\alpha}_n)(\boldsymbol{A}\boldsymbol{x}).\end{aligned}$$

于是有 $\sigma(\boldsymbol{\alpha})=(\boldsymbol{\alpha}_1,\boldsymbol{\alpha}_2,\cdots,\boldsymbol{\alpha}_n)\boldsymbol{y}=(\boldsymbol{\alpha}_1,\boldsymbol{\alpha}_2,\cdots,\boldsymbol{\alpha}_n)(\boldsymbol{A}\boldsymbol{x})$. 而 $\sigma(\boldsymbol{\alpha})$在基 $\boldsymbol{\alpha}_1,\boldsymbol{\alpha}_2,\cdots,\boldsymbol{\alpha}_n$ 下的坐标是唯一的,故 $\boldsymbol{y}=\boldsymbol{A}\boldsymbol{x}$.

注:此处将$(\sigma(\boldsymbol{\alpha}_1),\sigma(\boldsymbol{\alpha}_2),\cdots,\sigma(\boldsymbol{\alpha}_n))$与$(\boldsymbol{\alpha}_1,\boldsymbol{\alpha}_2,\cdots,\boldsymbol{\alpha}_n)$形式地看成 $1\times n$ 的矩阵,以便形式地利用矩阵乘法的结合律来简便运算.

定理 4 告诉我们,在 n 维线性空间 V 中取定基 $\boldsymbol{\alpha}_1,\boldsymbol{\alpha}_2,\cdots,\boldsymbol{\alpha}_n$ 以后,线性空间 V 的线性变换 σ 将 V 中的元素 $\boldsymbol{\alpha}$ 变成 $\sigma(\boldsymbol{\alpha})$,在 V 的“模型”$\mathbf{R}^n$ 中来看,就相当于是将 $\mathbf{R}^n$ 中的向量 $\boldsymbol{x}$(即 $\boldsymbol{\alpha}$ 在基 $\boldsymbol{\alpha}_1,\boldsymbol{\alpha}_2,\cdots,\boldsymbol{\alpha}_n$ 下的坐标)变成向量 $\boldsymbol{y}$(即 $\sigma(\boldsymbol{\alpha})$在基 $\boldsymbol{\alpha}_1,\boldsymbol{\alpha}_2,\cdots,\boldsymbol{\alpha}_n$ 下的坐标),$\boldsymbol{y}=\boldsymbol{A}\boldsymbol{x}$. 其中 $\boldsymbol{A}$ 是 σ 在基 $\boldsymbol{\alpha}_1,\boldsymbol{\alpha}_2,\cdots,\boldsymbol{\alpha}_n$ 下的矩阵. 这说明 n 维线性空间中的线性变换都可以转化为 $\mathbf{R}^n$ 中的线性变换 $\boldsymbol{y}=\boldsymbol{A}\boldsymbol{x}$. 正因为如此,在前面的章节中直接将 $\boldsymbol{y}=\boldsymbol{A}\boldsymbol{x}$ 作为线性变换的定义.

同一线性变换在不同的基下会有不同的矩阵. 这些矩阵之间有什么关系呢?

定理 5　设 $\boldsymbol{\alpha}_1,\boldsymbol{\alpha}_2,\cdots,\boldsymbol{\alpha}_n$ 与 $\boldsymbol{\beta}_1,\boldsymbol{\beta}_2,\cdots,\boldsymbol{\beta}_n$ 是 n 维线性空间 V 的两组基,σ 为 V 的线性变换. 如果 σ 在基 $\boldsymbol{\alpha}_1,\boldsymbol{\alpha}_2,\cdots,\boldsymbol{\alpha}_n$ 与 $\boldsymbol{\beta}_1,\boldsymbol{\beta}_2,\cdots,\boldsymbol{\beta}_n$ 下的矩阵分别为 $\boldsymbol{A}$ 与 $\boldsymbol{B}$,从基 $\boldsymbol{\alpha}_1,\boldsymbol{\alpha}_2,\cdots,\boldsymbol{\alpha}_n$ 到基 $\boldsymbol{\beta}_1,\boldsymbol{\beta}_2,\cdots,\boldsymbol{\beta}_n$ 的过渡矩阵为 $\boldsymbol{P}$,则 $\boldsymbol{B}=\boldsymbol{P}^{-1}\boldsymbol{A}\boldsymbol{P}$.

证　已知

$$(\sigma(\boldsymbol{\alpha}_1),\sigma(\boldsymbol{\alpha}_2),\cdots,\sigma(\boldsymbol{\alpha}_n))=(\boldsymbol{\alpha}_1,\boldsymbol{\alpha}_2,\cdots,\boldsymbol{\alpha}_n)\boldsymbol{A},\quad (*)$$

$$(\sigma(\boldsymbol{\beta}_1),\sigma(\boldsymbol{\beta}_2),\cdots,\sigma(\boldsymbol{\beta}_n))=(\boldsymbol{\beta}_1,\boldsymbol{\beta}_2,\cdots,\boldsymbol{\beta}_n)\boldsymbol{B},\quad (**)$$

且

$$(\boldsymbol{\beta}_1,\boldsymbol{\beta}_2,\cdots,\boldsymbol{\beta}_n)=(\boldsymbol{\alpha}_1,\boldsymbol{\alpha}_2,\cdots,\boldsymbol{\alpha}_n)\boldsymbol{P}.\qquad (***)$$

记 $\boldsymbol{P}=(p_{ij})$,则 $\boldsymbol{\beta}_i=p_{1i}\boldsymbol{\alpha}_1+p_{2i}\boldsymbol{\alpha}_2+\cdots+p_{ni}\boldsymbol{\alpha}_n,i=1,2,\cdots,n$.

因为 σ 是 V 的线性变换,所以

$$\begin{aligned}\sigma(\boldsymbol{\beta}_i)&=\sigma(p_{1i}\boldsymbol{\alpha}_1+p_{2i}\boldsymbol{\alpha}_2+\cdots+p_{ni}\boldsymbol{\alpha}_n)\\&=p_{1i}\sigma(\boldsymbol{\alpha}_1)+p_{2i}\sigma(\boldsymbol{\alpha}_2)+\cdots+p_{ni}\sigma(\boldsymbol{\alpha}_n),\quad i=1,2,\cdots,n.\end{aligned}$$

即$(\sigma(\boldsymbol{\beta}_1),\sigma(\boldsymbol{\beta}_2),\cdots,\sigma(\boldsymbol{\beta}_n))=(\sigma(\boldsymbol{\alpha}_1),\sigma(\boldsymbol{\alpha}_2),\cdots,\sigma(\boldsymbol{\alpha}_n))\boldsymbol{P}$.

将该式左端代入(**),右端代入(*),得

$$(\boldsymbol{\beta}_1,\boldsymbol{\beta}_2,\cdots,\boldsymbol{\beta}_n)\boldsymbol{B}=[(\boldsymbol{\alpha}_1,\boldsymbol{\alpha}_2,\cdots,\boldsymbol{\alpha}_n)\boldsymbol{A}]\boldsymbol{P}.$$

再根据(***),可知$[(\boldsymbol{\alpha}_1,\boldsymbol{\alpha}_2,\cdots,\boldsymbol{\alpha}_n)\boldsymbol{P}]\boldsymbol{B}=[(\boldsymbol{\alpha}_1,\boldsymbol{\alpha}_2,\cdots,\boldsymbol{\alpha}_n)\boldsymbol{A}]\boldsymbol{P}$,即

$$(\boldsymbol{\alpha}_1,\boldsymbol{\alpha}_2,\cdots,\boldsymbol{\alpha}_n)(\boldsymbol{PB})=(\boldsymbol{\alpha}_1,\boldsymbol{\alpha}_2,\cdots,\boldsymbol{\alpha}_n)(\boldsymbol{AP}).$$

而 V 中任意元素在基 $\boldsymbol{\alpha}_1,\boldsymbol{\alpha}_2,\cdots,\boldsymbol{\alpha}_n$ 下的坐标是唯一的,故 $\boldsymbol{PB}=\boldsymbol{AP},\boldsymbol{B}=\boldsymbol{P}^{-1}\boldsymbol{AP}$.

注:此处将$(\sigma(\boldsymbol{\alpha}_1),\sigma(\boldsymbol{\alpha}_2),\cdots,\sigma(\boldsymbol{\alpha}_n))$,$(\sigma(\boldsymbol{\beta}_1),\sigma(\boldsymbol{\beta}_2),\cdots,\sigma(\boldsymbol{\beta}_n))$与$(\boldsymbol{\alpha}_1,\boldsymbol{\alpha}_2,\cdots,\boldsymbol{\alpha}_n)$,$(\boldsymbol{\beta}_1,\boldsymbol{\beta}_2,\cdots,\boldsymbol{\beta}_n)$都形式地看成 $1\times n$ 的矩阵,以便形式地利用矩阵乘法的结合律来简便运算.

定理 5 告诉我们同一线性变换在不同基下的矩阵是相似的.因此我们希望找到一组基,使得线性变换在这组基下的矩阵尽量简单,最好是对角矩阵. 这就归结为第 6 章中讨论的矩阵相似于对角形的问题,也就是矩阵的对角化问题.

§9.6* 欧氏空间

本节将 $\mathbf{R}^n$ 中向量的长度与夹角等几何度量性质推广到一般的 n 维实线性空间.

一、向量的内积

定义 7 设 V 是 n 维实线性空间. 如果对 V 中任意两个向量 $\boldsymbol{\alpha},\boldsymbol{\beta}$,都有唯一确定的实数(记作$(\boldsymbol{\alpha},\boldsymbol{\beta})$)与之对应,且满足下面的三条性质,则称实数$(\boldsymbol{\alpha},\boldsymbol{\beta})$为向量 $\boldsymbol{\alpha}$ 与 $\boldsymbol{\beta}$ 的内积.

(1) **对称性**:对于任意的 $\boldsymbol{\alpha},\boldsymbol{\beta}\in V$,$(\boldsymbol{\alpha},\boldsymbol{\beta})=(\boldsymbol{\beta},\boldsymbol{\alpha})$.

(2) **线性性**:对于任意的 $\boldsymbol{\alpha},\boldsymbol{\beta},\boldsymbol{\gamma}\in V$,$(\boldsymbol{\alpha}+\boldsymbol{\beta},\boldsymbol{\gamma})=(\boldsymbol{\alpha},\boldsymbol{\gamma})+(\boldsymbol{\beta},\boldsymbol{\gamma})$;而且

对于任意的 $\boldsymbol{\alpha},\boldsymbol{\beta}\in V$ 及任意 $k\in\mathbf{R}$,$(k\boldsymbol{\alpha},\boldsymbol{\beta})=k(\boldsymbol{\alpha},\boldsymbol{\beta})$.

(3) **正定性**:对于任意的 $\boldsymbol{\alpha}\in V$,$(\boldsymbol{\alpha},\boldsymbol{\alpha})\geqslant 0$,而且$(\boldsymbol{\alpha},\boldsymbol{\alpha})=0\Leftrightarrow\boldsymbol{\alpha}=\mathbf{0}$.

定义了内积运算的 n 维实线性空间 V 称为 n 维欧氏空间.

例 17 6.1 节中在 $\mathbf{R}^n$ 中定义了内积:$(\boldsymbol{\alpha},\boldsymbol{\beta})=\boldsymbol{\alpha}^{\mathrm{T}}\boldsymbol{\beta},\forall\,\boldsymbol{\alpha},\boldsymbol{\beta}\in\mathbf{R}^n$. 这个内积显然满足定义 7 中的三条性质,按这个内积,$\mathbf{R}^n$ 构成一个 n 维欧氏空间,称这个内积为 $\mathbf{R}^n$ 的标准内积.

例 18 设 $\boldsymbol{A}$ 为 n 阶正定矩阵. 在 $\mathbf{R}^n$ 中定义:$(\boldsymbol{\alpha},\boldsymbol{\beta})=\boldsymbol{\alpha}^{\mathrm{T}}\boldsymbol{A}\boldsymbol{\beta},\forall\,\boldsymbol{\alpha},\boldsymbol{\beta}\in\mathbf{R}^n$. 下面验证$(\boldsymbol{\alpha},\boldsymbol{\beta})$满足上述三条性质,因此$(\boldsymbol{\alpha},\boldsymbol{\beta})$也是 $\mathbf{R}^n$ 中的内积运算.

(1) $\forall\,\boldsymbol{\alpha},\boldsymbol{\beta}\in\mathbf{R}^n$,$\boldsymbol{\alpha}^{\mathrm{T}}\boldsymbol{A}\boldsymbol{\beta}=(\boldsymbol{\alpha}^{\mathrm{T}}\boldsymbol{A}\boldsymbol{\beta})^{\mathrm{T}}=\boldsymbol{\beta}^{\mathrm{T}}\boldsymbol{A}^{\mathrm{T}}\boldsymbol{\alpha}=\boldsymbol{\beta}^{\mathrm{T}}\boldsymbol{A}\boldsymbol{\alpha}$,即$(\boldsymbol{\alpha},\boldsymbol{\beta})=(\boldsymbol{\beta},\boldsymbol{\alpha})$.

(2) $\forall\,\boldsymbol{\alpha},\boldsymbol{\beta},\boldsymbol{\gamma}\in\mathbf{R}^n$,$\forall\,k\in\mathbf{R}$,

$$(\boldsymbol{\alpha}+\boldsymbol{\beta})^{\mathrm{T}}\boldsymbol{A}\boldsymbol{\gamma}=(\boldsymbol{\alpha}^{\mathrm{T}}+\boldsymbol{\beta}^{\mathrm{T}})\boldsymbol{A}\boldsymbol{\gamma}=\boldsymbol{\alpha}^{\mathrm{T}}\boldsymbol{A}\boldsymbol{\gamma}+\boldsymbol{\beta}^{\mathrm{T}}\boldsymbol{A}\boldsymbol{\gamma},$$

即$(\boldsymbol{\alpha}+\boldsymbol{\beta},\boldsymbol{\gamma})=(\boldsymbol{\alpha},\boldsymbol{\gamma})+(\boldsymbol{\beta},\boldsymbol{\gamma})$;

$$(k\boldsymbol{\alpha})^{\mathrm{T}}\boldsymbol{A}\boldsymbol{\gamma}=k\boldsymbol{\alpha}^{\mathrm{T}}\boldsymbol{A}\boldsymbol{\gamma},\text{即}(k\boldsymbol{\alpha},\boldsymbol{\gamma})=k(\boldsymbol{\alpha},\boldsymbol{\gamma}).$$

(3) 因为 $\boldsymbol{A}$ 为 n 阶正定矩阵,所以 $\forall\,\boldsymbol{\alpha}\in\mathbf{R}^n$,$(\boldsymbol{\alpha},\boldsymbol{\alpha})=\boldsymbol{\alpha}^{\mathrm{T}}\boldsymbol{A}\boldsymbol{\alpha}\geqslant 0$,且

$$(\boldsymbol{\alpha},\boldsymbol{\alpha})=0\Leftrightarrow\boldsymbol{\alpha}=\mathbf{0}.$$

例 19　设 V 为全体 n 阶实矩阵. 对于矩阵的加法与数乘运算,V 构成一个 n^2 维实线性空间. 在 V 中定义:$(\boldsymbol{A},\boldsymbol{B})=\mathrm{tr}(\boldsymbol{A}^{\mathrm{T}}\boldsymbol{B})$, $\forall \boldsymbol{A},\boldsymbol{B}\in V$. 下面验证$(\boldsymbol{A},\boldsymbol{B})$满足上述三条性质,因此$(\boldsymbol{A},\boldsymbol{B})$是 V 中的内积运算.

(1) $\forall \boldsymbol{A},\boldsymbol{B}\in V$, $\mathrm{tr}(\boldsymbol{A}^{\mathrm{T}}\boldsymbol{B})=\mathrm{tr}[(\boldsymbol{A}^{\mathrm{T}}\boldsymbol{B})^{\mathrm{T}}]=\mathrm{tr}(\boldsymbol{B}^{\mathrm{T}}\boldsymbol{A})$,即$(\boldsymbol{A},\boldsymbol{B})=(\boldsymbol{B},\boldsymbol{A})$.

(2) $\forall \boldsymbol{A},\boldsymbol{B},\boldsymbol{C}\in V$, $\forall k\in \mathbf{R}$,

$\mathrm{tr}[(\boldsymbol{A}+\boldsymbol{B})^{\mathrm{T}}\boldsymbol{C}]=\mathrm{tr}(\boldsymbol{A}^{\mathrm{T}}\boldsymbol{C}+\boldsymbol{B}^{\mathrm{T}}\boldsymbol{C})=\mathrm{tr}(\boldsymbol{A}^{\mathrm{T}}\boldsymbol{C})+\mathrm{tr}(\boldsymbol{B}^{\mathrm{T}}\boldsymbol{C})$,即$(\boldsymbol{A}+\boldsymbol{B},\boldsymbol{C})=(\boldsymbol{A},\boldsymbol{C})+(\boldsymbol{B},\boldsymbol{C})$;

$\mathrm{tr}[(k\boldsymbol{A})^{\mathrm{T}}\boldsymbol{C}]=\mathrm{tr}(k\boldsymbol{A}^{\mathrm{T}}\boldsymbol{C})=k\,\mathrm{tr}(\boldsymbol{A}^{\mathrm{T}}\boldsymbol{C})$,即$(k\boldsymbol{A},\boldsymbol{C})=k(\boldsymbol{A},\boldsymbol{C})$.

(3) $\forall \boldsymbol{A}\in V$,记 $\boldsymbol{A}=(a_{ij})$, $(\boldsymbol{A},\boldsymbol{A})=\mathrm{tr}(\boldsymbol{A}^{\mathrm{T}}\boldsymbol{A})=\sum\limits_{1\leqslant i,j\leqslant n}a_{ij}^2\geqslant 0$,且$(\boldsymbol{A},\boldsymbol{A})=0\Leftrightarrow a_{ij}=0$, $i,j=1,2,\cdots,n$,即 $\boldsymbol{A}=\boldsymbol{O}$ 为零矩阵.

例 20　设 n 为正整数,$\mathbf{R}[x]_n$ 为全体次数小于 n 的实系数多项式,即

$$\mathbf{R}[x]_n=\{a_0+a_1x+\cdots+a_{n-1}x^{n-1}\mid a_i\in\mathbf{R},i=0,1,\cdots,n-1\}.$$

对于多项式的加法及数与多项式的乘法,$\mathbf{R}[x]_n$ 构成一个 n 维实线性空间.

在 $\mathbf{R}[x]_n$ 中定义:$(f(x),g(x))=\int_0^1 f(x)g(x)\mathrm{d}x$, $\forall f(x),g(x)\in\mathbf{R}[x]_n$. 下面验证$(f(x),g(x))$满足上述三条性质,因此$(f(x),g(x))$是 $\mathbf{R}[x]_n$ 中的内积运算.

(1) $\forall f(x),g(x)\in\mathbf{R}[x]_n$, $\int_0^1 f(x)g(x)\mathrm{d}x=\int_0^1 g(x)f(x)\mathrm{d}x$,

即

$$(f(x),g(x))=(g(x),f(x)).$$

(2) $\forall f(x),g(x),h(x)\in\mathbf{R}[x]_n$, $\forall k\in\mathbf{R}$,

$$\int_0^1[f(x)+g(x)]h(x)\mathrm{d}x=\int_0^1 f(x)h(x)\mathrm{d}x+\int_0^1 g(x)h(x)\mathrm{d}x,$$

即

$$(f(x)+g(x),h(x))=(f(x),h(x))+(g(x),h(x));$$

$$\int_0^1 kf(x)h(x)\mathrm{d}x=k\int_0^1 f(x)h(x)\mathrm{d}x,$$

即

$$(kf(x),h(x))=k(f(x),h(x)).$$

(3) $\forall f(x)\in\mathbf{R}[x]_n$, $(f(x),f(x))=\int_0^1 f^2(x)\mathrm{d}x\geqslant 0$,且

$$(f(x),f(x))=\int_0^1 f^2(x)\mathrm{d}x=0\Leftrightarrow f(x)\equiv 0.$$

对欧氏空间中的内积,也有柯西-施瓦茨(Cauchy-Schwarz)不等式.

定理 6(柯西-施瓦茨不等式)　设 V 为 n 维欧氏空间,对任意 $\boldsymbol{\alpha},\boldsymbol{\beta}\in V$,有

$$(\boldsymbol{\alpha},\boldsymbol{\beta})^2\leqslant(\boldsymbol{\alpha},\boldsymbol{\alpha})(\boldsymbol{\beta},\boldsymbol{\beta}),$$

等号当且仅当 $\boldsymbol{\alpha}$ 与 $\boldsymbol{\beta}$ 线性相关时成立.

定理的证明与第 7 章定理 1 的证明完全相同,在此不再赘述.

与在 $\mathbf{R}^n$ 中完全相同,在 n 维欧氏空间中可如下定义向量的长度与夹角.

定义8 设V为n维欧氏空间,对任意$\boldsymbol{\alpha}\in V$,令 $\|\boldsymbol{\alpha}\|=\sqrt{(\boldsymbol{\alpha},\boldsymbol{\alpha})}$,称$\|\boldsymbol{\alpha}\|$为$\boldsymbol{\alpha}$的长度.当$\|\boldsymbol{\alpha}\|=1$时,称$\boldsymbol{\alpha}$为**单位向量**.

向量的长度有以下三条基本性质

(1) **非负性**:对任意$\boldsymbol{\alpha}\in V$,$\|\boldsymbol{\alpha}\|\geqslant 0$,且$\|\boldsymbol{\alpha}\|=0\Leftrightarrow\boldsymbol{\alpha}=\mathbf{0}$.

(2) **齐次性**:对任意$\boldsymbol{\alpha}\in V$及任意$k\in\mathbf{R}$,$\|k\boldsymbol{\alpha}\|=\sqrt{(k\boldsymbol{\alpha},k\boldsymbol{\alpha})}=\sqrt{k^2(\boldsymbol{\alpha},\boldsymbol{\alpha})}=|k|\times\|\boldsymbol{\alpha}\|$. 这里,$|k|$是数$k$的绝对值.

(3) **三角不等式**:对任意$\boldsymbol{\alpha},\boldsymbol{\beta}\in V$,$\|\boldsymbol{\alpha}+\boldsymbol{\beta}\|\leqslant\|\boldsymbol{\alpha}\|+\|\boldsymbol{\beta}\|$.

定义9 设V为n维欧氏空间,对V中的任意非零向量$\boldsymbol{\alpha},\boldsymbol{\beta}$,称

$$\theta=\arccos\frac{(\boldsymbol{\alpha},\boldsymbol{\beta})}{\|\boldsymbol{\alpha}\|\cdot\|\boldsymbol{\beta}\|}$$

为$\boldsymbol{\alpha}$与$\boldsymbol{\beta}$的夹角.

特别地,当$\theta=\frac{\pi}{2}$即$(\boldsymbol{\alpha},\boldsymbol{\beta})=0$时,称$\boldsymbol{\alpha}$与$\boldsymbol{\beta}$**正交**. 记为$\boldsymbol{\alpha}\perp\boldsymbol{\beta}$.

零向量与其他向量的夹角是不确定的,规定零向量与任意向量都正交.

如在例20中取$f(x)=x,g(x)=x^2$,由定义可得$f(x)$与$g(x)$的夹角为

$$\theta=\arccos\frac{(f(x),g(x))}{\|f(x)\|\cdot\|g(x)\|}=\arccos\frac{\int_0^1 x^3\,\mathrm{d}x}{\sqrt{\int_0^1 x^2\,\mathrm{d}x}\sqrt{\int_0^1 x^4\,\mathrm{d}x}}=\arccos\frac{\sqrt{15}}{4}.$$

二、标准正交基

定义10 设V为n维欧氏空间,如果V中的非零元素$\boldsymbol{\alpha}_1,\boldsymbol{\alpha}_2,\cdots,\boldsymbol{\alpha}_m$两两正交,则称$\boldsymbol{\alpha}_1,\boldsymbol{\alpha}_2,\cdots,\boldsymbol{\alpha}_m$为正交向量组. 由单位向量构成的正交向量组称为标准正交向量组或规范正交向量组.

正交向量组有下面的性质.

定理7 设$\boldsymbol{\alpha}_1,\boldsymbol{\alpha}_2,\cdots,\boldsymbol{\alpha}_m$为正交向量组,则$\boldsymbol{\alpha}_1,\boldsymbol{\alpha}_2,\cdots,\boldsymbol{\alpha}_m$线性无关.

定理的证明与第7章定理2的证明完全相同,在此略去.

定义11 设V为n维欧氏空间,如果V中有一组基$\boldsymbol{\alpha}_1,\boldsymbol{\alpha}_2,\cdots,\boldsymbol{\alpha}_n$两两正交且都是单位向量,则称$\boldsymbol{\alpha}_1,\boldsymbol{\alpha}_2,\cdots,\boldsymbol{\alpha}_n$为$V$的一组标准正交基.

$\mathbf{R}^n$中的施密特(Schimidt)正交化方法对欧氏空间也适用.

定理8 设V为n维欧氏空间,$\boldsymbol{\alpha}_1,\boldsymbol{\alpha}_2,\cdots,\boldsymbol{\alpha}_m$是$V$中线性无关的向量组. 令

$$\begin{aligned}
\boldsymbol{\beta}_1&=\boldsymbol{\alpha}_1,\\
\boldsymbol{\beta}_2&=\boldsymbol{\alpha}_2-\frac{(\boldsymbol{\alpha}_2,\boldsymbol{\beta}_1)}{(\boldsymbol{\beta}_1,\boldsymbol{\beta}_1)}\boldsymbol{\beta}_1,\\
\boldsymbol{\beta}_3&=\boldsymbol{\alpha}_3-\frac{(\boldsymbol{\alpha}_3,\boldsymbol{\beta}_1)}{(\boldsymbol{\beta}_1,\boldsymbol{\beta}_1)}\boldsymbol{\beta}_1-\frac{(\boldsymbol{\alpha}_3,\boldsymbol{\beta}_2)}{(\boldsymbol{\beta}_2,\boldsymbol{\beta}_2)}\boldsymbol{\beta}_2,\\
&\vdots\\
\boldsymbol{\beta}_m&=\boldsymbol{\alpha}_m-\frac{(\boldsymbol{\alpha}_m,\boldsymbol{\beta}_1)}{(\boldsymbol{\beta}_1,\boldsymbol{\beta}_1)}\boldsymbol{\beta}_1-\frac{(\boldsymbol{\alpha}_m,\boldsymbol{\beta}_2)}{(\boldsymbol{\beta}_2,\boldsymbol{\beta}_2)}\boldsymbol{\beta}_2-\cdots-\frac{(\boldsymbol{\alpha}_m,\boldsymbol{\beta}_{m-1})}{(\boldsymbol{\beta}_{m-1},\boldsymbol{\beta}_{m-1})}\boldsymbol{\beta}_{m-1},
\end{aligned}$$

则 $\boldsymbol{\beta}_1,\boldsymbol{\beta}_2,\cdots,\boldsymbol{\beta}_m$ 两两正交且与 $\boldsymbol{\alpha}_1,\boldsymbol{\alpha}_2,\cdots,\boldsymbol{\alpha}_m$ 等价.

利用施密特(Schimidt)正交化方法,可以在欧式空间 V 中借助一组普通的基向量,找到一组标准正交基,于是就在 V 中建立了"直角坐标系".

例 21　在例 20 中,取 $n=3$,求 $\mathbf{R}[x]_3$ 的一组标准正交基.

解　在 $\mathbf{R}[x]_3$ 中取基 $\boldsymbol{\alpha}_1=1,\boldsymbol{\alpha}_2=x,\boldsymbol{\alpha}_3=x^2$,将 $\boldsymbol{\alpha}_1,\boldsymbol{\alpha}_2,\boldsymbol{\alpha}_3$ 标准正交化,即可得到 $\mathbf{R}[x]_3$ 的一组标准正交基.

令

$$\boldsymbol{\beta}_1=\boldsymbol{\alpha}_1=1,$$

$$\boldsymbol{\beta}_2=\boldsymbol{\alpha}_2-\frac{(\boldsymbol{\alpha}_2,\boldsymbol{\beta}_1)}{(\boldsymbol{\beta}_1,\boldsymbol{\beta}_1)}\boldsymbol{\beta}_1=x-\frac{\int_0^1 x\mathrm{d}x}{\int_0^1 1^2\mathrm{d}x}=x-\frac{1}{2},$$

$$\begin{aligned}\boldsymbol{\beta}_3&=\boldsymbol{\alpha}_3-\frac{(\boldsymbol{\alpha}_3,\boldsymbol{\beta}_1)}{(\boldsymbol{\beta}_1,\boldsymbol{\beta}_1)}\boldsymbol{\beta}_1-\frac{(\boldsymbol{\alpha}_3,\boldsymbol{\beta}_2)}{(\boldsymbol{\beta}_2,\boldsymbol{\beta}_2)}\boldsymbol{\beta}_2\\&=x^2-\frac{\int_0^1 x^2\mathrm{d}x}{\int_0^1 1^2\mathrm{d}x}-\frac{\int_0^1 x^2\left(x-\frac{1}{2}\right)\mathrm{d}x}{\int_0^1\left(x-\frac{1}{2}\right)^2\mathrm{d}x}\left(x-\frac{1}{2}\right)\\&=x^2-x+\frac{1}{6}.\end{aligned}$$

取

$$\boldsymbol{e}_1=\frac{\boldsymbol{\beta}_1}{\|\boldsymbol{\beta}_1\|}=\frac{1}{\sqrt{\int_0^1 1^2\mathrm{d}x}}=1,$$

$$\boldsymbol{e}_2=\frac{\boldsymbol{\beta}_2}{\|\boldsymbol{\beta}_2\|}=\frac{x-\frac{1}{2}}{\sqrt{\int_0^1\left(x-\frac{1}{2}\right)^2\mathrm{d}x}}=2\sqrt{3}\left(x-\frac{1}{2}\right),$$

$$\boldsymbol{e}_3=\frac{\boldsymbol{\beta}_3}{\|\boldsymbol{\beta}_3\|}=\frac{x^2-x+\frac{1}{6}}{\sqrt{\int_0^1\left(x^2-x+\frac{1}{6}\right)^2\mathrm{d}x}}=6\sqrt{5}\left(x^2-x+\frac{1}{6}\right).$$

$\boldsymbol{e}_1,\boldsymbol{e}_2,\boldsymbol{e}_3$ 即为 $\mathbf{R}[x]_3$ 的一组标准正交基.

三、度量矩阵

在 n 维欧式空间 V 中取定一组基 $\boldsymbol{\alpha}_1,\boldsymbol{\alpha}_2,\cdots,\boldsymbol{\alpha}_n$ 以后,V 中的任意向量 $\boldsymbol{\alpha}=x_1\boldsymbol{\alpha}_1+x_2\boldsymbol{\alpha}_2+\cdots+x_n\boldsymbol{\alpha}_n$ 与其坐标(即 $\mathbf{R}^n$ 中的向量)$\boldsymbol{x}=(x_1,x_2,\cdots,x_n)^{\mathrm{T}}$ 之间是一一对应的. 借助这个对应关系,可将 V 中抽象的内积运算对应成 $\mathbf{R}^n$ 中具体的内积运算. 为此,先引入度量矩阵的概念.

定义 12　设 V 为 n 维欧氏空间,$\boldsymbol{\alpha}_1,\boldsymbol{\alpha}_2,\cdots,\boldsymbol{\alpha}_n$ 为 V 的一组基. 称下面的矩阵 $\boldsymbol{A}$ 为 V 在基 $\boldsymbol{\alpha}_1,\boldsymbol{\alpha}_2,\cdots,\boldsymbol{\alpha}_n$ 下的度量矩阵.

$$\boldsymbol{A}=\begin{pmatrix}(\boldsymbol{\alpha}_1,\boldsymbol{\alpha}_1) & (\boldsymbol{\alpha}_1,\boldsymbol{\alpha}_2) & \cdots & (\boldsymbol{\alpha}_1,\boldsymbol{\alpha}_n)\\(\boldsymbol{\alpha}_2,\boldsymbol{\alpha}_1) & (\boldsymbol{\alpha}_2,\boldsymbol{\alpha}_2) & \cdots & (\boldsymbol{\alpha}_2,\boldsymbol{\alpha}_n)\\\vdots & \vdots & & \vdots\\(\boldsymbol{\alpha}_n,\boldsymbol{\alpha}_1) & (\boldsymbol{\alpha}_n,\boldsymbol{\alpha}_2) & \cdots & (\boldsymbol{\alpha}_n,\boldsymbol{\alpha}_n)\end{pmatrix}.$$

有了度量矩阵以后,就可将 n 维欧氏空间 V 中抽象的内积运算对应成 $\mathbf{R}^n$ 中具体的内积运算.

定理 9 设 V 为 n 维欧氏空间,$\boldsymbol{\alpha}_1,\boldsymbol{\alpha}_2,\cdots,\boldsymbol{\alpha}_n$ 为 V 的一组基,$\boldsymbol{A}$ 为 V 在基 $\boldsymbol{\alpha}_1,\boldsymbol{\alpha}_2,\cdots,\boldsymbol{\alpha}_n$ 下的度量矩阵. 任取 $\boldsymbol{\alpha},\boldsymbol{\beta}\in V$,分别设 $\boldsymbol{\alpha},\boldsymbol{\beta}$ 在基 $\boldsymbol{\alpha}_1,\boldsymbol{\alpha}_2,\cdots,\boldsymbol{\alpha}_n$ 下的坐标为 $\boldsymbol{x}=(x_1,x_2,\cdots,x_n)^{\mathrm{T}}$ 与 $\boldsymbol{y}=(y_1,y_2,\cdots,y_n)^{\mathrm{T}}$, 则$(\boldsymbol{\alpha},\boldsymbol{\beta})=\boldsymbol{x}^{\mathrm{T}}\boldsymbol{A}\boldsymbol{y}$.

证 记 $a_{ij}=(\boldsymbol{\alpha}_i,\boldsymbol{\alpha}_j)$,则 $\boldsymbol{A}=(a_{ij})$.

已知 $\boldsymbol{\alpha}=x_1\boldsymbol{\alpha}_1+x_2\boldsymbol{\alpha}_2+\cdots+x_n\boldsymbol{\alpha}_n$,$\boldsymbol{\beta}=y_1\boldsymbol{\alpha}_1+y_2\boldsymbol{\alpha}_2+\cdots+y_n\boldsymbol{\alpha}_n$. 于是

$$(\boldsymbol{\alpha},\boldsymbol{\beta})=(\sum_{i=1}^n x_i\boldsymbol{\alpha}_i,\sum_{j=1}^n y_j\boldsymbol{\alpha}_j)=\sum_{i,j=1}^n x_iy_ja_{ij}=\boldsymbol{x}^{\mathrm{T}}\boldsymbol{A}\boldsymbol{y}.$$

由定理 9 可得$(\boldsymbol{\alpha},\boldsymbol{\alpha})=\boldsymbol{x}^{\mathrm{T}}\boldsymbol{A}\boldsymbol{x}$,根据内积的定义,$(\boldsymbol{\alpha},\boldsymbol{\alpha})\geqslant 0$ 且$(\boldsymbol{\alpha},\boldsymbol{\alpha})=0\Leftrightarrow\boldsymbol{\alpha}=\boldsymbol{0}$,因此 $\boldsymbol{x}^{\mathrm{T}}\boldsymbol{A}\boldsymbol{x}\geqslant 0$ 而且 $\boldsymbol{x}^{\mathrm{T}}\boldsymbol{A}\boldsymbol{x}=0\Leftrightarrow\boldsymbol{x}=\boldsymbol{0}$,这说明度量矩阵 $\boldsymbol{A}$ 是正定的.

在 n 维欧式空间 V 中取定一组基 $\boldsymbol{\alpha}_1,\boldsymbol{\alpha}_2,\cdots,\boldsymbol{\alpha}_n$ 后,如果将 V 中的元素 $\boldsymbol{\alpha}=x_1\boldsymbol{\alpha}_1+x_2\boldsymbol{\alpha}_2+\cdots+x_n\boldsymbol{\alpha}_n$ 看成 $\mathbf{R}^n$ 中的向量 $\boldsymbol{x}=(x_1,x_2,\cdots,x_n)^{\mathrm{T}}$,则从结构上来看,$V$ 与 $\mathbf{R}^n$ 是完全相同的. 定理 9 说明,可将 V 中抽象的内积运算$(\boldsymbol{\alpha},\boldsymbol{\beta})$当成 $\mathbf{R}^n$ 中具体的内积运算 $\boldsymbol{x}^{\mathrm{T}}\boldsymbol{A}\boldsymbol{y}$(将 V 中的元素 $\boldsymbol{\beta}=y_1\boldsymbol{\alpha}_1+y_2\boldsymbol{\alpha}_2+\cdots+y_n\boldsymbol{\alpha}_n$ 看成 $\mathbf{R}^n$ 中的向量 $\boldsymbol{y}=(y_1,y_2,\cdots,y_n)^{\mathrm{T}}$). 若 $\boldsymbol{\alpha}_1,\boldsymbol{\alpha}_2,\cdots,\boldsymbol{\alpha}_n$ 是 V 的一组标准正交基,$\boldsymbol{A}$ 就是单位矩阵了,这个内积运算正是 $\mathbf{R}^n$ 中的标准内积 $\boldsymbol{x}^{\mathrm{T}}\boldsymbol{y}$.

n 维欧氏空间 V 在不同基下的度量矩阵是不同的,它们之间有什么关系呢?

定理 10 设 V 为 n 维欧氏空间,$\boldsymbol{\alpha}_1,\boldsymbol{\alpha}_2,\cdots,\boldsymbol{\alpha}_n$ 与 $\boldsymbol{\beta}_1,\boldsymbol{\beta}_2,\cdots,\boldsymbol{\beta}_n$ 为 V 的两组基,V 在基 $\boldsymbol{\alpha}_1,\boldsymbol{\alpha}_2,\cdots,\boldsymbol{\alpha}_n$ 与 $\boldsymbol{\beta}_1,\boldsymbol{\beta}_2,\cdots,\boldsymbol{\beta}_n$ 下的度量矩阵分别为 $\boldsymbol{A},\boldsymbol{B}$. 从 $\boldsymbol{\alpha}_1,\boldsymbol{\alpha}_2,\cdots,\boldsymbol{\alpha}_n$ 到 $\boldsymbol{\beta}_1,\boldsymbol{\beta}_2,\cdots,\boldsymbol{\beta}_n$ 的过渡矩阵为 $\boldsymbol{P}$,则 $\boldsymbol{B}=\boldsymbol{P}^{\mathrm{T}}\boldsymbol{A}\boldsymbol{P}$.

证 记 $\boldsymbol{A}=(a_{ij})$,$\boldsymbol{B}=(b_{ij})$,$\boldsymbol{P}=(p_{ij})$,由已知得

$$(\boldsymbol{\alpha}_i,\boldsymbol{\alpha}_j)=a_{ij},\quad(\boldsymbol{\beta}_i,\boldsymbol{\beta}_j)=b_{ij};$$

$$(\boldsymbol{\beta}_1,\boldsymbol{\beta}_2,\cdots,\boldsymbol{\beta}_n)=(\boldsymbol{\alpha}_1,\boldsymbol{\alpha}_2,\cdots,\boldsymbol{\alpha}_n)\boldsymbol{P},$$

即

$$\boldsymbol{\beta}_i=p_{1i}\boldsymbol{\alpha}_1+p_{2i}\boldsymbol{\alpha}_2+\cdots+p_{ni}\boldsymbol{\alpha}_n,\quad i=1,2,\cdots,n.$$

为方便起见,设 $\boldsymbol{P}^{\mathrm{T}}\boldsymbol{A}\boldsymbol{P}=(c_{ij})$,只需证明 $b_{ij}=c_{ij}$.

$$\begin{aligned}b_{ij}&=(\boldsymbol{\beta}_i,\boldsymbol{\beta}_j)\\&=(p_{1i}\boldsymbol{\alpha}_1+p_{2i}\boldsymbol{\alpha}_2+\cdots+p_{ni}\boldsymbol{\alpha}_n,p_{1j}\boldsymbol{\alpha}_1+p_{2j}\boldsymbol{\alpha}_2+\cdots+p_{nj}\boldsymbol{\alpha}_n)\\&=\sum_{k,l=1}^n p_{ki}p_{lj}(\boldsymbol{\alpha}_k,\boldsymbol{\alpha}_l)=\sum_{k,l=1}^n p_{ki}p_{lj}a_{kl}=c_{ij}.\end{aligned}$$

定理 10 告诉我们 n 维欧氏空间 V 在不同基下的度量矩阵是合同的.

§9.7* 线性空间的同构

在 9.2 节中我们发现,任意一个 n 维实线性空间都与 $\mathbf{R}^n$ 有完全相同的结构,$\mathbf{R}^n$ 可以作为它的"模型". 本节将讨论一般实线性空间之间这种"结构相同"的关系.

定义 13　设 V_1,V_2 为实线性空间. 如果存在一个从 V_1 到 V_2 的对应法则 f,使得对任意 $\boldsymbol{\alpha}\in V_1$,有唯一的 V_2 中的元素(记为 $f(\boldsymbol{\alpha})$)与之对应,而且 f 满足:

(1) 对任意 $\boldsymbol{\alpha},\boldsymbol{\beta}\in V_1$,有 $f(\boldsymbol{\alpha}+\boldsymbol{\beta})=f(\boldsymbol{\alpha})+f(\boldsymbol{\beta})$;

(2) 对任意 $\boldsymbol{\alpha}\in V_1$ 及任意 $\lambda\in\mathbf{R}$,有 $f(\lambda\boldsymbol{\alpha})=\lambda f(\boldsymbol{\alpha})$,

则称 f 为实线性空间 V_1 到 V_2 的一个线性映射. 若 f 为一一对应,则称 f 为实线性空间 V_1 到 V_2 的一个同构映射,此时也称 V_1 与 V_2 同构. 若 $V_1=V_2$,则称 f 为 V_1 的一个自同构.

例 22　设 $V_1=\mathbf{R}^{m\times n}$ 为全体 $m\times n$ 实矩阵,$V_2=\mathbf{R}^{n\times m}$ 为全体 $n\times m$ 实矩阵. 对于矩阵的加法与数乘运算,V_1,V_2 构成 $m\times n$ 维线性空间. 定义 $f:V_1\to V_2$ 如下:$f(\mathbf{A})=\mathbf{A}^{\mathrm{T}}$, $\forall\,\mathbf{A}\in V_1$. 验证 f 为 V_1 到 V_2 的一个同构映射.

证　对任意 $\mathbf{A}\in V_1$,有唯一的 $f(\mathbf{A})=\mathbf{A}^{\mathrm{T}}\in V_2$ 与之对应. 且对任意 $\mathbf{A},\boldsymbol{B}\in V_1$,有

$$f(\mathbf{A}+\boldsymbol{B})=(\mathbf{A}+\boldsymbol{B})^{\mathrm{T}}=\mathbf{A}^{\mathrm{T}}+\boldsymbol{B}^{\mathrm{T}}=f(\mathbf{A})+f(\boldsymbol{B});$$

对任意 $\mathbf{A}\in V_1$ 及任意 $\lambda\in\mathbf{R}$,有

$$f(\lambda\mathbf{A})=(\lambda\mathbf{A})^{\mathrm{T}}=\lambda\mathbf{A}^{\mathrm{T}}=\lambda f(\mathbf{A}).$$

所以 f 是 V_1 到 V_2 的一个线性映射.

很明显,f 为一一对应,所以 f 为 V_1 到 V_2 的一个同构映射.

例 23　设 $V_1=\mathbf{R}^{2\times 2}$ 为全体二阶实矩阵,对于矩阵的加法与数乘运算,V_1 构成四维线性空间. $V_2=\mathbf{R}[x]_4$ 为全体次数小于 4 的实系数多项式,即

$$V_2=\{a_0+a_1x+a_2x^2+a_3x^3\mid a_i\in\mathbf{R},i=0,1,2,3\}.$$

对于多项式的加法及数与多项式的乘法,V_2 也是一个四维实线性空间.

定义 $f:V_1\to V_2$ 如下:$f(\mathbf{A})=a_{11}+a_{12}x+a_{21}x^2+a_{22}x^3$, $\forall\,\mathbf{A}=(a_{ij})\in V_1$. 验证 f 为 V_1 到 V_2 的一个同构映射.

证　$\forall\,\mathbf{A}=(a_{ij})\in V_1$,有唯一的 $f(\mathbf{A})=a_{11}+a_{12}x+a_{21}x^2+a_{22}x^3\in V_2$ 与之对应,且对任意 $\mathbf{A}=(a_{ij}),\boldsymbol{B}=(b_{ij})\in V_1$,有

$$\begin{aligned}f(\mathbf{A}+\boldsymbol{B})&=(a_{11}+b_{11})+(a_{12}+b_{12})x+(a_{21}+b_{21})x^2+(a_{22}+b_{22})x^3\\&=f(\mathbf{A})+f(\boldsymbol{B});\end{aligned}$$

对任意 $\mathbf{A}=(a_{ij})\in V_1$ 及任意 $\lambda\in\mathbf{R}$,有

$$f(\lambda\mathbf{A})=\lambda a_{11}+\lambda a_{12}x+\lambda a_{21}x^2+\lambda a_{22}x^3=\lambda f(\mathbf{A}).$$

所以 f 是 V_1 到 V_2 的一个线性映射.

很明显,f 为一一对应,所以 f 为 V_1 到 V_2 的一个同构映射.

例 24　设 V 为 n 维实线性空间,$\boldsymbol{\alpha}_1,\boldsymbol{\alpha}_2,\cdots,\boldsymbol{\alpha}_n$ 为 V 的一组基. 定义 $f:V\to\mathbf{R}^n$ 如下:对 V

中的任意元素 $\boldsymbol{\alpha}=x_1\boldsymbol{\alpha}_1+x_2\boldsymbol{\alpha}_2+\cdots+x_n\boldsymbol{\alpha}_n$, $f(\boldsymbol{\alpha})=(x_1,x_2,\cdots,x_n)^{\mathrm{T}}$. 验证 f 为 V 到 $\mathbf{R}^n$ 的一个同构映射.

证 显然 f 是一一对应.

任取 V 中的元素

$$\boldsymbol{\alpha}=x_1\boldsymbol{\alpha}_1+x_2\boldsymbol{\alpha}_2+\cdots+x_n\boldsymbol{\alpha}_n,\quad \boldsymbol{\beta}=y_1\boldsymbol{\alpha}_1+y_2\boldsymbol{\alpha}_2+\cdots+y_n\boldsymbol{\alpha}_n,$$

因为

$$\begin{aligned}\boldsymbol{\alpha}+\boldsymbol{\beta}&=(x_1\boldsymbol{\alpha}_1+x_2\boldsymbol{\alpha}_2+\cdots+x_n\boldsymbol{\alpha}_n)+(y_1\boldsymbol{\alpha}_1+y_2\boldsymbol{\alpha}_2+\cdots+y_n\boldsymbol{\alpha}_n)\\&=(x_1+y_1)\boldsymbol{\alpha}_1+(x_2+y_2)\boldsymbol{\alpha}_2+\cdots+(x_n+y_n)\boldsymbol{\alpha}_n;\end{aligned}$$

且对任意实数 λ,

$$\begin{aligned}\lambda\boldsymbol{\alpha}&=\lambda(x_1\boldsymbol{\alpha}_1+x_2\boldsymbol{\alpha}_2+\cdots+x_n\boldsymbol{\alpha}_n)\\&=\lambda x_1\boldsymbol{\alpha}_1+\lambda x_2\boldsymbol{\alpha}_2+\cdots+\lambda x_n\boldsymbol{\alpha}_n.\end{aligned}$$

故

$$f(\boldsymbol{\alpha}+\boldsymbol{\beta})=(x_1+y_1,x_2+y_2,\cdots,x_n+y_n)^{\mathrm{T}}=f(\boldsymbol{\alpha})+f(\boldsymbol{\beta});$$

$$f(\lambda\boldsymbol{\alpha})=(\lambda x_1,\lambda x_2,\cdots,\lambda x_n)^{\mathrm{T}}=\lambda f(\boldsymbol{\alpha}).$$

这说明 f 是 V 到 $\mathbf{R}^n$ 的一个同构映射.

这个同构映射正是在 9.2 节中介绍的联系 V 与 $\mathbf{R}^n$ 的那个一一对应. 正是这个同构映射使得 V 中的元素 $\boldsymbol{\alpha}$ 对应成 $\mathbf{R}^n$ 中的向量 $f(\boldsymbol{\alpha})$,而且 V 中抽象的加法 $\boldsymbol{\alpha}+\boldsymbol{\beta}$ 与数乘 $\lambda\boldsymbol{\alpha}$ 对应成 $\mathbf{R}^n$ 中具体的向量加法 $f(\boldsymbol{\alpha})+f(\boldsymbol{\beta})$ 与数乘 $\lambda f(\boldsymbol{\alpha})$. 如果将 $\boldsymbol{\alpha}$ 看作 $f(\boldsymbol{\alpha})$ 的话,V 就等同于 $\mathbf{R}^n$. $\mathbf{R}^n$ 成为任意一个 n 维实线性空间的"模型". 对 V 的相关研究完全可以在 $\mathbf{R}^n$ 中进行.

关于线性空间的同构,有下面的重要结论.

定理 11 线性空间 V_1 与 V_2 同构的充分必要条件为 $\dim V_1=\dim V_2$.

证 充分性. 设 $\dim V_1=\dim V_2=n$,分别在 V_1 与 V_2 中取基

$$\boldsymbol{\alpha}_1,\boldsymbol{\alpha}_2,\cdots,\boldsymbol{\alpha}_n \quad 与 \quad \boldsymbol{\beta}_1,\boldsymbol{\beta}_2,\cdots,\boldsymbol{\beta}_n.$$

定义 $f:V_1\to V_2$ 如下:$f\left(\sum\limits_{i=1}^n x_i\boldsymbol{\alpha}_i\right)=\sum\limits_{i=1}^n x_i\boldsymbol{\beta}_i$, $\forall\, x_1,x_2,\cdots,x_n\in\mathbf{R}$.

下面证明 f 为 V_1 到 V_2 的一个同构映射.

请读者自行验证 f 是一一对应.

任取 V_1 中的元素

$$\boldsymbol{\alpha}=x_1\boldsymbol{\alpha}_1+x_2\boldsymbol{\alpha}_2+\cdots+x_n\boldsymbol{\alpha}_n,\quad \boldsymbol{\beta}=y_1\boldsymbol{\alpha}_1+y_2\boldsymbol{\alpha}_2+\cdots+y_n\boldsymbol{\alpha}_n,$$

因为

$$\begin{aligned}\boldsymbol{\alpha}+\boldsymbol{\beta}&=(x_1\boldsymbol{\alpha}_1+x_2\boldsymbol{\alpha}_2+\cdots+x_n\boldsymbol{\alpha}_n)+(y_1\boldsymbol{\alpha}_1+y_2\boldsymbol{\alpha}_2+\cdots+y_n\boldsymbol{\alpha}_n)\\&=(x_1+y_1)\boldsymbol{\alpha}_1+(x_2+y_2)\boldsymbol{\alpha}_2+\cdots+(x_n+y_n)\boldsymbol{\alpha}_n;\end{aligned}$$

且对任意实数 λ,

$$\begin{aligned}\lambda\boldsymbol{\alpha}&=\lambda(x_1\boldsymbol{\alpha}_1+x_2\boldsymbol{\alpha}_2+\cdots+x_n\boldsymbol{\alpha}_n)\\&=\lambda x_1\boldsymbol{\alpha}_1+\lambda x_2\boldsymbol{\alpha}_2+\cdots+\lambda x_n\boldsymbol{\alpha}_n.\end{aligned}$$

故

$$\begin{aligned}f(\boldsymbol{\alpha}+\boldsymbol{\beta})&=(x_1+y_1)\boldsymbol{\beta}_1+(x_2+y_2)\boldsymbol{\beta}_2+\cdots+(x_n+y_n)\boldsymbol{\beta}_n\\&=(x_1\boldsymbol{\beta}_1+x_2\boldsymbol{\beta}_2+\cdots+x_n\boldsymbol{\beta}_n)+(y_1\boldsymbol{\beta}_1+y_2\boldsymbol{\beta}_2+\cdots+y_n\boldsymbol{\beta}_n)\\&=f(\boldsymbol{\alpha})+f(\boldsymbol{\beta});\end{aligned}$$

$$f(\lambda\boldsymbol{\alpha})=\lambda x_1\boldsymbol{\beta}_1+\lambda x_2\boldsymbol{\beta}_2+\cdots+\lambda x_n\boldsymbol{\beta}_n=\lambda f(\boldsymbol{\alpha}).$$

总之,f 是 V_1 到 V_2 的一个同构映射.

必要性. 设 $f:V_1\to V_2$ 是 V_1 到 V_2 的同构映射,在 V_1 中取基 $\boldsymbol{\alpha}_1,\boldsymbol{\alpha}_2,\cdots,\boldsymbol{\alpha}_n$,下面证明 $f(\boldsymbol{\alpha}_1),f(\boldsymbol{\alpha}_2),\cdots,f(\boldsymbol{\alpha}_n)$是 V_2 的一组基. 首先,若 $x_1f(\boldsymbol{\alpha}_1)+x_2f(\boldsymbol{\alpha}_2)+\cdots+x_nf(\boldsymbol{\alpha}_n)=\mathbf{0}$,即

$$f(x_1\boldsymbol{\alpha}_1+x_2\boldsymbol{\alpha}_2+\cdots+x_n\boldsymbol{\alpha}_n)=\mathbf{0}.$$

因为 f 是一一对应,所以 $x_1\boldsymbol{\alpha}_1+x_2\boldsymbol{\alpha}_2+\cdots+x_n\boldsymbol{\alpha}_n=\mathbf{0}$. 又因 $\boldsymbol{\alpha}_1,\boldsymbol{\alpha}_2,\cdots,\boldsymbol{\alpha}_n$ 是 V_1 的一组基,所以 $x_1=x_2=\cdots=x_n=0$,这说明 $f(\boldsymbol{\alpha}_1),f(\boldsymbol{\alpha}_2),\cdots,f(\boldsymbol{\alpha}_n)$线性无关.

其次,任取 $\boldsymbol{\beta}\in V_2$,因为 f 是一一对应,所以有唯一的 $\boldsymbol{\alpha}\in V_1$,使得 $\boldsymbol{\beta}=f(\boldsymbol{\alpha})$.

设 $\boldsymbol{\alpha}=x_1\boldsymbol{\alpha}_1+x_2\boldsymbol{\alpha}_2+\cdots+x_n\boldsymbol{\alpha}_n$,因为 f 是同构映射,于是有

$$\begin{aligned}\boldsymbol{\beta}=f(\boldsymbol{\alpha})&=f(x_1\boldsymbol{\alpha}_1+x_2\boldsymbol{\alpha}_2+\cdots+x_n\boldsymbol{\alpha}_n)\\&=x_1f(\boldsymbol{\alpha}_1)+x_2f(\boldsymbol{\alpha}_2)+\cdots+x_nf(\boldsymbol{\alpha}_n),\end{aligned}$$

这说明 $\boldsymbol{\beta}$ 可由 $f(\boldsymbol{\alpha}_1),f(\boldsymbol{\alpha}_2),\cdots,f(\boldsymbol{\alpha}_n)$线性表示.

总之,$f(\boldsymbol{\alpha}_1),f(\boldsymbol{\alpha}_2),\cdots,f(\boldsymbol{\alpha}_n)$是 V_2 的一组基,因此 $\dim V_1=\dim V_2$.

定理 11 说明,线性空间同构的充分必要条件是维数相同,因此,线性空间的不同仅仅表现在维数的不同,维数相同的线性空间结构也是完全相同的. 从同构的意义上说,n 维实线性空间只有一个,那就是 $\mathbf{R}^n$.

习 题 九

1. 说明下列集合 V 关于所规定的加法与数乘运算是否构成实线性空间.

(1) V 为全体 n 阶正交矩阵的集合,按矩阵的加法与数乘运算;

(2) $V=\mathbf{R}^2$ 为全体二维实向量的集合,按向量的数乘与如下规定的加法$\oplus$:

$$(a_1,a_2)\oplus(b_1,b_2)=(a_1+b_2,a_2+b_1),\quad \forall(a_1,a_2),(b_1,b_2)\in\mathbf{R}^2;$$

(3) $V=\{a_{11}x^2+a_{12}xy+a_{22}y^2\mid a_{11},a_{12},a_{22}\in\mathbf{R}\}$,按多项式的加法与数乘运算;

(4) 设 $\mathbf{C}$ 为全体复数集,$V=\left\{\begin{pmatrix}a_{11}&a_{12}\\a_{21}&a_{22}\end{pmatrix}\middle|\, a_{11},a_{12},a_{21},a_{22}\in\mathbf{C},a_{11}+a_{22}=0\right\}$;按矩阵的加法与数乘运算.

2. 说明下列集合 W 是否构成实线性空间 V 的子空间.

(1) 设 V 为全体二阶实矩阵的集合,按矩阵的加法与数乘运算,V 构成一个实线性空间.

$$W=\{\boldsymbol{B}\mid\boldsymbol{B}\in V,\boldsymbol{AB}=\boldsymbol{BA}\},\quad 其中\ \boldsymbol{A}=\begin{pmatrix}1&2\\0&1\end{pmatrix};$$

(2) 设 $V=\mathbf{R}^3$ 为全体三维实向量的集合,按向量的加法与数乘运算,V 构成一个实线性空

间.

$$W=\{(x_1,x_2,x_3)\mid x_1,x_2,x_3\in\mathbf{R},x_1+x_2+x_3=1\};$$

(3) 设 V 为全体 n 阶实矩阵的集合,按矩阵的加法与数乘运算,V 构成一个实线性空间.

$$W=\{\boldsymbol{B}\mid\boldsymbol{B}\in V,\operatorname{tr}(\boldsymbol{B})=0\};$$

(4) 设 $V=\mathbf{R}[x]_3$ 为全体次数小于 3 的实系数多项式的集合,按多项式的加法与数乘运算,V 构成一个实线性空间.

$$W=\left\{f(x)\,\middle|\,f(x)\in V,\int_0^1 f(x)\mathrm{d}x=1\right\}.$$

3. 设 V 为实线性空间,V_1,V_2 为 V 的子空间. $W=\{\boldsymbol{\alpha}_1+\boldsymbol{\alpha}_2\mid\boldsymbol{\alpha}_1\in V_1,\boldsymbol{\alpha}_2\in V_2\}$(记为 $W=V_1+V_2$),证明 W 是 V 的子空间.

4. 设 V 为实线性空间,V_1,V_2 为 V 的子空间. $W=V_1\cap V_2$,证明 W 是 V 的子空间.

5. 设 V 为全体二阶实矩阵的集合,按矩阵的加法与数乘运算,V 构成一个实线性空间. 记 $\boldsymbol{E}_{ij}$ 为第 i 行第 j 列元素为 1,其余元素为零的二阶矩阵,求证:$\boldsymbol{E}_{11},\boldsymbol{E}_{12},\boldsymbol{E}_{21},\boldsymbol{E}_{22}$ 与 $\boldsymbol{E}_{11},\boldsymbol{E}_{22},\boldsymbol{E}_{12}+\boldsymbol{E}_{21},\boldsymbol{E}_{12}-\boldsymbol{E}_{21}$ 等价.

6. 设 $\mathbf{R}^{2\times2}$ 为全体二阶实矩阵的集合,$V=\{\boldsymbol{B}\mid\boldsymbol{B}\in\mathbf{R}^{2\times2},\boldsymbol{AB}=\boldsymbol{BA}\}$,其中 $\boldsymbol{A}=\begin{pmatrix}1&1\\0&1\end{pmatrix}$. 按矩阵的加法与数乘运算,$V$ 构成一个实线性空间.

(1) 验证 $\boldsymbol{B}_1=\begin{pmatrix}1&1\\0&1\end{pmatrix},\boldsymbol{B}_2=\begin{pmatrix}0&1\\0&0\end{pmatrix}$ 为 V 的一组基;

(2) 求 $\dim V$ 及 $\boldsymbol{B}=\begin{pmatrix}2&1\\0&2\end{pmatrix}$ 在基 $\boldsymbol{B}_1,\boldsymbol{B}_2$ 下的坐标.

7. 设 $\mathbf{C}$ 为全体复数集,$V=\left\{\begin{pmatrix}a_1&0\\0&a_2\end{pmatrix}\,\middle|\,a_1,a_2\in\mathbf{C},a_1+a_2=0\right\}$,按矩阵的加法与数乘运算,$V$ 构成一个实线性空间.

(1) 验证 $\boldsymbol{A}_1=\begin{pmatrix}1&0\\0&-1\end{pmatrix},\boldsymbol{A}_2=\begin{pmatrix}i&0\\0&-i\end{pmatrix}$ 为 V 的一组基;

(2) 求 $\dim V$ 及 $\boldsymbol{A}=\begin{pmatrix}-1+3i&0\\0&1-3i\end{pmatrix}$ 在基 $\boldsymbol{A}_1,\boldsymbol{A}_2$ 下的坐标.

8. 设 $\mathbf{R}^{2\times2}$ 为全体二阶实矩阵的集合,$V=\{\boldsymbol{A}\mid\boldsymbol{A}\in\mathbf{R}^{2\times2},\operatorname{tr}(\boldsymbol{A})=0\}$,按矩阵的加法与数乘运算,$V$ 构成一个实线性空间.

(1) 验证 $\boldsymbol{A}_1=\begin{pmatrix}1&0\\0&-1\end{pmatrix},\boldsymbol{A}_2=\begin{pmatrix}0&1\\0&0\end{pmatrix},\boldsymbol{A}_3=\begin{pmatrix}0&0\\1&0\end{pmatrix}$ 为 V 的一组基;

(2) 求 $\dim V$ 及 $\boldsymbol{A}=\begin{pmatrix}-2&1\\-3&2\end{pmatrix}$ 在基 $\boldsymbol{A}_1,\boldsymbol{A}_2,\boldsymbol{A}_3$ 下的坐标.

9. 设 $V=\mathbf{R}[x]_3$ 为全体次数小于 3 的实系数多项式的集合,按多项式的加法与数乘运算，V 构成一个实线性空间.

(1) 验证 $1,x,x^2$ 与 $1,x-1,(x-1)(x-2)$ 分别为 V 的一组基；

(2) 求从基 $1,x,x^2$ 到基 $1,x-1,(x-1)(x-2)$ 的过渡矩阵 $\boldsymbol{P}$；

(3) 求 $f(x)=2x^2-x+9$ 在基 $1,x-1,(x-1)(x-2)$ 下的坐标 $\boldsymbol{y}$.

10. 设 V 为全体二阶实对称矩阵的集合，按矩阵的加法与数乘运算，V 构成一个实线性空间.

(1) 验证 $\boldsymbol{A}_1=\begin{pmatrix}1&0\\0&0\end{pmatrix}$，$\boldsymbol{A}_2=\begin{pmatrix}0&1\\1&0\end{pmatrix}$，$\boldsymbol{A}_3=\begin{pmatrix}0&0\\0&1\end{pmatrix}$ 与 $\boldsymbol{B}_1=\begin{pmatrix}1&0\\0&-1\end{pmatrix}$，$\boldsymbol{B}_2=\begin{pmatrix}1&1\\1&0\end{pmatrix}$，$\boldsymbol{B}_3=\begin{pmatrix}1&1\\1&1\end{pmatrix}$ 分别为 V 的一组基；

(2) 求从基 $\boldsymbol{A}_1,\boldsymbol{A}_2,\boldsymbol{A}_3$ 到基 $\boldsymbol{B}_1,\boldsymbol{B}_2,\boldsymbol{B}_3$ 的过渡矩阵 $\boldsymbol{P}$；

(3) 求 $\boldsymbol{A}=\begin{pmatrix}4&2\\2&-3\end{pmatrix}$ 在基 $\boldsymbol{B}_1,\boldsymbol{B}_2,\boldsymbol{B}_3$ 下的坐标 $\boldsymbol{y}$.

11. 设 V 为全体三阶实对称矩阵的集合，按矩阵的加法与数乘运算，V 构成一个实线性空间. 求 V 的维数与一组基.

12. 设 V 为全体三阶实上三角矩阵的集合，按矩阵的加法与数乘运算，V 构成一个实线性空间. 求 V 的维数与一组基.

13. 设 $\mathbf{R}^4$ 为全体四维实向量的集合，按向量的加法与数乘运算，$\mathbf{R}^4$ 构成一个实线性空间. 设 $\boldsymbol{\alpha}_1=(1,-1,2,3)^{\mathrm{T}}$，$\boldsymbol{\alpha}_2=(2,1,0,-1)^{\mathrm{T}}$，$\boldsymbol{\alpha}_3=(4,-1,4,5)^{\mathrm{T}}$，$\boldsymbol{\alpha}_4=(7,-1,6,7)^{\mathrm{T}}$.

(1) 求 $L(\boldsymbol{\alpha}_1,\boldsymbol{\alpha}_2,\boldsymbol{\alpha}_3,\boldsymbol{\alpha}_4)$ 的维数与一组基；

(2) 求 $\boldsymbol{\alpha}_1,\boldsymbol{\alpha}_2,\boldsymbol{\alpha}_3,\boldsymbol{\alpha}_4$ 在题(1)中基下的坐标.

14. 设 $\mathbf{R}^3$ 为全体三维实向量的集合，按向量的加法与数乘运算，$\mathbf{R}^3$ 构成一个实线性空间. 在 $\mathbf{R}^3$ 中定义 σ 为

$$\sigma(x_1,x_2,x_3)^{\mathrm{T}}=(x_1+x_2,x_2+x_3,x_3+x_1)^{\mathrm{T}},\quad \forall x_1,x_2,x_3\in\mathbf{R}.$$

(1) 验证 σ 为 $\mathbf{R}^3$ 的一个线性变换；

(2) 求 σ 在基 $\boldsymbol{\varepsilon}_1,\boldsymbol{\varepsilon}_2,\boldsymbol{\varepsilon}_3$ 下的矩阵 $\boldsymbol{A}$.（$\boldsymbol{\varepsilon}_i$ 为第 i 个分量为 1，其余分量为零的向量）

15. 设 V 为全体二阶实矩阵的集合，按矩阵的加法与数乘运算，V 构成一个实线性空间. 在 V 中定义 σ 为 $\sigma(\boldsymbol{X})=\boldsymbol{X}\begin{pmatrix}1&-2\\3&1\end{pmatrix}$，$\forall \boldsymbol{X}\in V$.

(1) 验证 σ 为 V 的一个线性变换；

(2) 求 σ 在基 $\boldsymbol{E}_{11},\boldsymbol{E}_{12},\boldsymbol{E}_{21},\boldsymbol{E}_{22}$ 下的矩阵 $\boldsymbol{A}$.（$\boldsymbol{E}_{ij}$ 为第 i 行第 j 列元素为 1，其余元素为零的矩阵）

16. 设 $V=\mathbf{R}[x]_n$ 为全体次数小于 n 的实系数多项式的集合，按多项式的加法与数乘运算，V 构成一个实线性空间. 在 V 中定义 σ 为

$$\sigma[f(x)]=f(x+1)-f(x),\quad \forall f(x)\in V.$$

(1) 验证 σ 为 V 的一个线性变换;

(2) 求 σ 在基 $1,x,\dfrac{x(x-1)}{2!},\dfrac{x(x-1)(x-2)}{3!},\cdots,\dfrac{x(x-1)\cdots(x-n+2)}{(n-1)!}$ 下的矩阵 $\boldsymbol{A}$.

17. 设 V 为三维实线性空间,$\boldsymbol{\alpha}_1,\boldsymbol{\alpha}_2,\boldsymbol{\alpha}_3$ 为 V 的一组基.

(1) 在 V 中定义 σ 为

$$\sigma(x_1\boldsymbol{\alpha}_1+x_2\boldsymbol{\alpha}_2+x_3\boldsymbol{\alpha}_3)=(x_1+x_3)\boldsymbol{\alpha}_1+x_2\boldsymbol{\alpha}_2+(x_1-x_3)\boldsymbol{\alpha}_3,$$

$\forall x_1,x_2,x_3\in\mathbf{R}$,验证 σ 为 V 的一个线性变换;

(2) 求 σ 在基 $\boldsymbol{\alpha}_1,\boldsymbol{\alpha}_2,\boldsymbol{\alpha}_3$ 下的矩阵 $\boldsymbol{A}$;

(3) 若 $\boldsymbol{\beta}_1=\boldsymbol{\alpha}_1+\boldsymbol{\alpha}_2-\boldsymbol{\alpha}_3,\boldsymbol{\beta}_2=\boldsymbol{\alpha}_2-2\boldsymbol{\alpha}_3,\boldsymbol{\beta}_3=2\boldsymbol{\alpha}_1+\boldsymbol{\alpha}_2-2\boldsymbol{\alpha}_3$,证明 $\boldsymbol{\beta}_1,\boldsymbol{\beta}_2,\boldsymbol{\beta}_3$ 也是 V 的一组基,并求从基 $\boldsymbol{\alpha}_1,\boldsymbol{\alpha}_2,\boldsymbol{\alpha}_3$ 到基 $\boldsymbol{\beta}_1,\boldsymbol{\beta}_2,\boldsymbol{\beta}_3$ 的过渡矩阵 $\boldsymbol{P}$;

(4) 求 σ 在基 $\boldsymbol{\beta}_1,\boldsymbol{\beta}_2,\boldsymbol{\beta}_3$ 下的矩阵 $\boldsymbol{B}$.

18. 设 V 为三维实线性空间,$\boldsymbol{\alpha}_1,\boldsymbol{\alpha}_2,\boldsymbol{\alpha}_3$ 为 V 的一组基. 已知 V 的线性变换 σ 在基 $\boldsymbol{\alpha}_1,\boldsymbol{\alpha}_2,\boldsymbol{\alpha}_3$ 下的矩阵为 $\boldsymbol{A}=(a_{ij})$.

(1) 求 σ 在基 $\boldsymbol{\alpha}_3,\boldsymbol{\alpha}_1,\boldsymbol{\alpha}_2$ 下的矩阵 $\boldsymbol{B}_1$;

(2) 求 σ 在基 $\boldsymbol{\alpha}_1,\boldsymbol{\alpha}_2,2\boldsymbol{\alpha}_3$ 下的矩阵 $\boldsymbol{B}_2$.

19*. 设 V 为三维欧氏空间,$\boldsymbol{\alpha}_1,\boldsymbol{\alpha}_2,\boldsymbol{\alpha}_3$ 为 V 的一组基,V 在基 $\boldsymbol{\alpha}_1,\boldsymbol{\alpha}_2,\boldsymbol{\alpha}_3$ 下的度量矩阵为 $\boldsymbol{A}=\begin{pmatrix}1&1&0\\1&3&2\\0&2&5\end{pmatrix}$. $\boldsymbol{\beta}_1=2\boldsymbol{\alpha}_1-\boldsymbol{\alpha}_2,\boldsymbol{\beta}_2=\boldsymbol{\alpha}_2+\boldsymbol{\alpha}_3$,求$(\boldsymbol{\beta}_1,\boldsymbol{\beta}_2)$.

20*. 设 V 为全体二阶实对称矩阵. 对于矩阵的加法与数乘运算,V 构成一个三维实线性空间. 在 V 中定义内积:$(\boldsymbol{A},\boldsymbol{B})=\mathrm{tr}(\boldsymbol{A}^{\mathrm{T}}\boldsymbol{B})$,$\forall \boldsymbol{A},\boldsymbol{B}\in V$. 求 V 的一组标准正交基.

习题答案

习题一答案

1. (1) 0； (2) $3abc-a^3-b^3-c^3$； (3) $-2(a^3+b^3)$； (4) $1+a+b+c$.

2. (1) $x_1=a\cos\theta+b\sin\theta, x_2=b\cos\theta-a\sin\theta$；

   (2) $x=\frac{a+c}{2}, y=\frac{a+b}{2}, z=\frac{b+c}{2}$；

   (3) $x=1, y=2, z=7$；

   (4) $x_1=\frac{1}{2}, x_2=1, x_3=-\frac{1}{2}$.

3. (1) 6，偶排列； (2) 9，奇排列； (3) 11，奇排列； (4) $n(n-1)$，偶排列.

4. (1) 负号； (2) 负号； (3) 正号.

5. (1) x^3 的系数为-4，x^4 的系数为 1；(2) x^3 的系数为-1，x^4 的系数为 0.

6. $-a_{11}a_{23}a_{32}a_{44}$和 $a_{11}a_{23}a_{34}a_{42}$.

7. (1) -70； (2) 0； (3) 0； (4) -24； (5) 160.

8. (1) $4abcdef$； (2) $-2(x^3+y^3)$；

   (3) $(x+3a)(x-a)^3$； (4) $abcd+ab+cd+ad+1$；

   (5) x^2y^2； (6) $abd(d-b)(d-c)(c-b)(c^2-a^2)$.

9. $x_1=x_2=0, x_3=-2, x_4=2$.

10. 证明略.

11. (1) $x^n+(-1)^{n+1}y^n$； (2) $-2(n-2)!$；

    (3) $(-m)^n+(-m)^{n-1}\sum_{i=1}^{n}x_i$； (4) $\lambda^{n-1}(\lambda+\sum_{i=1}^{n}a_i)$；

    (5) $\prod_{i=1}^{n}(a_id_i-b_ic_i)$； (6) $(-1)^{n-1}(n-1)2^{n-2}$；

    (7) $a_1a_2\cdots a_n(1+\sum_{i=1}^{n}\frac{1}{a_i})$； (8) $\prod_{1\leqslant i<j\leqslant n+1}(j-i)$；

    (9) $a(a+x)^n$.

12. $x_1=a_1, x_2=a_2, \cdots, x_n=a_n$.

13. (1) $x_1=2, x_2=-1, x_3=3$； (2) $x_1=3, x_2=-4, x_3=-1, x_4=1$；

    (3) $x_1=1, x_2=0, x_3=-1, x_4=2$.

14. $\lambda=1$ 或 $\mu=0$.

15. $\lambda=0,2$ 或 3.

16. $a_1=1,a_2=-3,a_3=0,a_4=2$.

17. 证明略.

18. 证明略.

19. 略.

习题二答案

1. $2\boldsymbol{A}=\begin{pmatrix}4&0&-6\\10&-2&12\end{pmatrix},\boldsymbol{A}+\boldsymbol{B}=\begin{pmatrix}3&0&1\\7&-2&4\end{pmatrix},2\boldsymbol{A}-3\boldsymbol{B}=\begin{pmatrix}1&0&-18\\4&1&18\end{pmatrix}$.

2. $\boldsymbol{AB}=\begin{pmatrix}0&0\\0&0\end{pmatrix},\boldsymbol{BA}=\begin{pmatrix}10&5\\-20&-10\end{pmatrix},\boldsymbol{A}^2=\begin{pmatrix}0&0\\0&0\end{pmatrix}$.

3. $\boldsymbol{AB}=\begin{pmatrix}6&6\\5&-2\end{pmatrix},\boldsymbol{A}^3+2\boldsymbol{A}^2+\boldsymbol{A}-\boldsymbol{E}=\begin{pmatrix}21&24\\16&5\end{pmatrix}$.

4. $3\boldsymbol{AB}-2\boldsymbol{A}=\begin{pmatrix}-2&13&22\\-2&-17&20\\4&29&-2\end{pmatrix},\boldsymbol{A}^{\mathrm{T}}\boldsymbol{B}=\begin{pmatrix}0&5&8\\0&-5&6\\2&9&0\end{pmatrix}$.

5. $\boldsymbol{AB}^{\mathrm{T}}=\begin{pmatrix}-19&-9\\-1&-7\end{pmatrix},\boldsymbol{BA}^{\mathrm{T}}=\begin{pmatrix}-19&-1\\-9&-7\end{pmatrix}$.

6. (1) $\begin{pmatrix}a^2&ab&ac\\ba&b^2&bc\\ca&cb&c^2\end{pmatrix}$;　(2) $\begin{pmatrix}a_{11}&a_{12}\\a_{21}&a_{22}\\ka_{11}+a_{31}&ka_{12}+a_{32}\end{pmatrix}$;

(3) $\begin{pmatrix}35\\6\\49\end{pmatrix}$;　(4) 10;

(5) $\begin{pmatrix}-2&4\\-1&2\\-3&6\end{pmatrix}$;　(6) $\begin{pmatrix}6&-7&8\\20&-5&-6\end{pmatrix}$;

(7) $a_{11}x_1^2+a_{22}x_2^2+a_{33}x_3^2+(a_{12}+a_{21})x_1x_2+(a_{13}+a_{31})x_1x_3+(a_{23}+a_{32})x_2x_3$;

(8) $\begin{pmatrix}1&2&8&-1\\0&1&2&0\\0&0&2&1\\0&0&0&3\end{pmatrix}$.

7. (1) $\begin{pmatrix}a&b&c\\0&a&b\\0&0&a\end{pmatrix}$(其中 a,b,c 为任意常数);(2) 证明略.

8. 略.

9. (1) 取 $\boldsymbol{A}=\begin{pmatrix}1 & 1\\ -1 & -1\end{pmatrix}\neq\boldsymbol{0}$,而 $\boldsymbol{A}^2=\boldsymbol{0}$;

(2) 取 $\boldsymbol{A}=\begin{pmatrix}1 & 0\\ 0 & 0\end{pmatrix}$,有 $\boldsymbol{A}\neq\boldsymbol{0},\boldsymbol{A}\neq\boldsymbol{E}$,而 $\boldsymbol{A}^2=\boldsymbol{A}$;

(3) 取 $\boldsymbol{A}=\begin{pmatrix}1 & 0\\ 0 & 0\end{pmatrix}$,$\boldsymbol{X}=\begin{pmatrix}1 & 0\\ 0 & 0\end{pmatrix}$,$\boldsymbol{Y}=\begin{pmatrix}1 & 0\\ 0 & 1\end{pmatrix}$,有 $\boldsymbol{X}\neq\boldsymbol{Y}$,但 $\boldsymbol{AX}=\boldsymbol{AY}$.

10. 证明略.

11. (1) $\boldsymbol{A}^n=6^{n-1}\begin{pmatrix}1 & 1 & 1\\ 2 & 2 & 2\\ 3 & 3 & 3\end{pmatrix}$;

(2) 当 n 为偶数时,$\boldsymbol{A}^n=2^n\boldsymbol{E}$;当 n 为奇数时 $\boldsymbol{A}^n=2^{n-1}\boldsymbol{A}$.

12. (1) 证明略; (2) $\begin{pmatrix}1 & 0 & 0\\ 50 & 1 & 0\\ 50 & 0 & 1\end{pmatrix}$.

13. 证明略.

14. (1) $\begin{pmatrix}1 & -2 & 7\\ 0 & 1 & -2\\ 0 & 0 & 1\end{pmatrix}$; (2) $-\frac{1}{3}\begin{pmatrix}-11 & 4 & -8\\ 4 & -2 & 1\\ 2 & -1 & 2\end{pmatrix}$;

(3) $\begin{pmatrix}1 & 0 & 2\\ 2 & -1 & 3\\ 4 & 1 & 8\end{pmatrix}$; (4) $\frac{1}{4}\begin{pmatrix}1 & 1 & 1 & 1\\ 1 & 1 & -1 & -1\\ 1 & -1 & 1 & -1\\ 1 & -1 & -1 & 1\end{pmatrix}$.

15. $x_1=1,x_2=0,x_3=0$.

16. $\begin{pmatrix}0 & 0 & 0\\ \frac{1}{2} & 0 & 0\\ 0 & -\frac{1}{3} & 0\end{pmatrix}$.

17. (1) $\frac{1}{5}\begin{pmatrix}-1 & 2\\ -2 & -1\\ -18 & -4\end{pmatrix}$; (2) $\frac{1}{3}\begin{pmatrix}-5 & 6 & 1\\ 0 & 3 & 0\end{pmatrix}$;

(3) $\begin{pmatrix}2 & -1 & 0\\ 1 & 3 & -4\\ 1 & 0 & -2\end{pmatrix}$.

18. (1) $(\boldsymbol{A}+\boldsymbol{E})^2$; (2) $\frac{1}{2}(\boldsymbol{A}-2\boldsymbol{E})$;

(3) $A^{-1}=\frac{1}{3}(A+2E)$, $(A+2E)^{-1}=\frac{1}{3}A$, $(A+4E)^{-1}=-\frac{1}{5}(A-2E)$.

19. (1) $(-1)^n\frac{4^n}{2}$; (2) $\frac{1}{2}A$.

20. 证明略.

21. $\begin{pmatrix}0&3&3\\-1&2&3\\1&1&0\end{pmatrix}$.

22. $\begin{pmatrix}6&0&0&0\\0&6&0&0\\6&0&6&0\\0&3&0&-1\end{pmatrix}$.

23. $\frac{1}{3}\begin{pmatrix}1+2^{13}&4+2^{13}\\-1-2^{11}&-4-2^{11}\end{pmatrix}=\begin{pmatrix}2\,731&2\,732\\-683&-684\end{pmatrix}$.

24. $4\begin{pmatrix}1&1&1\\1&1&1\\1&1&1\end{pmatrix}$.

25. (1) $r(A)=4$; (2) $r(A)=3$; (3) $r(A)=3$; (4) $r(A)=2$.

26. (1) $\begin{pmatrix}1&-1&0\\-2&3&-4\\-2&3&-3\end{pmatrix}$; (2) $\begin{pmatrix}1&1&3\\2&3&7\\3&4&9\end{pmatrix}$;

(3) $\begin{pmatrix}1&0&0&0\\-2&1&0&0\\1&-2&1&0\\0&1&-2&1\end{pmatrix}$; (4) $\begin{pmatrix}0&0&0&1\\0&0&1&-1\\0&1&-1&0\\1&-1&0&0\end{pmatrix}$;

27. (1) $\begin{pmatrix}1&0&3&2\\-1&2&0&1\\-2&4&1&1\\1&1&3&3\end{pmatrix}$;

(2) $|A^{2k}|=100^{2k}$, $A^{2k}=\begin{pmatrix}5^{2k}&0&0&0\\0&5^{2k}&0&0\\0&0&4^k&k4^{k+1}\\0&0&0&4^k\end{pmatrix}$.

28. (1) $\begin{pmatrix}7&-2&0&0\\-3&1&0&0\\0&0&5&-6\\0&0&-4&5\end{pmatrix}$; (2) $\begin{pmatrix}0&0&5&-6\\0&0&-4&5\\7&-2&0&0\\-3&1&0&0\end{pmatrix}$;

(3) $\begin{pmatrix} 0 & 0 & c^{-1} & 0 \\ 0 & 0 & 0 & d^{-1} \\ a^{-1} & 0 & 0 & 0 \\ 0 & b^{-1} & 0 & 0 \end{pmatrix}$；

(4) $\begin{pmatrix} 4 & -\frac{3}{2} & 0 & 0 \\ -1 & \frac{1}{2} & 0 & 0 \\ -4 & \frac{3}{2} & 1 & 0 \\ 3 & -\frac{7}{6} & -\frac{2}{3} & \frac{1}{3} \end{pmatrix}$；

(5) $\begin{pmatrix} \cos\theta & -\sin\theta & 0 & 0 & 0 \\ \sin\theta & \cos\theta & 0 & 0 & 0 \\ 0 & 0 & 1 & -a & a^2-b \\ 0 & 0 & 0 & 1 & -a \\ 0 & 0 & 0 & 0 & 1 \end{pmatrix}$.

29. (1) $(\boldsymbol{E},\boldsymbol{A}^{-1})$；

(2) $\begin{pmatrix} \boldsymbol{A}^{\mathrm{T}}\boldsymbol{A} & \boldsymbol{A}^{\mathrm{T}} \\ \boldsymbol{A} & \boldsymbol{E} \end{pmatrix}$；

(3) $\begin{pmatrix} \boldsymbol{E} \\ \boldsymbol{A}^{-1} \end{pmatrix}$；

(4) $\begin{pmatrix} \boldsymbol{E} & \boldsymbol{A}^{-1} \\ \boldsymbol{A} & \boldsymbol{E} \end{pmatrix}$；

(5) $\begin{pmatrix} \boldsymbol{B} \\ \boldsymbol{A} \end{pmatrix}$；

(6) $\begin{pmatrix} \boldsymbol{A} \\ \boldsymbol{0} \end{pmatrix}$.

30. (1) $\begin{pmatrix} \boldsymbol{A}^{-1} & \boldsymbol{A}^{-1}\boldsymbol{C}\boldsymbol{B}^{-1} \\ \boldsymbol{0} & \boldsymbol{B}^{-1} \end{pmatrix}$

(2) $\begin{pmatrix} \boldsymbol{0} & \boldsymbol{B}^{-1} \\ \boldsymbol{A}^{-1} & \boldsymbol{0} \end{pmatrix}$.

31. (1) $(\boldsymbol{B}^{-1})^{\mathrm{T}}\boldsymbol{A}^{-1}$；　(2) $\boldsymbol{E}$.

32～38. 证明略.

习题三答案

1. $\overrightarrow{AB}=\frac{1}{2}(\boldsymbol{\alpha}-\boldsymbol{\beta})$，$\overrightarrow{BC}=\frac{1}{2}(\boldsymbol{\alpha}+\boldsymbol{\beta})$.

2. (1) $\boldsymbol{\alpha}\perp\boldsymbol{\beta}$；　(2) $\boldsymbol{\alpha}$ 与 $\boldsymbol{\beta}$ 同向，或 $\boldsymbol{\alpha}=\boldsymbol{0}$ 或 $\boldsymbol{\beta}=\boldsymbol{0}$；

(3) $\boldsymbol{\alpha}$ 与 $\boldsymbol{\beta}$ 反向，且 $|\boldsymbol{\alpha}|\geqslant|\boldsymbol{\beta}|$；　(4) $\boldsymbol{\alpha}$ 与 $\boldsymbol{\beta}$ 同向，且 $\boldsymbol{\alpha}\neq\boldsymbol{0}$，$\boldsymbol{\beta}\neq\boldsymbol{0}$.

3. 证明略.

4. 证明略.

5. (1) 不共面；　(2) 共面.

6. $-2,1,2$；　3；　$\left(-\frac{2}{3},\frac{1}{3},\frac{2}{3}\right)$.

7. $\frac{1}{2}$.

8. $(24,-5,-14),\dfrac{1}{\sqrt{797}}(24,-5,-14)$.

9. $(3\lambda+2\mu,5\lambda+2\mu,-\lambda+3\mu)$.

10. $\cos\alpha=\dfrac{5\sqrt{2}}{26},\cos\beta=\dfrac{-6\sqrt{2}}{13},\cos\gamma=\dfrac{-\sqrt{2}}{2}$.

11. (1) $20,\arccos\dfrac{2\sqrt{2}}{3}$； (2) $(-3,6,-6),9$；

(3) $(2,-1,-1)$； (4) 7.5(平方单位),5(长度单位)；

(5) $(-1,2,3),(-6,0,6),(5,10,-5),(9,12,3)$.

12. -19.

13. -35.

14. $15(\boldsymbol{\alpha},\boldsymbol{\beta},\boldsymbol{\gamma})$.

15. 提示：利用 $\boldsymbol{\alpha},\boldsymbol{\beta},\boldsymbol{\gamma}$ 共面$\Leftrightarrow\boldsymbol{\alpha}=k_1\boldsymbol{\beta}+k_2\boldsymbol{\gamma}$($\boldsymbol{\beta}$ 与 $\boldsymbol{\gamma}$ 不平行),及利用 $\boldsymbol{a},\boldsymbol{b}$ 共线$\Leftrightarrow\boldsymbol{a}=k\boldsymbol{b}(\boldsymbol{b}\neq\boldsymbol{0})$.

16. 证明略.

17. 提示:利用 $\boldsymbol{\alpha},\boldsymbol{\beta},\boldsymbol{\gamma}$ 共面$(\boldsymbol{\alpha},\boldsymbol{\beta},\boldsymbol{\gamma})=0$.

18. $24\dfrac{1}{6}$.

19. ±30.

20. 16.

21. (1) $x+2y-5z+9=0$； (2) $x+2y-5z+16=0$；

(3) $5x-y+2z-15=0$； (4) $x+z=0$；

(5) $x-3y-2=0$.

22. $2x-y-3z=0$.

23. $y+3z=0$ 和 $3y-z=0$.

24. $2x-y+3z+13=0$ 或 $2x-y+3z-15=0$.

25. 3.

26. 提示：考虑原点到平面的距离.

27. $\dfrac{x}{2}+\dfrac{y}{-1}+\dfrac{z}{3}=1$.

28. $4x-y-2z-4=0$.

29. 若平行,则 $B=-9,C=-6,D\neq\dfrac{7}{3}$；若重合,则 $B=-9,C=-6,D=\dfrac{7}{3}$.

30. (1) $\begin{cases}x=-1+4t,\\y=2,\\z=4-4t,\end{cases}$ $x-3=-z,y=2$；(2) $\begin{cases}x=-4,\\y=5,\\z=-3+t,\end{cases}$ $\dfrac{x+4}{0}=\dfrac{y-5}{0}=\dfrac{z+3}{1}$；

(3) $\begin{cases}x=-6-2t,\\y=7+7t,\\z=-8-4t,\end{cases}$ $\dfrac{x+6}{-2}=\dfrac{y-7}{7}=\dfrac{z+8}{-4}$.

31. (1) $\frac{x-2}{-2}=\frac{y-1}{2}=\frac{z}{1}$; (2) $\frac{x-7}{-12}=\frac{y+3}{7}=\frac{z}{1}$.

32. (1) $\frac{x-1}{9}=\frac{y-2}{-8}=\frac{z-1}{-11}$; (2) $\frac{x-1}{-4}=\frac{y}{50}=\frac{z+2}{31}$;

(3) $\frac{x}{-2}=\frac{y+1}{3}=\frac{z}{-1}$; (4) $\begin{cases}x-3y-2z+1=0,\\ x-\ \ y+2z-1=0.\end{cases}$

33. (1) 共面,$\frac{13}{\sqrt{174}}$; (2) 异面,$\frac{1}{13}$.

34. $\frac{3}{4}$.

35. 证明略,所在平面的方程为 $2y-z+4=0$.

36. (1) $\left(-\frac{10}{3},-\frac{17}{15},\frac{26}{15}\right)$; (2) L 在 π 上.

37. (1) $\frac{\pi}{2}-\arccos\frac{\sqrt{6}}{3}$; (2) $\frac{\pi}{2}-\arccos\frac{4}{21}$.

38. (1) 2; (2) 1.

39. (1) $\sqrt{35}$; (2) $\frac{3\sqrt{2}}{2}$.

40. $(0,1,-1)$.

41. $\begin{cases}x-2y-z+3=0,\\ 3x+2y-z-5=0,\end{cases}$ $\left(\frac{2}{7},\frac{13}{7},\frac{-3}{7}\right)$.

42. $x-y+z-3=0$.

43. $x+20y+7z-12=0$.

44. $x+2y+1=0$.

45. (1) L:$\begin{cases}16x+27y+17z-90=0,\\ 58x+6y+31z-20=0\end{cases}$ 或 $\frac{x+2}{3}=\frac{y-2}{2}=\frac{z-4}{-6}$;

(2) $\begin{cases}y+z-2=0,\\ 2x+y+16=0.\end{cases}$

习题四答案

1. $-\boldsymbol{\alpha}=(-2,-1,0,-4)$,$2\boldsymbol{\beta}=(-2,0,4,8)$,$\boldsymbol{\alpha}+\boldsymbol{\beta}=(1,1,2,8)$,$3\boldsymbol{\alpha}-2\boldsymbol{\beta}=(8,3,-4,4)$.

2. $\boldsymbol{\xi}=(8,-1,-4,-3,-5)^{\mathrm{T}}$.

3. (1) $\boldsymbol{\beta}=\frac{7}{3}\boldsymbol{\alpha}_1+\frac{2}{3}\boldsymbol{\alpha}_2$; (2) $\boldsymbol{\beta}=\boldsymbol{\alpha}_1+0\cdot\boldsymbol{\alpha}_2+\boldsymbol{\alpha}_3$;

(3) 不能; (4) $\boldsymbol{\beta}=2\boldsymbol{e}_1+3\boldsymbol{e}_2-\boldsymbol{e}_3-4\boldsymbol{e}_4$.

4. 略.

5. $\boldsymbol{\gamma}_1=4\boldsymbol{\alpha}_1+4\boldsymbol{\alpha}_2-17\boldsymbol{\alpha}_3$,$\boldsymbol{\gamma}_2=23\boldsymbol{\alpha}_1-7\boldsymbol{\alpha}_3$.

6. (1) 线性相关; (2) 线性相关; (3) 线性无关; (4) 线性无关; (5) 线性相关.

7. 证明略.

8. $ml=1$.

9~12. 证明略.

13. (1) 秩为 2, $\boldsymbol{\alpha}_1,\boldsymbol{\alpha}_2$; (2) 秩为 2, $\boldsymbol{\alpha}_1,\boldsymbol{\alpha}_2$;

(3) 秩为 2, $\boldsymbol{\alpha}_1,\boldsymbol{\alpha}_2$; (3) 秩为 3, $\boldsymbol{\alpha}_1,\boldsymbol{\alpha}_2,\boldsymbol{\alpha}_4$;

(5) 秩为 3, $\boldsymbol{\alpha}_1,\boldsymbol{\alpha}_2,\boldsymbol{\alpha}_3$.

14. 一个极大线性无关组为 $\boldsymbol{\alpha}_1,\boldsymbol{\alpha}_2,\boldsymbol{\alpha}_3$; $\boldsymbol{\alpha}_4=\frac{2}{3}\boldsymbol{\alpha}_1+\frac{2}{3}\boldsymbol{\alpha}_2-\frac{1}{3}\boldsymbol{\alpha}_3$.

15~20. 证明略.

21. (1) 不是向量空间;(2) $\dim V=n-1$,基:$(-1,1,0,\cdots,0)$,$(-1,0,1,0,\cdots,0)$,$(-1,0,\cdots,0,1)$;(3) 不是向量空间;(4) $\dim V=2$,基:$(5,1,0)$,$(0,0,1)$.

22. 证明略.

23. $\boldsymbol{\beta}=\boldsymbol{\alpha}_1+2\boldsymbol{\alpha}_2-3\boldsymbol{\alpha}_3+2\boldsymbol{\alpha}_4$.

24. $\boldsymbol{\gamma}=(1,3,2)^{\mathrm{T}}$(答案不唯一).

25. $(a_1-a_2,a_2-a_3,\cdots,a_{n-1}-a_n,a_n)^{\mathrm{T}}$.

26. 证明略.

27. $\mathrm{r}(\boldsymbol{A})=s$, $\boldsymbol{A}$ 的前 s 列是 $\boldsymbol{A}$ 的列向量组的一个极大线性无关组.

28~31. 证明略.

32. (1) $\mathrm{r}(\boldsymbol{A})=3$ 时,三个平面相交于原点 $O(0,0,0)$;

(2) $\mathrm{r}(\boldsymbol{A})=2$ 时,三个平面相交于一条直线;

(3) $\mathrm{r}(\boldsymbol{A})=1$ 时,三个平面重合.

习题五答案

1. (1) $\boldsymbol{x}=k_1(2,1,0,0)^{\mathrm{T}}+k_2(2,0,-5,7)^{\mathrm{T}}$;

(2) $\boldsymbol{x}=k_1(-3,7,2,0)^{\mathrm{T}}+k_2(-1,-2,0,1)^{\mathrm{T}}$;

(3) $\boldsymbol{x}=k_1(0,1,1,0,0)^{\mathrm{T}}+k_2(0,1,0,1,0)^{\mathrm{T}}+k_3(1,-5,0,0,3)^{\mathrm{T}}$;

(4) $\boldsymbol{x}=k_1(-2,1,1,0,0)^{\mathrm{T}}+k_2(-6,5,0,0,1)^{\mathrm{T}}$.

2. (1) $\boldsymbol{x}=k(-3,-1,1,0)^{\mathrm{T}}+(1,1,0,1)^{\mathrm{T}}$;

(2) 无解;

(3) $\boldsymbol{x}=k(5,-7,5,6)^{\mathrm{T}}+\left(\frac{1}{6},\frac{1}{6},\frac{1}{6},0\right)^{\mathrm{T}}$;

(4) $\boldsymbol{x}=k_1(0,-2,1,0,0)^{\mathrm{T}}+k_2(1,-2,0,1,0)^{\mathrm{T}}+k_3(5,-6,0,0,1)^{\mathrm{T}}+(-16,23,0,0,0)^{\mathrm{T}}$.

3. (1) 当 $a=-1$ 且 $b\neq3$ 时,方程组无解; 当 $a\neq-1$ 时,方程组有唯一解; 当 $a=-1$ 且

$b=3$ 时,方程组有无穷多个解.

(2) 当 $a\neq -1$ 时,方程组的唯一解为

$$x_1=\frac{2a+b-1}{a+1},\quad x_2=\frac{2-a-b}{a+1},\quad x_3=\frac{3-b}{a+1};$$

当 $a=-1$ 且 $b=3$ 时,解为

$$x_1=2-c,\quad x_2=-1+c,\quad x_3=c,\quad c\text{ 为任意实数}.$$

4. 当 $\lambda=1$ 时有解 $\begin{pmatrix}x_1\\x_2\\x_3\end{pmatrix}=k\begin{pmatrix}1\\1\\1\end{pmatrix}+\begin{pmatrix}1\\0\\0\end{pmatrix}$,当 $\lambda=-2$ 时有解 $\begin{pmatrix}x_1\\x_2\\x_3\end{pmatrix}=k\begin{pmatrix}1\\1\\1\end{pmatrix}+\begin{pmatrix}2\\2\\0\end{pmatrix}$,$k$ 为任意实数.

5. $\lambda\neq 1$ 且 $\lambda\neq 10$ 时有唯一解;$\lambda=10$ 时无解;$\lambda=1$ 时有无穷多个解,解为

$$\begin{pmatrix}x_1\\x_2\\x_3\end{pmatrix}=k_1\begin{pmatrix}-2\\1\\0\end{pmatrix}+k_2\begin{pmatrix}2\\0\\1\end{pmatrix}+\begin{pmatrix}1\\0\\0\end{pmatrix}.$$

6. (1) $a\neq 1$ 时有唯一解;

(2) $a=1,b\neq 1$ 时无解;

(3) $a=1,b=-1$ 时有无穷多个解,一般解为

$\boldsymbol{x}=k_1(1,-2,1,0)^{\mathrm{T}}+k_2(1,-2,0,1)^{\mathrm{T}}+(-1,1,0,0)^{\mathrm{T}}$, k_1,k_2 为任意实数.

7. $\boldsymbol{B}=\begin{pmatrix}1&2&0\\1&0&0\\-1&-1&0\end{pmatrix}$.

8. (1) $a=-1,b\neq 0$ 时,$\boldsymbol{\beta}$ 不能表为 $\boldsymbol{\alpha}_1,\boldsymbol{\alpha}_2,\boldsymbol{\alpha}_3,\boldsymbol{\alpha}_4$ 的线性组合;

(2) $a\neq -1$ 时,$\boldsymbol{\beta}=\frac{-2b}{a+1}\boldsymbol{\alpha}_1+\frac{a+b+1}{a+1}\boldsymbol{\alpha}_2+\frac{b}{a+1}\boldsymbol{\alpha}_3$.

9. 证明略.

10. $\begin{cases}x_1-2x_2+x_3=0,\\2x_1-3x_2+x_4=0.\end{cases}$

11. $\boldsymbol{x}=k(1,5,-2)^{\mathrm{T}}+(0,-1,1)^{\mathrm{T}}$ (k 为任意实数).

12. 正确的为(3)(4)(5).

13~17. 证明略.

18. 全部解为 $c(1,1,\cdots,1)^{\mathrm{T}}$.

19. 全部解可表示为 $\boldsymbol{\gamma}=\boldsymbol{\gamma}_1+c(\boldsymbol{\gamma}_1-\boldsymbol{\gamma}_2)$,$c$ 为任意实数.

20. (1) 由(Ⅰ)可得其基础解系为 $(0,0,1,0)^{\mathrm{T}},(-1,1,0,1)^{\mathrm{T}}$;

(2) 有非零公共解,(Ⅱ)的通解可表示为

$$(x_1,x_2,x_3,x_4)^{\mathrm{T}}=(-k_2,k_1+2k_2,k_1+2k_2,k_2)^{\mathrm{T}},$$

将其代入方程组(Ⅰ)可解出 $k_1=-k_2$. 当 $k_1=-k_2\neq 0$ 时,(Ⅱ)的通解可化为

$$k_1(0,1,1,0)^{\mathrm{T}}+k_2(-1,2,2,1)^{\mathrm{T}}=k_2(-1,1,1,1)^{\mathrm{T}}.$$

此向量即为(Ⅰ)与(Ⅱ)的非零公共解. 因此方程组(Ⅰ)与(Ⅱ)的所有非零公共解为

$$c(-1,1,1,1)^{\mathrm{T}},\quad c\text{ 为任意非零实数}.$$

习题六答案

1. 证明略.
2. (1) $\lambda_1=7$,对应的特征向量为 $\boldsymbol{p}_1=k_1(1,1)^{\mathrm{T}}(k_1\neq0)$;
   $\lambda_2=-2$,对应的特征向量为 $\boldsymbol{p}_2=k_2(4,-5)^{\mathrm{T}}(k_2\neq0)$.
   (2) $\lambda_1=\lambda_2=1$,对应的特征向量为 $\boldsymbol{p}_1=k_1(0,1,0)^{\mathrm{T}}+k_2(1,0,1)^{\mathrm{T}}$($k_1,k_2$ 不同时为零);
   $\lambda_3=-1$,对应的特征向量为 $\boldsymbol{p}_2=k_3(1,0,-1)^{\mathrm{T}}(k_3\neq0)$.
   (3) $\lambda_1=-1$,对应的特征向量为 $\boldsymbol{p}_1=k_1(1,-1,0)^{\mathrm{T}}(k_1\neq0)$;
   $\lambda_2=9$,对应的特征向量为 $\boldsymbol{p}_2=k_2(1,1,2)^{\mathrm{T}}(k_2\neq0)$;
   $\lambda_3=0$,对应的特征向量为 $\boldsymbol{p}_3=k_3(1,1,-1)^{\mathrm{T}}(k_3\neq0)$.
   (4) $\lambda_1=\lambda_2=\lambda_3=-1$,对应的特征向量为 $\boldsymbol{p}=k(1,1,-1)^{\mathrm{T}}(k\neq0)$.
   (5) $\lambda_1=\lambda_2=-2$,对应的特征向量为 $\boldsymbol{p}_1=k_1(1,1,0)^{\mathrm{T}}+k_2(-1,0,1)^{\mathrm{T}}$($k_1,k_2$ 不同时为零);
   $\lambda_3=4$,对应的特征向量为 $\boldsymbol{p}_2=k_3(1,1,2)^{\mathrm{T}}(k_3\neq0)$.
   (6) $\lambda_1=\lambda_2=\lambda_3=2$,对应的特征向量为
   $\boldsymbol{p}_1=k_1(1,1,0,0)^{\mathrm{T}}+k_2(1,0,1,0)^{\mathrm{T}}+k_3(1,0,0,1)^{\mathrm{T}}$($k_1,k_2,k_3$ 不同时为零);
   $\lambda_4=-2$,对应的特征向量为 $\boldsymbol{p}_2=k_4(-1,1,1,1)^{\mathrm{T}}(k_4\neq0)$.
3. 证明略.
4. 证明略.
5. 0,0,0,64.
6. 36.
7. 0,1.
8. $\dfrac{1}{\lambda_1},\dfrac{1}{\lambda_2},\cdots,\dfrac{1}{\lambda_n}$.
9. $\boldsymbol{A}$ 的特征值为 $0,n$;$\boldsymbol{A}$ 的属于特征值 $\lambda=n$ 的特征向量为 $\boldsymbol{p}=k(1,1,\cdots,1)^{\mathrm{T}}(k\neq0)$.
10. $\boldsymbol{A}$ 的特征值为 -2.
11. $k=1,\lambda=4$ 或 $k=-2,\lambda=1$.
12. $a=-2,b=6$,对应的特征值为 $\lambda=-4$.
13. $a=-4$,另外两个特征值为 $\lambda_1=\lambda_2=3$.
14. $\boldsymbol{A}$ 的属于特征值 $\lambda=a$ 的特征向量为 $\boldsymbol{p}=k(1,1,\cdots,1)^{\mathrm{T}}(k\neq0)$.
15. (1) $\boldsymbol{P}=\begin{pmatrix}1&0&2\\0&1&2\\-2&-2&1\end{pmatrix}$; $\boldsymbol{P}^{-1}\boldsymbol{AP}=\begin{pmatrix}1&0&0\\0&1&0\\0&0&10\end{pmatrix}$.

(2) $\boldsymbol{P}=\begin{pmatrix}1&2&1\\1&3&3\\1&3&4\end{pmatrix}$; $\boldsymbol{P}^{-1}\boldsymbol{A}\boldsymbol{P}=\begin{pmatrix}1&0&0\\0&2&0\\0&0&3\end{pmatrix}$.

(3) $\boldsymbol{P}=\begin{pmatrix}1&0&0\\0&1&0\\-3&0&1\end{pmatrix}$; $\boldsymbol{P}^{-1}\boldsymbol{A}\boldsymbol{P}=\begin{pmatrix}0&0&0\\0&0&0\\0&0&1\end{pmatrix}$.

(4) 不能. 因为 $\mathrm{r}(a\boldsymbol{E}-\boldsymbol{A})=2$,所以对应3重特征值 a,只能找到一个线性无关的特征向量,因此 $\boldsymbol{A}$ 不能相似于对角矩阵.

(5) $\boldsymbol{P}=\begin{pmatrix}-2&0&-1\\1&0&1\\0&1&1\end{pmatrix}$; $\boldsymbol{P}^{-1}\boldsymbol{A}\boldsymbol{P}=\begin{pmatrix}1&0&0\\0&1&0\\0&0&-2\end{pmatrix}$.

16. 由 $|\boldsymbol{A}|=-1$, $|\boldsymbol{A}|=|\boldsymbol{B}|$,求得 $|\boldsymbol{B}|=2a=-1$,即 $a=-\dfrac{1}{2}$.

17. 因为 $\lambda=-1$ 是 $\boldsymbol{B}$ 的特征值,所以 $\lambda=-1$ 也是 $\boldsymbol{A}$ 的特征值,即 $|-\boldsymbol{E}-\boldsymbol{A}|=0$,求得 $x=0$.

再根据 $\mathrm{tr}(\boldsymbol{A})=\mathrm{tr}(\boldsymbol{B})$,求得 $y=1$. $\boldsymbol{P}=\begin{pmatrix}1&0&0\\0&1&1\\0&1&-1\end{pmatrix}$; $\boldsymbol{P}^{-1}\boldsymbol{A}\boldsymbol{P}=\boldsymbol{B}$.

18. 因为 $\lambda=-4$ 是 $\boldsymbol{\Lambda}$ 的特征值,所以 $\lambda=-4$ 也是 $\boldsymbol{A}$ 的特征值,即 $|-4\boldsymbol{E}-\boldsymbol{A}|=0$,求得 $x=4$.

再根据 $\mathrm{tr}(\boldsymbol{A})=\mathrm{tr}(\boldsymbol{\Lambda})$,求得 $y=5$. $\boldsymbol{P}=\begin{pmatrix}1&0&2\\-2&-2&1\\0&1&2\end{pmatrix}$; $\boldsymbol{P}^{-1}\boldsymbol{A}\boldsymbol{P}=\boldsymbol{\Lambda}$.

19. (1) $\boldsymbol{A}=\begin{pmatrix}1&1&2\\2&1&0\\1&0&-1\end{pmatrix}\begin{pmatrix}1&0&0\\0&1&0\\0&0&2\end{pmatrix}\begin{pmatrix}1&-1&2\\-2&3&-4\\1&-1&1\end{pmatrix}=\begin{pmatrix}3&-2&2\\0&1&0\\-1&1&0\end{pmatrix}$.

(2) $\boldsymbol{A}=\begin{pmatrix}1&0&1\\2&-2&1\\1&1&2\end{pmatrix}\begin{pmatrix}1&0&0\\0&-1&0\\0&0&0\end{pmatrix}\begin{pmatrix}5&-1&-2\\3&-1&-1\\-4&1&2\end{pmatrix}=\begin{pmatrix}5&-1&-2\\16&-4&-6\\2&0&-1\end{pmatrix}$.

20. 因为 $\lambda=-1$ 是 $\boldsymbol{A}$ 的特征值,即 $|-\boldsymbol{E}-\boldsymbol{A}|=0$,求得 $x=0$,

$$\boldsymbol{P}=\begin{pmatrix}1&0&0\\0&-2&1\\-1&1&1\end{pmatrix},\quad \boldsymbol{P}^{-1}\boldsymbol{A}\boldsymbol{P}=\begin{pmatrix}-2&0&0\\0&-1&0\\0&0&2\end{pmatrix}.$$

21~23. 证明略.

24. 令 $\boldsymbol{P}=\begin{pmatrix}1&1\\-1&1\end{pmatrix}$,则 $\boldsymbol{P}^{-1}\boldsymbol{A}\boldsymbol{P}=\begin{pmatrix}-1&0\\0&3\end{pmatrix}$,

$$\boldsymbol{A}^k=\begin{pmatrix}1&1\\-1&1\end{pmatrix}\begin{pmatrix}(-1)^k&0\\0&3^k\end{pmatrix}\frac{1}{2}\begin{pmatrix}1&-1\\1&1\end{pmatrix}=\frac{1}{2}\begin{pmatrix}(-1)^k+3^k&(-1)^{k-1}+3^k\\(-1)^{k-1}+3^k&(-1)^k+3^k\end{pmatrix}.$$

25. 证明略.

习题七答案

1. (1) -9;(2) 4.

2. -144.

3. $k=\pm\frac{6}{7}$.

4. 证明略.

5. (1) $k_1(1,1,0)+k_2(0,0,1)$,k_1,k_2 为任意实数;

   (2) $k(1,1,0)$,k 为任意实数.

6. $\boldsymbol{\beta}=\pm\frac{1}{\sqrt{26}}(-4,0,-1,3)$.

7. $\lambda=5$.

8. (1) $\boldsymbol{e}_1=\frac{1}{\sqrt{2}}(1,1)^{\mathrm{T}}$, $\boldsymbol{e}_2=\frac{1}{\sqrt{2}}(1,-1)^{\mathrm{T}}$;

   (2) $\boldsymbol{e}_1=\frac{1}{\sqrt{3}}(1,1,1)^{\mathrm{T}}$, $\boldsymbol{e}_2=\frac{1}{\sqrt{2}}(-1,0,1)^{\mathrm{T}}$, $\boldsymbol{e}_3=\frac{1}{\sqrt{6}}(1,-2,1)^{\mathrm{T}}$;

   (3) $\boldsymbol{e}_1=\frac{1}{\sqrt{3}}(0,1,1,1)^{\mathrm{T}}$, $\boldsymbol{e}_2=\frac{1}{\sqrt{15}}(3,-2,1,1)^{\mathrm{T}}$, $\boldsymbol{e}_3=\frac{1}{\sqrt{35}}(3,3,-4,1)^{\mathrm{T}}$.

9. (1) $\boldsymbol{O}=\begin{pmatrix}\frac{1}{3} & -\frac{2}{\sqrt{5}} & \frac{2}{\sqrt{45}}\\ \frac{2}{3} & \frac{1}{\sqrt{5}} & \frac{4}{\sqrt{45}}\\ -\frac{2}{3} & 0 & \frac{5}{\sqrt{45}}\end{pmatrix}$ (注:答案不唯一);

   (2) $\boldsymbol{O}=\frac{1}{2}\begin{pmatrix}1 & 1 & 1 & 1\\ 1 & -1 & 1 & -1\\ 1 & 0 & -1 & 0\\ 0 & 1 & 0 & -1\end{pmatrix}$ (注:答案不唯一).

10. (1) 不是;(2) 是;(3) 是;(4) 是.

11. 证明略.

12. 证明略.

13. (1) $\boldsymbol{O}=\frac{\sqrt{2}}{2}\begin{pmatrix}\sqrt{2} & 0 & 0\\ 0 & 1 & 1\\ 0 & -1 & 1\end{pmatrix}$, $\boldsymbol{O}^{\mathrm{T}}\boldsymbol{A}\boldsymbol{O}=\begin{pmatrix}2 & 0 & 0\\ 0 & 1 & 0\\ 0 & 0 & 5\end{pmatrix}$;

(2) $\boldsymbol{O}=\frac{1}{3}\begin{pmatrix}2 & 2 & 1\\ -2 & 1 & 2\\ 1 & -2 & 2\end{pmatrix}$, $\quad \boldsymbol{O}^{\mathrm{T}}\boldsymbol{A}\boldsymbol{O}=\begin{pmatrix}4 & 0 & 0\\ 0 & 1 & 0\\ 0 & 0 & -2\end{pmatrix}$;

(3) $\boldsymbol{O}=\begin{pmatrix}\frac{\sqrt{2}}{2} & \frac{\sqrt{2}}{6} & \frac{2}{3}\\ 0 & -\frac{2\sqrt{2}}{3} & \frac{1}{3}\\ -\frac{\sqrt{2}}{2} & \frac{\sqrt{2}}{6} & \frac{2}{3}\end{pmatrix}$, $\quad \boldsymbol{O}^{\mathrm{T}}\boldsymbol{A}\boldsymbol{O}=\begin{pmatrix}-3 & 0 & 0\\ 0 & -3 & 0\\ 0 & 0 & 6\end{pmatrix}$;

(4) $\boldsymbol{O}=\begin{pmatrix}\frac{\sqrt{2}}{2} & \frac{\sqrt{2}}{2} & 0 & 0\\ \frac{\sqrt{2}}{2} & -\frac{\sqrt{2}}{2} & 0 & 0\\ 0 & 0 & \frac{\sqrt{5}}{5} & \frac{2\sqrt{5}}{5}\\ 0 & 0 & -\frac{2\sqrt{5}}{5} & \frac{\sqrt{5}}{5}\end{pmatrix}$, $\quad \boldsymbol{O}^{\mathrm{T}}\boldsymbol{A}\boldsymbol{O}=\begin{pmatrix}0 & 0 & 0 & 0\\ 0 & 2 & 0 & 0\\ 0 & 0 & 0 & 0\\ 0 & 0 & 0 & 5\end{pmatrix}$.

14. 证明略.

15. $k(1,0,1)^{\mathrm{T}}\quad (k\neq 0)$.

16. (1) $k(1,0,-1)^{\mathrm{T}}\quad (k\neq 0)$.

(2) $\boldsymbol{O}=\begin{pmatrix}\frac{\sqrt{3}}{3} & \frac{\sqrt{6}}{6} & \frac{\sqrt{2}}{2}\\ \frac{\sqrt{3}}{3} & -\frac{\sqrt{6}}{3} & 0\\ \frac{\sqrt{3}}{3} & \frac{\sqrt{6}}{6} & -\frac{\sqrt{2}}{2}\end{pmatrix}$ (注:答案不唯一); $\boldsymbol{O}^{\mathrm{T}}\boldsymbol{A}\boldsymbol{O}=\begin{pmatrix}6 & 0 & 0\\ 0 & 6 & 0\\ 0 & 0 & 2\end{pmatrix}$.

(3) $\boldsymbol{A}=\begin{pmatrix}4 & 0 & 2\\ 0 & 6 & 0\\ 2 & 0 & 4\end{pmatrix}$.

17. (1) $\boldsymbol{p}_1=(1,0,1)^{\mathrm{T}}$, $\boldsymbol{p}_2=(-1,2,1)^{\mathrm{T}}$ (注:答案不唯一);

(2) $\boldsymbol{O}=\begin{pmatrix}\frac{1}{\sqrt{2}} & -\frac{1}{\sqrt{6}} & \frac{1}{\sqrt{3}}\\ 0 & \frac{2}{\sqrt{6}} & \frac{1}{\sqrt{3}}\\ \frac{1}{\sqrt{2}} & \frac{1}{\sqrt{6}} & -\frac{1}{\sqrt{3}}\end{pmatrix}$, $\quad \boldsymbol{O}^{\mathrm{T}}\boldsymbol{A}\boldsymbol{O}=\begin{pmatrix}1 & 0 & 0\\ 0 & 1 & 0\\ 0 & 0 & -2\end{pmatrix}$;

(3) $\boldsymbol{A}=\begin{pmatrix}0 & -1 & 1\\ -1 & 0 & 1\\ 1 & 1 & 0\end{pmatrix}$.

18. (1)
$$\begin{pmatrix}-1&-1&1\\1&0&1\\0&1&1\end{pmatrix}^{-1}\boldsymbol{A}\begin{pmatrix}-1&-1&1\\1&0&1\\0&1&1\end{pmatrix}=\begin{pmatrix}-1&0&0\\0&-1&0\\0&0&5\end{pmatrix}$$

$$\begin{aligned}\boldsymbol{A}^k&=\begin{pmatrix}-1&-1&1\\1&0&1\\0&1&1\end{pmatrix}\begin{pmatrix}(-1)^k&&\\&(-1)^k&\\&&5^k\end{pmatrix}\begin{pmatrix}-1&-1&1\\1&0&1\\0&1&1\end{pmatrix}^{-1}\\&=\begin{pmatrix}-1&-1&1\\1&0&1\\0&1&1\end{pmatrix}\begin{pmatrix}(-1)^k&&\\&(-1)^k&\\&&5^k\end{pmatrix}\frac{1}{3}\begin{pmatrix}-1&2&-1\\-1&-1&2\\1&1&1\end{pmatrix}\\&=\frac{1}{3}\begin{pmatrix}5^k+2(-1)^k&5^k+(-1)^{k+1}&5^k+(-1)^{k+1}\\5^k+(-1)^{k+1}&5^k+2(-1)^k&5^k+(-1)^{k+1}\\5^k+(-1)^{k+1}&5^k+(-1)^{k+1}&5^k+2(-1)^k\end{pmatrix}.\end{aligned}$$

19～21. 证明略.

22. (1) $f=\tilde{\boldsymbol{x}}^{\mathrm{T}}\boldsymbol{A}\tilde{\boldsymbol{x}},\tilde{\boldsymbol{x}}=(x,y)^{\mathrm{T}},\boldsymbol{A}=\begin{pmatrix}1&-2\\-2&3\end{pmatrix}$;

(2) $f=\tilde{\boldsymbol{x}}^{\mathrm{T}}\boldsymbol{A}\tilde{\boldsymbol{x}},\tilde{\boldsymbol{x}}=(x,y,z)^{\mathrm{T}},\boldsymbol{A}=\begin{pmatrix}0&\frac{1}{2}&\frac{1}{2}\\\frac{1}{2}&0&-\frac{1}{2}\\\frac{1}{2}&-\frac{1}{2}&0\end{pmatrix}$;

(3) $f=\boldsymbol{x}^{\mathrm{T}}\boldsymbol{A}\boldsymbol{x},\boldsymbol{x}=(x_1,x_2,x_3)^{\mathrm{T}},\boldsymbol{A}=\begin{pmatrix}1&1&-2\\1&1&0\\-2&0&-1\end{pmatrix}$;

(4) $f=\boldsymbol{x}^{\mathrm{T}}\boldsymbol{A}\boldsymbol{x},\boldsymbol{x}=(x_1,x_2,x_3,x_4)^{\mathrm{T}},\boldsymbol{A}=\begin{pmatrix}3&-1&0&2\\-1&-5&-3&0\\0&-3&1&-4\\2&0&-4&-7\end{pmatrix}$;

(5) $f=\boldsymbol{x}^{\mathrm{T}}\boldsymbol{A}\boldsymbol{x},\boldsymbol{x}=(x_1,x_2,\cdots,x_n)^{\mathrm{T}}$，$\boldsymbol{A}$ 是主对角线上元素为 0，其余元素全为 1 的 n 阶对称矩阵.

23. (1) $f(x_1,x_2)=ax_1^2+2bx_1x_2+dx_2^2$;

(2) $f(x_1,x_2,x_3)=x_1^2-x_2^2+2x_1x_2+4x_2x_3$;

(3) $f(x_1,x_2,x_3)=-x_1^2-2x_2^2+4x_3^2+2x_1x_2-6x_1x_3$;

(4) $f(x_1,x_2,x_3,x_4)=-x_1^2+3x_2^2-2x_4^2+x_1x_2+2x_1x_3-4x_1x_4+6x_2x_3-2x_2x_4+3x_3x_4$.

24. (1) 做正交变换 $\boldsymbol{x}=\boldsymbol{O}\boldsymbol{y},\boldsymbol{x}=(x_1,x_2,x_3)^{\mathrm{T}},\boldsymbol{y}=(y_1,y_2,y_3)^{\mathrm{T}}$,

$$O=\begin{pmatrix}1 & 0 & 0\\ 0 & -\frac{\sqrt{2}}{2} & \frac{\sqrt{2}}{2}\\ 0 & \frac{\sqrt{2}}{2} & \frac{\sqrt{2}}{2}\end{pmatrix},\quad f=2y_1^2+y_2^2+5y_3^2.$$

(2) 做正交变换 $\boldsymbol{x}=\boldsymbol{O}\boldsymbol{y}$, $\boldsymbol{x}=(x_1,x_2,x_3)^{\mathrm{T}}$, $\boldsymbol{y}=(y_1,y_2,y_3)^{\mathrm{T}}$,

$$O=\begin{pmatrix}\frac{\sqrt{2}}{2} & \frac{\sqrt{2}}{6} & \frac{2}{3}\\ 0 & -\frac{2\sqrt{2}}{3} & \frac{1}{3}\\ -\frac{\sqrt{2}}{2} & \frac{\sqrt{2}}{6} & \frac{2}{3}\end{pmatrix},\quad f=-3y_1^2-3y_2^2+6y_3^2.$$

25. $a=2$.

26. (1) $a=1, b=2$;

(2) $O=\frac{\sqrt{5}}{5}\begin{pmatrix}1 & 0 & 2\\ 0 & \sqrt{5} & 0\\ -2 & 0 & 1\end{pmatrix}$, $\quad f=-3y_1^2+2y_2^2+2y_3^2$;

(3) $f=z_1^2+z_2^2-z_3^2$.

27. (1) $a=2, \lambda=2$;

(2) $P=\begin{pmatrix}\frac{1}{\sqrt{2}} & \frac{1}{\sqrt{6}} & \frac{1}{\sqrt{3}}\\ -\frac{1}{\sqrt{2}} & \frac{1}{\sqrt{6}} & \frac{1}{\sqrt{3}}\\ 0 & -\frac{2}{\sqrt{6}} & \frac{1}{\sqrt{3}}\end{pmatrix}$, $\quad f=2y_1^2+2y_2^2+8y_3^2$.

28. (1) 做可逆线性变换 $\boldsymbol{x}=\boldsymbol{C}\boldsymbol{y}$,

$$C=\begin{pmatrix}1 & -1 & 2\\ 0 & 1 & -1\\ 0 & 0 & 1\end{pmatrix},\quad f=y_1^2+y_2^2-2y_3^2.$$

(2) 做可逆线性变换 $\boldsymbol{x}=\boldsymbol{C}\boldsymbol{y}$,

$$C=\begin{pmatrix}1 & 1 & -1\\ 1 & -1 & -1\\ 0 & 0 & 1\end{pmatrix},\quad f=y_1^2-y_2^2-y_3^2.$$

(3) 做可逆线性变换 $\boldsymbol{x}=\boldsymbol{C}\boldsymbol{y}$,

$$C=\begin{pmatrix}1 & -2 & 1\\ 0 & 1 & -1\\ 0 & 0 & 1\end{pmatrix},\quad f=y_1^2-y_2^2+y_3^2.$$

29. (1) $f=z_1^2-z_2^2$;

(2) $f=z_1^2+z_2^2-z_3^2$;

(3) $f=z_1^2+z_2^2$.

30. (1) 不是;　(2) 是;　(3) 是;　(4) 不是;　(5) 不是;　(6) 是.

31. (1) $-\frac{4}{5}<\lambda<0$;　(2) $\lambda>29$;　(3) $\lambda>2$.

32. (1) $a>1$;　(2) $a>2$.

33. $a\neq-2$ 且 $a\neq0$.

34. (1) $\lambda_1=\lambda_2=-2,\lambda_3=0$;

(2) $k>2$.

35. 不正确. 取 $x_1=x_2=x_3=1$, 易见 $f(x_1,x_2,x_3)=0$, 所以 f 不是正定二次型.

36～42. 证明略.

习题八答案

1. $x^2+y^2+z^2+4x+2y-4z=0$.

2. $3(x^2+y^2+z^2)-4x-2y-17=0$, 其图形是球面.

3. (1) $y=4(x^2+z^2)$;　(2) $\frac{x^2}{4}+\frac{y^2+z^2}{9}=1$;

(3) $\frac{y^2}{4}-x^2-z^2=1$;　(4) $z^2=x^2+y^2$.

4. (1) xOy 平面上的双曲线 $\frac{x^2}{9}-\frac{y^2}{4}=1$ 绕 x 轴旋转一周或 xOz 平面上的双曲线 $\frac{x^2}{9}-\frac{z^2}{4}=1$ 绕 x 轴旋转一周;

(2) xOz 平面上的双曲线 $x^2-\frac{z^2}{4}=1$ 绕 z 轴旋转一周或 yOz 平面上的双曲线 $y^2-\frac{z^2}{4}=1$ 绕 z 轴旋转一周;

(3) xOy 平面上的椭圆 $x^2+\frac{y^2}{4}=1$ 绕 y 轴旋转一周或 yOz 平面上的椭圆 $\frac{y^2}{4}+z^2=1$ 绕 y 轴旋转一周;

(4) xOy 平面上的抛物线 $y=x^2$ 绕 y 轴旋转一周或 yOz 平面上的抛物线 $y=z^2$ 绕 y 轴旋转一周;

(5) xOy 平面上的半直线 $x=y(y\geqslant0)$ 绕 x 轴旋转一周或 xOz 平面上的半直线 $x=z(z\geqslant0)$ 绕 x 轴旋转一周.

5. 略.

6. (1) $2\tilde{x}^2+\tilde{y}^2+5\tilde{z}^2=1$, 方程表示椭球面.

$$x=\tilde{x},\quad y=\frac{1}{\sqrt{2}}(\tilde{y}+\tilde{z}),\quad z=\frac{1}{\sqrt{2}}(\tilde{z}-\tilde{y}).$$

(2) $\tilde{z}=\frac{1}{2}\tilde{x}^2-\frac{1}{2}\tilde{y}^2$，方程表示双曲抛物面(马鞍面).

$$x=\frac{1}{\sqrt{2}}(\tilde{x}+\tilde{y}),\quad y=\frac{1}{\sqrt{2}}(\tilde{x}-\tilde{y}),\quad z=\tilde{z}.$$

(3) $\tilde{x}^2+\tilde{y}^2-2\tilde{z}^2=-1$，方程表示双叶双曲面.

$$x=\frac{1}{\sqrt{5}}\tilde{x}-\frac{4}{\sqrt{45}}\tilde{y}+\frac{2}{3}\tilde{z},$$

$$y=-\frac{2}{\sqrt{5}}\tilde{x}-\frac{2}{\sqrt{45}}\tilde{y}+\frac{1}{3}\tilde{z},$$

$$z=\frac{5}{\sqrt{45}}\tilde{y}+\frac{2}{3}\tilde{z}.$$

7. 略.

8. (1) $\begin{cases}x=1+2\sqrt{2}\cos\theta,\\ y=-1+2\sqrt{2}\sin\theta,\\ z=1;\end{cases}$　　(2) $\begin{cases}x=2\cos\theta,\\ y=\sqrt{2}\sin\theta,\\ z=\sqrt{2}\sin\theta.\end{cases}$

9. (1) $\begin{cases}x^2+2\left(y-\frac{1}{2}\right)^2=\frac{17}{2},\\ z=0;\end{cases}$　　(2) $\begin{cases}y^2+z^2=4,\\ x=0;\end{cases}$

(3) $\begin{cases}x^2+z^2=1,\\ y=0.\end{cases}$

10. (1) $x^2+y^2+xy=2$;　　(2) $3x^2+2z^2=16$;

(3) $y=-2\sqrt{2}(|z|\leqslant 2\sqrt{2})$.

11. 在 xOy 平面上的投影曲线方程为 $\begin{cases}x^2+y^2=a^2,\\ z=0;\end{cases}$ 在 yOz 平面上的投影曲线方程为 $\begin{cases}y=a\sin\frac{z}{b},\\ x=0;\end{cases}$ 在 xOz 平面上的投影曲线方程为 $\begin{cases}x=a\cos\frac{z}{b},\\ y=0.\end{cases}$

12. 在 xOy 平面上的投影为 $\begin{cases}x^2+y^2\leqslant 2,\\ z=0;\end{cases}$ 在 yOz 平面上的投影为 $\begin{cases}|y|\leqslant z\leqslant\sqrt{4-y^2},\\ x=0;\end{cases}$ 在 xOz 平面上的投影为 $\begin{cases}|x|\leqslant z\leqslant\sqrt{4-x^2},\\ y=0.\end{cases}$

习题九答案

1. (1) 不是;　(2) 不是;　(3) 是;　(4) 是.

2. (1) 是;　(2) 不是;　(3) 是;　(4) 不是.

3～5. 证明略.

6. (2) $\dim V=2$, $\boldsymbol{B}=\begin{pmatrix}2 & 1\\ 0 & 2\end{pmatrix}$在基 $\boldsymbol{B}_1,\boldsymbol{B}_2$ 下的坐标为 $\boldsymbol{x}=(2,-1)^{\mathrm{T}}$.

7. (2) $\dim V=2$, $\boldsymbol{A}=\begin{pmatrix}-1+3i & 0\\ 0 & 1-3i\end{pmatrix}$在基 $\boldsymbol{A}_1,\boldsymbol{A}_2$ 下的坐标为 $\boldsymbol{x}=(-1,3)^{\mathrm{T}}$.

8. (2) $\dim V=3$, $\boldsymbol{A}=\begin{pmatrix}-2 & 1\\ -3 & 2\end{pmatrix}$在基 $\boldsymbol{A}_1,\boldsymbol{A}_2,\boldsymbol{A}_3$ 下的坐标为 $\boldsymbol{x}=(-2,1,-3)^{\mathrm{T}}$.

9. (2) $\boldsymbol{P}=\begin{pmatrix}1 & -1 & 2\\ 0 & 1 & -3\\ 0 & 0 & 1\end{pmatrix}$； (3) $\boldsymbol{y}=(10,5,2)^{\mathrm{T}}$.

10. (2) $\boldsymbol{P}=\begin{pmatrix}1 & 1 & 1\\ 0 & 1 & 1\\ -1 & 0 & 1\end{pmatrix}$； (3) $\boldsymbol{y}=\boldsymbol{P}^{-1}\begin{pmatrix}4\\ 2\\ -3\end{pmatrix}=\begin{pmatrix}1 & -1 & 0\\ -1 & 2 & -1\\ 1 & -1 & 1\end{pmatrix}\begin{pmatrix}4\\ 2\\ -3\end{pmatrix}=\begin{pmatrix}2\\ 3\\ -1\end{pmatrix}$.

11. 维数是 6, $\boldsymbol{E}_{11},\boldsymbol{E}_{22},\boldsymbol{E}_{33},\boldsymbol{E}_{12}+\boldsymbol{E}_{21},\boldsymbol{E}_{13}+\boldsymbol{E}_{31},\boldsymbol{E}_{23}+\boldsymbol{E}_{32}$ 为一组基.($\boldsymbol{E}_{ij}$ 为第 i 行第 j 列元素为 1,其余元素为零的矩阵)

12. 维数是 6, $\boldsymbol{E}_{11},\boldsymbol{E}_{12},\boldsymbol{E}_{13},\boldsymbol{E}_{22},\boldsymbol{E}_{23},\boldsymbol{E}_{33}$ 为一组基.($\boldsymbol{E}_{ij}$ 为第 i 行第 j 列元素为 1,其余元素为零的矩阵)

13. (1) 维数是 2, $\boldsymbol{\alpha}_1,\boldsymbol{\alpha}_2$ 为一组基；

(2) $\boldsymbol{\alpha}_1,\boldsymbol{\alpha}_2,\boldsymbol{\alpha}_3,\boldsymbol{\alpha}_4$ 在基 $\boldsymbol{\alpha}_1,\boldsymbol{\alpha}_2$ 下的坐标分别为 $\boldsymbol{x}_1=(1,0)^{\mathrm{T}}$, $\boldsymbol{x}_2=(0,1)^{\mathrm{T}}$, $\boldsymbol{x}_3=(2,1)^{\mathrm{T}}$, $\boldsymbol{x}_4=(3,2)^{\mathrm{T}}$.

14. (2) $\boldsymbol{A}=\begin{pmatrix}1 & 1 & 0\\ 0 & 1 & 1\\ 1 & 0 & 1\end{pmatrix}$.

15. (2) $\boldsymbol{A}=\begin{pmatrix}1 & 3 & 0 & 0\\ -2 & 1 & 0 & 0\\ 0 & 0 & 1 & 3\\ 0 & 0 & -2 & 1\end{pmatrix}$.

16. (2) $\boldsymbol{A}=\begin{pmatrix}0 & 1 & 0 & \cdots & 0\\ 0 & 0 & 1 & \cdots & 0\\ \vdots & \vdots & \vdots & & \vdots\\ 0 & 0 & 0 & \cdots & 1\\ 0 & 0 & 0 & \cdots & 0\end{pmatrix}$.

17. (2) $\boldsymbol{A}=\begin{pmatrix}1 & 0 & 1\\ 0 & 1 & 0\\ 1 & 0 & -1\end{pmatrix}$； (3) $\boldsymbol{P}=\begin{pmatrix}1 & 0 & 2\\ 1 & 1 & 1\\ -1 & -2 & -2\end{pmatrix}$；

(4) $\boldsymbol{B}=\boldsymbol{P}^{-1}\boldsymbol{A}\boldsymbol{P}=\begin{pmatrix}4 & 4 & 6\\ -1 & 0 & -2\\ -2 & -3 & -3\end{pmatrix}$， $\boldsymbol{P}^{-1}=\begin{pmatrix}0 & 2 & 1\\ -\frac{1}{2} & 0 & -\frac{1}{2}\\ \frac{1}{2} & -1 & -\frac{1}{2}\end{pmatrix}$.

18. (1) $\boldsymbol{B}_1=\begin{pmatrix}a_{33} & a_{31} & a_{32}\\ a_{13} & a_{11} & a_{12}\\ a_{23} & a_{21} & a_{22}\end{pmatrix}$；

(2) $\boldsymbol{B}_2=\begin{pmatrix}a_{11} & a_{12} & 2a_{13}\\ a_{21} & a_{22} & 2a_{23}\\ \frac{1}{2}a_{31} & \frac{1}{2}a_{32} & a_{33}\end{pmatrix}$.

19*. $(\boldsymbol{\beta}_1,\boldsymbol{\beta}_2)=-3$.

20*. $\boldsymbol{A}_1=\begin{pmatrix}1 & 0\\ 0 & 0\end{pmatrix},\boldsymbol{A}_2=\begin{pmatrix}0 & \frac{1}{\sqrt{2}}\\ \frac{1}{\sqrt{2}} & 0\end{pmatrix},\boldsymbol{A}_3=\begin{pmatrix}0 & 0\\ 0 & 1\end{pmatrix}$.

参 考 文 献

［1］ 同济大学应用数学系. 线性代数[M]. 4 版. 北京：高等教育出版社，2003.

［2］ 王萼芳. 高等代数教程[M]. 北京：清华大学出版社，1997.

［3］ 陈治中. 线性代数与解析几何[M]. 北京：北京交通大学出版社，2003.

［4］ 杨奇，田代军，韩维信. 线性代数与解析几何[M]. 天津：天津大学出版社，2002.

［5］ 同济大学数学系. 高等数学[M]. 6 版. 北京：高等教育出版社，2014.